全国建设工程质量检测鉴定岗位人员培训教材

建筑材料检测

中国土木工程学会工程质量分会
检测鉴定专业委员会 组织编写

卜良桃 范云鹤 主编
崔士起 主审

中国建筑工业出版社

图书在版编目(CIP)数据

建筑材料检测/卜良桃等主编. —北京：中国建筑工业出版社，2017.8
全国建设工程质量检测鉴定岗位人员培训教材
ISBN 978-7-112-20532-5

Ⅰ.①建… Ⅱ.①卜… Ⅲ.①建筑材料-检测-岗位培训-材料 Ⅳ.①TU502

中国版本图书馆CIP数据核字(2017)第189217号

本书对房屋建筑工程的材料检测进行了论述，对水泥、混凝土外加剂和混凝土矿物掺合料、混凝土用骨料、砂浆、混凝土、砌筑材料、建筑钢材、防水材料、建筑装饰材料试验等进行阐述。

本书依据现行检测鉴定规范编制而成。内容全面、翔实，理论性、实践性强，本书作为从事土木工程建筑材料检测、鉴定工程技术人员的培训教材或参考书。

责任编辑：范业庶　周世明
责任设计：谷有稷
责任校对：焦　乐　刘梦然

全国建设工程质量检测鉴定岗位人员培训教材
建筑材料检测
中国土木工程学会工程质量分会检测鉴定专业委员会　组织编写
卜良桃　范云鹤　主编
崔士起　主审

*

中国建筑工业出版社出版、发行（北京海淀三里河路9号）
各地新华书店、建筑书店经销
北京科地亚盟排版公司制版
北京市书林印刷有限公司印刷

*

开本：787×1092毫米　1/16　印张：22¼　字数：560千字
2017年11月第一版　2017年11月第一次印刷
定价：**60.00**元
ISBN 978-7-112-20532-5
(30655)

前　言

为了适应我国建筑和市政基础设施工程检测技术人员的上岗培训和继续教育的需要，根据《房屋建筑和市政基础设施工程质量检测技术管理规范》GB 50618—2011 的规定，编写了我国用于建筑和市政基础设施工程检测技术人员岗位培训的系列培训教材。《建筑材料检测》是该系列培训教材之一。

建筑工程建筑材料实验室试验、现场检测技术是从事建筑材料检测的技术人员必须学习和掌握的主要专业技术之一。《建筑材料检测》培训教材的编写目的是：通过理论和实践教学环节的学习，使学员获得建筑材料检测方面的基本知识和基本技能，能熟练从事建筑材料常规检测活动中的全部工作。其主要培训目标是：

1. 通过学习建筑材料检测的基本方法和技术，使学员获得从事建筑材料检测工作所必需的专业知识。并熟悉需要遵守的基本行政法规。

2. 学习并掌握建筑材料检测活动所涉及的各种仪器、仪表的正确使用方法及主要技术性能。

3. 学习并掌握建筑材料检测活动中各种检测数据的正确量测、记录和整理方法。

4. 通过学习，使从事的检测工作符合相关标准要求，养成严谨的工作作风，确保检测过程和结果的科学性、准确性和真实性。并注意个人职业道德修养的提高。

5. 现场检测工作完成后，能根据检测成果，撰写一般的检测报告。

《建筑材料检测》培训教材的编写依据，除相关行政法律、法规和文件外，主要依据我国现行的相关标准。

本培训资料的内容为水泥、混凝土外加剂和混凝土矿物掺合料、混凝土用骨料、砂浆、混凝土、砌筑材料、建筑钢材、防水材料、建筑装饰材料。

本书由卜良桃、范云鹤主编，参编人员：姚江、刘鼎、侯琦，贺亮，刘尚凯，周云鹏，文星，张正伟。湖南宏力土木工程检测有限公司提供了工程实例，在此表示感谢，本书也引用了部分书籍、杂志上的相关文献，在此谨表衷心感谢。

由于编者的经验和水平有限，加之时间仓促，错误和不足之处在所难免，恳请同行、专家提出批评指正。

目 录

第1章　水泥

1.1　概述

1.1.1　水泥的定义、命名和分类

水泥是加水拌合成塑性浆体，主要起胶结作用，能在空气中和硬化水中硬化。水泥具有良好的水硬性、可塑性、耐久性，并且其性能调节可控、制造工艺相对简单以及对使用条件广泛适应，因此，是最常用的主要建筑材料。

由于种类较多、性能各异，其命名遵循以下一般原则：按不同类别分别以水泥的主要水硬性矿物、混合材料、用途和主要特性进行，并力求简明准确。通用水泥以水泥的主要水硬性矿物名称冠以混合材料名称或其他适当名称命名；专用水泥以其专门用途命名，并可冠以不同型号；特性水泥以水泥的主要水硬性矿物名称冠以主要特性命名，并可冠以不同型号或混合材料名称。水泥按需要在水泥命名中标明的主要技术特性分为：

（1）水化热：分为中热和低热两类；

（2）快硬性：分为快硬和特快硬两类；

（3）抗硫酸盐性：分中抗硫酸盐腐蚀和高抗硫酸盐腐蚀两类；

（4）耐高温性：铝酸盐水泥的耐高温性以水泥中氧化铝含量分级；

（5）膨胀性：分为膨胀和自应力两类。

水泥按主要的水硬性矿物可分为：硅酸盐水泥（波特兰水泥）、铝酸盐水泥、硫铝酸盐水泥、铁铝酸盐水泥和氟铝酸盐水泥。

水泥按其用途和性能分以下三类：

（1）通用水泥：用于一般土木建筑工程的水泥。这类水泥实际上是硅酸盐水泥及其派生的品种，主要包括：硅酸盐水泥、普通硅酸盐水泥、矿渣硅酸盐水泥、粉煤灰硅酸盐水泥、火山灰质硅酸盐水泥、复合硅酸盐水泥。

（2）专用水泥：专门用途的水泥。如油井水泥、砌筑水泥、道路硅酸盐水泥、型砂水泥等。

（3）特性水泥：某种性能比较突出的水泥。如高铝水泥、中热硅酸盐水泥、低热矿渣硅酸盐水泥、膨胀水泥、白色硅酸盐水泥。

1.1.2　目前应用的主要水泥品种

1. 通用硅酸盐水泥

通用硅酸盐水泥是目前应用最广泛的主要品种，主要包括：

（1）普通硅酸盐水泥：由硅酸盐水泥熟料、混合材料掺量大于5%且不超20%，适量石膏磨细制成的水硬性胶凝材料，代号：P.O。

（2）硅酸盐水泥：由硅酸盐水泥熟料、0～5%石灰石或粒化高炉矿渣、适量石膏磨细制成的水硬性胶凝材料，分 P. Ⅰ和 P. Ⅱ。

（3）火山灰质硅酸盐水泥：由硅酸盐水泥熟料、火山灰质混合材料和适量石膏磨细制成的水硬性胶凝材料，称为火山灰质硅酸盐水泥，代号：P. P。

（4）粉煤灰硅酸盐水泥：由硅酸盐水泥熟料、粉煤灰和适量石膏磨细制成的水硬性胶凝材料，称为粉煤灰硅酸盐水泥，代号：P. F。

（5）矿渣硅酸盐水泥：由硅酸盐水泥熟料、粒化高炉矿渣和适量石膏磨细制成的水硬性胶凝材料，代号：P. S，分为 P. S. A 和 P. S. B。

（6）复合硅酸盐水泥：由硅酸盐水泥熟料、两种或两种以上规定的混合材料和适量石膏磨细制成的水硬性胶凝材料，称为复合硅酸盐水泥（简称复合水泥），代号 P. C。

2. 专用水泥和特性水泥

常见的专用水泥和特性水泥主要包括：

（1）低热矿渣硅酸盐水泥：以适当成分的硅酸盐水泥熟料、加入适量石膏磨细制成的具有低水化热的水硬性胶凝材料。

（2）中热硅酸盐水泥：以适当成分的硅酸盐水泥熟料、加入适量石膏磨细制成的具有中等水化热的水硬性胶凝材料。

（3）抗硫酸盐硅酸盐水泥：由硅酸盐水泥熟料、加入适量石膏磨细制成的抗硫酸盐腐蚀性能良好的水泥。

（4）快硬硅酸盐水泥：由硅酸盐水泥熟料加入适量石膏，磨细制成早期强度高的、主要以 3 天抗压强度表示强度等级的水泥。

（5）白色硅酸盐水泥：由氧化铁含量少的硅酸盐水泥熟料加入适量石膏，磨细制成的白色水泥。

（6）砌筑水泥：由活性混合材料，加入适量硅酸盐水泥熟料和石膏，磨细制成主要用于砌筑砂浆的低强度等级水泥。

（7）道路硅酸盐水泥：由道路硅酸盐水泥熟料，0～10%的活性混合材料和适量石膏磨细制成的水硬性胶凝材料，称为道路硅酸盐水泥（简称道路水泥）。

（8）油井水泥：由适当矿物组成的硅酸盐水泥熟料、适量石膏和混合材料等磨细制成的适用于一定温条件下油、气井固井工程用的水泥。

1.2 硅酸盐水泥的性能特点

1.2.1 硅酸盐水泥熟料的化学成分和矿物组成

硅酸盐水泥熟料的主要化学成分有：氧化钙（CaO）、氧化硅（SiO_2）、氧化铝（Al_2O_3）、氧化铁（Fe_2O_3）、氧化镁（MgO）、三氧化硫（SO_3）。上述化学成分不是以单独的氧化物存在，而是两种或两种以上的氧化物反应生成的多种矿物的集合体，这几种主要矿物是：

硅酸三钙　　$3CaO \cdot SiO_2$　　简写成 C_3S

硅酸二钙　　$2CaO \cdot SiO_2$　　简写成 C_2S

铝酸三钙　　$3CaO \cdot Al_2O_3$　　简写成 C_3A

铁铝酸四钙　　$4CaO \cdot Al_2O_3 \cdot Fe_2O_3$　　简写成 C_4AF

1.2.2　硅酸盐水泥熟料中四种主要矿物的特性

（1）C_3S：水化快，早期强度高，它的强度绝对值和强度增进率均很高，其 28 天强度可达到它一年强度的 70%～80%，是决定熟料 28 天强度的主要矿物，对水泥性能起主导作用。由于其水化后产生较多的 $Ca(OH)_2$，故水化热高，耐水性和抗硫酸盐侵蚀性能差。熟料中 C_3S 并不是以纯的硅酸三钙形式存在，而是含有少量其它氧化物，如 Al_2O_3、MgO 以及 Fe_2O_3、R_2O 形成的固溶体，通常将含有少量氧化物的硅酸三钙称为 A 矿，俗称阿利特。

（2）C_2S：水化较慢，至 28d 龄期仅水化 20%左右，凝结硬化缓慢，早期强度低，后期强度高，一年后可赶上 A 矿。增加比表面积可明显增加其早期强度，水化热较低，抗水性较好。通常将含有少量其他氧化物的 C_2S 称为 B 矿，俗称贝利特。

（3）C_4AF：实际上熟料中的 C_4AF 常常是以铁铝酸盐固溶体的形式存在，其水化速度介于 C_3A 和 C_3S 之间，但随后发展不如 C_3S，它的强度早期类似于 C_3A，而后期还能不断增长，类似于 C_2S，其抗冲击性能和抗硫酸盐性能好，水化热较 C_3A 低。

（4）C_3A：水化速度快，放热多，凝结硬化也很快，其强度 3d 内就大部分发挥出来，早期强度高，但绝对值不高，且后期强度几乎不再增长，甚至倒缩。干缩变形大，抗硫酸盐性能差。

1.3　通用硅酸盐水泥的性能参数及要求

《通用硅酸盐水泥》GB 175—2007 产品标准对通用硅酸盐水泥的混合材种类和掺量、细度、安定性、凝结时间、强度、三氧化硫、氧化镁、烧失量、碱含量和氯离子含量等作了规定，通常对产品质量影响较大的指标有：

（1）安定性：水泥硬化浆体能保持一定的形状，不开裂、不变形、不溃散的性质。导致水泥安定性不良，一般是由于熟料中的游离氧化钙（f-CaO）、游离氧化镁或掺入的石膏过多等原因所造成的。安定性的表示方法有试饼法和雷氏夹法膨胀值。

（2）凝结时间：水泥凝结时间分为初凝时间和终凝时间，它们直接影响混凝土的施工性能和施工进度。水泥的不正常凝结包括缓凝、快凝和假凝三种状态。

缓凝是指水泥凝结时间偏长、不符合标准或施工要求。具体表现为水泥加水拌和后凝结时间很慢或即使凝结也不凝固，几乎没有机械强度。假凝是指水泥掺水拌和后，几分钟内物料就显示凝结现象，但经过剧烈搅拌后，水泥浆又会恢复塑性并达到正常凝结。假凝的特点为水化过程放热量极微。假凝的主要原因是水泥粉磨过程中温度太高（如达 150℃）造成部分二水石膏脱水生成半水石膏，当水泥加水后，半水石膏迅速水化成二水石膏晶体析出，形成二水石膏的结晶网，使水泥浆很快固化，再经过剧烈地搅拌，又能使已固化的水泥浆体重新恢复塑性。水泥产品中发生假凝现象的不判断为不合格。快凝是水泥掺水拌和后水化迅速，很快就显示凝结特征，水泥浆体重新搅拌不能再恢复塑性，快凝的特点为水化过程放出大量热量。快凝的水泥主要是由于 SO_3 掺入量不足，即缓凝不够引起的。

(3) 强度：一般是指水泥试体承受外力破坏的能力，它是水泥最重要的性能，直接影响混凝土的强度和混凝土配合比的水泥用量。水泥强度分为抗压强度和抗折强度，标准中用强度等级（以前称“标号”）来衡量强度的高低，它对应水泥 28d 抗压强度最低值（MPa）。影响强度的因素主要包括矿物组成、混合材掺量、细度和养护条件等。

(4) 三氧化硫：水泥中的 SO_3 含量不得超过国家标准规定的限量，过量的三氧化硫和氧化镁对水泥混凝土的安定性造成潜在的、长期的破坏。

(5) 氧化镁：对水泥性能造成危害的主要是过量的以游离状态存在的氧化镁，即方镁石，其水化速度慢，水化后体积膨胀大。

(6) 氯离子（Cl^-）：水泥混凝土中氯离子含量会引起钢筋锈蚀，从而导致混凝土结构破坏，在干湿变化大和潮湿环境中，氯离子对钢筋的锈蚀加剧。

(7) 碱含量：水泥中碱含量对混凝土的影响主要表现在两方面，一是水泥中的碱性氧化物与混凝土中碱活性骨料会发生碱-骨料反应。二是碱可能促进混凝土收缩裂缝的生成和发展以至造成混凝土结构物的劣化，这是高含碱量水泥对混凝土更大的安全威胁。因此不管是否使用活性骨料，必须将水泥中的含碱量减到最少。

(8) 混合材种类及掺量：适宜的混合材种类和掺量有利于改善水泥质量、满足不同工程需要，但当某一混合材掺量过多或不稳定时，将对水泥的使用性能（如需水量、保水性、与外加剂的相容性等）造成不良影响。

(9) 细度：也称水泥的分散度，是指水泥颗粒粗细的程度。水泥细度有三种表示方法：筛余量、比表面积、颗粒级配。水泥细度对水泥的凝结硬化速度、强度、需水性、泌水率、干缩性、水化热、耐风化等性能有很大影响，因而是水泥的一项重要物理性能。

(10) 需水量：直接影响水泥与外加剂的适应性、混凝土工作性以及收缩开裂等使用性能。通常情况下，需水量较少，使用性能较好。

需水量用水泥净浆标准稠度用水量和水泥胶砂流动度表示，前者用于水泥净浆，后者用于水泥砂浆，测定它们的主要目的是使水泥的性能检验具有可比性和衡量水泥的使用性能。

水泥净浆标准稠度用水量是指水泥拌制成规定的塑性状态时所需要的拌和水量与水泥质量之比，用百分数表示。水泥胶砂流动度以水泥胶砂在流动桌上扩展的平均直径（mm）表示。

(11) 与外加剂的相容性：是指水泥与外加剂共存时浆体的流动性能、力学性能、凝结行为和泌水现象。相容性好时，在常用掺量下能够达到其自身的效果、坍落度随时间变化损失相应较小、没有离析和泌水现象、对混凝土的强度等性能无负面影响。相容性通过饱和点掺量（用 Marsh 筒或净浆流动度方法检测）、饱和点流动度（饱和点 Marsh 时间）及流动度经时损失（Marsh 时间经时损失）三者来进行综合评价。相容性较好，即饱和点掺量小，饱和点对应的流动性能好，流动度经时损失小。

(12) 质量稳定性：通常以某项技术指标在一定时间或一定量的标准偏差或变异系数表示。水泥质量的均匀、稳定，有利于混凝土配制工艺的稳定和质量的稳定。

《通用硅酸盐水泥》GB 175—2007 对通用水泥的要求作了不同的规定，见表 1-1。

标准规定的通用水泥技术要求 **表 1-1**

水泥名称及代号	硅酸盐水泥		普通水泥	复合水泥	矿渣水泥	火山灰水泥	粉煤灰水泥
	P. Ⅰ	P. Ⅱ	P. O	P. C	P. S. A P. S. B	P. P	P. F
主要混合种类	—	石灰石或粒化高矿渣（粉）	符合 GB 175—2007 要求的活性、非活性混合材	符合 GB 175—2007 要求的两种或两种以上混合材	粒化高炉矿渣（粉）和≯8 的符合 GB 175—2007 的混合材	符合 GB/T 2847S 求的火山灰和≯8 的石灰石	符合 GB/T 1596 要求的粉煤灰和≯8 的 5 石灰石
主要混合材料掺量（%）	0	≤5	>5 且≤20	≥20 且≤50	P. S. A：>20 且≤50；P. S. B：>50 且≤70	>20 且≤40	>20 且≤40
助磨剂掺量（%）	≤0.5						
细度	比表面积≥300m²/kg		80um 筛筛余量：≤10.0%；45μm 筛筛余量：≤0.0%				
初凝（min）	≥45						
终凝（min）	≤390		≤600				
安定性	合格						
MgO（%）	水泥中 MgO≤5.0，如压蒸安定性合格则≤6.0			P. S. B 不要求，水泥中 MgO≤6.0，如≫6.0 则压蒸安定性合格			
SO_3（%）	≤3.5				≤4.0	≤3.5	
烧失量（%）	≤3.0	≤3.5	≤5.0	不作要求			
不溶物（%）	≤0.75	≤1.50	不作要求				
氯离子	≤0.60%，当有更低要求时，该指标由买卖双方确定						
碱含量（%）	低碱水泥时，Na20+0.658K20≤0.60%或由买卖双方确定						
强度龄期	设 3d、28d 龄期						
强度等级	42.5（R）、52.5（R）、62.5（R）		42.5（R） 52.5（R）	32.50①（R）、42.5（R）、52.5（R） 复合水泥：32.5（R）、42.5（R）、52.5（R）			

注：① 2015 年修订的标准中已将 32.5 等级的复合水泥删除。

1.4 特性水泥和专用水泥

有特殊性能的水泥和用于某种工程的专用水泥。这类水泥品种较多，主要有以下几种：

（1）快硬水泥：也称早强水泥，通常以水泥的 1～3d 抗压强度值确定强度等级，其特点为凝结硬化快、早期强度增进率快，主要用于要求早期强度高的工程、紧急抢修的工程、冬期施工的工程混凝土预制构件。按其矿物组成不同可分为：硅酸盐快硬水泥、铝酸盐快硬水泥、硫铝酸盐快硬水泥和氟铝酸盐快硬水泥。按其早期强度增长速度不同又可分为：快硬水泥，以 3d 抗压强度值确定强度等级；特快硬水泥，以小时抗压强度值确定强度等级，氟铝酸盐快硬水泥即属特快硬水泥。

（2）抗硫酸盐水泥：按水泥抵抗硫酸盐侵蚀能力的大小，分为中抗硫酸盐水泥

（P·MSR）和高抗硫酸盐水泥（P·HSR）。抗硫酸盐硅酸盐水泥是抗硫酸盐水泥的主要品种，由特定矿物组成的硅酸盐水泥熟料，掺加适量石膏磨细而成，分 32.5 和 42.5 两个强度等级。中抗硫酸盐水泥和高抗硫酸盐水泥熟料中硅酸三钙含量分别不大于 55%和 50%，铝酸三钙分别不大于 5%和 3%；而水泥中的三氧化硫含量不得超过 2.5%；水泥的抗硫酸盐性能用 14d 线膨胀率表示。抗硫酸盐水泥适用于同时受硫酸盐侵蚀、冻融和干湿作用的海港工程、水利工程以及地下工程。

（3）砌筑水泥：砌筑水泥是由一种或一种以上活性混合材料或具有水硬性的工业废料为主要原料，加入适量硅酸盐水泥熟料和石膏，经磨细制成的水硬性胶凝材料，代号 M。这种水泥的强度较低，不能用于钢筋混凝土或结构混凝土，主要用于工业与民用建筑的砌筑和抹面砂浆、垫层混凝土等。砌筑水泥分为 12.5 及 22.5 两个强度等级，与通用水泥技术要求不同是，对砌筑水泥的保水性作出了限制，以保证其施工性能，随着砌筑砂浆工艺和技术的发展，砌筑水泥主要用作制作砌筑砂浆原料。

（4）低热和中热水泥：这类水泥水化热较低，适用于大坝和其他大体积建筑。按水泥组成不同可分为低热硅酸盐水泥、中热硅酸盐水泥、低热矿渣硅酸盐水泥和低热微膨胀水泥等，低热硅酸盐水泥和中热硅酸盐水泥有 42.5 一个强度等级，低热矿渣硅酸盐水泥和低热微膨胀水泥有 32.5 一个强度等级。低热和中热水泥是按水泥在 3、7d 龄期内放出的水化热量来区别。

（5）白色水泥：白色硅酸盐水泥是白色水泥中最主要的品种，是以氧化铁和其他有色金属氧化物含量低的石灰石、黏土、硅石为主要原料，经高温煅烧、淬冷成水泥熟料，加入适量石膏（也可加入少量白色石灰石代替部分熟料），在装有石质（或耐磨金属）衬板和研磨体的磨机内磨细而成的一种硅酸盐水泥。在制造过程中，为了避免有色杂质混入，煅烧时大多采用天然气或重油作燃料。也可用电炉炼钢生成的还原渣、石膏和白色粒化矿渣，配制成无熟料白色水泥。白色水泥的典型特征是具有很高的白度，色泽明亮。其色泽以白度表示，不得低于 87。白色硅酸盐水泥的物理性能和普通硅酸盐水泥相似，一般用作各种建筑装饰材料，典型的有粉刷、雕塑、地面、水磨石制品等，白水泥还可用于制作白色和彩色混凝土构件，是生产规模最大的装饰水泥品种。

（6）道路硅酸盐水泥：由道路硅酸盐水泥熟料，0～10%活性混合材料和适量石膏磨细制成的水硬性胶凝材料，道路水泥的性能与其化学成分和矿物组成有着密切的关系，其熟料中含 Fe_2O_3 较高，对 C_4AF 和 C_3A 含量进行了严格规定。道路水泥的技术要求要高于同等级的通用水泥，其主要特点体现为对混凝土耐久性及质量影响重要的理化指标与通用水泥相同甚至严于通用水泥，如凝结时间、比表面积、MgO、SO_3、安定性等，同时又区别于通用水泥，体现出早强、高抗折强度和抗硫酸盐、干缩小、耐磨性好及脆性小的优良性能。广泛应用于公路、桥梁、机场和大体积工程及通用的建筑工程。

（7）油井水泥专用于油井、气井固井工程的水泥，也称堵塞水泥，由主要成分为水硬性硅酸钙和铝酸盐的水泥熟料和一种或几种石膏磨细而成，当需要时，可掺入适量的助磨剂、调凝剂和水。按用途可分为普通油井水泥和特种油井水泥；按材料组成和性能的不同，分 A、B、C、D、E、F、G、H 几个级别。

（8）彩色水泥：通常由白色水泥熟料、石膏和颜料共同磨细而成。所用的颜料要求在光和大气作用下具有耐久性，高的分散度，耐碱，不含可溶性盐，对水泥的组成和性能不起破坏作用。常用的无机颜料有氧化铁、二氧化锰、氧化铬、钴蓝、群青蓝、炭黑；有机颜料有孔雀蓝（蓝色）、天津绿（绿色）等。在制造红、褐、黑等深色彩色水泥时，也可用硅酸盐水泥熟料代替白色水泥熟料磨制。彩色水泥还可在白色水泥生料中加入少量金属氧化物作为着色剂，直接煅烧成彩色水泥熟料，然后再磨细，制成水泥。彩色水泥主要用作建筑装饰材料，也可用于混凝土、砖石等的粉刷饰面。

（9）膨胀水泥：硬化过程中体积膨胀的水泥，按矿物组成不同，分为硅酸盐类膨胀水泥、铝酸盐类膨胀水泥、硫铝酸盐类膨胀水泥和氢氧化钙类膨胀水泥。硅酸盐类膨胀水泥一般是在硅酸盐水泥中，掺加各种不同的膨胀组分磨制而成；铝酸盐类膨胀水泥通常是在高铝水泥中掺加适量石膏和石灰共同磨制而成；硫铝酸盐膨胀水泥是由硫铝酸盐水泥熟料掺加适量石膏共同磨制而成。一般膨胀值较小的水泥，可配制收缩补偿胶砂和混凝土，适用于加固结构，灌筑机器底座或地脚螺栓，堵塞、修补漏水的裂缝和孔洞，以及地下建筑物的防水层等。膨胀值较大的水泥，也称自应力水泥，用于配制钢筋混凝土。自应力水泥在硬化初期，由于化学反应，水泥石体积膨胀，使钢筋受到拉应力，反之，钢筋使混凝土受到压应力，这种预压应力能够提高钢筋混凝土构件的承载能力和抗裂性能。自应力水泥按矿物组成不同可分为硅酸盐类自应力水泥、铝酸盐类自应力水泥和硫铝酸盐类自应力水泥。这类水泥的抗渗性良好，适宜于制作各种直径的、承受不同液压和气压的自应力管，如城市水管、煤气管和其他输油、输气管道。

（10）防辐射水泥：对 X 射线、γ 射线、快中子和热中子能起较好屏蔽作用的水泥。这类水泥的主要品种有钡水泥、锶水泥、含硼水泥等。钡水泥以重晶石、黏土为主要原料，经煅烧获得以硅酸二钡为主要矿物组成的熟料，再掺加适量石膏磨制而成。其相对密度达 4.7～5.2，可与重骨料（如重晶石、钢段等）配制成防辐射混凝土。钡水泥的热稳定性较差，只适宜于制作不受热的辐射防护墙。锶水泥是以碳酸锶全部或部分代替硅酸盐水泥原料中的石灰石，经煅烧获得以硅酸三锶为主要矿物组成的熟料，加入适量石膏磨制而成。其性能与水泥相近，但防射线性能稍逊于钡水泥。在高铝水泥熟料中加入适量硼镁石和石膏，共同磨细，可获得含硼水泥。这种水泥与含硼骨料、重质骨料可配制成密度较高的混凝土，适用于防护快中子和热中子的屏蔽工程。

1.5 水泥质量检验

1.5.1 水泥质量验收

1. 一般要求

《混凝土结构工程施工质量验收规范》GB 50204 相关条款规定：水泥进场时应对其品种、级别、包装或散装仓号、出厂日期等进行检查，并应对其强度、安定性及其他必要的性能指标进行复验，其质量必须符合现行《通用硅酸盐水泥》GB 175 的要求。

当在使用中对水泥质量有怀疑或水泥出厂超过 3 个月（快硬硅酸盐水泥超过 1 个月）时，应进行复验，并按复验结果使用。钢筋混凝土结构、预应力混凝土结构中，严禁使用含氯化物的水泥。

检查数量：按同一生产厂家、同一等级、同一品种、同一批号且连续进场的水泥，袋装不超过200t为一批，散装不超过500t为一批，每批抽样不少于一次。

检验方法：检查产品合格证、出厂检验报告和进场复验报告。

2. 进场水泥外观检查

水泥袋上应清楚标明工厂名称、生产许可证编号、品种、名称、代号、强度等级及包装年、月、日和编号，散装水泥应提交与袋装标志相同内容的卡片和散装仓号，设计对水泥有特殊要求时，应检查是否与设计要求相符。水泥每袋净重不少于49.5kg，抽查水泥的重量是否符合规定，以保证水泥的合理运输和准确掺量。

产品合格证检查：检查产品合格证的品种、强度等级等指标是否符合要求，进货品种是否与合格证相符。

3. 水泥取样（抽样）方法

取样前，应确定样品是否在有效期内，样品应无回潮、结块现象。水泥取样应确保其代表性，取样方法按《水泥取样方法》GB/T 12573和相关产品标准要求进行，取样采取随机方式，样品数量不少于12kg，样品缩分为二等份，一份检验，一份作为备样。应按有关规定填写抽样单，并记录被抽查产品相关信息，同时记录产品储存条件及样品状态，抽样人员、被抽查方和见证方应在抽样单上签字、盖章。

袋装水泥在袋装水泥堆场取样：可采用专用取样器，随机选择20个以上不同的部位，将取样管插入水泥的适当深度，用大拇指按住气孔，小心抽出取样器。将所取样品放入洁净、干燥、不易受污染的容器中。

散装水泥在散装水泥卸料处或输送水泥运输机具上取样：当所取水泥深度不超过2m时，可采用专用取样器，在适当位置插入水泥一定深度，关闭后小心抽出。将所取样品放入洁净、干燥、不易受污染的容器中。

样品制备：样品缩分可以一次或多次将样品缩分到标准要求的规定量。水泥样要通过0.9mm方孔筛，均分为试验样和封存样，分别用两层聚乙烯塑料袋密封、包装好，再放入密封的金属容器中，容器应洁净、干燥、防潮、密闭、不易破损、不与水泥发生反应，备样加封条后当场封存，存放于干燥、通风的环境中。

1.5.2 水泥净浆标准稠度用水量的测定

1. 试验原理和目的

水泥净浆对标准试杆的沉入具有一定的阻力，通过试验含有不同水量的水泥净浆对试杆阻力的不同，可确定水泥净浆达到标准稠度时所需要的水量。通过试验测定水泥净浆达到标准稠度的需水量，作为水泥凝结时间、安定性试验的用水量标准，本方法适用于硅酸盐水泥、普通硅酸盐水泥、矿渣硅酸盐水泥、粉煤灰硅酸盐水泥、火山灰质硅酸盐水泥、复合硅酸盐水泥及指定采用本方法的其他品种水泥。

2. 试验条件和主要仪器设备

（1）试验室温度为20±2℃，相对湿度应不低于50%；水泥试样、拌和水、仪器和用具的温度应与试验室一致；

（2）试验用水必须是洁净的饮用水（如有争议时应以蒸馏水为准）；

（3）湿气养护箱的温度为20±1℃，相对湿度不低于90%；

（4）主要试验仪器：标准稠度仪、水泥净浆搅拌机、天平、量筒。

3. 试验步骤及注意事项

（1）仪器设备的检查。维卡仪的金属滑杆能自由滑动：将试杆转接在金属滑杆下部，调整试杆接触玻璃板或试锥接确锥模时指针对准零点，搅拌机运转正常；

（2）水泥净浆拌制

用湿抹布润湿水泥浆接触的仪器表面及用具，将拌和水倒入搅拌锅中，在5～10s内将称好的500g水泥加入水中，放置在搅拌机锅座上，升至搅拌位置，启动搅拌机，低速搅120s，停15s，高速搅120s停机。

（3）标准稠度用水量的测定（标准法）

拌和结束后，立即将拌制好的水泥净浆一次性装入已置于玻璃底板上的试模中，用宽约25mm的直边刀轻轻拍打超出试模部分的浆体5次，然后在试针上表面约1/3处，略倾斜于试模分别向外轻轻锯掉多余净浆，再从试模边缘轻抹顶部一次，使净浆表面光滑；抹平后迅速将试模和底板移到维卡仪上，并将其中心定在试杆下，降低试杆直至与水泥净浆表面接触，拧紧螺丝1～2s后，突然放松，使试杆垂直自由地沉入水泥净浆中。在试杆停止沉入或释放试杆30s时记录试杆距底板之间的距离，升起试杆后，立即擦净；整个操作应在搅拌后1.5min内完成。以试杆沉入净浆并距底板6±1mm的水泥净浆为标准稠度净浆。其拌和水量为该水泥的标准稠度用水量（P），按水泥质量的百分比计。

使用代用法时，采用调整水量方法，水量按经验确定；采用不变水量法时，拌和水量用142.5mL。水泥净浆拌制与标准法相同，将水泥净浆装入锥模中，用宽约25mm的直边刀轻轻拍打超出试模部分的浆体5次，再轻振5次，括去多余净浆用试锥替代试杆，以试锥下沉深度为30±1mm的水泥净浆为标准稠度净浆。其拌和水量为该水泥的标准稠度用水量（P），按水泥质量的百分比计。

（4）试验数据计算与评定

用标准法和调整水量法测定时，水泥的标准稠度用水量P以水泥质量的百分数计。按式计算：$P=M_1/M_2\times100\%$（M_1：水泥净浆达到标准稠度时的拌和用水量；M_2：水泥试样质量）

用不变水量法测定时，标准稠度用水量按：

$$P = 32.8 - 0.185S$$

式中　S——试锥下沉深度（mm）。

1.5.3　水泥胶砂强度的测定

1. 测定原理和目的

通过测定按规定的方法配制并经一定龄期的标准养护后的水泥胶砂试件强度，来反映水泥的强度等级，为混凝土配合比设计提供依据。

由于加水量对水泥和混凝土的强度及流动性产生直接的影响，因此，在进行水泥胶砂强度试验时，对水泥胶砂流动度作出如下规定：火山灰质硅酸盐水泥、粉煤灰硅酸盐水泥、复合硅酸盐水泥和掺火山灰质混合材料的普通硅酸盐水泥在进行胶砂强度检验时，其用水量按0.50水灰比和胶砂流动度不小于180mm来确定；当流动度小于180mm时，应以0.01的整倍数递增的方法将水灰比调整至胶砂流动度不小于180mm。

2. 试验条件和主要仪器设备

（1）试验条件：试体成型养护室的温度应保持在20±2℃，相对湿度应不低于50%；

试体带模养护的养护箱或雾室温度保持在20±1℃，相对湿度应不低于90%；试体养护池水温度应在20±1℃范围内；水泥试样、拌和水、仪器和用具的温度应与试验室一致；

(2) 试验用水必须是洁净的饮用水；

(3) 主要试验仪器：胶砂搅拌机、振动台、试模、天平、抗折强度试验机、抗压强度试验机、量筒。

3. 试验步骤

(1) 配料：水泥450±2g，标准砂1350±5g，水225±1g；

(2) 用行星式搅拌机搅拌，在振动台上成型，也可用代用设备（振幅0.75±0.02mm）振动台成型。

(3) 试体连模一起在湿气中养护24h，后脱模水中养护至强度试验。水中养护时间：3天龄期强度试验养护时间72h±45min；28d龄期强度试验养护时间大于28d±8h。

(4) 到达试验龄期后从水中取出进行抗折试验，折断后每截再进行抗压试验。

(5) 抗折强度的测定：抗折试验加荷速度为50±10N/s；

抗折强度计算：

$$R_f = 1.5F_f \times L/b^3 \tag{1-1}$$

式中 F_f——折断时施加于棱柱体中部的荷载；

L——支撑圆柱间之的距离，取100mm；

b——棱柱体正方形截面的边长，取40mm。结果精确至0.1MPa。

结果确定：以一组三个结果的平均值作为试验结果。当三个强度值中有超出平均值的±10%时，应剔除后再取平均值作为抗折强度试验结果。

(6) 抗压强度的测定：抗压试验加荷速度为2400±200N/s；

抗压强度计算：

$$R_C = F_C/A \tag{1-2}$$

式中 R_C——抗压强度（MPa）；

F_C——破坏时的最大荷载；

A——受压部分面积，mm^2（$40mm \times 40mm = 1600mm^2$）。结果精确至0.1MPa。

(7) 结果确定：以一组六个结果的平均值作为试验结果。六个测定值中有一个超出六个平均值±10%，就应剔除这个结果，而以剩下五个的平均数为结果。如果五个测定值中再有超过它们平均数±10%的，则此组结果作废。

4. 水泥强度测试过程中应注意的事项

(1) 成型过程中：定期检查搅拌叶和搅拌锅之间的间隙，间隙过大或过小，都不能保证水泥被充分搅拌；播料一定要均匀。每个槽中第一层料约为300g，播第二层料前，须将锅内的料用勺子搅拌几次，再均匀播入试模中；刮平时沿试模长度方向以横向锯割动作慢慢向另一端移动，刮平过程须一次完成，刮平后移动试模时应将试模保持水平状态。

(2) 养护过程：水平放置时刮平面应朝上，试件之间间隔或试体上表面的水深不得小于5mm；养护箱内放置试模的平面也应保持水平，否则试体易出现两头不一样高的现象，从而导致一条试体强度不一致。

(3) 试块脱模：试块成型后在养护箱中养护24h，取出脱模。在脱模过程中，动作一定要轻缓，因为任何冲击或敲打等，均会在试块内部造成一定的细裂纹，使得试块的强度，特别是早期强度下降。

(4) 破型过程：测试抗压强度时，要保证整个过程以2400±200N/s的速率均匀加荷直至破坏。这个过程对测试结果的准确性尤为重要；测试抗折强度前，应抹去试体表面附着的水分和砂粒，并且将试体气孔较多的一面向上作为加荷面，而将气孔较少的一面向下作为受拉面；应定期检查或更换夹具。抗折夹具应保持三个圆柱能自由转动。抗压夹具在使用过程中会因磨损而导致上下压面表面光洁度降低，而抗压夹具的表面光洁度直接影响试件的受压面积，从而影响最终结果。

1.5.4 水泥强度快速测定方法

1. 55℃湿热法测定水泥快速强度的原理

水泥的水化过程，也遵循一般的化学反应规律，温度升高，水化加快，因此，人为地改变养护条件，使水泥快速水化凝结、硬化。在较短的时间内达到较高的数值，将快速得到的强度数值与标准值建立相应的关系，就可以从快速强度值推算出标准强度值。硅酸盐水泥的常温水化物在温度高于60℃时，其形态和含水状态将发生变化，这种变化会影响水泥强度。取55℃即可加速水泥的水化，又不根本改变水化物的形态，因而可使快速强度与标准强度值有更好的相关性。

2. 55℃湿热法测定水泥快速强度的步骤

建材行业标准JC/T 138规定了水泥强度快速检验方法，此方法适用于硅酸盐水泥、普通硅酸盐水泥、矿渣硅酸盐水泥、火山灰质硅酸盐水泥、粉煤灰硅酸盐水泥和复合硅酸盐水泥的水泥强度快速检验以及28d水泥抗压强度的预测。具体检验步骤如下：

（1）试体的成型于养护：按照按《水泥胶砂强度检验方法（ISO法）》GBAT 17671有关要求制备.40mm×40mm×160mm胶砂试体，带模放入20±1℃、相对湿度大于90%的标准养护箱中养护4h±15min。

（2）湿热养护：带模试体经预养后，取出放入650mm×350mm×260mm的湿热养护箱内，盖好箱盖，立即升温，从室温开始在1.5h±10min内使箱温升至55℃，并在55±2℃下恒温18h±10min后，取出试模，在常温下冷却50±10min，脱模后破型。

（3）破型与计算：按GB/T 17671进行。

（4）28d强度的预测：水泥28d抗压强度按下式计算：

$$R_{28预} = a \cdot R_{快} + b \tag{1-3}$$

式中 $R_{28预}$——预测的水泥28d抗压强度（MPa）；

$R_{快}$——快速测定的水泥抗压强度（MPa）；

a、b——待定常数。

注意：快速测定方法得到的强度值是通过统计公式或经验公式推算出来的，即使同一个生产厂家生产工序质量处在波动之中，统计关系也随之变化，且计算结果与标准测定值不可能完全吻合，所以它只能是一种辅助方法，不能取代标准强度值。

1.5.5 水泥安定性的测定

1. 试验原理和目的

水泥在硬化过程中的体积变化，如果在水泥石硬化后，由于水泥中的有害组分在水泥石内部产生不均匀体积变化会产生破坏应力，如超过建筑物强度会引起建筑物开裂、崩塌。由于导致水泥不安定的原因不同，影响程度各异，通过沸煮或压蒸的方法加快游离氧化钙和氧化镁以及水泥矿物的水化过程，从而观测其对硬化后体积的影响程度。常用方法包括沸煮法和压蒸法，沸煮法主要测试游离氧化钙对安定性的影响，压蒸法主要测试游离氧化镁（方镁石）对安定性的影响。

沸煮法检验水泥安全性有两种方法：雷氏法（标准法）和试饼法（代用法），可并列使用，但两者有争议时，以雷氏法为准。因此，当试饼法判为不合格时，可以用同一个试样采用雷氏法复验，结果以雷氏法结果为准。为了缩小由于水泥存放时间不一产生的结果误差，复检工作应在发现试饼不合格当天开始进行。雷氏法是测定水泥净浆在雷氏夹中沸煮后膨胀值，由于以膨胀量值为依据，人为因素少，测定结果的复演性、敏感性好、量值概念比较清楚，判别标准容易建立，因而优于试饼法。

试饼法是观察水泥净浆试饼沸煮后的外形变化和内部结构来检验水泥体积变化的均匀性，是用肉眼和直尺判别，没有量值概念，特别是在临界状态下，不易判别。

2. 沸煮法的试验条件和主要仪器设备

（1）试验室温度为 20±2℃，相对湿度应不低于 50%；水泥试样、拌和水、仪器和用具的温度应与试验室一致；

（2）湿气养护箱的温度为 20±1℃，相对湿度不低于 90%；

（3）试验用水必须是洁净的饮用水（如有争议时应以蒸馏水为准）。

主要试验仪器：维卡仪、水泥净浆搅拌机、雷氏夹、雷氏夹膨胀测定仪、沸煮箱、天平、量筒。

3. 沸煮法的试验步骤及注意事项

（1）雷氏法（标准法）

1）测定前的准备工作

每个试样需要两个试件，每个雷氏夹需配备边长或直径 80mm、厚 4～5mm 的玻璃板两块。凡与水泥净浆接触的玻璃板和雷氏夹表面都要稍稍涂上一层油。

2）雷氏夹试件的制备方法

将预先准备好的雷氏夹放在已稍擦油的玻璃板上，并立刻将已制好的标准稠度净浆装满雷氏夹。装浆时一只手轻扶持雷氏夹，另一只手用宽约 25imn 的直边刀在浆体表面轻轻插捣 3 次然后抹平，盖上稍涂油的玻璃板，接着立刻将雷氏夹移至湿气养护箱中养护 24±2h。

3）沸煮

调整好沸煮箱内的水位，使之在整个沸煮过程中都能淹过试件，不需中途添补试验用水，同时保证在 30±5min 内水能沸腾；脱去玻璃板取下试件，先测量雷氏夹指针尖端间的距离 A，精确到 0.5mm，接着将试件放入水中篦板上，指针朝上，试件之间互不交叉，然后在 30±5min 内加热水至沸腾，并恒沸 3h±5min。

4）结果判别

沸煮结束后，即放掉箱中的热水，打开箱盖，待箱体冷却至室温，取出试件进行判别。

测量雷氏夹指针尖端间的距离 C，精确到 0.5mm，当两个试件煮后增加距离（$C-A$）的平均值不大于 5.0mm 时，即认为该水泥安定性合格；当两个试件沸煮后增加距离的平均值大于 5.0mm 时，应用同一样品立即重做一次试验，以复检结果为准。

（2）代用法（试饼法）

1）测定前的准备工作

每个样品需要两块边长约 100mm 的玻璃板。凡与水泥净浆接触的玻璃板都要稍稍涂上一层隔离剂。

2）试饼的成型方法

将制好的净浆取出一部分分成两等份，使之成球形，放在预先准备好的玻璃板上，轻轻振动玻璃板并用湿布擦净的小刀由边缘向中央抹动，做成直径 70～80mm、中心厚约 10mm、边缘渐薄、表面光滑的试饼，接着将试饼放入湿气养护箱中养护 24±2h。

3）沸煮

调整好沸煮箱内的水位，使之在整个沸煮过程中都能没过试件，不需中途添补试验用水，同时保证在 30±5min 内水能沸腾；脱去玻璃板取下试件，先检查试饼是否完整，

在试饼无缺陷的情况下将试饼放入水中篦板上，然后在 30±5min 内加热水至沸腾，并恒沸 3h±5min。

4）结果判别

沸煮结束后，即放掉箱中的热水，打开箱盖，待箱体冷却至室温，取出试件进行判别。目测试饼未发现裂缝，用钢直尺检查也没有弯曲（使钢直尺和试饼底部紧靠），以两者间不透光、试饼安定性合格；反之为不合格。当两个试饼判别结果有矛盾时，该水泥的安定性为不合格。

安定性不合格的水泥为废品。工程中不得使用安定性不合格的水泥。

1.5.6 水泥凝结时间的测定

1. 试验原理和目的

水泥和水以后，发生一系列物理与化学变化，随着水泥水化反应的进行，水泥浆体逐渐失去流动性、可塑性，进而凝固成具有一定强度的硬化体，这一过程成为水泥的凝结，通过测定人为规定的某一可塑状态和固体状态所需时间，从而控制混凝土的施工性能和施工进度。

2. 试验条件和主要仪器设备

凝结时间测定的试验条件和主要仪器设备与标准稠度用水量的标准法测定基本相同，不同的是将标准维卡仪的试杆换成测定凝结时间用的试针。

3. 试验步骤

（1）测定前的准备工作：调整凝结时间测定仪的试针接触底板，使指针对准零点。

（2）试件的制备：与标准法测定水泥标准稠度用水量相同。

（3）将制作好的试件立即放入湿气养护箱中，记录水泥全部加入水中的时间作为初始时间。

（4）初凝时间测定

试件在湿气养护箱中养护至加水后 30min 时进行第一次测定。测定时，从湿气养护箱中取出试模放到试针下，降低试针与水泥净浆表面接触。拧紧螺丝 1～2s 后，突然放松，使试杆垂直自由地沉入水泥净浆中。观察试针停止沉入或释放试针 30s 时的指针的读数。临近初凝时，每隔 5min 测定一次。当试针沉至距底板 4±1mm 时，为水泥达到初凝状态。达到初凝时应立即重复测一次，当两次结论相同时才能确定为达到初凝状态。

初凝时间不合格的水泥为废品。不能用于工程。

（5）终凝时间测定

为了准确观察试件沉入的状况，在终凝针上安装了一个环形附件。在完成初凝时间测定后，立即将试模连同浆体以平移的方式从底板取下，翻转 180°直径大端向上、小端向下

放在底板上，再放入湿气养护箱中继续养护。临近终凝时间时每隔 15min 测定一次，当试针沉入试件 0.5mm 时，即环形附件开始不能在试件上留下痕迹时，为水泥达到终凝状态。达到终凝时，应立即重复测一次，当两次结论相同时才能确定为达到终凝状态。

终凝时间不符合要求的水泥为不合格品。

4. 凝结时间检测中需注意的事项

（1）严格控制养护室、养护柜温度、湿度、样品和试验用水温度，使它们保持一致，冬、春季节应注意保温，低温环境下对水泥终凝时间影响很大。应防止流动空气吹过被测园模。

（2）水泥净浆一次性装入试模后用宽约 25mm 的直边刀围绕圆模斜插一圈（利用其剪切应力）并从不同方向拍打 5 次，以排除空气，抹平次数愈少愈好，注意不要压实净浆，整个过程动作要迅速，标准稠度用水量测定在内完成。

（3）严格操作规程，加水量应按标准稠度用水量确定，因加水量过多，凝结时间偏长。

（4）临近初凝，特别是临近终凝状态时，应凭经验缩短测定时间间隔。

（5）测定时应注意，在最初测定的操作时应轻轻扶持金属柱，使其徐徐下降，以防止试针撞弯，结果以自由下落为准；在整个测试过程中试针沉入的位置至少要距试模内壁 10mm。每次测定不能让试针落入原针孔，每次测试完毕应将试针擦净并将拭模放回湿气养护箱内，整个测试过程要防止试模振动。

（6）定期对检验设备检查、较正、稠度仪的标尺应平正、垂直。试针在多次测试后，会出现一定的弯曲。因此，在测试前，可将一张 25g 重的复印白纸，画一条直线，放在试针背面，转换角度，观察试针与直线是否重叠。

1.5.7 水泥胶砂流动度的测定

1. 测定原理和目的

通过测定一定配比的水泥胶砂在规定振动状态下的扩展范围来衡量其流动性，测定流动度的目的在于统一水泥强度检测基准和调节混凝土施工性能。

2. 试验条件和主要仪器设备

（1）试验室温度为 20±2℃，相对湿度应不低于 50%；水泥试样、拌和水、仪器和用具的温度应与试验室一致；

（2）试验用水必须是洁净的饮用水；

（3）主要试验仪器：水泥胶砂流动度测定仪、水泥胶砂搅拌机、试模、卡尺、天平、捣棒、小刀、量筒。

3. 试验步骤和注意事项

（1）试验前准备工作如跳桌在 24h 内未被使用，先空跳一个周期 25 次；在制备胶砂的同时，用潮湿棉布擦拭跳桌台面、试模内壁、捣棒以及与胶砂接触的用具，试模放在跳桌台面中央并用潮湿棉布覆盖。

（2）胶砂制备同胶砂强度方法

胶砂组成：胶砂材料用量按相应标准要求或试验设计确定。

拌好的胶砂分两层迅速装入试模，第一层装至截锥圆模高度约 2/3 处，用小刀在相互垂直两个方向各划 5 次，用捣棒由边缘至中心均匀捣压 15 次；第二层胶砂装至高出截锥圆模约 20mm，用小刀在相互垂直两个方向各划 5 次，再用捣棒由边缘至中心捣压 10 次。

捣压后胶砂应略高于试模；捣压完毕，取下模套，将小刀倾斜，从中间向边缘分两次以近水平的角度抹去高出截锥圆模的胶砂，并擦去落在桌面上的胶砂。

（3）将截锥圆模垂直向上轻轻提起。立即开动跳桌，以每秒钟一次的频率，在25±1s内完成25次跳动。

（4）结果与计算：用卡尺测量胶砂底面互相垂直的两个方向直径，计算平均值，取整数，单位为毫米，该平均值即为该水量的水泥胶砂流动度。

（5）流动度试验，从胶砂加水开始到测量扩散直径结束，应在6min内完成；跳桌宜通过膨胀螺栓安装在已硬化的水平混凝土基座上；跳桌采用流动度标准样检定，测得标样的流动度值如与给定的流动值相差在规定范围内，则该跳桌的使用性能合格。

1.5.8 水泥密度的测定

1. 测定方法原理

《水泥密度的测定方法》GB/T 208是采用液体代排法即用无水煤油代替此种液体，其测定原理是将水泥倒入一定量的液体介质的密度瓶（李氏瓶），使液体充分润湿颗粒。根据阿基米德定律，水泥的体积等于它所排开的液体体积。

2. 试验条件和主要仪器设备

（1）试验条件：室温，恒温期间水温变化不能超过0.2℃

（2）主要仪器设备：250mL密度瓶、细铁丝

3. 测定步骤

（1）样品制备：先通过0.9mm方孔筛，再在110±5℃下烘干1h，并在干燥器中冷却至室温。

（2）将无水煤油注入李氏瓶中，盖上瓶塞放入恒温水槽内，浸水30min，记下第一次读数。

（3）取出李氏瓶，用滤纸擦干净。

（4）称取水泥60g，称准至0.01g。

（5）将水泥装入李氏瓶中，反复摇动或搅拌，至没有气泡排出，再次放入恒温永槽内，浸水30min，记下第二次读数。第一次和第二次读数时，恒温水槽的温度差不大于0.2℃。

（6）结果计算：水泥密度＝水泥质量/排开的体积，其中排开的体积为第二次读数减去第一次读数；结果计算到小数第三位，且取整数到0.01g/cm^3；平行试验两次，且两次之差不得超过0.02g/cm^3；试验结果取两次算术平均值。

1.5.9 水泥比表面积的测定

1. 测定原理

水泥比表面积是根据一定量的空气通过具有一定空隙和固定厚度的水泥层时，所受阻力不同而引起流速的变化来测定的。在一定空隙率的水泥层中，孔隙的大小和数量是颗粒尺寸的函数，同时也决定了通过料层的气流速度。水泥颗粒越粗，孔隙越大，空气透过固定厚度的水泥层所受阻力越小，所需时间越短，因而测得的比表面积也越小，反之，颗粒越细，所测得的比表面积也越大。

2. 试验条件和主要仪器设备

（1）试验条件：相对湿度不大于50％。

(2) 主要仪器设备：勃氏比表面积透气仪、烘干箱、分析天平、秒表。

3. 试验步骤

(1) 样品制备：先通过 0.9mm 方孔筛，再在 110±5℃下烘干 1h，并在干燥器中冷却至室温。

(2) 测定水泥密度：按 GB/T 208—2014 进行。

(3) 漏气检查：用胶皮塞塞紧圆筒口，抽气，关闭活塞，在 5min 内液面如未下降，就证明仪器正常无漏气现象；否则必须找出漏气处加以密封。

(4) 空隙率的确定：P.Ⅰ、P.Ⅱ型水泥的空隙率采用 0.500±0.005mm，其他水泥或粉料的空隙率选用 0.530±0.005。

(5) 试料层制备：先将穿孔板放入透气圆筒中（注意穿孔板的朝向）取一片滤纸放入透气圆筒中，小滤纸片要完整不能有残缺，用一直径比透气圆筒内经略小的细长棒缓慢水平下压，直到滤纸片平整铺放在穿孔板上。按试样计算出的试样量，准确称取精确到 0.01g，倒入已装有穿孔板和滤纸的透气圆筒中（装料过程不要有损失）。

(6) 在桌面上以水平方向轻轻摇动，使试样表面平坦，然后在试料层上盖一片滤纸，用捣器捣实，捣器下压不要速度过快，让圆筒中空气缓慢从放气槽中放出，捣器支持环与圆筒上口边接触并旋转 1～2 圈。

(7) 透气试验：将装有试样的透气圆筒外锥涂一层油脂（凡士林），然后将圆筒插在 U 型压力计上端锥口处，旋转几周使之与 U 型压力计密实接触观察无缝隙，过程中不要剧烈震动透气圆筒。

打开阀门，然后用抽气装置使 U 型压力计内液面缓慢上升到超过最高处的标线（第三条刻度线），并关闭阀门和抽气装置，取出捣器。

当 U 型压力计内凹液面下降到第三条标线计时开始，到第二条标线停止计时，视线与液面凹面水平，液面凹面与标线相切时为计时的开始和结束，记录液面从第三条标线到第三条标线所需的时间和试验时的温度，精确到 0.1 秒。

(8) 计算

$$S=\frac{S_S\rho_S\sqrt{\eta_S}\sqrt{T}(1-\varepsilon_S)\sqrt{\varepsilon^3}}{\rho\sqrt{\eta}\sqrt{T_S}(1-\varepsilon)\sqrt{\varepsilon_S^3}} \tag{1-4}$$

式中 S——被测试样的比表面积（cm^2/g）；

S_S——标准样品的比表面积（cm^2/g）；

T——被测试样试验时，压力计中液面下降的时间（s）；

T_S——标准样品试验时，压力计中液面下降的时间（s）；

η——被测试样试验温度下的空气黏度（μPa·s）；

η_S——标准样品试验温度下的空气黏度（μPa·s）；

ε——被测试样试料层空隙率，不同物料根据标准条款解释选用；

ε_S——标准样品试料层空隙率，标样相关材料提供；

ρ——被测试样的密度（cm^3/g）；

ρ_S——标准样品的密度（cm^3/g），标样相关材料提供。

(9) 结果处理：水泥比表面积应由二次透气试验结果的平均值确定。如二次试验结果相差 2%以上时，应重新试验。计算结果保留至 $10cm^2/g$。

当同一水泥用手动勃式透气仪测定的结果与自动勃式透气仪测定的结果有争议时，以手动勃式透气仪测定的结果为准。

4. 仪器常数的确定

仪器常数包括：试料层体积、标准物质的比表面积值和密度值、标准时间。其中标准物质的比表面积值和密度值由其标签上注明。

（1）试料层体积的标定：采用水银排代法。穿孔板上放两片滤纸，注满水银，倒出水银，称重（P_1/重复进行至数值不变为止。穿孔板上一片滤纸，水泥 2.8～28.0g 左右，另一片滤纸，捣器压实，注满水银，倒出水银称重（P_2），重复进行至数值不变为止，称重（P_2）。

$$V=(P_1-P_2)/\rho_{水银} \tag{1-5}$$

（2）标准时间的测定

采用比表面积和密度已知的标准物质测定透气仪标准时间。标准物质使用前应与仪器温度一致，确保无团、块。测定标准时间时，应称三遍物料，每一遍物料在被标仪器上测试两次时间（同一物料所测时间不超过 0.5s），三遍料的均时间相差不超过 1s。取三次结果的平均值为该仪器的标准时间．标准粉按照空隙率 0.5 制备的，其他粉体需进行校正。

5. 影响水泥比表面积测定结果的因素

（1）空隙率的影响：硅酸盐水泥采用 0.500±0.005，其他水泥采用 0.530±0.005，即对掺加混合材料的水泥、过细的水泥，其空隙率应适当改变，否则会影响试验结果的可比性。

（2）密度的影响：密度是决定试样称量的一个因素，同时在比表面积的计算公式中要采用。因此密度结果的准确与否，就直接影响到试样层的空隙率和比表面积的测定结果。

（3）试样捣实影响：试样层内空隙分布均匀的程度对比表面积测定有一定影响。因此对试样的捣实方法有必要加以统一，以确保测定结果准确。试样放入圆筒中后，如果在自然状态下用捣器捣实，上下孔隙分布就很不均匀。

（4）液面高度的影响：当液面高于正常高度时，气压计产生的压差减少，气体流速慢，通过水泥层时间增加，测得的比表面积偏大，反之则偏少。因此，气压计中有色液体液面应保持在与之测定仪器常数的液面一致。

（5）读数的影响：压力计管后面装有一平面镜，可减少由于操作人员的读数误差而引起的误差。在测定时只要保持刻度线液体的凹月面与平面镜中影子重合即可减少人为误差，提高试验的复演性。

1.5.10　水泥细度的测定

1. 测定方法原理

通过采用一定孔径的筛对样品进行筛析试验，计算筛网上所得筛余物的质量占试样原始质量的百分比。

测定方法包括手工筛析法、水筛法和负压筛析法，结果发生争议时，以负压筛析法为准。

2. 试验条件和主要仪器设备

（1）试验条件：室温。

（2）主要仪器设备：天平、负压筛、水筛和手工筛，负压筛析仪、水筛架、喷头和压力表。

3. 测定步骤

试验前，应对样品进行处理：先通过 0.9mm 方孔筛，再在 110±5℃下烘干 1h，并在干燥器中冷却至室温；试验前所用试验筛应保持清洁，负压筛和手工筛应保持干燥。试验时，80um 筛析试验称取试样 25g，45μm 筛析试验称取试样 10g。

（1）负压筛析法

1）筛析试验前，应把负压筛放在筛座上，盖上筛盖，接通电源，检查控制系统，调节负压至 4000～6000Pa 范围内；

2）称取试样精确至 0.01g，开动筛析仪连续筛析 2min，在此期间如有试样附着在筛盖上，可轻轻地敲击筛盖使试样落下。筛毕，用天平称量全部筛余物。

（2）水筛法

1）筛析试验前，应把水筛放在筛座上，开启冲洗装置检查是否正常，使得喷头底面和筛网之间距离为 35～75mm；

2）称取试样精确至 0.01g 放入筛中，用水冲洗至大部分细粉通过，然后控制水压 0.05±0.02MPa，7 尺筛转速 50r±5r/min 范围内连续筛洗 3min；

3）用胶皮管将筛余冲到一边，用水将筛余物移至蒸发皿中，冲洗两次沉淀，筛余物沉淀后将清水泌出；

4）将筛余物烘干后用天平称量。

（3）手工筛析法

1）称取试样精确至 0.01g 放入筛中。

2）一只手执筛往复摇动，另一只手以每分钟 120 次的速度轻轻拍打，每 40 次转方向，直至每分钟通过量不超过 0.03g 为止，筛毕，用天平称量全部筛余物。

4. 结果处理

（1）水泥试样的筛余百分数按下式计算：

$$F = R_t / W \times 100 \tag{1-6}$$

式中 F——水泥试样的筛余百分数（%）；

R_t——水泥筛余物的质量（g）；

W——水泥试样的质量（g）。

计算结果准确至 0.1%。

（2）筛余结果的修正：修正的方法是将结果乘以该试验筛标定后得到的有效修正系数，即为最终筛余结果。

（3）结果的判断：采用水筛法和负压筛析法时，每个样品应称取两个，试验结果取平均值。若两次筛余结果绝对误差大于 0.3%（筛余值大于 5.0%时，可放宽至 1.0%）应重做，取两次相近结果的平均值。

5. 试验筛的修正

筛子的修正方法一般有两种：一是用 0.08mm 标准筛为基准，被修正筛与该标准筛对比。另一种是用一个已知 0.08mm 标准筛筛余百分数的标准粉作为标准样（中国建材院水泥所可提供），按细度操作程序测定标准样在实验筛上的筛余百分数。试验筛修正系数按下式计算：

$$C = F_n / F_t \tag{1-7}$$

式中　C——试验筛修正系数；

F_n——标准样给定的筛余量（%）；

F_t——标准样在试验筛上的筛余量（%）。

修正系数计算至 0.01。

试验筛的清洗：使用 10 次后要进行清洗。

6. 测定细度时的注意事项

（1）使用新筛或筛子使用一定时间后，都要进行修正。修正系数 C 超出 0.80～1.20 的试验筛不能用做水泥细度检验。

（2）用水筛测试细度时，水压大小及其稳定性对测试结果影响很大。水压必须严格控制在 0.05±0.02MPa 范围内。

（3）应经常保持干净。常用的筛子筛孔畅通，金属框筛、铜丝网筛清洗时应用专门的清洗剂，清洗时用毛刷轻轻由筛底向里按经纬线依次清洗，不得用毛刷由筛内向外刷洗，更不能无规则的任意乱刷，以免损坏筛网。

（4）烘干时，可用红外线灯泡烤干，用电炉时注意安全，防止试样溅出。

（5）用负压筛测试细度时，筛座一定要转动灵活。试验完毕后，要用毛刷刷通筛子的堵塞孔。定期检查负压筛的密封状况，并及时清理收尘布袋。

1.5.11　水泥化学分析方法

水泥是由多种化学成分组成的综合体，各成分通过一定的比例进行配合，彼此相互影响，共同构建了水泥的基本性能，因此，各成分的合理存在，不仅关系到水泥生产过程中的质量控制，而且直接影响到水泥和混凝土的性能。目前，水泥分析方法众多、手段齐备，其依据标准为《水泥化学分析方法》GB/T 176，该标准方法涵盖了常用的分析方法。水泥化学分析方法分为基准法和代用法。在有争议时，以水泥化学分析方法的基准法为准。

《水泥化学分析方法》GB/T 176 的基本要求：

（1）样品制备：按 GB/T 12573 方法取样，送往实验室的样品应是具有代表性的均匀性样品。采用四分法或缩分器将试样缩分至约 100g，经 80μm 方孔筛筛析，用磁铁吸去筛余物中金属铁，将筛余物经过研磨后使其全部通过孔径为 80μm 方孔筛，充分混匀，装入试样瓶中，密封保存，供测定用。

（2）试验次数与要求：每一项测定的试验次数规定为两次，用两次试验结果的平均值表示测定结果。例行生产控制分析时，每一项测定的试验次数可以为一次。

（3）在进行化学分析时，除另有说明外，应同时进行烧失量的测定；其他各项测定应同时进行空白试验，并对所测定结果加以校正。

（4）硝酸汞标准滴定溶液对氯离子的滴定度经修约后保留有效数字三位，其他标准滴定溶液的滴定度和体积比经修约后保留有效数字四位。

（5）除另有说明外，各项分析结果均以质量分数计。氯离子分析结果以%表示至小数点后三位，其他各项分析结果以%表示至小数点后二位。

（6）空白试验：使用相同量的试剂，不加入试样，按照相同的测定步骤进行试验，对得到的测定结果进行校正。

（7）灼烧：将滤纸和沉淀放入预先已灼烧并恒量的坩埚中，为避免产生火焰，在氧化性气氛中缓慢干燥、灰化，灰化至无黑色炭颗粒后，放入高温炉中，在规定的温度下灼烧。在干燥器中冷却至室温，称量。

（8）恒量：经第一次灼烧、冷却、称量后，通过连续对每次 15min 的灼烧，然后冷却、称量的方法来检查恒定质量，当连续两次称量之差小于 0.0005g 时，即达到恒量。

1. 水泥中氯离子的测定

由于水泥混凝土中 Cl^- 会引起钢筋锈蚀，从而导致混凝土开裂破坏。《通用硅酸盐水泥》GB 175 对通用水泥中 Cl^- 含量作出了限制要求。氯离子的测定方法多，《水泥化学分析方法》GB/T 176 标准中给出了两种氯离子测定方法，即硫氰酸铵容量法（基准法）和磷酸蒸馏-硝酸汞配位滴定法（代用法）。

2. 水泥三氧化硫的测定

在硅酸盐水泥的磨制过程中，为了调节水泥的凝结时间，须加入适量的石膏，石膏的掺加量通过水泥中三氧化硫的含量来控制，三氧化硫含量的测定方法有多种，其中硫酸钡重量法、铬酸钡分光光度法、库伦滴定法被许多水泥企业所采用。而较好的测定水泥中三氧化硫含量的方法是硫酸钡重量法，它准确度高、适用范围广。

3. 重量法方法原理

试样用盐酸分解，硫化物硫以硫化氢的形式除去，过滤后弃去滤纸和不溶渣，控制滤液的酸度 0.2～0.4mol/L，用氯化钡使硫酸根离子沉淀为硫酸钡，过滤洗涤后，进行灰化、灼烧和称量。

4. 重量法测定步骤

准确称取 0.5g 水泥试样置于 200mL 烧杯中，加水约 40mL，搅拌使试样完全分散，同时加入 10mL(1＋1) 盐酸，加热至沸，并保持微沸 5±0.5min，使试样充分分解。取下，以中速滤纸过滤，用温水洗涤 10～12 次，滤液及洗液收集于 400mL 烧杯中。稀释滤液体积至 250mL，煮沸，在搅拌下滴加 10mL 热的氯化钡溶液（100g/L），继续煮沸 3min 以上，然后移至温热处静置至少 4 小时或常温下静置 12～24h，此时溶液体积应保持在 200mL，用慢速定量滤纸过滤，以温水洗至无氯离子为止（用硝酸银溶液检验）。

将沉淀及滤纸一并移入已灼烧恒量的瓷坩埚中，灰化完全后，放入在 800～950℃的高温炉内灼烧 30min。取出坩埚，置于干燥器中冷至室温，称量。如此反复灼烧，直至恒量。

5. 水泥中烧失量的测定

（1）方法原理

试样在 950±25℃的高温炉中灼烧，驱除二氧化碳和水分，同时将存在的易氧化的元素氧化。通常矿渣硅酸盐水泥须对硫化物的氧化引起烧失量的误差进行校正，而其他元素的氧化引起的误差一般可忽略不计。

（2）操作步骤

称约 1g 水泥，精确至 0.0001g，放入已灼烧恒量的坩埚中，将盖斜置于坩埚上，放入高温炉内，从低温开始逐渐升高温度，在 950±25℃下灼烧 15～20min，然后取出坩埚在干燥器中冷却到室温，称量。反复灼烧，直至恒量。计算灼烧后的质量损失百分数，即为烧失量测定结果。

（3）操作要点

1）测定的烧失量用的瓷坩埚，应洗净后预先在 950±25℃下灼烧至恒量。

2）加热应使用电阻丝马弗炉，不应使用硅碳棒电炉。

3）加热温度，除特殊规定外，一般均为950±25℃，加热时应从低温升起（低于400℃）。

4）灼烧后一些试样吸水性增强，如黏土、膨润土、石灰石等，所以称量时必须尽可能迅速，冷却时间及冷却条件要保持一致，并使用装有干燥能力较强的干燥剂的干燥器。

5）矿渣硅酸盐水泥和掺入大量矿渣的其他水泥烧失量需要校正。校正方法：称取两份试样，一份用来直接测定其中的三氧化硫含量；另一份则按测定烧失量的条件于（950±25)℃下灼烧15～20min，然后测定灼烧后的试料中的三氧化硫含量。根据灼烧前后三氧化硫含量的变化，矿渣硅酸盐水泥在灼烧过程中由于硫化物氧化引起烧失量的误差可按下式进行校正：在已测定的烧失量结果上，加上$0.8\times(W_{后}-W_{前})$的校正结果。

6）在进行化学分析时，除另有说明外，必须同时进行烧失量的测定。

7）对因烧失量变化引起的分析结果的变化进行校正：

水泥或熟料试样长期放置后不可避免地会吸收空气中的水和二氧化碳，导致烧失量上升，其他各成分（特别是主要成分）含量下降，分析结果与原始试样的分析结果不可比。如果进行比对分析，特别是使用标准样品进行比对分析时，必须用原始的和现在的烧失量对现在的实测结果进行校正，然后再和标准结果进行比较，判断分析结果是否符合要求。

6. 水泥中碱含量的测定

（1）测定方法原理

试样经氢氟酸-硫酸蒸发处理除去硅，用热水浸取残渣，以氨水和碳酸铵分离铁、铝、钙、镁。滤液中的钾、钠用火焰光度计进行测定。

（2）操作要点

1）激发条件的稳定性。

2）试样溶液的组成：水泥及原料中的干扰元素必须分离除去，如SiO_2、Fe_2O_3、Al_2O_3、CaO、MgO等。

3）不同种类的试样碱含量相差较大，应根据试样中碱含量来确定称样量和溶液体积的稀释倍数。

4）以同一套仪器同时进行标准溶液和试样溶液的测定，以使两者的试验条件完全一致。

5）雾化装置要清洁，在完成测定后，应以蒸馏水喷洗2～3min。

6）测定试样的同时，须进行空白试验，并对测定结果校正。

7）碱含量的测定不得与其他分析共用器皿及试剂，以免带入空白。

7. 水泥中氧化镁的测定

水泥中氧化镁的测定主要有氢氧化钠熔融-原子吸收光谱法和滴定法。

（1）滴定法方法原理

在PH10的溶液中，以酒石酸钾钠和三乙醇胺为掩蔽剂，以酸性铬蓝K-萘酚绿B作指示剂，用EDTA滴定耗、镁含量，然后扣除氧化钙的含量，即得到氧化镁含量。

（2）滴定法操作要点

1）滴定近终点时，一定要充分搅拌并缓慢滴定至由蓝紫色变为纯蓝色。

2）在测定硅含量较高的试样中Mg^{2+}时，也可在酸性溶液中先加入一定量氟化钾来防止硅酸的干扰，使终点易于观察。

3）在测定高铁类样品或高铝类样品时，需加入 100g/L 酒石酸钾钠溶液 2mL，三乙醇胺（1+2)10mL，充分搅拌后滴加氨水（1+1）至黄色变浅，再用水稀释至 200mL，加入 PH10 缓冲溶液后滴定，这样掩蔽效果好。

4）当溶液中锰含量在 0.5%以下时对镁的干扰不显著，但超过 0.5%则有明显的干扰，此时可加入 0.5～1g 盐酸羟胺，使锰呈 Mn^{2+}，与 Mg^{2+}、Ca^{2+} 一起被定量配位滴定，然后再扣除氧化钙、氧化锰的含量，即得氧化镁含量。

5）用酒石酸钾钠与三乙醇胺联合掩蔽铁、铝、钛，必须在酸性溶液中先加酒石酸钾钠，然后再加三乙醇胺，这样掩蔽效果好。

6）测定采用酸性铬蓝 K-萘酚绿 B 作指示剂，二者配比要合适。

1.5.12 水泥检验结果评价

为提高检验结果的准确性，科学评价和考核检测水平，有关标准和规定对水泥检测结果的评价建立了统一的要求，对允许试验误差规定见表 1-2。

水泥检验项目允许误差范围对照表　　表 1-2

测试项目	允许误差		误差类型	依据标准
	不同一试验室	同一试验室		
初凝时间（min）	±20	±15	绝对误差	GB/T 1346—2011 水泥标准稠度用水量、凝结时间、安定性检验方法
终凝时间（min）	±45	±30	绝对误差	
标准稠度用水量	±5.0	±3.0	相对误差	
安定性	—	—	—	
3d 抗折强度（%）	±9.0	±7.0	相对误差	GB/T 17671—1999 水泥胶砂强度检验方法（ISO 法）
28d 抗折强（%）	±9.0	±7.0		
3d 抗压强度（%）	±7.0	±5.0		
28d 抗压强度（%）	±7.0	±5.0		
细度（筛余）（%）	筛余≤5.0%时，±1.0；筛余>5.0%时，±1.5	筛余<5.0%时，±0.5；筛余>5.0%时，±1.0	绝对误差	GB/T 1345—2005 水泥细度检验方法（80μm 筛筛析法）
比表面积（%）	±5.0	±3.0	相对误差	GB/T 8074—2008 水泥比表面积测定方法（勃氏法）
密度（g/cm³）	±0.02	±0.02	绝对误差	GB/T 208—2014 水泥密度测定方法

1.5.13 现行标准

1. 《通用硅酸盐水泥》GB 175—2007
2. 《水泥标准稠度用水量、凝结时间、安定性检验方法》GB/T 1346—2011
3. 《水泥胶砂强度检验方法（ISO 法）》GB/T 17671—1999
4. 《水泥胶砂流动度测定方法》GB/T 2419—2005

5.《水泥细度检验方法筛析法》GB/T 1345—2005

6.《水泥比表面积测定方法勃氏法》GB/T 8074—2008

7.《水泥密度测定方法》GB/T 208—2014

8.《水泥化学分析方法》GB/T 176—2008

9.《水泥压蒸安定性试验方法》GB/T 750—1992

1.6 练习题

一、单选题

1. 熟料中四种矿物的水化速度按依次顺序为（　　）。

A. $C_3S>C_3A>C_4AF>C_2S$　　B. $C_4AF>C_3A>C_3S>C_2S$

C. $C_3A>C_4AF>C_3S>C_2S$　　D. $C_3A>C_3S>C_4AF>C_2S$

2. 导致水泥安定性不良的原因是（　　）。

A. 游离氧化钙过多　　B. 游离氧化镁过多

C. 掺入石膏过多　　D. 以上三种原因

3. 以下项目检验不合格，可以判定水泥实物质量不合格（　）。

A. 水泥的标准稠度偏大　　B. 水泥假凝

C. 三氧化硫超标　　D. 包装标识不合格

4. 成分相同的水泥，颗粒越细，凝结硬化和早期强度的变化为（　　）。

A. 越快、越高　　B. 越快、越低　　C. 越慢、越高　　D. 越慢、越低

5. 水泥强度检测试体龄期是从（　　）开始试验时算起。

A. 成型搅拌　　B. 成型刮平

C. 成型加水　　D. 脱模放入水中

6. 国家标准中规定通用硅酸盐水泥有（　　）种。

A. 3　　B. 4　　C. 5　　D. 6

7. 国家标准规定普通水泥中 MgO 含量不得超过（　　）。

A. 4.0%　　B. 5.0%　　C. 6.0%　　D. 3.5%

8. 进入工地料库的袋装水泥取样检验时，每批应从不少于（　　）袋中抽取。

A. 5　　B. 10　　C. 20　　D. 30

9. 水泥胶砂抗折强度试验取三条试件的平均值，如三个值中有超过平均值±（　　）时应将此值剔除。

A. 5%　　B. 10%　　C. 15%　　D. 20%

10. 水泥胶砂强度检验（ISO 法）灰砂比为（　　）。

A. 1∶2　　B. 1∶2.5　　C. 1∶3　　D. 1∶4

11. 测定水泥终凝时间的判断标准是：（　　）。

A. 初凝时间测定后的试模面上，试针沉入试体 0.5mm。

B. 初凝时间测定后的试模面上，试针沉入试体不超过 1～0.5mm。

C. 初凝时间测定后，试模翻转 180°，试针沉入试体 1～0.5mm。

D. 初凝时间测定后，试模翻转 180°，试针沉入试体 0.5mm。

12. 影响水泥强度测定结果的准确性主要有（　　）。

A. 养护条件　　B. 比表面积　　C. 加水量　　D. 以上都是

13. 国家标准规定通用水泥中氯离子含量应不大于（　　）。

A. 0.06%　　B. 0.08%　　C. 0.10%　　D. 0.12%

二、多选题

1. 对普通硅酸盐水泥的使用环境描述正确的有（　　）。

A. 适应早期强度要求较高的工程，低温环境中需要强度发挥快的工程

B. 适应无腐蚀水中的受冻工程

C. 机场、道路工程

D. 不适应于大体积工程和耐热工程和有环境水侵蚀的工程

E. 潮湿环境

2. 对水泥使用描述正确的有（　　）。

A. 要注重存储管理，防止产品受潮

B. 同品种、同等级、但不同厂家的水泥可以混合使用

C. 合理地选择水泥品种及强度等级

D. 如水泥温度较高，应降温后使用

E. 散装水泥同强度等级的可以混合存放。

3. 影响水泥与混凝土外加剂适应性的因素有（　　）。

A. 水泥的碱含量　　B. 混合材种类及掺加量

C. 水泥细度　　D. 外加剂的种类及性质

E. 水泥温度和存放时间

4. 配制高性能混凝土时对水泥的性能要求有（　　）。

A. 水泥的标准稠度要低

B. 水泥胶砂的抗折、抗压强度低

C. 水泥与外加剂相容性好

D. 水泥配制砂浆和混凝土时泌水率小、水化热低

E. 通常选用复合水泥配制

5.《混凝土结构工程施工质量验收规范》GB 50204—2015 中对水泥进场时的要求有（　　）。

A. 应对其品种、代号、强度等级、包装或散装仓号、出厂日期等进行检查

B. 应对其强度、安定性及凝结时间指标进行复验

C. 袋装不超过 200t 为一批，散装不超过 500t 为一批

D. 应按同一厂家、同一品种、同一代号、同一强度等级、同一批号的水泥，每批抽样数量不少于一次

E. 水泥每袋净重不少于 50kg，随机抽取 10 袋

6. 在磨制水泥时要加入少量石膏，其作用是（　　）。

A. 缓凝　　B. 稳定　　C. 增强　　D. 分散

E. 调节水泥凝结硬化速度

7. 抽取水泥样品时，描述正确的有（　　）。

A. 将抽取的水泥样品全部用 0.9mm 方孔筛筛析

B. 取其筛下物，缩分为检验样品（含备样）和封存样品

C. 将过完筛的检验样品和备用样品分别用两层聚乙烯塑料袋密封、包装好，样品当场封存

D. 封装好的检验样品应存放在干燥、防潮的地方

E. 取样采取随机方式，样品数量不少于 10kg

8.《通用硅酸盐水泥》GB 175—2007 中对通用水泥提出了强制性技术要求的有（　　）。

A. 比表面积　　B. 凝结时间　　C. 安定性　　D. 强度

E. 养护条件

9. 水泥细度的表示方法有（　　）。

A. 筛余量　　B. 比表面积　　C. 颗粒级配　　D. 目数

E. 度数

三、思考题

1. 水泥如何定义和分类？
2. 水泥的主要技术特性包括哪些内容？
3. 水泥按其用途和性能分为哪几种？
4. 导致水泥安定性不良的原因有哪些？
5. 普通硅酸盐水泥性能有何特点？
6.《通用硅酸盐水泥》GB 175—2007 对普通硅酸盐水泥有哪些技术指标要求？
7. 水泥质量验收有何规定？简述水泥取样（抽样）方法。
8. 简述水泥净浆标准稠度用水量的测定原理。
9. 用雷氏法和试饼法测定水泥安定性时，两种方法有何异同？
10. 如何确定水泥凝结时间测定结果？
11. 水泥胶砂流动度和标准稠度用水量有何异同？
12. 叙述水泥比表面积的测定原理？
13. 简述养护条件对水泥强度检测结果的影响？
14. 如何计算水泥胶砂抗压强度值？
15. 试样的密度测定结果对比表面积测定结果有何影响？

答案：

一、单选题：

1. D　2. D　3. C　4. A　5. C　6. D　7. B　8. C　9. B　10. C　11. D　12. C　13. A

二、多选题：

1. ABCD　2. ACD　3. ABCD　4. ACD　5. ACD　6. AE　7. AC　8. BCD　9. AB

第2章　混凝土外加剂及矿物掺合料

2.1　混凝土化学外加剂的定义和分类

2.1.1　混凝土化学外加剂定义

为了改善混凝土的性能，以适应不同的要求，或者为了节约水泥用量，可在混凝土中加入除胶凝材料、粗细骨料和水之外的其他外加材料。外加剂有化学外加剂与矿物外加剂（又名矿物掺合料）之分。

各种化学外加剂的掺加量虽然很小，（通常小于水泥用量的5%）但它能显著改善混凝土的某些性能，如改善和易性，提高强度、抗渗性、抗冻性，调节凝结时间和硬化速度，降低拌合水量等等。因此，采用化学外加剂已成为提高混凝土质量，改善施工性能，节约原材料，缩短施工周期，降低混凝土成本，满足工程特殊要求的重要途径。

2.1.2　混凝土化学外加剂分类

混凝土化学外加剂种类繁多，按其化学成分可分为有机物和无机物两大类。有机物类外加剂大部分属于表面活性物质，而无机物类外加剂多为电解质盐类。若按使用功能则可分为：减水剂、早强剂、引气剂、速凝剂、防冻剂、膨胀剂、防水剂、阻锈剂、泵送剂、泡沫剂等。

1. 普通减水剂

（1）品种

1）混凝土工程可采用木质素磺酸钙、木质素磺酸钠、木质素磺酸镁等普通减水剂。

2）混凝土工程可采用由早强剂与普通减水剂复合而成的早强型普通减水剂。

3）混凝土工程可采用由木质素磺酸盐类、多元醇类减水剂（包括糖钙和低聚糖类缓凝减水剂），以及木质素磺酸盐类、多元醇类减水剂与缓凝剂复合而成的缓凝型普通减水剂。

（2）适用范围

1）普通减水剂宜用于日最低气温5℃以上，强度等级为C40以下的混凝土。

2）普通减水剂不宜单独用于蒸养混凝土。

3）早强型普通减水剂宜用于常温、低温和最低温度不低于－5℃环境中施工的有早强要求的混凝土工程。炎热环境条件下不宜使用早强型普通减水剂。

4）缓凝型普通减水剂可用于大体积混凝土、碾压混凝土、炎热气候条件下施工的混凝土、大面积浇筑的混凝土、避免冷缝产生的混凝土、需长时间停放或长距离运输的混凝土、滑模施工或拉模施工的混凝土及其他需要延缓凝结时间的混凝土，不宜用于有早强要求的混凝土。

5）使用含糖类或木质素磺酸盐类物质的缓凝型普通减水剂时，可进行相容性试验，并应满足施工要求后再使用。

2. 高效减水剂

(1) 品种

混凝土工程可采用下列高效减水剂：

1) 萘和萘的同系磺化物与甲醛缩合的盐类、氨基磺酸盐等多环芳香族磺酸盐类；

2) 磺化三聚氰胺树脂等水溶性树脂磺酸盐类；

3) 脂肪族羟烷基磺酸盐高缩聚物等脂肪族类。

混凝土工程可采用由缓凝剂与高效减水剂复合而成的缓凝型高效减水剂。

(2) 适用范围

1) 高效减水剂可用于素混凝土、钢筋混凝土、预应力混凝土，并可用于制备高强度混凝土。

2) 缓凝型高效减水剂可用于大体积混凝土、碾压混凝土、炎热气候条件下施工的混凝土、大面积浇筑的混凝土、避免冷缝产生的混凝土、需较长时间停放或长距离运输的混凝土、自密实混凝土、滑模施工或拉模施工的混凝土及其他需要延缓凝结时间且有较高减水率要求的混凝土。

3) 标准型高效减水剂宜用于日最低气温 0℃以上施工的混凝土，也可用于蒸养混凝土。

4) 缓凝型高效减水剂宜用于日最低气温 5℃以上施工的混凝土。

3. 聚羧酸系高性能减水剂

(1) 品种

1) 混凝土工程可采用标准型、早强型和缓凝型聚羧酸系高性能减水剂。

2) 混凝土工程可采用具有其他特殊功能的聚羧酸系高性能减水剂。

(2) 适用范围

1) 聚羧酸系高性能减水剂可用于素混凝土、钢筋混凝土和预应力混凝土。

2) 聚羧酸系高性能减水剂宜用于高强混凝土、自密实混凝土、泵送混凝土、清水混凝土、预制构件混凝土和钢管混凝土。

3) 聚羧酸系高性能减水剂宜用于具有高体积稳定性、高耐久性或高工作性要求的混凝土。

4) 缓凝型聚羧酸系高性能减水剂宜用于大体积混凝土，不宜用于日最低气温 5℃以下施工的混凝土。

5) 早强型聚羧酸系高性能减水剂宜用于有早强要求或低温季节施工的混凝土，但不宜用于日最低气温－5℃以下施工的混凝土，且不宜用于大体积混凝土。

6) 具有引气性的聚羧酸系高性能减水剂用于蒸养混凝土时，应经试验验证。

4. 引气剂及引气减水剂

引气剂是指在混凝土搅拌过程中能引入大量均匀分布、稳定而封闭的微小气泡（孔径为 20～200um）的外加剂。

引气剂是表面活性物质，溶于水中能显著降低水的表面张力，因而在搅拌过程中，能产生无数微细的气泡，均匀分布于混凝土拌合物中。还可提高混凝土拌合物的流动性，大大改善拌合物的保水性和黏聚性。

在硬化混凝土中，封闭的微小气泡隔断了毛细孔渗水通路，提高混凝土的抗渗性，降低吸水率；当混凝土内毛细孔中水结冰，产生膨胀压时，微小气泡可以起到卸压作用，对冰冻等破坏能力起缓冲作用，从而改善混凝强度降低土的抗冻性。但大量气泡的存在，可使混凝土强度降低。

(1) 品种

混凝土工程可采用下列引气剂：

1) 松香热聚物、松香皂及改性松香皂等松香树脂类；

2) 十二烷基磺酸盐、烷基苯磺酸盐、石油磺酸盐等烷基和烷基芳烃磺酸盐类；

3) 脂肪醇聚氧乙烯磺酸钠、脂肪醇硫酸钠等脂肪醇磺酸盐类；

4) 脂肪醇聚氧乙烯醚、烷基苯酚聚氧乙烯醚等非离子聚醚类；

5) 三萜皂甙等息甙类；

6) 不同品种引气剂的复合物。

混凝土工程中可采用由引气剂与减水剂复合而成的引气减水剂。

(2) 适用范围

1) 引气剂及引气减水剂宜用于有抗冻融要求的混凝土、泵送混凝土和易产生泌水的混凝土。

2) 引气剂及引气减水剂可用于抗渗混凝土、抗硫酸盐混凝土、贫混凝土、轻骨料混凝土、人工砂混凝土和有饰面要求的混凝土。

3) 引气剂及引气减水剂不宜用于蒸养混凝土及预应力混凝土。必要时，应经试验确定。

5. 早强剂

(1) 品种

混凝土工程可采用下列早强剂：

1) 硫酸盐、硫酸复盐、硝酸盐、碳酸盐、亚硝酸盐、氯盐、硫氰酸盐等无机盐类；

2) 三乙醇胺、甲酸盐、乙酸盐、丙酸盐等有机化合物类。

混凝土工程可采用两种或两种以上无机盐类早强剂或有机化合物类早强剂复合而成的早强剂。

(2) 适用范围

1) 早强剂宜用于蒸养、常温、低温和最低温度不低于−5℃环境中施工的有早强要求的混凝土工程。炎热条件以及环境温度低于−5℃时不宜使用早强剂。

2) 早强剂不宜用于大体积混凝土；三乙醇胺等有机胺类早强剂不宜用于蒸养混凝土。

3) 无机盐类早强剂不宜用于下列情况：

A. 处于水位变化的结构；

B. 露天结构及经常受水淋、受水流冲刷的结构；

C. 相对湿度大于80%环境中使用的结构；

D. 直接接触酸、碱或其他侵蚀性介质的结构；

E. 有装饰要求的混凝土，特别是要求色彩一致或表面有金属装饰的混凝土。

6. 缓凝剂

(1) 品种

混凝土工程可采用下列缓凝剂：

1) 葡萄糖、蔗糖、糖蜜、糖钙等糖类化合物；

2）柠檬酸（钠）、酒石酸（钾钠）、葡萄糖酸（钠）、水杨酸及其盐类等羟基羧酸及其盐类；

3）山梨醇、甘露醇等多元醇及其衍生物；

4）2-膦酸丁烷-1，2，4-三羧酸（PBTC）、氨基三甲叉膦酸（AIMP）及其盐类等有机膦酸及其盐类；

5）磷酸盐、锌盐、硼酸及其盐类、氟硅酸盐等无机盐类。

混凝土工程可采用由不同缓凝组分复合而成的缓凝剂。

（2）适用范围

1）缓凝剂宜用于延缓凝结时间的混凝土。

2）缓凝剂宜用于对坍落度保持能力有要求的混凝土、静停时间较长或长距离运输的混凝土、自密实混凝土。

3）缓凝剂可用于大体积混凝土。

4）缓凝剂宜用于日最低气温5℃以上施工的混凝土。

5）柠檬酸（钠）及酒石酸（钾钠）等缓凝剂不宜单独用于混凝土。

6）含有糖类组分的缓凝剂与减水剂复合使用时，可按规范的方法进行相容性试验。

7. 泵送剂

（1）品种

1）混凝土工程可采用一种减水剂与缓凝组分、引气组分、保水组分和黏度调节组分复合而成的泵送剂。

2）混凝土工程可采用两种或两种以上减水剂与缓凝组分、引气组分、保水组分和黏度调节组分复合而成的泵送剂。

3）混凝土工程可采用一种减水剂作为泵送剂。

4）混凝土工程可采用两种或两种以上减水剂复合而成的泵送剂。

（2）适用范围

1）泵送剂宜用于泵送施工的混凝土。

2）泵送剂可用于工业与民用建筑结构工程混凝土、桥梁混凝土、水下灌注桩混凝土、大坝混凝土、清水混凝土、防辐射混凝土和纤维增强混凝土等。

3）泵送剂宜用于日平均气温5℃以上的施工环境。

4）泵送剂不宜用于蒸汽养护混凝土和蒸压养护的预制混凝土。

5）使用含糖类或木质素磺酸盐的泵送剂时，可按规范进行相容性试验，并应满足施工要求后再使用。

（3）技术要求

1）泵送剂使用时，其减水率宜符合表2-1的规定。减水率应按现行国家标准《混凝土外加剂》GB 8076的有关规定进行测定。

减水率的选择 **表2-1**

序号	混凝土强度等级	减水率（%）
1	C30及C30以下	12～20
2	C35～C55	16～28
3	C60及C60以上	≥25

2）用于自密实混凝土泵送剂的减水率不宜小于20%。

3）掺泵送剂混凝土的坍落度1h经时变化量可按表2-2的规定选择。坍落度1h经时变化值应按现行国家标准《混凝土外加剂》GB 8076的有关规定进行测定。

坍落度1h经时变化量的选择 **表2-2**

序号	运输和等候时间（min）	坍落度1h经时变化量（mm）
1	<60	≤80
2	60～120	≤40
3	>120	≤20

8. 防冻剂

（1）品种

1）混凝土工程可采用以某些醇类、尿素等有机化合物为防冻组分的有机化合物类防冻剂。

2）混凝土工程可采用下列无机盐类防冻剂：

A. 以亚硝酸盐、硝酸盐、碳酸盐等无机盐为防冻组分的无氯盐类；

B. 含有阻锈组分，并以氯盐为防冻组分的氯盐阻锈类；

C. 以氯盐为防冻组分的氯盐类。

3）混凝土工程可采用防冻组分与早强、引气和减水组分复合而成的防冻剂。

（2）适用范围

1）防冻剂可用于冬期施工的混凝土。

2）亚硝酸钠防冻剂或亚硝酸钠与碳酸锂复合防冻剂，可用于冬期施工的硫铝酸盐水泥混凝土。

9. 速凝剂

（1）品种

喷射混凝土工程可采用下列粉状速凝剂：

1）以铝酸盐、碳酸盐等为主要成分的粉状速凝剂；

2）以硫酸铝、氢氧化铝等为主要成分与其他无机盐、有机物复合而成的低碱粉状速凝剂。

喷射混凝土工程可采用下列液体速凝剂：

1）以铝酸盐、硅酸盐为主要成分与其他无机盐、有机物复合而成的液体速凝剂；

2）以硫酸铝、氢氧化铝等为主要成分与其他无机盐、有机物复合而成的低碱液体速凝剂。

（2）适用范围

1）速凝剂可用于喷射法施工的砂浆或混凝土，也可用于有速凝要求的其他混凝土。

2）粉状速凝剂宜用于干法施工的喷射混凝土，液体速凝剂宜用于湿法施工的喷射混凝土。

3）永久性支护或衬砌施工使用的喷射混凝土、对碱含量有特殊要求的喷射混凝土工程，宜选用碱含量小于1%的低碱速凝剂。

10. 膨胀剂

（1）品种

1）混凝土工程可采用硫铝酸钙类混凝土膨胀剂。

2）混凝土工程可采用硫铝酸钙-氧化钙类混凝土膨胀剂。

3）混凝土工程可采用氧化钙类混凝土膨胀剂。

（2）适用范围

1）用膨胀剂配制的补偿收缩混凝土宜用于混凝土结构自防水、工程接缝、填充灌浆，采取连续施工的超长混凝土结构，大体积混凝土工程等；用膨胀剂配制的自应力混凝土宜用于自应力混凝土输水管、灌注桩等。

2）含硫铝酸钙类、硫铝酸钙-氧化钙类膨胀剂配制的混凝土（砂浆）不得用于长期环境温度为80℃以上的工程。

3）膨胀剂应用于钢筋混凝土工程和填充性混凝土工程。

（3）技术要求

1）掺膨胀剂的补偿收缩混凝土，其限制膨胀率应符合表2-3的方法进行。

补偿收缩混凝土的限制膨胀率 **表2-3**

用途	限制膨胀率（%）	
	水中14d	水中14d转空气中28d
用于补偿混凝土收缩	≥0.015	≥−0.030
用于后浇带、膨胀加强带和工程接缝填充	≥0.025	≥−0.020

注：补偿收缩混凝土限制膨胀率的试验和检验应按GB 50119进行

2）补偿收缩混凝土的抗压强度应符合设计要求，其验收评定应符合现行国家标准《混凝土强度检验评定标准》GB/T 50107的有关规定。

3）补偿收缩混凝土设计强度不宜低于C25；用于填充的补偿收缩混凝土设计强度不宜低于C30。

4）补偿收缩混凝土的强度试件制作和检验，应符合现行国家标准《普通混凝土力学性能试验方法标准》GB/T 50081的有关规定。用于填充的补偿收缩混凝土的抗压强度试件制作和检测，应按现行行业标准《补偿收缩混凝土应用技术规程》JGJ/T 178—2009的附录A进行。

5）灌浆用膨胀砂浆，其性能应符合表2-4的规定。抗压强度应采用40mm×40mm×160mm的试模，无振动成型，拆模、养护、强度检验应按现行国家标准《水泥胶砂强度检验方法（ISO法）》GB/T 17671的有关规定执行，竖向膨胀率的测定应按规范GB 50119附录C的方法进行。

灌浆用膨胀砂浆性能 **表2-4**

扩展度（mm）	竖向限制膨胀率（%）		抗压强度（MPa）		
	3d	7d	1d	3d	28d
≥250	≥0.10	≥0.20	≥20	≥30	≥60

6）掺加膨胀剂配制自应力水泥时，其性能应符合现行行业标准《自应力硅酸盐水泥》JC/T 218的有关规定。

11. 防水剂

（1）品种

混凝土工程可采用下列防水剂：

1）氯化铁、硅灰粉末、锆化合物、无机铝盐防水剂、硅酸钠等无机化合物类；

2）脂肪酸及其盐类、有机硅类（甲基硅醇钠、乙基硅醇钠、聚乙基羟基桂氧烷等）、聚合物乳液（石蜡、地沥青、橡胶及水溶性树脂乳液等）等有机化合物类。

混凝土工程可采用下列复合型防水剂：

1）无机化合物类复合、有机化合物类复合、无机化合物类与有机化合物类复合；

2）本条第1款各类与引气剂、减水剂、调凝剂等外加剂复合而成的防水剂。

（2）适用范围

1）防水剂可用于有防水抗渗要求的混凝土工程。

2）对有抗冻要求的混凝土工程宜选用复合引气组分的防水剂。

12. 阻锈剂

（1）品种

混凝土工程可采用下列阻锈剂：

1）亚硝酸盐、硝酸盐、铬酸盐、重铬酸盐、磷酸盐、多磷酸盐、硅酸盐、钼酸盐、硼酸盐等无机盐类；

2）胺类、醛类、炔醇类、有机磷化合物、有机硫化合物、羧酸及其盐类、磺酸及其盐类、杂环化合物等有机化合物类。

混凝土工程可采用两种或两种以上无机盐类或有机化合物类阻锈剂复合而成的阻锈剂。

（2）适用范围

1）阻锈剂宜用于容易引起钢筋锈蚀的侵蚀环境中的钢筋混凝土、预应力混凝土和钢纤维混凝土。

2）阻锈剂宜用于新建混凝土工程和修复工程。

3）阻锈剂可用于预应力孔道灌浆。

（3）施工

新建钢筋混凝土工程采用阻锈剂时，应符合下列规定：

1）掺阻锈剂混凝土配合比设计应符合现行行业标准《普通混凝土配合比设计规程》JGJ 55的有关规定。当原材料或混凝土性能要求发生变化时，应重新进行混凝土配合比设计。

2）掺阻锈剂或阻锈剂与其他外加剂复合使用的混凝土性能应满足设计和施工要求。

掺阻锈剂混凝土的搅拌、运输、浇筑和养护，应符合现行国家标准《混凝土质量控制标准》GB 50164的有关规定。

使用掺阻锈剂的混凝土或砂浆对既有钢筋混凝土工程进行修复时，应符合下列规定：

1）应先剔除已被腐蚀、污染或中性化的混凝土层，并应清除钢筋表面锈蚀物后再进行修复。

2）当损坏部位较小、修补层较薄时，宜采用砂浆进行修复；当损坏部位较大、修补层较厚时，宜采用混凝土进行修复。

3）当大面积施工时，可采用喷射或喷、抹结合的施工方法。

4）修复的混凝土或砂浆的养护应符合现行国家标准《混凝土质量控制标准》GB 50164的有关规定。

2.2 外加剂的检验方法

2.2.1 混凝土外加剂

1. 适用范围：

执行标准：《混凝土外加剂》GB 8076

（1）高性能减水剂（早强型、标准型、缓凝型）

（2）高效减水剂（标准型、缓凝型）

（3）普通减水剂（早强型、标准型、缓凝型）

（4）引气减水剂

（5）泵送剂

（6）早强剂

（7）缓凝剂

（8）引气剂

2. 性能指标

受检混凝土性能指标见表 2-5，匀质性见表 2-6。

3. 试验方法

（1）材料

1）基准水泥：

2）砂：符合 GB/T 14684 中Ⅱ区要求的中砂，但细度模数为 2.6～2.9，含泥量小于 1%。

3）石子：符合 GB/T 14685 要求的公称粒径为 5～20mm 的碎石或卵石，采用二级配，其中 5～10mm 占 40%，10～20mm 占 60%，满足连续级配要求，针片状物质含量小于 10%，空隙率小于 47%，含泥量小于 0.5%。如有争议，以碎石结果为准。

4）水：符合《混凝土用水标准》JGJ 63 的技术要求。

5）外加剂：需要检测的外加剂。

（2）配合比

基准混凝土配合比按 JGJ 55 进行设计。掺非引气型外加剂的受检混凝土和其对应的基准混凝土的水泥、砂、石的比例相同。配合比设计应符合以下规定：

1）水泥用量：掺高性能减水剂或泵送剂的基准混凝土和受检混凝土中的单位水泥用量为 360kg/m^3；掺其他外加剂的基准混凝土和受检混凝土单位水泥用量为 330kg/m^3。

2）砂率：掺高性能减水剂或泵送剂的基准混凝土和受检混凝土的砂率均为 43%～47%；掺其他外加剂的基准混凝土和受检混凝土的砂率为 36%～40%；但掺引气减水剂或引气剂的受检混凝土的砂率应比基准混凝土的砂率低 1%～3%。

3）外加剂掺量：按生产厂家指定掺量。

4）用水量：掺高性能减水剂或泵送剂的基准混凝土和受检混凝土的坍落度控制在 (210±10)mm，用水量为坍落度在 (210±10)mm 时的最小用水量；掺其他外加剂的基准混凝土和受检混凝土的坍落度控制在 (80±10)mm。

用水量包括液体外加剂、砂、石材料中所含的水量。

受检混凝土性能指标 **表 2-5**

项目		外加剂品种												
		高性能减水剂 HPWR			高效减水剂 HWR		普通减水剂 WR			引气减水剂 AEWR	泵送剂 PA	早强剂 Ac	缓凝剂 Re	引气剂 AE
		早强型 HPWR-A	标准型 HPWR-S	缓凝型 HPWR-R	标准型 HWR-S	缓凝型 HWR-R	早强型 WR-A	标准型 WR-S	缓凝型 WR-R					
减水率（%）不小于		25	25	25	14	14	8	8	8	10	12	—	—	6
泌水率比（%）不大于		50	60	70	90	100	95	100	100	70	70	100	100	70
含气量（%）		≤6.0	≤6.0	≤6.0	≤3.0	≤4.5	≤4.0	≤4.0	≤5.5	≥3.0	≤5.5	—	—	≥3.0
凝结时间之差（min）	初凝	−90～+90	−90～+120	>+90	−90～+120	>+90	−90～+90	−90～+120	>+90	−90～+120	—	−90～+90	>+90	−90～+120
	终凝			—		—			—			—	—	
1h经时变化量	坍落度（mm）	—	≤80	≤60	—	—	—	—	—	—	≤80	—	—	—
	含气量（%）	—	—	—						−1.5～+1.5	—			−1.5～+1.5
抗压强度比（%）不小于	1d	180	170	—	140	—	135	—	—	—	—	135	—	—
	3d	170	160	—	130	—	130	115	—	115	—	130	—	95
	7d	145	150	140	125	125	110	115	110	110	115	110	100	95
	28d	130	140	130	120	120	100	110	110	100	110	100	100	90
收缩率比（%）不大于	28d	110	110	110	135	135	135	135	135	135	135	135	135	135
相对耐久性（200次）/%不小于		—	—	—	—	—	—	—	—		—	—	—	80

注：1. 表中的抗压强度比、收缩率比、相对耐久性为强制性指标，其余为推荐性指标。
2. 除含气量和相对耐久性外，表中所列数据为掺外加剂混凝土与基准混凝土的差值成比值。
3. 凝结时间之差性能指标中的“−”号表示提前，“+”号表示延后。
4. 相对耐久性（200次）性能指标中的“≥80”表示将28d龄期的受检混凝土试件快速冻融循环200次后，动弹性模量保留值≥80%。
5. 1h含气量经时变化量指标中的“−”号表示含气量增加，“+”号表示含气量减少。
6. 其他品种的外加剂是否需要测定相对耐久性指标，由供、需双方协商确定。
7. 当用户对泵送剂等厂品有特殊要求时，需要进行的补充试验项目、试验方法及指标，由供、需双方协商确定。

匀质性指标 **表 2-6**

项目	指标
氯离子含量	不超过生产厂控制值
总碱量（%）	不超过生产厂控制值
含固量（%）	$S>25\%$时，应控制在 0.95～1.05S； $S\leqslant25\%$时，应控制在 0.90～1.10S
含水率（%）	$W>5\%$时，应控制在 0.90～1.10W； $W\leqslant5\%$时，应控制在 0.80～1.20W
密度（g/cm^3）	$D>1.1$ 时，应控制在 $D\pm0.03$； $D\leqslant1.1$ 时，应控制在 $D\pm0.02$
细度	应在生产厂控制范围内
pH 值	应在生产厂控制范围内
硫酸钠含量（%）	不超过生产厂控制值

注：1. 生产厂应在相关的技术资料中明示产品匀质性指标的控制值；
2. 对相同和不同批次之间的匀质性和等效性的其他要求，可由供需双方商定；
3. 表中的 S、W 和 D 分别为含固量、含水率和密度的生产厂控制值。

（3）环境条件

1）各种混凝土试验材料及环境温度均应保持在（20±3）℃；

2）混凝土预养温度为（20±3）℃。

（4）混凝土搅拌

1）采用符合 JG 3036 要求的公称容量为 60L 的单卧轴式强制搅拌机。搅袢机的拌合量应不少于 20L，不宜大于 45L。

2）外加剂为粉状时，将水泥、砂、石、外加剂一次投入搅拌机，干拌均匀，再加入拌合水，一起搅拌 2min。外加剂为液体时，将水泥、砂、石一次投入搅拌机，干拌均匀，再加入掺有外加剂的拌合水一起搅拌 2min。

3）出料后，在铁板上用人工翻拌至均匀，再行试验。

（5）试验项目及数量

混凝土拌合批数为 3 批。

（6）混凝土拌合物性能试验方法

1）坍落度和坍落度 1h 经时变化量测定

每批混凝土取一个试样。坍落度和坍落度 1h 经时变化量均以三次试验结果的平均值表示。三次试验的最大值和最小值与中间值之差有一个超过 10mm 时，将最大值和最小值一并舍去，取中间值作为该批的试验结果；最大值和最小值与中间值之差均超过 10mm 时，则应重做。

坍落度及坍落度 1h 经时变化量测定值以 mm 表示，结果表达修约到 5mm。

① 坍落度测定：

混凝土坍落度按照《普通混凝土拌合物性能试验方法标准》GB/T 50080 测定；但坍落度为（210±10）mm 的混凝土，分两层装料，每层装入高度为筒高的一半，每层用插捣棒插捣 15 次。

② 坍落度 1h 经时变化量测定

当要求测定此项时，应将搅拌的混凝土留下足够一次混凝土坍落度的试验数量，并装入用湿布擦过的试样筒内，容器加盖，静置至1h（从加水搅拌时开始计算），然后倒出，在铁板上用铁锹翻拌至均匀后，再按照坍落度测定方法测定坍落度。

计算出机时和1h之后的坍落度之差值，即得到坍落度的经时变化量。坍落度1h经时变化量按下式计算：

$$\Delta Sl = Sl_0 - Sl_{1h}$$

式中 ΔSl——坍落度经时变化量（mm）；

Sl_0——出机时测得的坍落度（mm）；

Sl_{1h}——1h后测得的坍落度（mm）。

③ 减水率测定

减水率与坍落度基本相同时，基准混凝土和受检混凝土单位用水量之差与基准混凝土单位用水量之比。减水率计算，应精确到0.1%。

$$W_R = \frac{W_0 - W_1}{W_0} \times 100\%$$

式中 W_R——减水率，%；

W_0——基准混凝土单位用水量（kg/m^3）；

W_1——受检混凝土单位用水量（kg/m^3）。

减水率以三批试验的算术平均值计，精确到1%。若三批试验的最大值或最小值中有一个与中间值之差超过中间值的15%时，则把最大值与最小值一并舍去，取中间值作为该组试验的减水率。若有两个测值与中间值之差均超过15%时，则该批试验结果无效，应该重做。

④ 泌水率比测定

泌水率比计算，应精确到1%。

$$R_B = \frac{B_t}{B_c} \times 100$$

式中 R_B——泌水率比（%）；

B_t——受检混凝土泌水率（%）；

B_c——基准混凝土泌水率（%）。

试验时，从每批混凝土拌合物中取一个试样，泌水率取三个试样的算术平均值，精确到0.1%。若三个试样的最大值或最小值中有一个与中间值之差大于中间值的15%，则把最大值与最小值一并舍去，取中间值作为该组试验的泌水率，如果最大值和最小值与中间值之差均大于中间值的15%时，则应重做。

⑤ 含气量和含气量1h经时变化量的测定（先平均再计算）

试验时，从每批混凝土拌合物取一个试样，含气量以三个试样测值的算术平均值来表示。若三个试样中的最大值或最小值中有一个与中间值之差超过0.5%时，将最大值与最小值一并舍去，取中间值作为该批的试验结果；如果最大值与最小值与中间值之差均超过0.5%，则应重做。含气量和1h经时变化量测定值精确到0.1%。

计算出机时和1h之后的含气量之差值，即得到含气量的经时变化量。

含气量1h经时变化量计算：

$$\Delta A = A_0 - A_{1h}$$

式中　ΔA——含气量经时变化量（%）；

A_0——出机后测得的含气量（%）；

A_{1h}——1小时后测得的含气量（%）。

⑥ 凝结时间差测定（先平均再计算）

凝结时间差计算：

$$\Delta T = T_t - T_c$$

式中　ΔT——凝结时间之差（min）；

T_t——受检混凝土的初凝或终凝时间（min）；

T_c——基准混凝土的初凝或终凝时间（min）。

试验时，每批混凝土拌合物取一个试样，凝结时间取三个试样的平均值。若三批试验的最大值或最小值之中有一个与中间值之差超过30min，把最大值与最小值一并舍去，取中间值作为该组试验的凝结时间。若两测值与中间值之差均超过30min，则该组试验结果无效，应重做。凝结时间以min表示，并修约到5min。

（7）硬化混凝土性能试验方法

1）抗压强度比测定

抗压强度比以掺外加剂混凝土与基准混凝土同龄期抗压强度之比表示，计算公式如下，精确到1%。

$$R_f = \frac{f_t}{f_c} \times 100$$

式中　R_f——抗压强度比（%）；

f_t——受检混凝土的抗压强度（MPa）；

f_c——基准混凝土的抗压强度（MPa）。

受检混凝土与基准混凝土的抗压强度按GBAT 50081进行试验和计算。试件制作时，用振动台振动15～20s。试件预养温度为（20±3）℃。试验结果以三批试验测值的平均值表示，若三批试验中有一批的最大值或最小值与中间值的差值超过中间值的15%，则把最大值与最小值一并舍去，取中间值作为该批的试验结果，如有两批测值与中间值的差均超过中间值的15%，则试验结果无效，应该重做。

2）收缩率比测定

收缩率比以28d龄期时受检混凝土与基准混凝土的收缩率比值按下式表示。

$$R_\varepsilon = \frac{\varepsilon_t}{\varepsilon_c} \times 100$$

式中　R_ε——收缩率比（%）；

ε_t——受检混凝土的收缩率（%）；

ε_c——基准混凝土的收缩率（%）。

受检混凝土及基准混凝土的收缩率按GBJ 82测定和计算。试件用振动台成型，振动15～20s。每批混凝土拌合物取一个试样，以三个试样收缩率比的算术平均值表示，计算精确至1%。

（8）相对耐久性试验

相对耐久性指标是以掺外加剂混凝土冻融200次后的动弹性模量是否不小于80%来评

定外加剂的质量。每批混凝土拌合物取一个试样，相对动弹性模量以三个试件测值的算术平均值表示。

(9) 匀质性试验

1) 氯离子含量测定；

2) 含固量、总碱量、含水率、密度、细度、pH 值、硫酸钠含量的测定。

2.2.2 混凝土膨胀剂

执行标准：《混凝土膨胀剂》GB 23439

与水泥、水拌合后经水化反应生成钙矾石、氢氧化钙或钙矾石和氢氧化钙，使混凝土产生体积膨胀的外加剂。

1. 分类

(1) 混凝土膨胀剂按水化产物分为三类：

1) 硫铝酸钙类混凝土膨胀剂（代号 A）；

2) 氧化钙类混凝土膨胀剂（代号 C）；

3) 硫铝酸钙-氧化钙类混凝土膨胀剂（代号 AC）。

(2) 混凝土膨胀剂按限制膨胀率分为：Ⅰ型和Ⅱ型。

2. 技术要求

化学成分：

1) 氧化镁

混凝土膨胀剂中的氧化镁含量应不大于 5%。

2) 碱含量（选择性指标）

混凝土膨胀剂中的碱含量按 $Na_2O+0.658K_2O$ 计算值表示。若使用活性骨料，用户要求提供低碱混凝土膨胀剂时，混凝土膨胀剂中的碱含量应不大于 0.75%，或由供需双方协商确定。

3) 物理性能

混凝土膨胀剂的物理性能指标应符合表 2-7 的规定。

混凝土膨胀剂的物理性能指标 **表 2-7**

项目		指标值	
		Ⅰ型	Ⅱ型
细度	比表面积（m^2/kg）≥	200	
	1.18mm 筛筛余（%）≤	0.5	
凝结时间	初凝（min）≥	45	
	终凝（min）≤	600	
限制膨胀率（%）	水中 7d	0.025	0.050
	空气中 21d≥	−0.020	−0.010
抗压强度（MPa）	7d≥	20.0	
	28d≥	40.0	

注：本表中的限制膨胀率为强制性的，其余为推荐性的。

3. 试验方法

(1) 化学成分

氧化镁、碱含量按 GB/T 176 进行。

（2）物理性能

1）试验材料

① 水泥：采用 GB 8076 规定的基准水泥。因故得不到基准水泥时，允许采用由熟料与二水石膏共同粉磨而成的强度等级为 42.5MPa 的硅酸盐水泥，且熟料中 C_3A 含量 6%～8%，C_3S 含量 55%～60%，游离氧化钙含量不超过 1.2%，碱（$Na_2O+0.658K_2O$）含量不超过 0.7%，水泥的比表面积（350±10）m^2/kg。

② 标准砂：符合 GB/T 17671 要求。

③ 水：符合 JGJ 63 要求。

2）细度的检验

比表面积测定按 GB/T 8074 的规定进行。1.18mm 筛筛余测定采用 GB/T 6003.1 规定的金属筛，参照 GB/T 1345 中手工干筛法进行。

3）凝结时间的检验

按 GB/T 1346 进行，膨胀剂内掺 10%。

4）限制膨胀率的检验

① 环境条件

a. 试验室温度、湿度

试验室、养护箱、养护水的温度、湿度应符合 GB/T 17671 的规定。

b. 恒温恒湿（箱）室温度为（20±2)℃，湿度为（60±5)%。

c. 每日应检查、记录温度、湿度变化情况。

② 水泥胶砂配合比

每成型 3 条试体需称量的材料和用量如表 2-8 所示。

限制膨胀率材料用量 **表 2-8**

材料	代号	材料质量
水泥（g）	C	607.5±2.0
膨胀剂（g）	E	67.5±0.1
标准砂（g）	S	1350.0±5.0
拌和水（g）	W	270.0±1.0

注：E/(C+E)=0.10；S/(C+E)=2.00；W/(C+E)=0.40。

③ 水泥胶砂搅拌、试体成型

同一条件有 3 条试体供测长用，试体全长 158mm，其中胶砂部分尺寸为 40mm×40mm×140mm。

④ 试体脱模

脱模时间以限制膨胀率规定配比试体的抗压强度达到（10±2)MPa 时的时间确定。

⑤ 试体测长

a. 测量前 3h，将测量仪、标准杆放在标准试验室内，用标准杆校正测量仪并调整千分表零点。测量前，将试体及测量仪测头擦净。每次测量时，试体记有标志的一面与测量仪的相对位置必须一致，纵向限制器测头与测量仪测头应正确接触，读数应精确至 0.001mm。不同龄期的试体应在规定时间±1h 内测量。

b. 试体脱模后在 1h 内测量试体的初始长度。

c. 测量完初始长度的试体立即放入水中养护，测量第 7d 的长度。然后放入恒温恒湿（箱）室养护，测量第 21d 的长度。也可以根据需要测量不同龄期的长度，观察膨胀收缩变化趋势。

d. 养护时，应注意不损伤试体测头。试体之间应保持 15mm 以上间隔，试体支点距限制钢板两端约 30mm。

⑥ 结果计算

各龄期限制膨胀率计算：

$$\varepsilon=(L_1-L)/L_0\times100\%$$

式中 ε——所测龄期的限制膨胀率（%）；

L_1——所测龄期的试体长度测量值，(mm)；

L——试体的初始长度测量值，(mm)；

L_0——试体的基准长度，140mm。

取相近的 2 个试件测定值的平均值作为限制膨胀率的测量结果，计算值精确至 0.001%。

5）抗压强度

每成型 3 条试体需称量的材料及用量如表 2-9 所示。

抗压强度材料用量 **表 2-9**

材料	代号	材料质量
水泥（g）	C	405.0±2.0
膨胀剂（g）	E	45.0±0.1
标准砂（g）	S	1350.0±5.0
拌和水（g）	W	225.0±1.0

注：E/(C+E)=0.10；S/(C+E)=3.00；W/(C+E)=0.50。

2.3 外加剂的应用

2.3.1 外加剂的选择

1. 含有六价络盐、亚硝酸盐和硫氰酸盐等成分的混凝土外加剂，严禁用于饮水工程中建成后与饮用水直接接触的混凝土。

2. 含有强电解质无机盐的早强型减水剂、早强剂、防冻剂和防水剂，严禁用于下列混凝土结构：

1）与镀锌钢材或铝铁相接触部位的混凝土结构；

2）有外露钢筋预埋铁件而无防护措施的混凝土结构；

3）使用直流电源的混凝土结构；

4）距高压直流电源 100m 以内混凝土结构。

3. 含有氯盐的早强型普通减水剂、早强剂、防水剂和氯盐类防冻剂，严禁用于预应力混凝土、钢筋混凝土和钢纤维混凝土结构。

4. 含有硝酸铵、碳酸铵的早强型普通减水剂、早强剂和含有硝酸铵、碳酸铵、尿素的防冻剂，严禁用于办公、居住等有人员活动的建筑工程。

5. 含有亚硝酸盐、碳酸盐的早强型普通减水剂、早强剂、防冻剂和含亚硝酸盐的阻锈剂，严禁用于预应力混凝土结构。

2.3.2 外加剂的检验

1. 普通减水剂

(1) 应按每 50t 为一检验批，不足 50t 的也应按一个检验批计。每一检验批取样量不应少于 0.2t 胶凝材料所需用的外加剂量，每检验批检验不得少于两次。

(2) 普通减水剂进场检验项目应包括 pH 值、密度（或细度）、含固量（或含水率）、减水率，早强型普通减水剂还应检验 1d 抗压强度比，缓凝型普通减水剂还应检验凝结时间差。

(3) 普通减水剂进场时，初始或经时坍落度（或扩展度）应按进场检验批次采用工程实际使用的原材料和配合比与上批留样进行平行对比检验，其允许偏差应符合现行国家标准《混凝土质量控制标准》GB 50164 的有关规定。

2. 高效减水剂

(1) 应按每 50t 为一检验批，不足 50t 的也应按一个检验批计。每一检验批取样量不应少于 0.2t 胶凝材料所需用的外加剂量，每检验批检验不得少于两次。

(2) 高效减水剂进场检验项目应包括 pH 值、密度（或细度）、含固量（或含水率）、减水率，缓凝型高效减水剂还应检验凝结时间差。

(3) 高效减水剂进场时，初始或经时坍落度（或扩展度）应按进场检验批次采用工程实际使用的原材料和配合比与上批留样进行平行对比检验，其允许偏差应符合现行国家标准《混凝土质量控制标准》GB 50164 的有关规定。

3. 聚羧酸系高性能减水剂

(1) 应按每 50t 为一检验批，不足 50t 的也应按一个检验批计。每一检验批取样量不应少于 0.2t 胶凝材料所需用的外加剂量，每检验批检验不得少于两次。

(2) 聚羧酸系高性能减水剂进场检验项目应包括 pH 值、密度（或细度）、含固量（或含水率）、减水率，早强型聚羧酸系高性能减水剂应测 1d 抗压强度比，缓凝型聚羧酸系高性能减水剂还应检验凝结时间差。

(3) 聚羧酸系高性能减水剂进场时，初始或经时坍落度（或扩展度）应按进场检验批次采用工程实际使用的原材料和配合比与上批留样进行平行对比检验，其允许偏差应符合现行国家标准《混凝土质量控制标准》GB 50164 的有关规定。

4. 引气剂及引气减水剂

(1) 引气剂应按每 10t 为一检验批，不足 10t 时也应按一个检验批计；引气减士剂应按每 50t 为一检验批，不足 50t 时也应按一个检验批计。每一检验批取样量不应少于 0.2t 胶凝材料所需用的外加剂量，每检验批检验不得少于两次。

(2) 引气剂及引气减水剂进场时，检验项目应包括 pH 值、密度（或细度）、含固量（或含水率）、含气量、含气量经时损失，引气减水剂还应检测减水率。

(3) 引气剂及引气减水剂进场时，含气量应按进场检验批次采用工程实际使用的原材料和配合比与上批留样进行平行对比拭验，初始含气量允许偏差应为±1.0%。

5. 早强剂

(1) 早强剂应按每 50t 为一检验批，不足 50t 时应按一个检验批计。每一检验批取样量不应少于 0.2t 胶凝材料所需用的外加剂量，每检验批检验不得少于两次。

(2) 早强剂进场检测项目应包括密度（或细度)、含固量（或含水率)、碱含量、氯离子含量和 1d 抗压强度比。

(3) 检验含有硫氰酸盐、甲酸盐等早强剂的氯离子含量时，应采用离子色谱法。

6. 缓凝剂

(1) 缓凝剂应按每 20t 为一检验批，不足 20t 时也应按一个检验批计。每一检验批取样量不应少于 0.2t 胶凝材料所需用的外加剂量，每检验批检验不得少于两次。

(2) 缓凝剂进场时检验项目应包括密度（或细度)、含固量（或含水率）和混凝土凝结时间差。

(3) 缓凝剂进场时，凝结时间的检测应按进场检验批次采用工程实际使用的原材料和配合比与上批留样进行平行对比，初、终凝时间允许偏差应为±1h。

7. 泵送剂

(1) 泵送剂应按每 50t 为一检验批，不足 50t 时也应按一个检验批计。每一检验批取样量不应少于 0.2t 胶凝材料所需用的外加剂量，每检验批检验不得少于两次。

(2) 泵送剂进场检验项目应包括 pH 值、密度（或细度)、含固量（或含水率)、减水率和坍落度 1h 经时变化值。

(3) 泵送剂进场时，减水率及坍落度 1h 经时变化值应按进场检验批次采用工程实际使用的原材料和配合比与上批留样进行平行对比试验，减水率允许偏差应为±2%，坍落度 1h 经时变化值允许偏差应为±20mm。

8. 防冻剂

(1) 防冻剂应按每 100t 为一检验批，不足 100t 时也应按一个检验批计。每一检验批取样量不应少于 0.2t 胶凝材料所需用的外加剂量，每检验批检验不得少于两次。

(2) 防冻剂进场检验项目应包括 pH 值、密度（或细度)、含固量（或含水率)、碱含量和含气量，复合类防冻剂还应检测减水率。

(3) 检测含有硫氰酸盐、甲酸盐等防冻剂的氯离子含量时，应采用离子色谱法。

9. 速凝剂

(1) 速凝剂应按每 50t 为一检验批，不足 50t 时也应按一个检验批计。每一检验批取样量不应少于 0.2t 胶凝材料所需用的外加剂量，每检验批检验不得少于两次。

(2) 速凝剂进场时检验项目应包括密度（或细度)、水泥净浆初、终凝时间和凝结时间。

(3) 速凝剂进场时，水泥净浆初、终凝时间应按进场检验批次采用工程实际使用的材料和配合比与上批留样进行平行对比试验，其允许偏差应为±1min。

10. 膨胀剂

(1) 膨胀剂应按每 200t 为一检验批，不足 200t 时也应按一个检验批计。每一检验批取样量不应少于 10kg。每一检验批取样应充分混匀，并应分为两等份：每检验批检验不得少于两次。

(2) 膨胀剂进场时检验项目应为水中 7d 限制膨胀率和细度。

11. 防水剂

(1) 防水剂应按每 50t 为一检验批，不足 50t 时也应按一个检验批计。每一检验批取样量不应少于 0.2t 胶凝材料所需用的外加剂量。每检验批检验不得少于两次。

(2) 防水剂进场检验项目应包括密度（或细度)、含固量（或含水率)。

2.3.3 在混凝土中加减水剂有何技术经济意义

1. 在保持用水量不变的情况下，可使混凝土拌合物坍落度增大；

2. 在保持坍落度不变的情况下，可使混凝土用水量减少，强度提高；

3. 在保持坍落度和混凝土强度不变的情况下，可节约水泥；

4. 由于混凝土用水量减少，混凝土泌水和离析现象得到改善，提高了混凝土的抗渗性；

5. 可减慢水泥水化初期的水化放热速度，有利于减小大体积混凝土的温度应力，减少开裂现象。

2.4 用于混凝土中的矿物掺合料

为改善混凝土性能、节约水泥、特别是提高混凝土的耐抗性，现在在大多混凝土工程中加入活性或非活性的矿物掺合料，其掺量通常是水泥用量的5%～40%。活性掺合料如粒化高炉矿渣、磨细粉煤灰、硅灰、沸石粉等；它们加入混凝土后能使水泥生成具有胶凝性能的水化产物，不但节约了水泥用量，还能有助于改善混凝土的后期强度，提高其耐久性。

要注意的是，在某些工程或大体积工程中掺入较多的矿物掺合料时，应根据《普通混凝土配合比设计规程》JGJ 55—2011进行配合比设计。

2.4.1 粒化高炉矿渣粉的原理

高炉矿渣是冶炼生铁时从高炉中排出的一种工业废渣，从化学成分来看属于硅酸盐质材料，主要是硅酸盐与铝酸盐的熔融体，通过水淬冷却形成的粒状矿渣。粒化高炉矿渣具有结晶相及玻璃相二重性的性质，同此矿渣的活性既取决于析出晶体种类及晶体的数量，又决定玻璃态数量及性能，矿渣中含有较多的钙成分，在形成过程中生成了一些硅酸盐、铝酸盐及大量含钙的玻璃质，具有独立的水硬性，在氧化钙与硫酸钙的激发作用下，遇到水就能硬化，通过细磨后，则能使这个硬化过程可以大大加快。

粒化高炉矿渣微粉是将粒化高炉矿渣经干燥、粉磨（或添加少量石膏一起粉磨）达到相当细度，且符合相应活性指数的粉体。经粉磨成细粉的粒化高炉矿渣，不仅增加了水化表面，而且在粉磨时破坏了高炉矿渣在形成时产生的表面致密壳体，从而使水化进程加快。

随着我国经济建设的迅速发展，科学技术的日益进步，大型建设工程不断增多，建筑物的大型化和高层化以及沿海、水、地下工程，均迫切需要耐腐蚀、高强型的高性能混凝土。也为矿渣微粉的开发应用提供了广阔的空间。

2.4.2 粒化高炉矿渣粉的性能和应用

矿渣微粉具有的潜在水硬性，成为水泥或混凝土的优质混合、掺合材料。用矿渣微粉作为混凝土掺合料不仅可等量取代水泥，而且可使混凝土的多项性能得到极大改善。用部分矿渣微粉取代水泥而拌制的混凝土：泌水少，可塑性好；水化析热速度慢，水化热小，有利于防止大体积混凝土因内部温升引起的开裂；矿渣微粉内的钙矾石微晶，可补偿因混凝土中细粉过多引起的收缩；硬化混凝土具有良好的抗硫酸盐、抗氯盐、抗碱-活性集料反应性能，并能使后期强度得以大幅提高，具有良好的耐久性。

2.4.3 粒化高炉矿渣粉的技术要求

（1）定义：符合GB/T 203标准规定的粒化高炉矿渣经干燥、粉磨（或添加少量石膏一起粉磨）达到相当细度，且符合相应活性指数的粉体。矿渣粉粉磨时允许加入助磨剂，加入量不得大于矿渣粉质量的0.5%；

（2）矿渣粉密度不小于2.8g/cm^3；比表面积不小于300m^2/kg；

（3）矿渣粉共分为三级：S105、S95和S75。流动度比不小于95%，对应的比表面积不小于500m^2/kg、400m^2/kg、300m^2/kg，活性指数7天不小于95%、75%和55%，28天不小于105%、95%和75%；

（4）含水量不大于1.0%；

（5）三氧化硫不大于4.0%；

（6）氯离子不大于0.06%；

（7）烧失量不大于3.0%；

（8）玻璃体含量不少于85%；

（9）放射性合格。

2.4.4 检验和判定规则

（1）符合国标中（出厂检验）密度、比表面积、活性指数、流动度比、含水量、三氧化硫等技术要求的为合格品。

（2）检验结果不符合国标中密度、比表面积、活性指数、流动度比、含水量、三氧化硫等技术要求的为不合格品。若其中任何一项不符合要求，应重新加倍取样，对不合格的项目进行复检，评定时以复检结果为准。

（3）型式检验结果不符合国标任一项要求的为型式检验不合格。若其中任何一项不符合要求，应重新加倍取样，对不合格的项目进行复检，评定时以复检结果为准。

2.4.5 主要技术指标测定方法

1. 粒化高炉矿渣粉活性指数及流动度比的测定

（1）分别测定试验样品和对比样品的抗压强度，两种样品同龄期的抗压强度之比即为活性指数。按GB/T 17671水泥胶砂强度检验方法（ISO法）进行。

（2）分别测定试验样品和对比样品的流动度，二者之比即为流动度比。按GB/T 2419—2005水泥胶砂流动度测定方法进行。

（3）试验配合比。对比样品：42.5普通或硅酸盐（基准水泥）；试验样品：由对比水泥和矿渣粉按质量比1∶1组成。

① 本方法规定了粒化高炉矿渣粉活性指数及流动度比的检验方法。

② 方法原理：

分别测定试验样品和对比样品的抗压强度，两种样品同龄期的抗压强度之比即为活性指数。分别测定了试验样品和对比样品的流动度，二者之比即为流动度比。

③ 样品：

对比样品；符合GB 175规定的42.5硅酸盐水泥，当有争议时应用符合GB 175规定的P.Ⅰ型42.5硅酸盐水泥进行。

试验样品：由对比水泥和矿渣粉按质量比1∶1组成。

④ 试验方法：

砂浆配比如表 2-10 所示。

砂浆配比 **表 2-10**

砂浆种类	水泥（g）	矿渣粉（g）	ISO 标准砂（g）	水（mL）
对比砂浆	450	—	1350	225
试验砂浆	225	225	—	—

⑤ 砂浆搅拌。

⑥ 抗压强度试验：

分别测定试验样品 7d、28d 抗压强度 $R7$、$R28$ 和对比样品 7d、28d 抗压强度 $R07$、$R028$。

⑦ 流动度试验：

分别测定试验样品和对比样品的流动度 L、L_0。

⑧ 结果计算

矿渣粉各龄期的活性指数按如下两个式公式计算，计算结果取整数。

$$A_7 = R_7/R_{07} \times 100\%$$

式中 A_7——7d 活性指数；

R_7——试验样品 7d 抗压强度（MPa）；

R_{07}——对比样品 7d 抗压强度（MPa）。

$$A_{28} = R_{28}/R_{028} \times 100\%$$

式中 A_{28}——28d 活性指数；

R_{28}——试验样品 7d 抗压强度（MPa）；

R_{028}——对比样品 7d 抗压强度（MPa）。

矿渣粉的流动度计算如下，计算结果取整数

$$F = L/L_0 \times 100\%$$

式中 F——流动度比；

L_0——对比样品流动度（mm）；

L——试验样品流动度（mm）。

2. 粒化高炉矿渣粉含水量的测定

（1）方法要点：在 105～110℃的恒温下将矿渣粉烘干至恒重，从而测定矿渣粉的含水量。

（2）测定步骤：用 1/100 的天平准确称取矿渣粉 50g，置于已知质量的蒸发皿中，放入 105～110℃的恒温控制的烘干箱中烘干至恒重，取出坩埚置于干燥器中冷却至室温，称量。

（3）结果计算：矿渣粉的含水量计算如下，试验结果计算至 0.1%。

$$X = 100 \times (G - G_1)/G$$

式中 X——矿渣粉的含水量；

G——烘干前试样的质量（g）；

G_1——烘干后试样的质量（g）。

2.4.6 粉煤灰的性能和应用

粉煤灰是电厂煤粉炉烟道气体中收集的粉末，属于人工火山灰质混合材料，它本身略有或没有水硬胶凝性能，但当以粉状及水存在时，能在常温，特别是在水热处理（蒸汽养护）条件下，与氢氧化钙或其他碱土金属氢氧化物发生化学反应，生成具有水硬胶凝性能的化合物，成为一种增加强度和耐久性的材料。

粉煤灰的物理性质包括密度、堆积密度、细度、比表面积、需水量等，这些性质是化学成分及矿物组成的宏观反映。由于粉煤灰的组成波动范围很大，这就决定了其物理性质的差异也很大。粉煤灰的物理性质中，细度和粒度是比较重要的项目。它直接影响着粉煤灰的其他性质，粉煤灰越细，细粉占的比重越大，其活性也越大。

粉煤灰的细度影响早期水化反应，而化学成分影响后期的反应。

混凝土中加粉煤灰有如下作用：

（1）在混凝土中掺加粉煤灰节约了大量的水泥和细骨料；

（2）减少了用水量；改善了混凝土拌和物的和易性；

（3）增强混凝土的可泵性；

（4）减少了混凝土的徐变；

（5）减少水化热、热能膨胀性；

（6）提高混凝土抗渗能力。

2.4.7 粉煤灰的主要技术要求

（1）粉煤灰按煤种分为 F 类和 C 类，按性能分为三个等级：Ⅰ级、Ⅱ级、Ⅲ级。

（2）碱含量：粉煤灰中的碱量按 $Na_2O+0.658K_2O$ 计算表示，当粉煤灰用于活性骨料混凝土，要限制掺合料的碱含量时，由买卖双方协商确定。

（3）均匀性：以细度（45μm 方孔筛筛余）为考核依据，单一样品的细度不应超过前 10 个样品细度平均值的最大偏差，最大偏差范围由买卖双方协商确定。

（4）放射性：合格。

（5）其他性能：见表 2-11。

拌制混凝土和砂浆用粉煤灰技术要求　　表 2-11

<table>
<tr><th rowspan="2" colspan="2">项目</th><th colspan="3">技术要求</th></tr>
<tr><th>Ⅰ级</th><th>Ⅱ级</th><th>Ⅲ级</th></tr>
<tr><td rowspan="2">细度（45um 方孔筛筛余），不大于（%）</td><td>F 类粉煤灰</td><td rowspan="2">12.0</td><td rowspan="2">25.0</td><td rowspan="2">45.0</td></tr>
<tr><td>C 类粉煤灰</td></tr>
<tr><td rowspan="2">需水量比，不大于（%）</td><td>F 类粉煤灰</td><td rowspan="2">95</td><td rowspan="2">105</td><td rowspan="2">115</td></tr>
<tr><td>C 类粉煤灰</td></tr>
<tr><td rowspan="2">烧失量，不大于（%）</td><td>F 类粉煤灰</td><td rowspan="2">5.0</td><td rowspan="2">8.0</td><td rowspan="2">15.0</td></tr>
<tr><td>C 类粉煤灰</td></tr>
<tr><td rowspan="2">含水量，不大于（%）</td><td>F 类粉煤灰</td><td rowspan="2" colspan="3">1.0</td></tr>
<tr><td>C 类粉煤灰</td></tr>
<tr><td rowspan="2">三氧化硫，不大于（%）</td><td>F 类粉煤灰</td><td rowspan="2" colspan="3">3.0</td></tr>
<tr><td>C 类粉煤灰</td></tr>
<tr><td rowspan="2">游离氧化钙，不大于（%）</td><td>F 类粉煤灰</td><td colspan="3">1.0</td></tr>
<tr><td>C 类粉煤灰</td><td colspan="3">4.0</td></tr>
<tr><td>安定性：雷氏夹沸煮后增加距离，不大于（mm）</td><td>C 类粉煤灰</td><td colspan="3">5.0</td></tr>
</table>

2.4.8 检验和判定规则

（1）拌制混凝土和砂浆用粉煤灰，试验结果符合标准中的技术要求时为等级品。若其中任何一项不符合要求，允许在同一编号中重新加倍取样进行全部项目的复检，以复检结果判定，复检不合格可降级处理。凡低于标准最低级别要求的为不合格品。

（2）出厂检验结果符合标准技术要求时，判为出厂检验合格，若其中任何一项不符合要求，允许在同一编号中重新加倍取样进行全部项目的复检，以复检结果判定。

（3）型式检验结果符合标准技术要求时，判为型式检验合格，若其中任何一项不符合要求，允许在同一编号中重新加倍取样进行全部项目的复检，以复检结果判定。只有当活性指数小于70.0%时，该粉煤灰可作为水泥生产中的非活性混合材料。

2.4.9 主要技术指标测定方法

1. 粉煤灰细度试验方法

（1）将测试用粉煤灰样品置于温度为105～110℃烘干箱内烘至恒重，取出放在干燥器中冷却至室温。

（2）称取试样约10g，准确至0.01g，倒入45μm方孔筛筛网上，将筛子置于筛座上，盖上筛盖。

（3）接通电源，将定时开关固定在3min，开始筛析。

（4）开始工作后，观察负压表，使负压稳定在4000～6000Pa。若负压小于4000Pa，则应停机，清理收尘器中的积灰后再进行筛析。

（5）在筛析过程中，可用轻质木棒或硬橡胶棒轻轻敲打筛盖，以防吸附。

（6）3min后筛析自动停止，停机后观察筛余物，如出现颗粒成球、粘筛或有细颗粒沉积在筛框边缘，用毛刷将细颗粒轻轻刷开，将定时开关固定在手动位置，再筛析1～3min直至筛分彻底为止。将筛网内的筛余物收集并称量，准确至0.01g。

（7）结果计算：45um方孔筛筛余按下式计算，计算至0.1%。

$$F = (G_1/G) \times 100$$

式中 F——45um方孔筛筛余（%）；

G_1——筛余物的质量（g）；

G——称取试样的质量（g）。

2. 需水量比试验方法

（1）按GB/T 2419测定试验胶砂和对比胶砂的流动度，以二者流动度达到130～140mm时的加水量之比确定粉煤灰的需水量比。

（2）水泥：GSB 14—1510强度检验用水泥标准样品或强度等级为52.5以上的P.Ⅱ型硅酸盐水泥；标准砂：符合GB/T 17671规定的0.5～1.0mm的中级砂；水：洁净的饮用水。

（3）胶砂配比见表2-12。

需水量比测定胶砂配比　　表2-12

胶砂种类	水泥（g）	粉煤灰（g）	标准砂（g）	加水量（mL）
对比胶砂	250	—	750	125
试验胶砂	175	75	750	按流动度达到130～140mm调整

（4）试验胶砂按GB/T 17671规定进行搅拌。

（5）搅拌后的试验胶按GB/T 2419测定流动度，当流动度在130～140mm范围内，记录此时的加水量；当流动度小于130mm或大于140mm时，重新调整加水量，直至流动度达到 130～140mm 为止。

（6）需水量比按下式计算（计算至 1%）：

$$X=(L_1/125)\times 100$$

式中 X——需水量比，单位为百分数（%）；

L_1——试验胶砂流动度达到 130～140mm 时的加水量，单位为毫升（ml）；

125——对比胶砂的加水量，单位为毫升（ml）。

3. 含水量试验方法

（1）方法要点：在 105～110℃的恒温下将粉煤灰的附着烘干至恒重，从而测定粉煤灰的含水量。

（2）测定步骤：用 1/100 的天平准确称取粉煤灰 50g，置于已知质量的蒸发皿中，放入 105～110℃的恒温控制的烘干箱中烘 2h，取出坩埚置于干燥器中冷却至室温，称量。

（3）结果计算：粉煤灰的含水量按下式计算，试验结果计算至 0.1%。

$$W=(W_1-W_0)/W_1\times 100$$

式中 W——粉煤灰的含水量（%）；

W_1——烘干前试样的质量（g）；

W_0——烘干后试样的质量（g）。

4. 活性指数试验方法

（1）按 GB/T 17671—1999 测定试验胶砂和对比胶砂的抗压强度，以二者抗压强度之比确定试验胶砂的活性指数。

（2）水泥：GSB 14—1510 强度检验用水泥标准样品；标准砂：符合 GB/T 17671—1999 规定的中国 ISO 标准砂；水：洁净的饮用水。胶砂配比见表 2-13。

活性指数测定胶砂配比 **表 2-13**

胶砂种类	水泥（g）	粉煤灰（g）	标准砂（g）	水（mL）
对比胶砂	450	—	1350	225
试验胶	315	135	1350	225

（3）将对比胶砂分别按 GB/17671 规定进行搅拌，试体成型和养护。

（4）试体养护至 28d，按 GB/T 17671 规定分别测定对比胶砂和试验胶砂的抗压强度。

（5）活性指数按下式计算（计算至 1%）：

$$H_{28}=(R/R_0)\times 100$$

式中 H_{28}——活性指数，单位为百分数（%）；

R——试验胶砂 28d 抗压强度，单位为兆帕（MPa）；

R_0——对比胶砂 28d 抗压强度，单位为兆帕（MPa）。

2.4.10 现行标准

1.《混凝土外加剂应用技术规范》GB 50119—2013

2.《混凝土外加剂中释放氨的限量》GB 18588—2001

3.《混凝土外加剂》GB 8076—2008

4.《高强高性能混凝土用矿物外加剂》GB/T 18736—2002

5.《混凝土外加剂匀质性试验方法》GB/T 8077—2012

6.《混凝土外加剂定义、分类、命名与术语》GB/T 8075—2005

7.《混凝土膨胀剂》GB 23439—2009

8.《水泥基渗透结晶型防水材料》GB 18445—2012

9.《用于水泥和混凝土中的粒化高炉渣矿渣粉》GB/T 18046—2008

10.《用于水泥和混凝土中的粉煤灰》GB/T 1596—2005

11.《喷射混凝土用速凝剂》JC 477—2005

12.《混凝土防冻剂》JC 475—2004

13.《砂浆、混凝土防水剂》JC 474—2008

14.《聚羧酸系高性能减水剂》JG/T 223—2007

15.《砌筑砂浆增塑剂》JG/T 164—2004

16.《水性渗透型无机防水剂》JC/T 1018—2006

2.5 练习题

一、单选题

1. 缓凝型高效减水剂宜用于日最低气温（　　）以上施工的混凝土。

A. 0℃　　B. －5℃　　C. 5℃　　D. 10℃

2. 检验混凝土的含气量应在施工现场进行取样。对含气量有设计要求的混凝土，当连续浇筑时每（　　）应现场检验一次；当间歇施工时，每浇筑 200m^3 应检验一次。必要时，可增加检验次数。

A. 24h　　B. 16h　　C. 8h　　D. 4h

3. 掺速凝剂的喷射混凝土配合比宜通过试配试喷确定，其强度应符合设计要求，并应满足节约水泥、回弹量少等要求。特殊情况下，还应满足抗冻性和抗渗性等要求。砂率宜为 45%～60%。湿喷混凝土拌合物的坍落度不宜小于（　　）。

A. 120mm　　B. 100mm　　C. 80mm　　D. 50mm

4. 膨胀剂的检验，每一检验批取样量不应少于（　　）kg

A. 5　　B. 10　　C. 15　　D. 20

5. 膨胀剂的适用范围表述错误的是（　　）。

A. 用膨胀剂配制的补偿收缩混凝土宜用于混凝土结构自防水、工程接缝、填充灌浆，采取连续施工的超长混凝土结构，大体积混凝土工程等；用膨胀剂配制的自应力混凝土宜用于自应力混凝土输水管、灌注桩等。

B. 含硫铝酸钙类、硫铝酸钙-氧化钙类膨胀剂配制的混凝土（砂浆）不得用于长期环境温度为 100℃以上的工程。

C. 膨胀剂应用于钢筋混凝土工程和填充性混凝土工程。

D. 含硫铝酸钙类、硫铝酸钙-氧化钙类膨胀剂配制的混凝土（砂浆）不得用于长期环境温度为 80℃以上的工程。

6.《混凝土外加剂》GB 8076 规定：高性能减水剂或泵送剂和掺其他外加剂的基准混凝土和受检混凝土中的单位水泥用量分别为（　　）。

A. 360kg/m^3 和 330kg/m^3　　B. 均为 360kg/m^3

C. 均为 330kg/m^3　　D. 330kg/m^3 和 360kg/m^3

7.《混凝土外加剂》GB 8076 规定：掺高性能减水剂或泵送剂和掺其他外加剂的基准混凝土和受检混凝土的坍落度分别控制在：（　　）。

A.（200±10)mm 和（70±10)mm　　B. 均为（210±10)mm

C. 均为（80±10)mm　　D.（210±10)mm 和（80±10)mm

8. 掺膨胀剂的补偿收缩混凝土，其设计和施工应符合现行行业标准《补偿收缩混凝土应用技术规程》的有关规定。其中，对暴露在大气中的混凝土表面应及时进行保水养护，养护期不得少于（　　）。冬期施工时，构件拆模时间应延至 7d 以上，表层不得直接洒水，可采用塑料薄膜保水，薄膜上部应覆盖岩棉被等保温材料。

A. 15d　　B. 14d　　C. 10d　　D. 7d

9.《混凝土外加剂》GB 8076 规定：外加剂检测时，各种混凝土试验材料及环境温度均应保持在（　　）。

A.（20±3)℃　　B.（20±5)℃　　C.（20±2)℃　　D.（20±1)℃

10.《混凝土膨胀剂》GB 23439 规定：限制膨胀率试验要求试件脱模时间以限制膨胀率规定配比试体的抗压强度达到（　　）MPa 时的时间确定。

A. 15±2　　B. 12±2　　C. 10±2　　D. 8±2

11. 下列矿物掺合料中比表面积最大的是（　　）。

A. 粉煤灰　　B. 硅粉　　C. 沸石粉　　D. 石灰石粉

12.《混凝土外加剂应用技术规范》GB 50119 的规定：膨胀剂进场时检验项目应为细度和（　　）。

A. 7d 抗压强度　　B. 28d 抗压强度

C. 水中 7d 限制膨胀率　　D. 空气中 21d 限制膨胀率

二、多选题

1. 下列属于早强剂进场检测项目的有（　　）。

A. 密度　　B. 含固量

C. 氯离子含量　　D. 7d 抗压强度比

E. 碱含量

2. 各种外加剂的掺量虽然很小，但它能显著改善混凝土的某些性能。因此，采用化学外加剂的作用包括（　　）

A. 提高混凝土质量　　B. 改善施工性能

C. 节约原材料　　D. 缩短施工周期

E. 混凝土成本提高

3.《混凝土膨胀剂》GB 23439 规定：混凝土膨胀剂按限制膨胀率分为（　　）。

A. Ⅰ型　　B. Ⅱ型　　C. Ⅲ型　　D. 复合型

4. 矿物掺合料在混凝土中的作用一般可分为（　　）

A. 火山灰效应　　B. 填充密实效应　　C. 增塑效应　　D. 超限效应

E. 提高耐久性

5.《混凝土外加剂应用技术规范》GB 50119 的规定：高效减水剂进场检验项目应包括 pH 值和（　　）。

A. 密度（或细度）

B. 含固量（或含水率）

C. 减水率

D. 缓凝型高效减水剂还应检验凝结时间

E. 坍落度

6. 混凝土中掺入矿物掺合料能（　　）。

A. 降低坍落度经时损失

B. 降低混凝土内部早期干燥收缩

C. 改善耐化学腐蚀能力

D. 混凝土早期和后期强度都能得到提高

E. 抗渗、抗冻能力明显改善

7. 掺矿物掺合料的混凝土，宜采用（　　）水泥。当采用其他品种水泥时，应了解水泥中混合材的品种和掺量，并通过充分试验确定矿物掺合料的掺量。

A. P. Ⅰ　　B. P. O　　C. P. C　　D. P. Ⅱ

E. P. P

8. 下面表述正确的有（　　）。

A. 普通减水剂宜用于日最低气温5℃以上强度等级为C40以下的混凝土；

B. 普通减水剂宜单独用于蒸养混凝土；

C. 早强型普通减水剂宜用于常温、低温和最低温度不低于—5℃环境中施工的有早强要求的混凝土工程；

D. 缓凝型普通减水剂可用于大体积混凝土、碾压混凝土、炎热气候条件下施工的混凝土、大面积浇筑的混凝土、避免冷缝产生的混凝土、需长时间停放或长距离运输的混凝土、滑模施工或拉模施工的混凝土及其他需要延缓凝结时间的混凝土，不宜用于有早强要求的混凝土；

E. 炎热环境条件下不宜使用早强型普通减水剂。

三、简答题

1. 简述在混凝土中掺加外加剂有何作用?

2. 何谓引气剂？在混凝土中掺入引气剂有何意义?

3. 简述粒化高炉矿渣粉的性能和效用?

4. 膨胀剂按水化产物可分为哪三类?

5. 在混凝土中掺加减水剂有何技术经济意义?

答案：

一、单选题：

1. C　2. D　3. C　4. B　5. B　6. A　7. D　8. B　9. A　10. C　11. B　12. C

二、多选题：

1. ABCE　2. ABCD　3. AB　4. ABCE　5. ABC　6. ABCE　7. ABC　8. ACDE

第3章　混凝土用骨料

骨料也称集料，在混凝土中起骨架作用。由于骨料具有一定的强度，而且分布范围广，取材容易，加工方便，价格低廉，所以在混凝土施工中得到广泛应用。配制混凝土采用的骨料通常有砂、碎石或卵石。骨料的分类如下：

按粒径区分，粒径在0.15～4.75mm之间为细骨料，如砂；粒径大于4.75mm为粗骨料，如碎石和卵石。

按成因区分为：天然骨料，如砂、卵石；人造骨料，如机制砂、碎石、碎卵石、高炉矿渣等。

按密度区分，绝干密度2.3g/cm^{3}以下，烧成的人造轻骨料与火山渣为轻骨料；绝干密度在2.3～2.8g/cm^3，通常混凝土用的天然骨料及人造骨料为普通骨料；绝干密度2.9g/cm^{3}以上，多者达4.0g/cm^{3}以上为重骨料。

骨料中常见有害作用的矿物有云母、泥及泥块等，云母吸水率高，强度及抗磨性差。

3.1　骨料的物理性质

3.1.1　骨料的强度、弹性模量和密度

骨料的强度来自岩石母体，JGJ 52—2006中规定，采用50mm的立方体试件或Φ50mm×H50mm圆柱体，在饱和状态下测定其抗压强度。碎石或卵石抵抗压碎的能力称为压碎指标值，骨料在生产过程中用压碎指标值测定仪来测压碎值，以间接反映岩石的强度。

对于普通混凝土，不同品种、不同强度骨料对混凝土强度的影响很小，但对高强混凝土，骨料的差别对强度的影响很大。混凝土强度等级为C60以上时，应进行岩石抗压试验。岩石抗压强度应比所配制的混凝土强度至少高20%。

高强度混凝土选择骨料时应注意：首先选用表观密度2.65g/cm^{3}以上，吸水率在1.0%～1.5%以下，粒度2.0～2.5cm左右，在混凝土中体积含量约占40%的碎石。细骨料要采用级配良好的河砂，即中偏粗砂。

混凝土的弹性模量受骨料品种的影响很大，而泊松比受骨料影响较小。骨料的弹性模量一般为$3\times10^4\sim12\times10^4$MPa左右。一般情况下，骨料的抗压强度越高，弹性模量也高。使用骨料的弹性模量越高，混凝土的弹性模量也增高。

骨料的表观密度ρ(kg/m^3）是骨料颗粒单位体积（包括内封闭孔隙）的质量。骨料的密度有饱和面干状态与绝干状态两种。

根据所规定的捣实条件，把骨料放入容器中，装满容器后的骨料质量除以容器的体积，称为紧密堆积密度ρ_c。骨料在自然堆积状态下，单位体积的质量称为堆积密度ρ'。

3.1.2 级配

骨料中各种大小不同的颗粒之间的数量比例，称为骨料级配。骨料的级配如果选择不当，以至骨料的比表面、空隙率过大，则需要多耗费水泥浆，才能使混凝土获得一定的流动性，以及硬化后的性能指标，如强度、耐久性等下降。有时即使多加水泥，硬化后的性能也会受到一定影响。故骨料的级配具有一定的实际意义。分析级配的常用指标如下：

(1) 筛分曲线：骨料颗粒大小常用筛分确定。骨料的级配采用各筛上的筛余量按质量百分率表示。其筛分结果可以绘成筛分曲线（或称级配曲线）。

砂的筛分曲线：除特细砂外，砂的颗粒级配可按公称直径 630μm 筛孔的累计筛余量（以质量百分率计，下同），分成三个级配区：Ⅰ区砂较粗，Ⅱ区砂适中，Ⅲ区砂较细。

碎石或卵石的筛分与级配范围：对于粗骨料，有连续级配与间断级配之分。用与细骨料相同的筛分方法求得分计筛余量及累计筛余量百分率。单粒级一般用于组合具有要求级配的连续粒级，它也可以与连续级配的碎石或卵石混合使用，改善它们的级配或配成较大粒度的连续级配。采用单粒级时，必须注意避免混凝土发生离析。

所谓连续级配，即颗粒由小到大，每级粗骨料都占有一定比例，相邻两级粒径之比为 $N=2$；天然河卵石都属连续级配。但是，这种连续级配的粒级之间会出现干扰现象。如果相邻两级粒径比 $D:d=6$，直径小的一级骨料正好填充大一级的骨料的空隙，这时骨料的空隙率最低。

(2) 细度模数 μ_f：细度模数是用来代表骨料总的粗细程度的指标。它等于砂、石或砂石混合物在 0.15mm 以上各筛的总筛余百分率之和（质量）除以 100。按细度模数的概念，习惯上将砂大致分为粗、中、细砂。细砂的细度模数在 1.6～2.2 之间，中砂在 2.3～3.0 之间，粗砂在 3.1～3.7 之间。

(3) 骨料的质量系数：混凝土用的骨料既要求其级配合格（空隙率要小），也要粗细大小适中，所以采用骨料质量系数综合评价骨料质量的好坏。质量系数越大，骨料质量相对按公式越好。按下式计算骨料质量系数。

$$K = \mu_f(50 - V_1)$$

式中 K——质量系数；

μ_f——细度模数；

V_1——空隙率。

(4) 骨料的最大粒径：骨料的公称粒径的上限为该粒级的最大粒径。骨料的最大粒径大，比表面积小，空隙率也比较小。这就可以节省水泥与用水量，提高混凝土密实度、抗渗性、强度，减小混凝土收缩。所以一般都尽量选用较大的骨料最大粒径。最大粒径的尺寸受到结构物尺寸及钢筋间距的限制。一般规定，最大粒径不能大于结构物最小尺寸的 1/4～1/5，不能大于钢筋净距的 3/4，道路地坪厚度的 1/2。当强制型搅拌机为 400L 以下时，不应超过 100mm。在选择最大粒径时，应该视具体工程特点而定。

(5) 空隙率：骨料颗粒与颗粒之间没有被骨料占领的自由空间，称为骨料的空隙。在单位体积的骨料中，空隙所占的体积百分比，称为空隙率。骨料的空隙率主要取决于其级配。颗粒的粒形和表面粗糙度对空隙率也有影响。颗粒接近球形或者正方形时，空隙率较小；而颗粒棱角尖锐或者扁长者，空隙率较大；表面粗糙，空隙率较大。卵石表面光滑，粒形较好，空隙率一般比碎石小。碎石约为45%左右，碎石约为35%～45%。砂子的空隙率一般在40%左右。粗砂颗粒有粗有细，空隙率较小；细砂的颗粒较均匀，空隙率较大。对于高强度等级的混凝土，砂的堆积密度不应小于1500kg/m³，对于低强度等级的混凝土，不应低于1400kg/m³。

（6）粗骨料的针片状含量：凡岩石颗粒的长度大于该颗粒所属粒级的平均粒径2.4倍者为针状颗粒；厚度小于平均粒径0.4倍者为片状颗粒。平均粒径指该粒级上、下限粒径的平均值。粗骨料的针片状颗粒对级配和强度均带来不利影响。试验表明，当混凝土配合比相同时，粗骨料针片状颗粒含量增大，拌和物坍落度降低，黏聚性变差，抗压强度和抗拉强度下降，且对高强混凝土的影响更加显著。高强混凝土的强度除与界面黏结力有关外，还与骨料本身的强度有关，针片状骨料易于劈裂破坏，使混凝土强度。

借助于上述指标的帮助，可以分析骨料的各种级配理论。对于良好的级配，可总结出如下的基本特征：

① 砂石混合物空隙率越小，可以减少水泥浆用量，配出性能好的混凝土。

② 砂石混合物具有适当小的表面积。因为水泥浆在混凝土中除了填充空隙以外，尚需将骨料包裹起来。因此，当骨料已达最大密实度的条件下，应力求减小表面积，从而节约水泥，改善工作性。

3.1.3 杂质含量及其控制

骨料中常见有害作用的矿物有云母、泥及泥块等，云母吸水率高，强度及抗磨性差。

（1）含泥量：

骨料的含泥量是指粒径小于75μm的颗粒含量。含泥量一般会降低混凝土和易性、抗冻性、抗渗性，增加干缩。对于高强混凝土的抗压、抗拉、抗折、轴压、弹性模量、收缩、抗渗、抗冻等性能均有较大影响。因此，如果骨料含泥量过多时，要进行清洗。碎石中常含有石粉，随着石粉含量加，坍落度相应降低，若要求坍落度相同，用水量必然增加。砂石含泥量的测定，一般用冲洗法，指黏土杂质总量占洁净骨料质量百分比。

（2）泥块含量

砂中泥块含量是指粒径大于1.18mm，经水洗、手捏后变成小于600μm颗粒的含量。碎石、卵石中的泥块含量是指颗粒粒径大于4.75mm，经过水洗、手捏后变成颗粒小于2.36mm颗粒的含量。骨料中的泥块对混凝土的各项性能均产生不利的影响，降低混凝土拌和物的和易性和抗压强度；对混凝土的抗渗性、收缩及抗拉强度影响更大。混凝土的强度越高，影响越明显。

（3）有害物质含量

主要指有机物、硫化物和硫酸盐等。有机物是植物的腐烂产物。试验证明：有机物质对混凝土性能影响很大。砂子即使含有0.1%的有机物质，也能降低混凝土强度25%，有机物质的不良影响，特别在耐久性方面更为突出。

（4）骨料的耐久性

骨料的耐久性，是指骨料能抵抗各种环境因素的作用，保持物理化学性能相对稳定，从而保持混凝土物理化学性能相对稳定的能力。比较突出的问题是反复冻融的影响。对于一般的混凝土结构物，骨料的强度与耐久性可以根据其表观密度与吸水率来判断。而对于有特殊要求的情况，要通过试验来判断。

3.2 骨料的化学性质

3.2.1 碱-骨料反应

能与水泥或混凝土中的碱发生化学反应的骨料称为碱活性骨料。碱-骨料反应（Alkali-AggregateReaction，简称 AAR)，就是水泥中的碱与混凝土骨料中的活性二氧化硅发生化学反应，生成新的硅酸盐凝胶而产生膨胀的一种破坏作用。由于 AAR 对混凝土耐久性的极大危害，世界各国都对 AAR 十分重视。AAR 可归纳为如下三种类型：

碱-硅酸反应（Alkali-SilicaReacdon，简称 ASR)，是指混凝土中的碱与不定型二氧化硅的反应。

碱-硅酸盐反应（Alkali-SilicateReacticm，简称 ASR）是指混凝土中的碱与某些硅酸盐矿物的反应。

碱-碳酸盐反应（Alkali-carbonateReaction，简称 ACR)，是指混凝土中的碱与某些碳酸盐矿物的反应。

其中碱-硅酸盐反应最为常见，是各国研究的重点。AAR 的发生需要具备三个要素：①碱活性骨料；②有足够量的碱存在（K、Na 离子等）；③水。三个因素共同作用导致了 AAR 的发生。

这三个要素当中，第三个要素虽简单，但作用不可忽视。并不是外界水未大量进入混凝土内部就可确保不发生 AAR。混凝土内部与外界因为保持湿度平衡就可能有充分的水分，而这种可能足以达到反应的要求。

第二个是碱的问题。在水泥中总碱量（R_2O）的计算以当量 Na_2O 计，公式 $R_2O\%=Na_2O\%+0.658\times K_2O\%$。国内外经验表明，总碱量在 0.6%以上的水泥（高碱水泥）容易引起 AAR，因此推荐使用总碱量在 0.6%以下的水泥（低碱水泥）。但是实践中发现有时水泥含碱量在 0.6%以下时也发生了 AAR 的破坏，其原因在于混凝土的其他组分，如外加剂、拌和水、掺和料等会引人碱，而且外界环境可能通过扩散或对流动等各种物理化学方法向混凝土持续不断地提供碱，所以目前在各国的标准和具体实践中均对混凝土中的总碱量做了限制，一般认为小于 $3kg/m^3$ 时比较安全。

第三个问题是作为骨料的岩石的活性问题。

骨料具有碱活性是发生碱骨料反应的必要条件。因此，在对骨料进行选型以前，首先要确定骨料是否具有碱活性（这可以通过各种试验来确定）。一般我们将骨料分为三类，即碱活性、潜在碱活性和无碱活性。如果骨料是碱活性骨料，则不能使用这类骨料；如果骨料具有潜在碱活性，则要有条件地使用，如限制混凝土中的碱含量、使用粉煤灰等外掺料、混凝土表面涂刷高分子涂料以堵塞水及碱的外部通道等方法；而无碱活性骨料则可以相对自由地使用。

3.2.2 其他化学性能

含有某些矿物的骨料，配制的混凝土硬化后，也会出现化学问题。例如含有黄铁矿骨料的混凝土，在水分和空气渗透下，发生氧化反应，生成酸度极强的硫酸和氢氧化铁；硫酸对混凝土具有腐蚀性是不言而喻的，而氢氧化铁会膨胀，对混凝土也具有腐蚀性。

3.3 技术要求

3.3.1 细骨料技术要求

1. 质量要求

(1) 天然砂中有害物质含量应符合表3-1的规定。

天然砂中有害物质含量 表3-1

序号	项目 \ 混凝土强度等级	小于C30	C30-C50	大于C50
1	含泥量(按质量计,%)	≤5.0	≤3.0	≤0.2
2	泥块含量(按质量计,%)	≤1.0	≤0.5	≤0.5
3	硫化物及硫酸盐含量(折算成SO_3,按质量计,%)	≤1.0	≤1.0	≤0.5
4	云母含量(按质量计,%)	≤1.0	≤1.0	≤0.5
5	轻物质(相对密度小于2,如煤、贝壳等)含量(按质量计,%)	≤1.0	≤1.0	≤1.0
6	有机物含量(用比色法试验)	颜色不应深于标准色,如深于标准色,则应按水泥胶砂强度试验方法,进行强度对比试验,抗压强度比不应低于0.95		

注:1. 泥系指天然砂中粒径小于75um的颗粒;
2. 泥块系指砂中原粒径大于1.18mm,经水没洗、手捏后小于600um的颗粒;
3. 对有抗冻、抗渗或其他要求的混凝土用砂,含泥量不应大于3%;
4. 当砂中发现有颗粒状的硫酸盐或硫化物杂质时,应进行专门检验,仅在确认满足混凝土耐久性要求时,方可使用。

(2) 当采用海砂拌制混凝土时,钢筋混凝土中海砂的氯离子含量不得大于0.06%(以干砂质量的百分率计,下同)。预应力混凝土不宜用海砂。当必须使用海砂时,必须经淡水冲洗,其氯离子含量不得大于0.02%。

(3) 采用山砂拌制强度等级低于C30的混凝土时,其压碎指标值不得大于35%,级配应控制在Ⅰ、Ⅱ区内;

(4) 不应采用砂岩轧制机制砂。当禾用机制砂、混合砂拌制强度等级低于C30的混凝土时,其颗粒级配在Ⅰ、Ⅱ区中150μm筛孔的累计筛余可酌情放宽5%~10%,有害物质含量应符合表3-2的规定。

机制砂、混合砂有害物质含量 表3-2

序号	项目 \ 混凝土强度等级		小于C30
1	石粉含量(小于75um颗粒,按质量计,%)	$M<1.40$	≤10
		$MB\geq1.40$	≤5.0
2	泥块质量(按质量计,%)		≤0.5
3	硫化物及硫酸盐含量(折算成SO_3按质量计,%)		≤1.0
4	云母含量(按质量计,%)		≤1.0
5	坚固性指标(用硫酸钠饱和溶液法检验,经5次循环后质量损失率,%)		≤8
6	压碎指标值(按质量计,%)		<25,

续表

序号	混凝土强度等级 项目	小于 C30
7	有机物含量（用比色法试验）	颜色不应深于标准色，如深于标准色，则应按水泥胶砂强度试验方法，进行强度对比试验，抗压强度比不应低于 0.95

注：1. 本表适应于白云石、石灰岩、花岗岩和玄武岩经爆破、机械轧制的机制砂；
2. 当混凝土强度等级等于或大于 C30 需使用机制砂时，应经过试验，确认符合质量要求时方可使用；
3. 混合砂系指由机制砂和天然砂混合制成的砂。

（5）拌制混凝土用细骨料的碱活性指标应符合设计要求。新选原料产地、同产地更换矿山以及连续使用同一产地达两年或实际需要时，应进行碱活性检验。

2. 验收、运输和堆放

（1）供货单位应提供产品合格证或质量检验报告。

购货单位应按同产地同规格分批验收。用大型工具（如火车、货船、汽车）运输的，以 400m³ 或 600t 为一验收批。用小型工具（如马车等）运输的，以 200m³ 或 300t 为一验收批。不足上述数量者以一批论。

（2）进场检验：每验收批至少应进行颗粒级配、含泥量和泥块含量检验。对于海砂或有氯离子污染的砂，还应检验其氯离子含量；对于海砂，还应检验贝壳的含量；对于人工砂及混合砂，还应检验石粉含量对重要工程或特殊工程应根据工程要求增加检测项目。如对其他指标的合格性有怀疑时，应予以检验。

当质量比较稳定、进料量又较大时，可以 1000t 为一验收批。

（3）使用单位的质量检测报告内容应包括：委托单位；样品编号；工程名称；样品产地、类别、代表数量、检测条件、检测依据、检测项目、检测结果、结论等。

（4）砂的数量验收，可按质量或体积计算。

测定质量可用汽车地量衡或船舶吃水线为依据。测定体积可按车皮或船的容积为依据。用其他小型工具运输时，可按量方确定。

（5）砂在运输、装卸和堆放过程中，应防止颗粒离析和混入杂质，并应按产地、种类和规格分别堆放。

3. 取样与缩分

（1）取样

1）每验收批取样方法应按下列规定执行

① 在料堆上取样时，取样部位应均匀分布。取样前先将取样部位表层铲除，然后由各部位抽取大致相等的砂共 8 份，组成一组样品；

② 从皮带运输机上取样时，应在皮带运输机机尾的出料处用接料器定时抽取砂 4 份组成一组样品；

③ 从火车、汽车、货船上取样时，从不同部位和深度抽取大致相等的砂 8 份，组成一组样品、

2）除筛分析外，当其余检验项目存在不合格项时，应进行加倍取样复验，若复验仍

有一个试样不能满足标准要求，应按不合格品处理。

3）每组样品的取样数量。对每一单项试验，应不小于表3-3所规定的最少取样数量；须作几项试验时，如确能保证样品经一项试验后不致影响另一项试验结果，可用同组样品进行几项不同的试验。

每一试验项目所需砂的最少取样数量（JGJ 52—2006） **表3-3**

试验	最少取样数量（g）
筛分	4400
表观	2600
吸水	4000
紧密密度和堆积密度	5000
含水	1000
含泥量	4400
泥块含量	20000
石粉含量	1600
人工砂压碎值指标	分成公称粒级5.00～2.50mm；2.50～1.25mm；1.25mm～630μm；630～315μm；315～160μm每个粒级各需1000g
有机物含量	2000
云母含量	600
轻物质含量	3200
坚固性	分成公称粒级5.00～2.50mm；2.50～1.25mm；1.25mm～630μm；630～315μm；315～160μm每个粒级各需1000g
硫化物及硫酸盐含高	50
氯离子含量	2000
贝壳含量	10000
碱活性	20000

4）每组样品应妥善包装，避免细料散失及防止污染，并附样品卡片，标明样品的编号、取样时间、代表数量、产地、样品量、要求检验项目及取样方式等。

（2）样品的缩分

1）样品的缩分可选择下列两种方法之一。

① 用分料器：将样品在潮湿状态下拌和均匀，然后使样品通过分料器，留下接料斗中的其中一份。用另一份再次通过分料器，重复上述过程，直至把样品缩分到试验所需量为止。

② 人工四分法缩分：将所取每组样品置于平板上，在潮湿状态下拌和均匀，并堆成厚度约为20mm的“圆饼”，然后沿互相垂直的两条直径把“圆饼”分成大致相等的四份，取其对角的两份重新拌匀，再堆成“圆饼”。重复上述过程，直至缩分后的材料量略多于进行试验所必需的量为止。

2）对较少的砂样品（如作单项试验时），可采用较干的原砂样，但应经仔细拌匀后缩分。

砂的堆积密度和紧密密度及含水率检验所用的试样可不经缩分，在拌匀后直接进行试验。

3.3.2 粗骨料技术要求

1. 质量要求

（1）粗骨料的颗粒级配范围应符合表 3-4 的规定。

碎石或卵石的颗粒级配范围 **表 3-4**

配级情况	公称粒径(mm) 累计筛余(%) 筛孔尺寸(方孔筛 mm)	2.36	4.75	9.5	16.0	19.0	26.5	31.5	37.5	53.0	63.0	75.0	90
续粒级	5～9.5	95～100	80～100	0～15	0	—	—	—	—	—	—	—	—
	5～16	95～100	85～100	30～60	0～10	0	—	—	—	—	—	—	—
	5～19	95～100	90～100	40～80	—	0～10	0	—	—	—	—	—	—
	5～26.5	95～100	90～100	—	30～70	—	0～5	0	—	—	—	—	0
	5～31.5	95～100	90～100	70～90	—	15～45	—	0～5	0	—	—	—	—
	5～37.5	95～100	95～100	70～90	—	30～65	—		0～5	0	—	—	—
	5～63	95≤100	95～100	85～95	60～80	45～70	—	30～40	15～20	—	0～5	0	—
	5～75	95～100	95～100	80～95	—	60～80	—	—	30～60	—	15～20	0～5	0
粒级	9.5～1.9	—	95～100	85～100	—	0～15	0	—	—	—	—	—	—
	16～31.5	—	95～100	—	85～100	—	—	0～10	0	—	—	—	—
	19～37.5	—	—	95～100	—	80～100	—		0～10	0	—	—	—
	31.5～63	—	—	—	95～100	—	—	75～100	45～75	—	0～10	0	—
	37.5～75	—	—	—	—	95～100	—	—	70～100	—	30～60	0～10	0

注：1. 累计筛余按质量计（%）；
2. 粒径的上限为该粒级的最大粒径。

（2）粗骨料的强度可用岩石的抗压强度（岩石试件尺寸为 50mm×50mm×50mm 的立方体或直径与高度均 50mm 的圆柱体）或压碎指标值表示；岩石的抗压强度与混凝土强度等级之比不小于 1.5，粗骨料的压碎指标值应符合表 3-5 的规定。

粗骨料压碎指标值 **表 3-5**

混凝土强度等级	≥C30			<C30		
岩石种类 / 粗骨料种类	沉积岩	深成岩变质岩	喷出岩	沉积岩	深成岩变质岩	喷出岩
碎石	≤10	≤12	≤13	≤16	≤20	≤30
卵石	≤12			≤16		

注：1. 沉积岩包括石灰岩、砂岩等；
2. 深成岩包括花岗岩、正长岩、橄榄岩等；
3. 变质岩包括片麻岩、石英岩；
4. 喷出岩包括玄武岩和辉绿岩等。

（3）粗骨料的坚固性指标应符合表 3-6 的规定。

（4）粗骨料中有害物质含量应符合表 3-7 的规定。

（5）拌制混凝土用粗骨料的碱活性指标及检验应符合相关规定。

粗骨料坚固性指标　　表 3-6

经5次循环后质量损失（%）　结构或构件类型 混凝土的环境条件	混凝土结构	预应力混凝土结构
最冷月平均气温低于0℃的地区，并且经常处于潮湿或干湿交替状态下的混凝土	≤8	≤5
其他条件下使用的混凝土	≤12	≤8

注：1. 当粗骨料未达到本表规定的坚固性指标，但在混凝土试验中具有足够的抗冻性时，可根据情况接纳采用；
2. 粗骨料吸水率小于0.5%时，可不做坚固性试验；
3. 有腐蚀性介质作用或经常处于水位变化区的地下结构，或有抗疲劳、抗磨、抗冲击等要求的混凝土所用的粗骨料，其坚固性指标不应大于8%。

粗骨料中有害物质含量　　表 3-7

混凝土强度等级 项目	≥C30	＜C30
针、片状颗总含量（按质量计,%） 粒总含量（按质量计,%）	≤12	≤25
含泥土量（按质量计,%）	≤1.0	≤20
泥块含量（按质量计,%）	≤0.25	
硫化物及硫酸盐含量（折算成 SO_3，按质量计,%）	≤1.0	≤1.0
氯化物（以 NaCl 计,%）	0.03	
卵石中的有机质含量（用比色法试验）	颜色不应深于标注色。当深于标注色时，应配置成混凝土进行强度比较试验，抗压强度比不应小于0.95	

注：1. 有抗渗、抗冻或其他特殊要求的混凝土所用的粗骨料，应符合表中≤C30混凝土技术要求；
2. 当粗骨料中发现有颗粒状硫酸盐或硫化物杂质时，应进行专门检验，在确认能满足耐久性要求时可使用；
3. 凡颗粒长度大于该颗粒所属相应粒级的平均粒径2.4倍者为针状颗粒；厚度小于平均粒径0.4倍者为片状颗粒。平均粒径指该粒级上、下限粒径的平均值。

2. 验收、运输和堆放

(1) 供货单位应提供产品合格证及质量检验报告。

购货車位应按同产地同规格分批验收。用大型工具（如火车、货船或汽车）运输的，以400m³或600t为一验收批，用小型工具（如马车等）运输的，以200m³或300t为一验收批。不足上述数量者以一验收批论。

(2) 每验收批至少应进行颗粒级配、含泥量、泥块含量及针、片状颗粒含量检验。对重要工程或特殊工程应根据工程要求增加检验项目。对其他指标的合格性有怀疑时应予检验。

当质量比较稳定、进料量又较大时，可以1000t为一验收批。

当使用新料场的石子时，应由供货单位按第1条的质量要求进行全面检验。

(3) 使用单位的质量检测报告内容应包括：委托单位、样品编号、工程名称、样品产地、类别、代表数量、检测依据、检测条件、检测项目、检测结果、结论等。

(4) 碎石或卵石的数量验收，可按质量计算，也可按体积计算。测定质量可用汽车地量衡或船舶吃水线为依据。测定体积可按车皮或船舶的容积为依据。用其他小型运输工具运输时，可按量方确定。

(5) 碎石或卵石在运输、装卸和堆放过程中，应防止颗粒离析和混入杂质，并应按产地、种类和规格分别堆放。堆料高度不宜超过5m，但对单粒级或最大粒径不超过20mm

的连续粒级，堆料高度可以增加到 10m。

3. 取样与缩分

（1）取样

1）每验收批的取样应按下列规定进行

① 在料堆上取样时，取样前先将取样部位表面铲除，然后由各部位抽取大致相等的石子 16 份（图标抽取大致相等的 15 份，在料堆的顶部、中部和底部各由均匀分布的五个不同部位取得）组成一组样品；

② 从皮带运输机上取样时，应在皮带运输机机尾的出料处用接料器定时抽取 8 份石子，组成一组样品；

③ 从火车、汽车、货船上取样时，应从不同部位和深度抽取大致相同的石子 16 份，组成一组样品。

2）若检验不合格，应重新取样，对不合格项进行加倍复验，若仍有一个试样不能满足标准要求，应按不合格品处理。

3）每组样品的取样数量，对每单项试验，应不小于表 3-8 所规定的最少取样量。须作几项试验时，如确能保证样品经一项试验后不致影响另一项试验的结果，也可用同一组样品进行几项不同的试验。

4）每组样品应妥善包装，以避免细料散失及遭受污染，并应附有卡片标明样品名称、编号、取样的时间、产地、规格、样品所代表的验收批的重量或体积数、要求检验的项目及取样方法等。

（2）样品的缩分

1）将每组样品置于铁板上，在自然状态下拌混均匀，并堆成锥体，然后沿互相垂直的两条直径把锥体分成大致相等的 4 份，取其对角的 2 份重新拌匀，再堆成锥体，重复上述过程，直至缩分后的材料

如经观察，认为各节车皮间（车辆间、船只间）材料质量相差甚为悬殊时，应对质量有怀疑的每节车皮（车辆、船只）分别取样和验收。量略多于进行试验所必需的量为止。

每一项试验项目所需碎石或卵石的最少取样量 单位：kg **表 3-8**

试验项目	最大粒径（mm）							
	10	16.0	20.0	25.0	31.5	40.0	63.0	80.0
筛分析	8	15	16	20	25	32	50	64
表观密度	8	8	8	8	12	16	24	24
含水率	2	2	2	2	3	3	4	6
吸水率	8	8	16	16	16	24	24	32
堆积密度，紧密密度	40	40	40	40	80	80	120	120
含泥量	8	8	24	24	40	40	80	80
泥块含量	8	8	24	24	40	40	80	80
针片状含量	1.2	4	8	12	20	40	—	—
硫化物硫酸盐	1.0							

2）碎石或卵石的含水率、堆积密度、紧密密度检验所用的试样，不经缩分，拌匀后直接进行试验。

3.4 试验方法

本节以《普通混凝土用砂、石质量及检验方法标准》JGJ 52 的试验方法为基础编写。

3.4.1 细骨料试验方法

1. 砂的筛分析试验

本方法适用于测定普通混凝土用天然办的颗粒级配及细度模数。

（1）仪器设备

1）试验筛---公称直径分别为 10.0mm、5.0mm、2.50mm、1.25mm、630μm、315μm、160μm 的方孔筛各一只，以及筛的底盘和盖各一只，筛框直径为 300mm 或 200mm。其产品质量要求符合现行国家标准《金属丝编织网试验筛》GB/T 6003.1 和《金属穿孔板试验筛》GB/T 6003.2 的要求；

2）天平

称量 1000g，感量 1g；

3）摇筛机

4）烘箱

能使温度控制在（105±5)℃

5）浅盘和硬、软毛刷等。

（2）试样制备

按规定的缩分方法进行缩分，用于筛分析的试样，颗粒公称粒径不应大于 10.0mm。试验前应先将来样通过公称直径 10.0mm 筛，并算出筛余百分率。然后称取每份不少于 550g 的试样两份，分别倒入两个浅盘中，在（105±5)℃的温度下烘干到恒重（恒重系指相邻两次称量间隔时间不大于 3h 的情况下，前后两次称量之差小于该项试验所要求的称量精度)，冷却至室温备用。

（3）试验步骤

1）准确称取烘干试样 500g（特细砂可称 250g)，置于按筛孔大小（大孔在上、小孔在下）顺序排列的套筛的最上一只筛上；将套筛装入摇筛机内固紧，筛分时间为 10min 左右；然后取出套筛，再按筛孔大小顺序，在清洁的浅盘上逐个进行手筛，直至每分钟的筛量不超过试样总量的 0.1%时为止，通过的颗粒并入下一个筛，并和下一个筛中试样一起过筛，按这样顺序进行，直至每个筛全部筛完为止。

2）仲裁时，试样在各号筛上的筛余量均不得超过下式的规定。

$$m_r = \frac{A\sqrt{d}}{300}$$

式中 m_r——在一个筛上的剩余量；

d——筛孔尺寸（mm)；

A——筛面面积（mm^2)。

生产控制检验时不得超过下式规定的量：

$$m_r = \frac{A\sqrt{d}}{200}$$

3）称取各筛筛余试样的重量（精确至1g），所有各筛的分计筛余量和底盘中剩余量的总和与筛分前的试样总量相比，其相差不得超过1%。

（4）结果处理

1）计算分计筛余百分率（各筛上的筛余量除以试样总量的百分率），精确至0.1%；

2）计算累计筛余百分率（该筛上的分计筛余百分率与大于该筛的各筛上的分计筛余百分率之总和），精确至0.1%；

3）根据各筛两次试验的累计筛余百分率的平均值，评定该试样的颗粒级配分布情况，精确至1%；

4）按如下公式计算砂的细度模数（精确至0.01）；

$$\mu_f = \frac{(\beta_2+\beta_3+\beta_4+\beta_5+\beta_6)-5\beta_1}{100-\beta_1}$$

式中　β_1、β_2、β_3、β_4、β_5、β_6——分别是从大到小各筛上的累计筛余百分率。

筛分试验应采用两个试样平行试验。细度模数以两次试验结果的算术平均值为测定值（精确至0.1）。如两次试验所得的细度模数之差大于0.20时，应重新取试样进行试验。

注：1. 试样为特细砂时，在筛分时增加0.080的方孔筛一只。

2. 如试样含泥量超过5%应先水洗后烘干至恒重，然后再进行筛分。

3. 无摇筛机时，可改用手筛。

2. 砂的表观密度试验（标准方法）

本方法适用于测定砂的表观密度。

（1）仪器设备

1）天平：称量1000g，感量1g；

2）容量瓶：500mL；

3）干燥器、浅盘、铝制料勺、温度计等；

4）烘箱：能使温度控制在（105±5）℃；

5）烧杯：500mL。

（2）试样制备

将缩分至650g左右的试样在温度为（105±5）℃的烘箱中烘干至恒重，并在干燥器内冷却至室温。

（3）试验步骤

1）称取烘干的试样300g(m_0)，装入盛有半瓶煮沸后冷却水的容量瓶中；

2）摇转容量瓶，使试样在水中充分搅动以排除气泡，塞紧瓶塞，静置24h左右。然后用滴管添水，使水面与瓶颈刻度线平齐，再塞紧瓶塞，擦干瓶外水分，称其重量（m_1）；

3）倒出瓶中的水和试样，将瓶的内外表面洗净，再向瓶内注人与第（2）款水温相差不超过2℃的煮沸后冷却水至瓶颈刻度线。塞紧瓶塞，擦干瓶外水分，称其重量（m_2）。

（4）结果计算表观密度按下式计算（精确至10kg/m^3）。

$$\rho = \left(\frac{m_0}{m_0+m_2-m_1}-\alpha_1\right)\times 1000$$

式中　m_0——试样烘干质量（g）；

m_1——试样，水及容量瓶质量（g）；

m_2——水及容量瓶质量（g）；

α_1——考虑称量时的水温对水相对密度影响的修正系数，其值见表 3-9。

以两次试验结果的算术平均值作为测定值，如两次结果之差大于 20kg/m^3 时，应重新取样进行试验。

3. 砂的表观密度试验（简易法）

不同水温下砂的表观密度温度修正系数 表 3-9

水温（℃）	15	16	17	18	19	20
α_t	0.002	0.003	0.03	0.004	0.004	0.005
水温（℃）	21	22	23	24	25	
α_t	0.005	0.006	0.006	0.007	0.008	

本方法适用于测定砂的表观密度。

（1）所用仪器设备

1）天平：称量 1000g，感量 1g；

2）李氏瓶：容量 250mL；

3）其他仪器设备参照上述（标准方法）。

（2）试样制备

将样品在潮湿状态下用四分法缩分至 120g 左右，在（105±5）℃的烘箱中烘干至恒重，并在干燥器中冷却至室温，分成大致相等的两份备用。

（3）试验步骤

1）向李氏瓶中注入煮沸后冷却水至一定刻度处，擦干瓶颈内部附着水，记录水的体积（V_1）；

2）称取烘干试样 50g(m_0)，徐徐装入盛水的李氏瓶中；

3）试样全部入瓶中后，用瓶内的水将粘附在瓶颈和瓶壁的试样洗入水中，摇转李氏瓶以排除气泡，静置约 24h 后，记录瓶中水面升高后的体积（V_2）。

（4）结果计算

表观密度（简易法）计算按下式计算（精确至 10kg/m^3）。

$$\rho=\left(\frac{m_0}{V_2-V_1}-\alpha_t\right)\times 1000$$

式中 m_0——试样烘干质量（g）；

V_1——水的原有体积（mL）；

V_2——倒入试样后的总体积（mL）；

α_t——考虑称量时的水温对水相对密度影响的修正系数，其值见表 3-9。

以两次试验结果的算术平均值作为测定值，如两次结果之差大于 20kg/m^3 时，应重新取样进行试验。

4. 砂的堆积密度和紧密密度

本方法适用于测定砂的堆积密度、紧密密度及空隙率。

（1）所用仪器设备：

1）案秤：称量 5000g，感量 5g；

2）容量筒：金属制、圆柱形、内径 108mm，净高 109mm，筒壁厚 2mm，容积约为 1L，筒底厚为 5mm；

3）漏斗或铝制料勺；

4）烘箱：能使温度控制在（105±5)℃；

5）直尺、浅盘等。

（2）试样制备

用浅盘装样品约 3L，在温度为（105±5)℃烘箱中烘干至恒重，取出并冷却至室温，再用 5mm 孔径的筛子过筛，分成大致相等的两份备用。试样烘干后如有结块，应在试验前先予捏碎。

（3）试验步骤：

1）堆积密度

取试样一份，用漏斗或铝制料勺，将它徐徐装人容量筒（漏斗出料口或料勺距容量筒筒口不应超过 50mm）直至试样装满并超出容量筒筒口。然后用直尺多余的试样沿筒口中心线向两个相反方向刮平，称其质量（m_1）。

2）紧密密度

取试样一份，分两层装入容量筒。装完一层后，在筒底垫放一根直径为 10mm 的钢筋，将筒按住，左右交替颠击地面各 25 下，然后再装入第二层；第二层装好后用同样方法颠实（量筒底所垫钢筋的方向应与第一层放置方向垂直）；两层装完并颠实后，加料直至试样超出容量筒筒口，然后用直尺将多余的试样沿筒口中心线向两个相反方向刮平，称其质量（m_2）。

（4）结果计算

1）堆积密度（ρ_L）及紧密密度（ρ_C）

堆积密度（ρ_L）及紧密密度（ρ_C）应按下列公式计算（精确至 $10kg/m^3$）。

$$\rho_L(\rho_C) = \frac{m_2 - m_1}{V} \times 1000$$

式中 m_1——容量筒的质量（kg）；

m_2——容量筒和砂的总质量（kg）；

V——容量筒的体积（L）。

以两次试验结果的算术平均值作为测定值。

2）空隙率

空隙率计算（精确至 1%）。

$$V_L = \left(1 - \frac{\rho_L}{\rho}\right) \times 100$$

$$V_C = \left(1 - \frac{\rho_C}{\rho}\right) \times 100$$

式中 m_1——容量筒的质量（kg）；

m_2——容量筒和砂的总质量（kg）；

V——容量筒的体积（L）。

(5) 容量筒容积的校正方法

以温度为(20±2)℃的饮用水装满容量筒,用玻璃板沿筒口滑移,使玻璃板紧贴水面。擦干筒外壁水分,然后称其质量;计算筒的容积

$$V = m_2' - m_1'$$

式中 V——量筒体积(L);

m_1'——量筒和玻璃板质量(kg);

m_2'——量筒,玻璃板和水总质量(kg)。

5. 砂的含水率(标准法)

本方法适用于测定砂的含水率。

(1) 所用仪器设备

1) 烘箱:能使温度控制在(105±5)℃;

2) 天平:称量1000g,感量1g;

3) 容器:如浅盘等。

(2) 试验步骤

由密封的样品中取各重约500g的试样两份,分别放入已知质量的干燥容器(m_1)中称重,记下每盘试样与容器的总重(m_2)。将容器连同试样放入温度为(105±5)℃的烘箱烘干至恒重,称量烘干后的试样与容器的总重(m_3)。

(3) 结果计算

砂的含水率W_{WC}应按下式计算(精确至0.1%)。

$$W_{WC} = \frac{m_2 - m_3}{m_3 - m_1} \times 100$$

式中 W_{WC}——砂含水率(%);

m_1——容器质量(g)

m_2——未烘干前的试样与容器总质量(g);

m_3——烘干后试样与容器的质量(g)。

以两次试验结果的算术平均值作为测定值。

6. 砂的含水率试验(快速法)

本方法适用于快速测定砂的含水率。对含泥量过大及有机杂质含量较多的砂不宜采用。

(1) 所用仪器设备

1) 电炉(或火炉);

2) 天平:称量1000g,感量1g;

3) 炒盘(铁制或铝制);

4) 油灰铲、毛刷等。

(2) 试验步骤

1) 由密封样品中取500g试样放入干净的炒盘(m_1),称取试样与炒盘的总重(m_2);

2) 置炒盘于电炉(或火炉)上,用小铲不断地翻拌试样,到试样表面全部干燥后,切断电流(或移出火外),再继续翻拌1min,稍予冷却(以免损坏天平)后,称干样与炒盘的总重(m_3)。

（3）结果计算

砂的含水率W_{WC}计算公式（精确至0.1%）。

$$W_{WC}=\frac{m_2-m_3}{m_3-m_1}\times 100$$

式中 W_{WC}——砂含水率（%）；

m_1——容器质量（g）；

m_2——未烘干前的试样与容器总质量（g）；

m_3——烘干后试样与容器的质量（g）。

以两次试验结果的算术平均值作为测定值。各次试验前来样应予密封，以防水分散失。

7. 砂的吸水率试验

本方法适用于测定砂的吸水率，即测定以烘干质量为基准的饱和面干吸水率

（1）所用仪器设备

1）天平：称量1000g，感量1g；

2）饱和面干试模及质量为（340±15）g的钢制捣棒；如图3-1。

3）干燥器、吹风机（手提式）、浅盘、铝制料勺、玻璃棒、温度计等；

4）烧杯：500mL；

5）烘箱：能使温度控制在（105±5）℃。

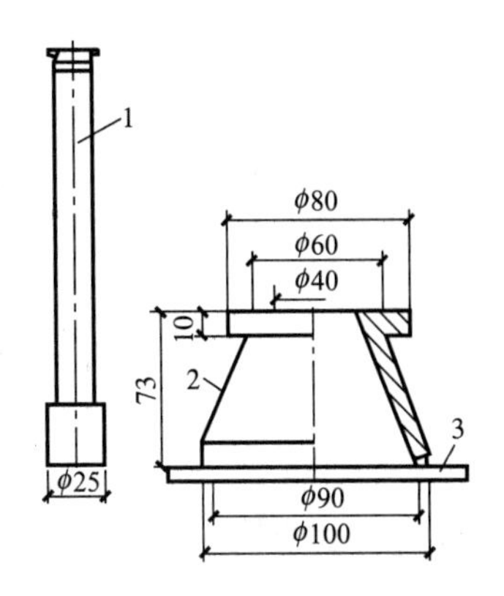

图3-1 饱和面干试模及其捣棒

1—捣棒；2—试模；3—玻璃板

（2）试样制备

在砂的表观密度试验过程中应测量并控制水的温度，允许在15～25℃的温度范围内进行体积测定。但两次体积测定（指V_1和V_2）温差不应超过2℃。从试样加水静置的最后2h起直至记录完瓶中水面高升时止，其温度相差不应超过2℃。

饱和面干试样的制备，是将样品在潮湿状态下用四分法缩分至约1000g，拌匀后分成两份，分别装于浅盘或其他合适的容器中，注入清水，使水面高出试样表面20mm左右（水温控制在20±5℃）。用玻璃棒连续搅拌5min，以排除气泡。静置24h以后，细心地倒去试样上的水，并用吸管吸去余水。再将试样在盘中摊开，用手提吹风机缓缓吹入暖风，并不断翻拌试样，使砂表面的水分在各部位均匀蒸发。然后将试样松散地一次装满饱和面干试模中，捣25次，捣棒端面距试样表面不超过10mm，任其自由落下，捣完后，留下的空隙不用再装满，从垂直方向徐徐提起试模。如试模呈图3-2（*a*）形状时，则说明砂中尚含有表面水，应继续按上述方法用暖风干燥，并按上述方法进行试验，直至试模提起后试样呈图3-2（*b*）的形状为止。如试模提起后，试样呈图3-2（*c*）的形状，则说明试样已干燥过分，此时应将试样洒水约55ml，充分拌匀，并静置于加盖容器中30min后，再按上述方法进行试验，直至试样达到如图3-2（*b*）的形状为止。

（3）试验步骤

立即称取饱和面干试样500g，放入（105±5）℃下烘干且已称重（m_1）的烧杯中，于温度为（105±5）℃的烘箱中烘干至恒重，并在干燥器内冷却至室温后，称取干样与烧杯的总重（m_2）。

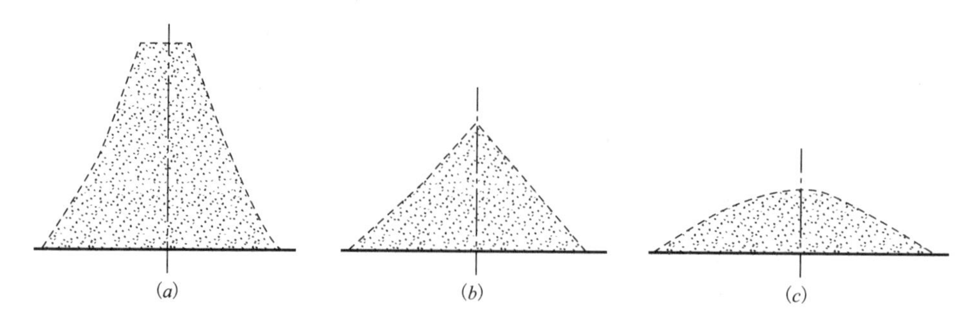

图 3-2 试样的塌陷情况

(a) 上有表面水；(b) 饱和面干状态；(c) 干燥状态

(4) 结果计算

吸水率W_{WA}应按下式计算（精确至 0.1%）。

$$W_{WA}=\frac{500-(m_2-m_1)}{m_2-m_1}\times 100\%$$

式中 m_1——烧杯质量（g）；

m_2——烘干的试样与烧杯的质量（g）。

以两次试验结果的算术平均值作为测定值；如两次结果之差值大于 0.2%，应重新取样进行试验。

8. 砂的含泥量试验（标准法）

本方法适用于测定砂中的含泥量。

(1) 含泥量试验应采用下列仪器设备：

1) 天平：称量 1000g，感量 1g；

2) 烘箱：能使温度控制在 (105±5)℃；

3) 筛：筛孔公称直径为 80μm 及 1.25mm 的方孔筛各一个；

4) 洗砂用的容器及烘干用的浅盘等。

(2) 试样制备

将样品在潮湿状态下用四分法缩分至约 1100g，置于温度为 (105±5)℃的烘箱中烘干至恒重，冷却至室温后，立即称取各为 400g(m_0) 的试样两份备用。

(3) 试验步骤

1) 取烘干的试样一份置于容器中，并注入饮用水，使水面高出砂面约 150mm，充分拌混均匀后，浸泡 2h，然后用手在水中淘洗试样，使尘屑、游泥和黏土与砂粒分离，并使之悬浮或溶于水中。缓缓地将浑浊液倒入公称直径为 1.25mm 及 80μm 的方孔筛（1.25mm 筛放置上面）上，滤去小于 80μm 的颗粒。试验前筛子的两面应先用水润湿，在整个试验过程中应注意避免砂粒丢失；

2) 再次加水于筒中，重复上述过程，直到筒内洗出的水清澈为止；

3) 用水冲洗剩留在筛上的细粒，并将 80μm 筛放在水中（使水面略高出筛中砂粒的上表面）来回摇动，以充分洗除小于 80μm 的颗粒。然后将两只筛上剩留的颗粒和筒中已经洗净的试样一并装入浅盘，置于温度为 (105±5)℃的烘箱中烘干至恒重。取出来冷却至室温后称试样的质量 (m_1)。

(4) 结果计算

砂的含泥量 W_C 计算，精确至 0.1%

$$W_C = \frac{m_0 - m_1}{m_0} \times 100$$

式中 W_C——砂子含泥量（%）；

m_0——试验前的烘干试样质量（g）；

m_1——试验后的烘干试样质量（g）。

以两个试样试验结果的算术平均值作为测定值。两次结果的差值超过 0.5%时，应重新取样进行试验。

9. 砂的含泥量试验（虹吸管法）

本方法适用于测定砂中的含泥量。

(1) 所用仪器设备

1) 虹吸管：玻璃管的直径不大于 5mm，后接胶皮弯管；

2) 玻璃或其他材料制成的容器：高度不小于 300mm，直径不小于 200mm。

(2) 试样制备

应上述（标准法）规定制备试样。

(3) 含泥量试验应按下列步骤进行：

1) 称取烘干的试样 500g（m_0），置于容器中，并注入饮用水，使水面高出砂面约 150mm，浸泡 2h，浸泡过程中每隔一段时间搅拌一次，使尘屑、淤泥和黏土与砂分离；

2) 用搅拌棒搅拌约 1min（单方向旋转），以适当宽度和高度的闸板闸水，使水停止旋转。经 20～25s 后取出闸板，然后，从上到下用虹吸管细心地将浑浊液吸出，虹吸管吸口的最低位置应距离砂面不少于 30mm；

3) 再倒入清水，重复上述过程，直到吸出的水与清水的颜色基本一致为止；

4) 最后将容器中的清水吸出，把洗净的试样倒入浅盘并在（105±5）℃的烘箱中烘干至恒重，取出，冷却至室温后称砂重（m_1）。

(4) 结果计算

砂的含泥量计算（精确 0.1%）；

$$W_C = \frac{m_0 - m_1}{m_0} \times 100$$

式中 W_C——砂子含泥量（%）；

m_0——试验前的烘干试样质量（g）；

m_1——试验后的烘干试样质量（g）。

以两个试样试验结果的算术平均值作为测定值。两次结果的差值超过 0.5%时，应重新取样进行试验。

10. 砂的泥块含量试验

本方法适用于测定砂中泥块含量。

(1) 所用仪器设备

1) 天平：称量 1000g，感量 1g，称量 5000g，感量 5g；

2) 烘箱：温度控制在（105±5）℃；

3）试验筛：筛孔公称直径为630μm及1.25mm的方孔筛各一个；

4）洗砂用的容器及烘干用的浅盘等。

（2）试样制备

将样品在潮湿状态下用四分法缩分至约5000g，置于温度为（105±5）℃的烘箱中烘干至恒重，冷却至室温后，用公称直径1.25mm的方孔筛筛分，取筛上的砂不少于400g分为两份备用。特细砂按实际筛分量。

（3）试验步骤

1）称取试样200g（m_1）置于容器中，并注入饮用水，使水面高出砂面约150mm。充分拌混均匀后，浸泡24h，然后用手在水中碾碎泥块，再把试样放在公称直径630μm的方孔筛上，用水淘洗，直至水清澈为止。

2）保留下来的试样应小心地从筛里取出，装入浅盘后，置于温度为（105±5）℃烘箱中烘干至恒重，冷却后称重（m_2）。

（4）结果计算

砂中泥块含量，按下式计算（精确至0.1%）。

$$W_C = \frac{m_0 - m_1}{m_0} \times 100$$

式中　W_C——砂子含泥量（%）；

m_0——试验前的烘干试样质量（g）；

m_1——试验后的烘干试样质量（g）。

取两次试样试验结果的算术平均值作为测定值。

11. 砂中云母含量的试验

本方法适用于测定砂中云母的近似百分含量。

（1）所用仪器设备

1）放大镜（5倍左右）；

2）钢针；

3）试验筛：筛孔公称直径为5.00mm和315μm的方孔筛各一只；

4）天平：称量100g、感量0.1g。

（2）试样制备

称取经缩分的试样50g，在温度（105±5）℃的烘箱中烘干至恒重，冷却至室温后备用。

（3）试验步骤

先筛去粒径大于公称粒径5.00mm和小于公称粒径315μm的颗粒，然后根据砂的粗细不同称取试样10～20g（m_0），放在放大镜下观察，用钢针将砂中所有云母全部挑出，称取所挑出云母量（m）。

（4）结果计算

砂中云母含量应按下式计算（精确至0.1%）。

$$W_m = \frac{m}{m_0} \times 100$$

式中　W_m——砂中云母含量（%）；

m_0——供干后试样的质量（g）；

m——挑出的云母的质量（g）。

12. 砂中有机物含量试验

用于近似地测定天然砂中的有机物含量是否达到影响混凝土质量的程度。

（1）有机物含量试验应采用下列仪器设备：

1）天平称量100g，感量0.1g，称量1000g，感量1g，各一台；

2）量筒：250mL，100mL和10mL；

3）烧杯、玻璃棒和筛孔公称直径为5.00mm的方孔筛；

4）氢氧化钠溶液：氢氧化钠与蒸馏水的质量比为3∶97；

5）鞣酸、酒精等。

（2）试样制备

筛去样品中的公称粒径5.00mm以上的颗粒，用四分法缩分至500g，风干备用。

（3）试验步骤

1）向250mL量筒中倒入试样至130mL刻度处，再注入浓度为3%的氢氧化钠溶液至200mL刻度处，剧烈摇动后静置24h；

2）比较试样上部溶液和新配制标准溶液的颜色（盛装标准溶液与盛装试样的量筒容积应一致）。

注：标准溶液的配制方法，取2g鞣酸粉溶解于98mL的10%酒精溶液中，即得所需的鞣酸溶液，然后取该溶液2.5mL，注入97.5mL浓度为3%氢氧化钠溶液中，加塞后剧烈摇动，静置24h即得标准溶液。

（4）结果评定

若试样上部的溶液颜色浅于标准溶液的颜色，则试样的有机物含量判定合格。如两种溶液的颜色接近，则应将该试样（包括上部溶液）倒入烧杯中放在温度为60～70℃的水浴锅中加热2～3h，然后再与标准溶液比色。

如溶液的颜色深于标准色，则应按下法进一步试验；

取试样一份，用3%氢氧化钠溶液洗除有机杂质，再用清水淘洗干净，至试样用比色法试验时溶液的颜色浅于标准色，然后用洗除有机质和未洗除的试样分别按现行的国家标准《水泥胶砂强度试验方法》配制两种水泥砂浆，测定28d的抗压强度，如未经洗除有机杂质的砂的砂浆强度与经洗除有机杂质后的砂的砂浆强度比不低于0.95时，则此砂可以使用。否则不可采用。

13. 砂中硫酸盐、硫化物食量试验

本方法适用于测定砂中的硫酸盐、硫化物含量（按SO_3百分含量计算）。

（1）所用仪器设备、试剂：

1）天平：称量1000g，感量1g；分析天平：称量100g，感量为0.0001g各一台；

2）高温炉：最高温度1000℃；

3）试验筛：筛孔公称直径为80um的方孔筛一只；

4）瓷坩埚；

5）其他：烧瓶、烧杯等；

6）10%(W/V）氯化钡溶液：10g氯化钡溶于100mL蒸馏水中；

7）盐酸（1+1)：浓盐酸溶于同体积的蒸馏水中；

8）1%(*W/V*) 硝酸银溶液：1g 硝酸银溶液溶于 100mL 蒸馏水中，并加入 5～10mL 硝酸，存于棕色瓶中。

（2）试样制备

取风干砂用四分法缩分至不少于 10g，粉磨全部通过筛孔公称直径为 80μm 方孔筛，烘干备用。

（3）试验步骤

1）用分析天平精确称取砂粉试样 1g(m)，放入 300mL 的烧杯中，加入 30～40mL 蒸馏水及 10mL 的盐酸（1+1），加热至微沸，并保持微沸 5min，使试样充分分解后取下，以中速滤纸过滤，用温水洗涤 10～12 次；

2）调整滤液体积至 200mL，煮沸，搅拌滴加 10%氯化钡溶液 10mL，并将溶液煮沸数分钟，然后移至温热处静置至少 4h（此时溶液体积应保持在 200mL），用慢速滤纸过滤，以温水洗到无氯根反应（用硝酸银溶液检验）；

3）将沉淀及滤纸一并移入已灼烧至恒量的瓷坩埚（m_1）中，灰化后在 800℃的高温炉内灼烧 30min。取出坩埚，置于干燥器中冷至室温，称量，如此反复灼烧，直至恒重（m_2）。

结果计算：

硫化物及硫酸盐含量（SO_3 计）（精确至 0.01%）。

$$W_{SO_3}=\frac{(m_2-m_1)\times 0.343}{m}\times 100$$

式中 W_{SO_3}——硫酸盐含量（%）；

m——试样质量（g）；

m_1——瓷坩埚的质量（g）；

m_2——瓷坩埚与试样总质量（g）；

0.343——$BaSO_4$ 换算成 SO_3 的系数。

取两次试验的算术平均值作为测定值，若两次试验结果之差大于 0.15%时，须重做试验。

14. 砂中氯离子含量试验

本方法适用于测定海砂中的氯离子含量。

（1）所用仪器设备、试剂：

1）天平：称量 1000g，感量 1g；

2）带塞磨口瓶：1L；

3）三角瓶：300mL；

4）滴定管：10mL 或 25mL；

5）容量瓶：500mL；

6）移液管：容量 50mL，2mL；

7）5%(W/V) 络酸钾指示剂溶液；

8）0.01mol/L 氯化钠标准溶液；

9）0.01mol/L 硝酸银标准溶液。

（2）试验步骤

1）取经缩分后样品 2kg，在温度（150±5)℃烘箱中先烘至恒重，冷却至室温，称取试样 500g(m)，装人带塞磨口瓶中，用容量瓶取 500mL 蒸馏水，注入磨口瓶内，加上塞子，摇动一次后，放置 2h。然后每隔 5min 摇动一次，共摇动 3 次，使氯盐充分溶解。将磨口瓶上部已澄清的溶液过滤，然后用移液管吸取 50mL 滤液，注入至三角瓶中，再加入浓度为 5%的（W/V）铬酸钾指示剂 1mL，用 0.01mol/L 硝酸银标准溶液滴定至呈现砖红色为终点，记录消耗的硝酸银标准溶液的毫升数（V_1）

2）空白试验：用移液管准确吸取 50mL 前述浸泡砂样的蒸馏水到三角瓶内。加入 5%铬酸钾指示剂，并用 0.01mol/L 硝酸银标准溶液滴定至溶液呈现砖红为止，记录此点消耗的硝酸银标准溶液的毫升数（V_2）。

（3）结果计算

砂中氯离子含量计算（精滴至 0.001%）。

$$W_{\mathrm{d}} = \frac{C_{\mathrm{AgNO_3}}(V_1 - V_2) \times 0.0355 \times 10}{m} \times 100$$

式中 W_{d}——氯离子含量（%）；

$C_{\mathrm{AgNO_3}}$——硝酸银标准洁液的浓度（mol/L）；

V_1——样品滴定时消耗的硝酸标准溶液的体积（mL）；

V_2——空白试验时消耗的硝酸银标准溶液的体积（mL）；

m——试样质量（g）。

15. 砂的碱活性试验（岩相法）

本标准规定了采用岩相法检验混凝土用骨料碱活性的取样方法、仪器设备、试验程序以及结果处理方法等。

本标准适用于确定骨料的碱活性类别和定性评定骨料的碱活性。

本方法的原理：通过肉眼和显微镜对骨料进行观察，鉴定骨料的岩石种类、结构构造及矿物成分，确定骨料是否含有碱活性矿物、碱活性矿物的类别以及碱活性矿物占骨料的重量百分含量，从而定性评定骨料的碱活性。

（1）试剂和材料

1）盐酸（5%～10%）

2）茜素红 S 试剂（将 0.1g 茜素红 S 溶于 100mL0.2%的稀盐酸中）；

3）金刚砂、树脂胶或环氧树脂、载玻片、盖玻片、折光率浸油、酒精。

（2）仪器设备工具．

1）筛：包括孔径为 40mm、20mm、10mm、5mm、2.5mm 的圆孔筛和孔径为 1.25mm、0.63mm、0.315mm、0.16mm、0.08mm 的方孔筛以及筛盖和底盘各一只。

2）磅秤：称量 100kg，感量 100g。

3）天平：称量 1kg，感量 0.5g。

4）烘箱、切片机、磨片机、镶嵌机。

5）10 倍放大镜、实体显微镜及附件、偏光显微镜及附件。

6）地质锤。

（3）试验步骤

1）取样

按照 JGJ 52 规定的取样方法和表 3-10 规定的数量分别取得不同粒径范围的细骨料，

用水将其冲洗干净，在（105±5）℃烘箱中将其烘干后冷却，再按照 JGJ 52 规定的筛分方法将其进行筛分。计算各级分计筛余百分率，将结果填入表 3-11 中。

2）岩相分析

将适量各级细骨料样品铺在镶嵌机上压型（用树脂或环氧树脂胶结），然后磨成薄片，在偏光显微镜下观察其矿物组成。若发现样品中含有碱活性矿物。则在偏光显微镜下测定该级样品中碱活性矿物的百分含量，并将结果填入表 3-10 中。

细骨料试样数量的规定值 **表 3-10**

粒径范围（mm）	试样重量（kg）	备注
＞5	0.2	细骨料中若含有大于 5mm 的颗粒，该级骨料按粗骨料的试验方法进行试验试验数量也可以按颗粒计，每级至少 300 颗
5～15	0.1	
2.5～1.25	0.05	
1.25～0.63	0.025	
0.63～0.315	0.01	
0.315～0.16	0.01	
0.16～0.08	0.0025	
筛底	去掉	

注：如果某些含碱活性矿物的样品量太少而影响计算精度时应增大取样数量。

3）计算

将各级样品中碱活性矿物的百分含量乘以该级样品的分计筛余百分率求得该级样品中碱活性矿物的百分含量；将各级样品中碱活性矿物的百分含量相加，求得细骨料样品中碱活性矿物的百分含量。将观察及计算结果填入表 3-11 中。

细骨料样品碱活性矿物分析统计表 **表 3-11**

粒径范围（mm）	0.16～0.08	0.315～0.16	0.63～0.315	1.25～0.63	2.5～1.25	5～2.5
主要矿物成分						
碱活性矿物名称						
碱活性矿物百分含量（%）						
分计筛余百分率（%）						
碱活性矿物占样品总重量的百分率（%）						

4）评定

如果所有种类的样品经岩相分析不含有碱活性矿物，则将骨料评为非碱活性骨料；如果所有或部分种类样品中含有碱活性矿物，将该骨料评定为具有可疑碱活性料，并应进一步采用其他方法进行检验，从而最终评定骨料的碱活性。

16. 砂的碱活性试验（化学法）

本标准规定了采用化学法检验混凝土用骨料碱活性的取样方法、试剂和材料、仪器设备、试验程序以及结果处理方法等。本标准适用于硅酸类岩石骨料。

本试验方法原理是以 1mol/L 氢氧化钠溶液与破碎成 0.16～0.315mm 的 25g 骨料在 80℃的温度下相互反应 24h，根据反应后氢氧化钠溶液浓度的降低值 C(NaOH）和试样反应滤液中二氧化硅的浓度值 $C(SiO_2)$，评定骨料的碱活性。

（1）所用试剂和材料

1）水：蒸馏水或纯度相同的水。

2）1mol/L 氢氧化钠标准溶液：称取 40g 分析纯氧氧化钠，溶于 100mL 新煮沸并经冷却的蒸馏水中，摇匀后贮存装有钠石灰干燥管的聚乙烯瓶中，用邻苯二甲酸氢钾标定新配制的氢氧化钠标准溶液，准确至±0.0011mol/L。

3）0.05mol/L 盐酸标准溶液：量取 4.2mL 盐酸（相对密度 1.19），稀释至 1000mL。称取 0.05g(准确至 0.1mg) 无水碳酸钠（首先须在 180℃烘箱中烘干 2h）置于 125mL 的锥形瓶中，用新煮沸的热蒸馏水溶解。以甲基橙为指示剂，标定新配制的盐酸标准溶液，准确至 0.0001mol/L。

4）1%动物胶溶液：称取 1g 动物胶，溶于 100mL 热蒸馏水中。

5）二氧化硅标准溶液：称取二氧化硅（纯度在 99.9%以上）0.1000g，置于铂坩埚内，加入无水碳酸钠 2.5～3g，混匀，于 900～950℃温度下熔融 20～30min，取出冷却后，放入已加入 400mL 热蒸馏水的烧杯中，搅拌至全部溶解后，移入 1000rnL 的空量瓶中，稀释至刻度，摇匀。此溶液每毫升含二氧化硅 0.1mg。

6）10%(*W*/*V*) 钼酸胺溶液：称取 100g 钼酸铵，溶于 400mL 热蒸馆水中。过滤后，稀释至 1000mL。

注：二氧化硅标准溶液和 10%(*W*/*V*) 钼酸铵溶液在聚乙烯瓶中可保存一个月。

7）0.02mol/L 高锰酸钾溶液。

8）酚酞指剂：称取 1g 酚酞，溶解于 100mL 无水乙醇中。

9）甲基橙指示剂：称取 0.1g 甲基橙，溶解于 100mL 蒸馏水中。

10）钼兰显色剂：称取 20g 草酸、15g 硫酸亚铁铵，溶于 1000mL、浓度为 1.5mol/L 的硫酸中。

（2）仪器设备

1）破碎机：能够将粗骨料破碎至粒径为 5mm 以下的颚式破碎机或其他具有相同功能的设备。

2）粉磨机：能够将粒径为 5mm 以下的骨料粉磨至 0.315mm 以下的圆盘粉磨机或其他具有相同功能的设备。

3）筛：包装孔径为 0.315mm、0.16mm 的方孔筛及筛底盘和筛盖各一只。

4）天平：称量 100g 或 200g，感量 0.1mg。

5）移液管（5mL、10mL、20mL、25mL）。

6）反应罐：用不锈钢或其他耐碱腐蚀材料制成的容量为 50～70mL 的溶液，并配有带橡胶圈的密封盖。

7）恒温水浴：将全部反应罐放入后，能在 24h 以上的知间内保持 80±1℃恒温。

8）巴氏漏斗、快速滤纸、无灰滤纸。

9）漏斗架（带有橡皮套钳）。

10）干燥试管（带有密封塞），不锈钢或塑料小勺，容量瓶（200mL、100mL）。

11）滴定管、滴定架、锥形瓶（125mL）。

12）高温电炉：最高温度为 1000℃。

13）蒸发皿、坩埚。

14）分光光度计：能测定波长为 660nm 左右的光。

（3）试验步骤

1）取样：按 JGJ 52 或 JGJ 53 规定的取样方法取得不少于 10kg 的骨料样品。

2）试样的制备

① 将全部样品破碎至 5mm 以下，用四分法将样品缩分至约 1kg，从中筛分出粒径为 0.315～0.16mm 的部分，废去粒径为 0.16mm 以下的部分。采用少量多次的方法将 0.315mm 以上的样品再次进行破碎。每破碎一次，就筛分一次，直至全部样品通过 0.315mm 筛为止。用磁铁吸除破碎时带入样品中的铁屑。

② 将由①得到的样品放在 0.16mm 的筛上，先用自来水冲洗，再用蒸馏水冲洗，一次冲洗的样品数量不多于 100g。

③ 将洗净后的样品放在 105±5℃的烘箱中烘 20±4h，冷却后，用 0.16mm 筛再一次将其中小于 0.16mm 的部分筛除。将剩余部分充分混匀，即得到试样。

3）反应稀释液的制备

① 取六个干净的反应罐，分别称取三份 25.00±0.05g 的试样，装入其中的三个反应罐，余下三个反应罐用于空白试验。用移液管分别向六个反应罐中加入 2mL 经标的 1mol/L 氢氧化钠标准溶液，随即盖上筒盖，轻轻摇晃反应罐，以驱除试样带入的空气，然后加上筒盖夹具将其密封。

② 将密封后的反应罐放在 80±1℃的恒温水浴中。24h 后，取出反应罐，迅速用水温低于 30℃的流动水将其冷却 15±2min。

③ 将一张剪裁成与巴氏漏斗底部相吻合的快速滤纸放入巴氏漏斗的底部，并将巴氏漏斗放在带橡皮套钳的漏斗架上，同时将漏斗放入抽滤瓶的进气孔中。抽滤瓶中放入一支 35～50mL 的干燥试管，用以收集滤液。

注：为避免氢氧化钠溶液与玻璃器皿发生反应，影响试验精度，建议采用塑料漏斗和塑料试管，或在玻璃漏斗和玻璃试管内壁涂上一层石蜡。

④ 将冷却后的反应罐上下旋转两次，静置 5min 后，打开筒盖。开动抽滤系统，迅速将反应罐中的少量溶液倒入巴氏漏斗中的滤纸上，以使滤纸密贴在漏斗底部。随后继续将反应罐中的溶液倒入巴氏漏斗中（注意不要搅动反应罐中的残渣）。

⑤ 反应罐中的溶液全部倾倒完毕后，停止抽滤，用不锈钢或塑料小勺将反应罐中剩下的固体残渣移入巴氏漏斗中，并装填密实。然后再开动抽滤系统，将真空度调整到约 50KPa，继续抽滤至约 10s 滴出一滴溶液为止。

注：同一组试样和空白试样的上述操作过程均应相同。

⑥ 用塞子塞紧装有滤液的试管，摇动试管，使滤液混合均匀。打开塞子，用移液管吸取 10mL 滤液，移入 200mL 容量瓶中，用蒸馏水稀释至刻度，摇匀。此即反应稀释液。

注：反应稀释液应在 4h 内进行分析。否则应移入清洁、干燥的聚乙烯容器中密封保存。

4）碱浓度降低值的测定

选用单终点法或双终点法测定碱浓度降低值 C（NaOH）。

① 单终点法：

a. 吸取 20mL 反应稀释液，置于 125mL 锥形瓶中，加入酚酞指示剂 2～3 滴，用

0.05mol/L 盐酸标准溶液滴定至浅红色或无色时，即为终点。

b. 以第一次的滴定量为参考值，重复 a，以此次的滴定量作为正式测定值。

c. 用同样方法滴定空白试验的反应稀释液。

d. 用下式计算碱浓度降低值：

$$C(NaOH) = \frac{20 \times 100C(HCl) \cdot (V_3 - V_2)}{V_1}$$

式中 $C(NaOH)$——碱浓度降低值（mol/L）；

$C(HCl)$——0.05mol/L 盐酸标准的准确浓度（mol/L）；

V_1——吸取反应稀释液的量（mL）；

V_2——滴定反应稀释液消耗的 0.05mol/L 盐酸标准溶液的量（mL）；

V_3——滴定空白试验的反应稀释液消耗的 0.05mol/L 盐酸标准溶液的量（mL）。

② 双终点法：

用单终点法滴定至酿酞终点后，记下所消耗的 0.05mol/L 盐酸标准溶液的毫升数，然后加入 2～3 滴甲基橙指示剂，继续滴定至溶液呈橙色，此时上述公式中 V_2 或 V_3 按如下式计算：

$$V_2 \text{ 或 } V_3 = 2V_P - V_T$$

式中 V_P——滴定至酚酞终点时消耗的 0.05mol/L 盐酸标准溶液的量（mL）；

V_T——滴定至甲基橙终点时消耗的 0.05mol/L 盐酸标准溶液的量（mL）。

将计算得到的 V_2 或 V_3 代入上述公式中，计算得到双终点法的碱浓度降低值。

5）溶液中二氧化硅浓度的测定

选用重量法或比色法测定滤液中二氧化硅的浓度 $C(SiO_2)$

① 重量法

a. 吸取 100mL 反应稀释液，移入蒸发皿中。加入 5～10mL 盐酸（相对密度 1.19），在水浴上蒸至湿盐状态，再加入 5～10mL 盐酸（相对密度 1.19），继续加热至 70℃左右，保温并搅拌 3～5min。然后再加入 10mL 新配制的 1%动物胶溶液并搅匀，冷却后用无灰滤纸过滤。先用热蒸馏水配制的 5%稀盐酸（5＋95）洗涤沉淀，再用热蒸馏水充分洗涤，直至无氯离子反应为止。

b. 将沉淀物连同滤纸移入坩埚中，先在普通电炉上烘干并碳化，再放在 900～950℃高温炉中灼烧至恒重，此值即为反应稀释液中二氧化硅的含量（W_2）。

c. 用上述同样方法测定空白试验反应稀释液中二氧化硅的含量（W_1）。

d. 滤液中二氧化硅的浓度计算：

$$C(SiO_2) = (W_1 - W_2) \times 3.33$$

式中 $C(SiO_2)$——滤液中的二氧化硅的浓度（mol/L）；

W_2——100mL 反应稀释液中二氧化硅的含量（g）；

W_1——100mL 空白试验的反应稀释中二氧化硅的含量（g）。

② 比色法

a. 吸取 0.5mL、1.0mL、2.0mL、3.0mL、4.0mL 二氧化硅标准溶液，分别装入 100mL 容量瓶中，用水稀释至 30mL。各依次加入 5%盐酸（5＋95）mL，10%（W/V）钼

酸铵溶液 2.5mL，0.02mol/L 高锰酸钾溶液一滴，摇匀并放置 10～20m1m 再加入钼兰显色剂 20mL，立即摇匀并用水稀释至刻度，再摇匀 5min 后，在分光光度计上用波长为 660mm 的光测定其消光值。以浓度为横坐标，消光值为纵坐标，绘制标准曲线。

b. 吸取反应稀释液 5mL，置于 10mL 容量瓶中，按 a 的操作方法显色并测定其消光值。根据消光值，即可在标准曲线上查出相应的反应稀释液中二氧化硅的含量。

c. 用同样的方法测定空白试验的反应稀释液中二氧化硅的含量。

注：钼兰比色法测定二氧化硅的浓度具有很高的灵敏度，测定时吸取反应稀释液的毫升数应根据二氧化硅的含量而定，使得其消光值落在标准曲线中段为宜。

d. 滤液中二氧化硅的浓度按式计算：

$$C(SiO_2)\left(\frac{m_2-m_1}{\nu_0}\right)\times 333$$

式中 $C(SiO_2)$——滤液中的二氧化硅的浓度（mol/L）；

m_2——反应稀释液中二氧化硅的含量（g）；

m_1——空白试验的反应稀释液中二氧化硅的含量（g）；

ν_0——吸取反应稀释液的数量（mL）。

（4）结果处理

当单个试样测定值与 3 个试样测定值的平均值之差不大于下述范围时，取 3 个试样测定值的平均值作为试验结果：

① 当平均值等于或小于 0.1mol/L 时，差值不大于 0.012mol/L。

② 当平均值大于 0.1mol/L 时，差值不大于平均值的 12%。

当某个试样测定值与 3 个试样测定值的平均值之差大于上述范围时，取其余两个试样测定值的平均值作为试验结果。

当两个试样测定值与 3 个试样测定值的平均值之差大于上述范围时，需重做试验。

（5）评定

当实验结果出现下列两种情况重的任一种时，将骨料评为具有可疑碱活性骨料，并应进一步采用其他方法进行检验，从而最终评定骨料的碱活性：

① $C(NaOH)>0.077$mol/L 且 $C(SiO_2)>C(NaOH)$。

② $C(NaOH)\leqslant 0.07$mol/L 且 $C(SiO_2)>0.035+1/2C(NaOH)$

当试验结果不出现上述情况时，则将骨料评定为非碱活性骨料。

17. 砂的碱活性试验（砂浆棒法）

本方法规定了采用砂浆棒法检验混凝土用骨料碱活性的取样方法、仪器设备、试验程序以及结果处理方法等。原理是将骨料与一定碱含量的水泥制成砂浆试件，将砂浆试件放在一定温度、湿度的条件下进行养护，定期测定砂浆试件的长度，依据砂浆试件半年龄期时的长度膨胀率，评定骨料的碱活性。

（1）材料

1）水泥：碱含量在 0.8%以上的 525 号 P.Ⅰ型水泥。若具体工程拟采用水泥的碱含量高于此值，则采用工程所用水泥。水泥中的团块等物应用孔径为 1.25mm 的筛筛除。

2）氢氧化钠：化学纯或分析纯试剂。

3）水：蒸馏水或饮用水。

(2) 仪器设备及工具

1) 破碎设备。

2) 筛：包括孔径为 10mm、5mm、2.5mm 的圆孔筛和孔径为 1.25mm、0.63mm、0.315mm、0.16mm 的方孔筛以及筛的底盘和盖各一只。

3) 胶砂搅拌机：符合 GB 3350.1 的规定。

4) 测头及试模：测头为用不锈钢或铜制成的端头呈球形的小圆柱体。其规格尺寸如图 3-3 所示。试模为金属制成，可以拆卸，其内壁尺寸为 25mm×25mm×285mm。试模的两端板上开有安置测头的小孔，小孔的位置必须保证测头在试件的中心线上。

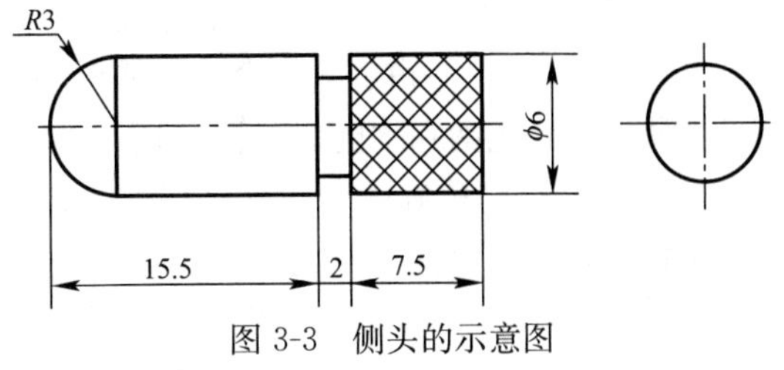

图 3-3 侧头的示意图

5) 测长仪：量程 275～300mm，精度 0.01mm。

6) 捣棒：截面尺寸为 14mm～13mm，长度为 120～150mm 的钢制长方体。

7) 刮平刀。

8) 养护容器：由耐腐蚀材料（如塑料）制成的带盖容器，内设有试件架，架下盛水，盛水量以试件立于架上时不与水接触为准。加盖后不漏水、不透气，能确保内部空气的相对湿度为 95%以上。

9) 恒温养护室：室温为 38±2℃。

(3) 试验室温度和湿度

试验室湿度为 20～25℃（特别说明的除外），相对湿度大于 50%。

(4) 程序

1) 取样：按 JGJ 52 或 JGJ 53 规定的取样方法取得 20kg 的样品。

2) 试样的制备：

① 用四分法将样品缩减至 5kg 左右，然后全部破碎至 5mm 以下。

② 将破碎后的样品进行筛分，然后用清水将各级筛上的筛余样品冲洗干净，并将其晾干或在 105±5℃的烘箱中烘干。

③ 按表 3-12 规定的级配要求称取各级筛余样品，并将称取的各级筛余样品重新混合起来作为试样，放在试验室干燥器中备用。

3) 试件的制备：

① 试件配合比的确定：

试样级配表 **表 3-12**

筛孔尺寸（mm）	5.00～2.50	2.50～1.25	1.25～0.63	0.63～0.315	0.315～0.160
分级重量（%）	10	25	25	25	15

水泥与试样的重量比为 1∶2.25。

水泥与水的重量比按 GB 2419 的确定，但跳桌跳动频率为 6s 跳动 10 次，砂浆的流动度为 105～120mm。

水泥与氢氧化钠的重量比按下式确定：

$$\frac{C}{N}=\frac{1}{0.013(1.2-R)/P}$$

式中 C——水泥重量（g）；

N——氢氧化钠重量（g）；

R——水泥碱含量百分数（%）；

P——氢氧化钠试剂中氢氧化钠的百分含量。

注：当水泥的碱含量大于1.2%时，试件中则不再加入氢氧化钠。

② 称料：将水泥、试样、水等放人（20±2）℃的恒温室中存放。24h后，先称取水泥（400±2）g，再按①确定的配合比分别计算和称取试样、氢氧化钠和水（水亦可量取），并将称取的氢氧化钠和水配成溶液备用。

③ 搅拌：将称好的水泥和试样倒入搅拌机的搅拌锅内，开动搅拌机，拌合5s后，徐徐将配好的氢氧化钠溶液或水（当水泥碱含量大于1.2%时）加入锅内，20～30s内加完。自开动机器起搅拌120s后停机，将贴在叶片上料刮下，取下搅拌锅。

④ 成型：在试模内侧涂上一层机油，将测点仔细装入试模端头的中心孔内。将搅拌好的砂浆分两层装入试模内。第一层砂浆装入的深度约为试模高度的2/3。先用小刀来回划实胶砂，尤其在测头两侧应多划几次，然后用捣棒在试模内顺序往返捣压20次，注意测点周围应仔细捣实，注意此次小刀的划入深度应透过第一层胶砂的表面。用捣棒再在胶砂秦面顺序往返捣压20次。捣压完毕，将剩余胶砂填满试模，再将试件表面抹平、编号，并标明测定方向。

每种骨料制作3个试件。

4）试件初长的测定：成型完毕后，将试件带模放入标准养护室内养护。24h后，取出试模，将试件脱模，并迅速测定试件的长度。此长度值即为试件的初长。记录试件与测长仪的相对位置。

注：1. 测量前，应将试件测头表面清擦干净。

2. 测量前，测长仪应放置20±2℃的恒温室内存放24h，测量时应先标定测长仪的零点。

3. 每个试件应至少重复测量两次，取差值在仪器精度范围内的2个读数的算术平均值作为长度测定值。

4. 待测试件须用湿布覆盖，以避免水分蒸发。

5）试件的养护：将测完初长的试件竖直放入养护容器的试件架上（一个容器中的试件品种应相同），记录试件的放置方向，盖好盖并密封后，将养护容器放人38±2℃的恒温室内养护。

6）试件长度变化的测量：自测定初长之日算起，当试件养护至第14天、28天、56天、3个月、6个月、12个月时，在每个龄期的前一天将养护容器从恒温养护室中取出，并置于20±2℃的恒温室内16h以上。然后采用与测定试件初长相同的方法测定不同龄期时试件的长度。测量时，首先应将试件与测长仪的相对位置调整为与测定初长时相同的位置；其次，应仔细观察每一试件表面的变化情况，包括变形、裂缝、表面沉积物或渗出物等，做好记录。测量完毕，首先更换容器中的水，然后将试件上下调换方向后重新放入养护容器的试件架上，将养护容器盖好盖并密封后重新放入38±2℃的恒温养护室中继续养护至下一个龄期。

注：如有必要，测量龄期可适当延长，但6个月后宜每6个月测定一次。

7）结果计算与处理：

试件长度的膨胀率按下式计算：

$$\varepsilon_t = \frac{L_t - L_0}{L_0 - 2\Delta} \times 100$$

式中 ε_t——试件在第 t 天龄期时的膨胀率（%）；

L_t——试件在第 t 天龄期时的长度（mm）；

L_0——试件的初长（mm）；

Δ——测头的长度（mm）。

（5）评定

当6个月试件长度膨胀率小于0.10%时，将骨料评为非碱活性骨料；反之，则评为碱活性骨料。若不能取得6个月试验结果，当3个月试件长度膨胀率小于0.05%时，可将骨料评为非碱活性骨料，反之，则可评为碱活性骨料。

18. 砂的碱性活性试验（快速砂浆棒法）

本标准规定了采用快速砂浆棒法检验混凝土用骨料碱活性的取样方法、仪器设备、试验程序以及结果处理方法等。

本标准适用于评定硅质骨料的碱—硅酸反应活性，亦可用于评定碳酸盐骨料中硅质组分的碱-硅酸反应活性。

本方法的原理是将骨料和硅酸盐水泥混合制成的砂装试件置于80℃、1N NaOH溶液中，定期测定试件的长度，依据试件14天龄期时的长度膨胀奉，评定骨料的碱活性。

（1）材料

1）水泥：采用42.5级P.Ⅰ型硅酸盐水泥，其碱含量0.80%以上，水泥净浆的膨胀率按本方法验证不超过0.02%。水泥中的团块等物应用孔径为1.25mm的筛筛除。

2）氢氧化钠：化学纯或分析纯试剂

3）水：蒸馏水（用于配制养护溶液）和饮用水（用于砂浆试件的成型及养护）。

（2）所用仪器设备

1）破碎设备：颚式破碎机或圆盘破碎机。

2）方孔筛：包括孔径为4.75mm、2.36mm、1.18mm、600um、300nm和150μm的筛一套，筛的底盘和盖各一只。

3）天平：称量1000g，感量1g一台；称量500g，感量0.01g一台。

4）胶砂搅拌机：符合JC/T 681—1997的规定，但搅拌叶片底缘同搅拌锅底间的间隙应为5mm±0.3mm。

5）测头及试模：测头用不锈钢或铜制成，端头呈球形，头身为圆柱体。规格尺寸如图3.3。试模为金属制成，可以拆卸，其内壁尺寸为25mm×25mm×280mm。试模的两端板上开有安置测头的小孔，小孔的位置必须保证测头在试件的中心线上。

6）测长仪：量程275～300mm，精度0.01mm。

7）捣棒：截面尺寸为14mm×13mm、长度为120～150mm的钢制长方体。

8）刮平刀。

9）养护容器：由耐腐蚀耐高温材料（如塑料或不锈钢）制成的带盖容器，其内设有试件架，加盖后不漏水、不透气，高度不低于350mm。

10）恒温水浴或烘箱：温度为80±2℃。

（3）试验室温度和湿度

试验室温度为20～25℃（特别说明的除外），相对湿度大于50°/h

（4）程序

1）取样按JGJ 52或JGJ 53规定的取样方法取得不少于20kg的样品。

2）试样的制备：

① 用四分法将样品缩减至5.0kg左右，然后将石子样品全部破碎至5mm以下，砂子样品不用破碎。

② 将上述样品进行筛分，用清水将各级筛上的筛余样品冲洗干净，在105±5℃的烘箱中烘3～4h，然后分别存放在干燥器中作为试样备用。

3）试件的制备

① 试件配合比：水泥与试样的质量比为1∶2.25，水灰比为0.47。一组3个试件共需水泥400g，试样900g，水188mL。

② 称料：将水泥、试样、水等放入20±2℃的恒温室中存放24h后，先称取水泥400g，精确至0.1g，量水188mL，再按表3-13规定的级配要求称取各级试样，使得试样总质量为900g，精确至0.1g。

试样级配 **表3-13**

筛孔尺寸（mm）	4.75～2.36	2.36～1.18	1.18～0.60	0.60～0.3	0.3～0.15
分级质量（%）	10	25	25	25	15
分级质量（g）	90.0	225	225	225	135

③ 拌：按GB/T 17671—1999的规定进行。

④ 成型：在试模内侧涂上一层机油，将测头仔细装入试模端头的中心孔内。将搅拌好的砂浆分两层装入试模内。第一层砂浆装入的深度约为试模高度的2/3。先用小刀来回划匀胶砂，尤其在测头两侧应多划几次，然后用捣棒在试模内顺序往返各捣压20次，注意测头周围应仔细捣实。接着再装入第二层胶砂。当第二层胶砂装满试模后，仍用小刀将第二层胶砂来回划匀，此次小刀的划入深度应透过第一层胶砂的表面。用捣棒再在胶砂表面往退各捣压20次。捣压完毕，将剩余胶砂填满试模，再将试件表面抹平、编号，并标明测定方向。每种骨料按上述方法制作3条试件。

4）试件养护液的配制

称取40.00g氢氧化钠，溶于装有900mL蒸馏水的1L容量瓶中，再向瓶中滴加蒸馏水，使溶液体积达1.0L，由此配得1N的氢氧化钠溶液。该溶液即为试件养护液。试件养护液的配制量应根据试件的数量和如下第7）条的规定确定。

5）试件预养护

将成型好的试件带模放人标准养护室内养护24±2h。取出试模并小心脱模后，迅速将试件放入养护容器的试件架中。用水将试件全部浸没，盖好养护容器盖，将养护容器置于80±2℃的水浴或烘箱中放置24±2h。

6）试件初长的测定

将养护容器一次一个地从水浴或烘箱中取出，拧开养护容器盖，从养护容器中一次一个地取出试件迅速用抹布擦干试件表面和测头表面，并用测长仪测定试件的长度。此长度即为试件的初长。试件从水中取出到试件初长读完所经历的时间应控制在15±5s内。用湿抹布将读完初长的试件盖好，直至其余试件的初长读完为止。

注：1. 测量前，测长仪应放置在20±2℃的恒温室内存放24h。每次测量前，先应标定测长仪的零点（下同）。

2. 每个试件的初长读数值应为将试件刚好放在测长仪相应位置上时的起始读数。

3. 只有当一个养护容器中的全部试件的长度都测完了并重新放人水浴或烘箱中之后才能再取出下一个养护容器。

7）试件的养护

将装有足量养护液的养护容器置于80±2℃的水浴或烘箱中，至养护容器中的养护液温度达80±1℃时为止。将测完初长的试件竖直放入养护容器的试件架中，并使试件全部浸入养护液内。养护容器中养护液的体积与试件的体积比为（4±0.5）∶1。盖好盖且密封后，再次将养护容器放回到80±2℃的恒温水浴或烘箱中。

注：1. 同一养护容器中只能放置由同种骨料制成的试件。

2. 操作时要注意采取适当的保护措施，避免皮肤与养护液直接接触，防止养护液溢溅或烧伤皮肤。

8）试件长度变化的测量

自试件放于80℃养护液中算起，养护至龄期为14d±2h时，采用与测定试件初长相同的方法测定试件在该龄期时的长度，并且注意应将试件与测长仪的相对位置调整为与测定初长时相同的位置。与此同时，应仔细观察每一试件表面的变化情况，包括变形、裂缝、表面沉积物或渗出物等，做好记录。

（5）结果计算与处理

1）长度膨胀率按下式计算

$$\varepsilon_t = \frac{L_t - L_0}{L_0 - 2\Delta} \times 100$$

式中 ε_t——试件在第14天龄期时的膨胀率（%）；

L_t——试件在第14天龄期时的长度（mm）；

L_0——试件的初长（mm）；

Δ——测头的长度（mm）。

2）当单个试件的长度膨胀率与3个试件长度膨胀率平均值之差符合下述两种情况之一的要求时，取3个试件长度膨胀率的算术平均值作为长度膨胀率。

① 当平均值小于或等于0.05%时，单个试件长度膨胀率与平均值之差的绝对值均小于0.01%；当平均值大于0.05%时，单个试件长度膨胀率与平均值之差均小于平均值的20%。

② 当不符合上述要求时，去掉3个试件长度膨胀率最小值，取剩余2个试件长度膨胀率的算术平均值作为长度膨胀率。

注：当3个试件长度膨胀率均大于0.10%时，无精度要求。

（6）评定

当14天龄期长度膨胀率小于0.10%时，将骨料评定为非碱-硅酸反应活性骨料；否则，将骨料评定为碱-硅酸盐反应活性骨料。

3.4.2 粗骨料试验方法

1. 碎石或卵石的筛分析试验

本方法适用于测定碎石或卵石的颗粒级配。

(1) 所用仪器设备

1) 试验筛：公称直径为 100.0、80.0、63.0、50.0、40.0、31.5、25.0、20.0、16.0、10.0、5.00 和 2.50 (mm) 的方孔筛以及筛的底盘和盖各一只，其规格和质量要求应符合现行国家标准《金属穿孔板试验筛》GB/T 6003.2 的规定（筛框直径均为 300mm)。

2) 天平或案称：天平的称量 5kg，感量 5g，称的称量 20kg，感量 20g。

3) 烘箱：能使温度控制在 (105±5)℃。

4) 浅盘。

(2) 试样制备

试验前，用四分法将样品缩分至略重于表 3-14 所规定的试样所需量，烘干或风干后备。

筛分析所需试样的最小质量 **表 3-14**

公称粒径 (mm)	10.0	16.0	20.0	25.0	31.5	40.0	63.0	80.0
试样质量不少于 (kg)	2.0	3.2	4.0	5.0	6.3	8.0	12r6	16.0

(3) 试验步骤：

1) 按上表的规定称取试样。

2) 将试样按筛孔大小顺序过筛，当每号筛上筛余层的厚度大于试样的最大粒径值时，应将该号筛上的筛余分成两份，再次进行筛分，直至各筛每分钟的通过量不超过试样总量的 0.1%。

注：当筛余颗粒的粒径大于 20mm 时，在筛分过程中，允许用手指拨动颗粒。

3) 称取各筛筛余的质量，精确至试样总重量的 0.1%。在筛上的所有分计筛余量和筛底剩余的总和与筛分前测定的试样总量相比，其相差不得超过 1%。

(4) 结果计算

1) 由各筛上的筛余量除以试样总重量计算得出该号筛的分计筛余百分率（精确至 0.1%)。

2) 每号筛计算得出的分计筛余百分率与大于该筛筛号各筛的分计筛余百分率相加，计算得出其累计筛余百分率（精确至 1%)。

3) 根据各筛的累计筛余百分率，评定该试样的颗粒级配。

2. 碎石或卵石的表观密度试验（标准法）

本方法适用于测定碎石或卵石的表观密度。

(1) 表观密度试验应采用下列仪器设备：

1) 天平：称量 5kg，感量 5g，其型号及尺寸应能允许在臂上悬挂盛试样的吊篮，并在水中称重（图 3-4)。

2) 吊篮：径和高度均为 150mm，由孔径为 1～2mm 的筛网或钻有 2～3mm 孔洞的耐锈蚀金属板制成。

3) 盛水容器：有溢流孔。

4) 烘箱：能使温度控制在 105±5℃。

5) 试验筛：筛孔公称直径为 5mm 的方孔筛

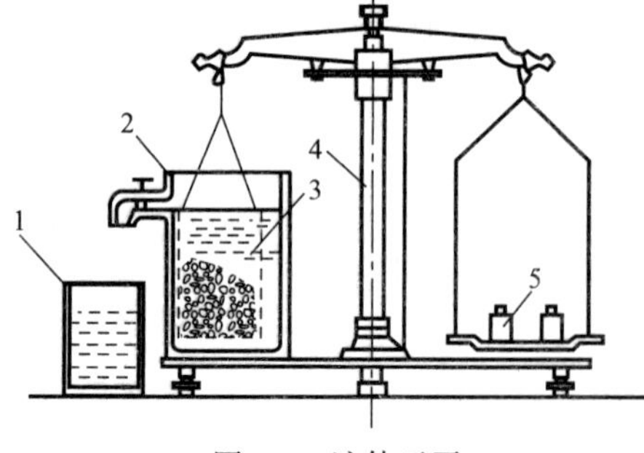

图 3-4 液体天平
1—容器；2—金属筒；3—吊篮；4—天平；5—砝码

一只。

6）温度计：0～100℃。

7）带盖容器、浅盘、刷子和毛巾等。

（2）试样制备

试验前，将样品筛去公称粒径 5mm 以下的颗粒，并缩分至略大于两倍于表 3-15 所规定的最少质量，刷洗干净后分成两份备用。

表观密度试验所需的试样最小重量 **表 3-15**

公称粒径（mm）	10.0	16.0	20.0	25.0	31.5	40.0	63.0	80.0
试样质量不少于（kg）	2.0	2.0	2.0	2.0	3.0	4.0	6.0	6.0

（3）试验步骤

注：试验的各项称重可以在 15～25℃的温度范围内进行，但从试样加水静置的最后 2h 起直至试验结束，其温度相关不应超过 2℃

1）按表 4-15 的规定称取试样。

2）取试样一份装入吊篮，并浸入盛水的容器中，水面至少高出试样 50mm。

3）浸水 24h 后，移放到称量用的盛水容器中，并用上下升降吊篮的方法排除气泡（试样不得露出水面）。吊篮每升降一次约为 1s，升降高度为 30～50mm。

4）测定水温后（此时吊篮应全浸在水中），用天平称取吊篮及试样在水中的质量（m_2）。称量时盛水容器中水面的高度由容器的溢流孔控制。

5）提起吊篮，将试样置于浅盘中，放入（105±5）℃的烘箱中烘干至恒重（恒重系指相邻两次称量间隔时间大于 3h 的情况下，其前后两次称重之差小于该项试验所要求的称量精度，下同）。取出来放在带盖的容器中冷却至室温后，称重（m_0）。

6）称取吊篮在同样温度的水中质量（m_1），称量时盛水容器的水面高度仍应由溢流口控制。

（4）结果计算

表观密度应按下式计算（精确至 10kg/m³）

$$\rho=\left(\frac{m_0}{m_0+m_1-m_2}-d_1\right)\times 100$$

式中 ρ——石子的表观密度（kg/m³）；

m_0——试样烘干时的质量（g）；

m_1——吊篮在水中的质量（g）；

m_2——吊篮及试样在水中的质量（g）；

d_1——考虑称量时的水温对表观密度影响的修正系数（表 3-16）。

不同水温下碎石或卵石表观密度修正系数 **表 3-16**

水温（℃）	15	16	17	18	19	20	21	22	23	24	25
α_1	0.002	0.003	0.003	0.004	0.004	0.005	0.005	0.006	0.006	0.007	0.008

以两次试验结果的算术平均值作为测定值。如两次结果之差大于 20kg/m³ 时，应重新取样进行试验。对颗粒材质不均匀的试样，如两次试验结果之差超过规定时，可取四次测定结果的算术平均值作为测定值。

3. 碎石或卵石表观密度试验（简易方法）

本方法适用于测定碎石或卵石的表观密度，不宜用于最大公称粒径超过 40mm 的碎石或卵石。

（1）所用仪器设备

1）烘箱能使温度控制在（105±5）℃。

2）称：称量 20kg，感量 20g。

3）广口瓶：100mL，磨口，并带玻璃片。

4）试验塞：筛孔公称直径为 5mm 的方孔塞。

5）毛巾、刷子等。

（2）试验设备

试验前，将样品筛去公称粒径 5.00mm 以下的颗粒，用四分法筛分至略大于表 4-15 所规定的量的两倍，洗刷干净后，分成两份备用。

（3）试验步骤

1）按表 4-15 规定的数量称取试样。

2）将试样浸水饱和，然后装入广口瓶中。装试样时，广口瓶应倾斜放置，注入饮用水，用玻璃片覆盖瓶口，以上下左右摇晃的方法排除气泡。

3）气泡排尽后，向瓶中添加饮用水直至水面凸出瓶口边缘。然后用玻璃片沿瓶口迅速滑行，使其紧贴瓶口水面。擦干瓶外水分后，称取试样、水、瓶和玻璃片总质量（m_1）；

4）将瓶中的试样倒入浅盘中，放在（105±5）℃的烘箱中烘干至恒重，取出，放在带盖的容器中冷却至室温后称重（m_0）；

5）将瓶洗净，重新注入饮用水，用玻璃片紧贴瓶口水面，擦干瓶外水份后称重（m_2）；

（4）结果计算

表观密度应按下式计算（精确至 1(kg/m^3)

$$\rho=\left(\frac{m_0}{m_0+m_2-m_1}-\alpha_1\right)\times 1000$$

式中 ρ——石子的表观密度（kg/m^3）；

m_0——试样烘干时的质量（g）；

m_1——试样水瓶和玻璃片总质量（g）；

m_2——水瓶和玻璃片质量（g）；

α_1——考虑称量时的水温对表观密度影响的修正系数。

以两次试验结构的算术平均值作为测定值，两次结果之差应小于 20kg/m^3，否则重新取样进行试验。对颗粒材质不均匀的试样，如两次实验结果之差值超过 20kg/m^3，可取四次测定结果的算术平均值作为测定值。

4. 碎石或卵石的含水率试验

本方法适用于测定碎石或卵石的含水率（石子的含水率也可以用称为“炒干法”的简易方法测试）。

（1）所用仪器设备

1）烘箱：能使温度控制在（105±5）℃。

2）称：称量 20kg，感量 20g。

3）容器：如浅盘等。

（2）实验步骤

1）取质量约等于表 3-15 所要求的试样，分成两份备用。

2）将试样置于干净的容器中，称取试样和容器的总质量（m_1），并在（105±5)℃的烘箱中烘干至恒重。

3）取出试样，冷却后称取试样与容器的总质量（m_2），并称取容器的质量（%）。结果计算

含水率计算（精确至 0.1%）

$$W_{WC}=\frac{m_1-m_2}{m_2-m_3}\times 100\%$$

式中 W_{WC}——石子含水量（%）

m_1——烘干前试样与容器总质量（g）；

m_2——烘干后试样与容器总质量（g）；

m_3——容器质量（g）。

以两次试验结果的算术平均值作为测定值。

5. 碎石或卵石的吸水率试验

本方法适用于测定碎石或卵石的吸水率，既测定以烘干质量为基准的饱和面干吸水率。

（1）所用仪器设备

1）烘箱：能使温度控制在（105±5)℃。

2）称：称量 20kg，感量 20g。

3）试验筛：筛孔公称直径为 5mm 的方孔筛。

4）容器、浅盘、金属丝刷和毛巾等。

（2）试样的制备应符合下列要求

试验前，将样品筛公称粒径 5.00mm 以下的颗粒，然后用四分法缩分至两倍于表 3-17 所规定的质量，分成两份，用金属丝刷刷净后备用。

（3）试验步骤

1）将试样一份置于盛水的容器中，使水面高出试样表面 5mm 左右，24h 后从水中取出试样，并用拧干的毛巾将颗粒表面的水分擦干，即成为饱和面干试样。然后，立即将试样放在浅盘中称重（m_2），在整个试验过程中，水温必须保持在（20±5)℃；

吸水率试验所需的试样最小重量　　表 3-17

最大公称粒径（mm）	10.0	16.0	20.0	25.0	31.5	40.0	63.0	80.0
试样最少质量（kg）	2.0	2.0	4.0	4.0	4.0	6.0	6.0	6.0

2）将饱和面干试样连同浅盘置于（105±5)℃的烘箱中烘干至恒重，然后取出，放入带盖的容器中冷却 0.5～1h，称取烘干试样与浅盘的总重（m_1），称取浅盘的质量（m_3）。

（4）结果计算

吸水率计算（精确至 0.1%）

$$W_{WC}=\frac{m_1-m_2}{m_2-m_3}\times 100\%$$

式中 W_{WC}——吸水率（%）；

m_1——烘干后试样与容器总质量（g）；

m_2——烘干前饱和面干试样与容器总质量（g）；

m_3——容器质量（g）。

以两次试验结果的算术平均值作为测定值。

6. 碎石或卵石的堆积密度和紧密密度试验

本方法适用于测定碎石或卵石的堆积密度、紧密密度及空隙率。

（1）所用仪器设备：

1）秤：称量100kg，感量100g；

2）容量筒：金属制，其规格见表3-18。

量筒的规格要求 **表3-18**

碎石或卵石的最大公称粒径（mm）	容量筒的体积（L）	容量筒规格		
		内径	净高	壁厚
10.0，16.0，20.0，25.0	10	208	294	2
31.5，40.0	20	294	294	3
63.0，80.0	30	360	294	4

3）平头铁锹。

4）烘箱：能使温度控制在（105±5）℃。

（2）试样制备

试验前，取重量约等于表3-19所规定的试样放入浅盘，在（105±5）℃的烘箱中烘干，也可以摊在清洁的地面上风干，拌匀后分成两份备用。

（3）试验步骤

1）堆积密度：取试样一份，置于平整干净的地板（或铁板）上，用平头铁锹铲起试样，使石子自由落入容量筒内，此时，从铁锹的齐口至容量筒上口的距离应保持为50mm左右。装满容量筒并除去凸出筒口表面的颗粒，并以合适的颗粒填入凹陷部分，使表面稍凸起部分和凹陷部分的体积大致相等，称取试样和容量筒质量（m_2）。

堆积密度、紧密密度试验所需碎石或卵石的最小取样数量 **表3-19**

最大公称粒径（mm）	10.0	16.0	20.0	25.0	31.5	40.0	63.0	80.0
试样质量不少于（kg）	40	40	40	40	80	80	120	120

2）紧密密度：取试样一份，分三层装入容量筒。装完一层后，在筒底垫放一根直径为25mm的钢筋，将筒按住并左右交替颠击各25下，然后装入第二层。第二层装满后，用同样方法颠实（但筒底所垫钢筋的方向应与第一层放置方向垂直）然后再装入第三层，如法颠实。待第三层装填完毕后，加料直到试样超出容量筒筒口，用钢筋沿筒口边缘滚转，刮下高出筒口的颗粒，用合适的颗粒填平凹外，使表面稍凸起部分和凹陷部分的体积大致相等。称取试样和容量筒质量（m_2）。

（4）结果计算

堆积密度、紧密密度及空隙率应按以下规定进行计算。

1）堆积密度（ρ_L）或紧密密度（ρ_C）按下式规定计算（精确至10kg/m³）

$$\rho_L(\rho_C) = \frac{m_2 - m_1}{V} \times 1000$$

式中 $\rho_L(\rho_C)$——堆积密度（紧密密度）（kg/m^3）；

m_1——容量筒的质量（kg）；

m_2——容量筒和试样的质量（kg）；

V——容量筒的体积（L）。

以两次试验结果的算术平均值作为测定值。

2）空隙率（ν_L，ν_C）计算（精确至1%）

$$\nu_L = \left(1 - \frac{\rho_L}{\rho_C}\right) \times 100\%$$

$$\nu_C = \left(1 - \frac{\rho_C}{\rho}\right) \times 100\%$$

式中 $\nu_L(\nu_C)$——堆积状态时的空隙率（紧密堆积状态时的空隙率）（%）；

ρ_L——堆积密度（kg/m^3）；

ρ_C——紧密密度（kg/m^3）；

ρ——石子的表观密度（kg/m^3）。

（5）容量筒容积的校正以（20±5)℃的饮用水装满容量筒，用玻璃板沿筒口滑移使其紧贴水面；擦干筒外壁水分后称取质量。用下式计算筒的容积：

$$V = m_2' - m_1'$$

式中 V——容量筒的体积（L）

m_1'——容量筒和玻璃板质量（kg）；

m_2'——容量筒、玻璃板和水总质量（kg）。

7. 碎石或卵石的含泥量试验

本方法适用于测定碎石或卵石中的含泥量。

（1）所用仪器设备

1）秤：称量20kg，感量20g；对最大粒径小于15mm的碎石或卵石应用称量为5kg感量为5g的天平。

2）烘箱：能使温度控制在（105±5)℃。

3）试验筛：筛孔公称直径为1.25mm及80mm筛各一个。

4）容器：容积约为10L的瓷盘或金属盘。

5）浅盘。

（2）试样制备

试验前，将来样用四分法缩分至表3-20所规定的量（注意防止细粉丢失），并置于温度为（105±5)℃的烘箱内烘干至恒重，冷却至室温后分成两份备用。

含泥量试验所需的试样最小重量 **表3-20**

最大公称粒径（mm）	10.0	16.0	20.0	25.0	31.5	40.0	63.0	80.0
试样最少质量（kg）	2.0	2.0	6.0	6.0	10.0	10.0	20.0	20.0

（3）试验步骤

1）称取试样一份（m_0）装入容器中摊平，并注入饮用水，使水面高出石子表面150mm；浸水2h后，用手在水中淘洗颗粒，使尘屑、淤泥和黏土与较粗颗粒分离，并使之悬浮或溶解于水。缓缓地将浑浊液倒入公称直径为1.25mm及80μm的套筛（1.25mm筛放置上面）上，滤去小于80μm的颗粒。试验前筛子的两面应先用水湿润。在整个试验过程中应注意避免大于80μm的颗粒丢失。

2）再次加水于容器中，重复上述过程，直至洗出的水清澈为止。

3）用水冲洗剩留在筛上的细粒，并将公称直径为80μm筛放在水中（使水面略高出筛内颗粒）来回摇动，以充分洗除小于80μm的颗粒。然后，将两只筛上剩留的颗粒和筒中已洗净的试样一并装入浅盘，置于温度为（105±5）℃的烘箱内烘干至恒重。取出冷却至室温后，称取试样的质量（m_1）。

（4）结果计算

碎石或卵石的含泥量W_C应按下式计算（精确至0.1%）。

$$W_C = \frac{m_0 - m_1}{m_0} \times 100\%$$

式中 W_C——含泥量（%）；

m_0——试验前烘干试样的质量（g）；

m_1——试验后烘干试样的质量（g）。

以两个试样试验结果的算术平均值作为测定值。如两次结果的差值超过0.2%，应重新取样进行试验。

8. 碎石或卵石中泥块的含量

本方法适用于测定碎石或卵石中泥块的含量。

（1）泥块含量试验应采用下列仪器设备：

1）秤：称量20kg、感量20g；称量10kg、感量10g。

2）天平：称量5kg、感量5g。

3）试验筛：筛孔公称直径2.50mm及5.00mm筛各一个。

4）洗石用水筒及烘干用的浅盘等。

（2）试样制备应符合下列规定：

试验前，将样品用四分法缩分至略大于表4-20所示的量，缩分应注意防止所含黏土块被压碎。缩分后的试样在（105±5）℃的烘箱内烘干至恒重，冷却至室温后分成两份备用。

（3）实验步骤

1）筛去公称粒径5.00mm以下颗粒，称取质量（m_1）。

2）将试样在容器中摊平，加入饮用水使水面高出试样表面，24h后把水放出，用手碾压泥块，然后把试样放在公称直径为2.5mm筛上摇动淘洗，直至洗出的水清澈为止。

3）将筛上的试样小心地从筛里取出，置于温度为（105±5）℃烘箱中烘干至恒重。取出冷却至室温后称重（m_2）。

（4）结果计算泥块含量计算（精确至0.1%）。

$$W_{c,1} = \frac{m_1 - m_2}{m_1} \times 100$$

式中　$W_{c,1}$——泥块含量（%）；

m_1——公称直径5.00mm筛上筛余量（g）；

m_2——试验后烘干试样含质量（g）。

以两个试样试验结果的算术平均值作为测定值。如两次结果的差值超过0.2%，应重新取样进行试验。

9．碎石或卵石中针状和片状颗粒的总含量试验

本方法适用于测定碎石或卵石中针状和片状颗粒的总含量。

（1）针、片状颗粒含量试验应采用下列仪器设备

1）针状规准仪和片状规准仪（图3-5），或游标卡尺。

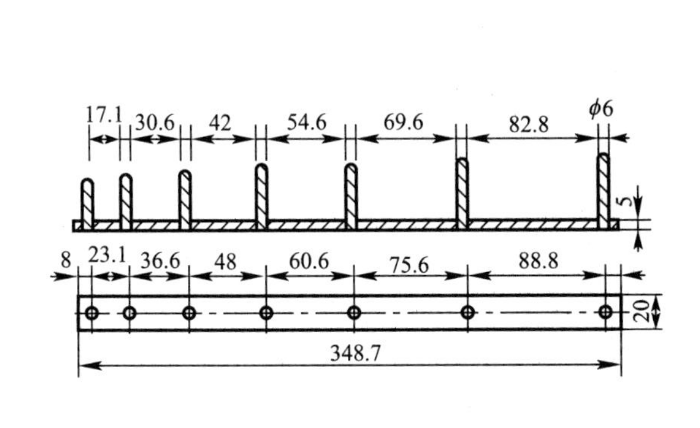

（a）

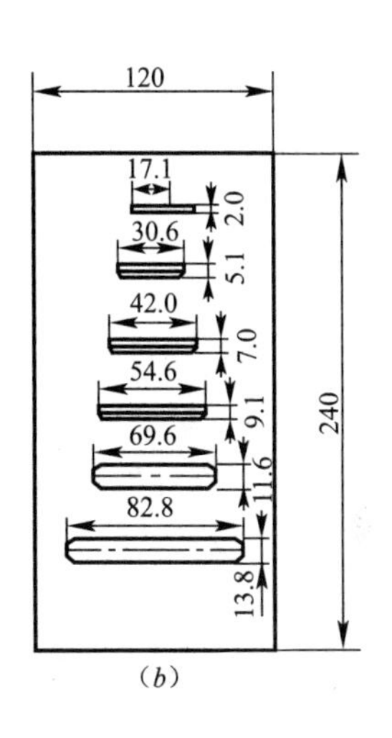

（b）

图3-5　规准仪（mm）

（a）针状规准仪；（b）片状规准仪

2）天平：称量2kg，感量2g。

3）秤：称量20kg，感量20g。

4）游标卡尺。

（2）试样设备

试验前，将来样在室内风干至表面干燥，并用四分法缩分至表3-21规定的数量，称量（m_0），然后筛分成表所规定的粒级备用。

针状和片状颗粒的总含量试验所需试样最少质量　　表3-21

最大公称粒径（mm）	10.0	16.0	20.0	25.0	31.0	40.0	63.0	80.0
试样最少质量（kg）	0.3	1.0	2.0	3.0	5.0	10.0	10.0	10.0

（3）试验步骤

1）按表3-22所规定的粒级用规准仪逐粒对试样鉴定，凡颗粒长度大于针状规准仪上相对应间距者，为针状颗粒。厚度小于片状规准仪上相应孔宽着，为片状颗粒。

2）公称粒径大于40.0mm的碎石或卵石可用游标卡尺鉴定器针片状颗粒，游标卡尺卡口的设定宽度应符合表3-23的规定。

3）称量由各粒级挑出的针状和片状颗粒的总质量（m_1）。

针状和片状颗粒的总含量试验的粒级划分及其相应的规准仪孔宽或间距　　表 3-22

公称粒级（mm）	5.0～10.0	10.0～16.0	16.0～20.0	20.0～25.0	25.0～31.5	31.5～40.0
片状规准仪对应孔宽	2.8	5.1	7.0	9.1	11.6	13.8
针状规准仪对应间距	17.1	30.6	42.0	54.6	69.6	82.8

公称粒径大于 40mm 用卡尺卡口的设定宽度　　表 3-23

公称粒级（mm）	40.0～63.0	63.0～80.0
片状颗粒的卡口宽度	18.1	27.6
针状颗粒的卡口宽度	108.6	165.6

(4) 结果计算

碎石或卵石中针、片状颗粒含量（%）应按下计算（精确至 1%）。

$$W_p = \frac{m_1}{m_0} \times 100\%$$

式中　W_p——石子针片状颗粒总含量（%）

m_0——试样中所含针状和片状颗粒总含量（g）；

m_1——试样总质量（g）。

10. 卵石中有机物含量试验

本方法适用于定性地测定卵石中的有机物含量是否达到影响混凝土质量的程度。

(1) 有机物含量试样应采用下列仪器、设备和试剂：

1) 天平：称量 2kg，感量 2g；称量 100g，感量 0.1g 各一台。

2) 量筒：100mL、250mL、1000mL。

3) 烧杯、玻璃棒和筛孔公称直径为 20mm 的试验筛。

4) 浓度为 3%氢氧化钠溶液；氢氧化钠与蒸馏水之质量比为 3∶97。

5) 鞣酸、酒精等。

(2) 试样制备

试验前，筛去试样中公称粒径 20mm 以上的颗粒，用四分法缩分至约 1kg，风干后备用。

(3) 试验步骤

1) 向 1000mL 量筒中，倒入干试样至 600mL 刻度处，再注入浓度为 3%的氢氧化钠溶液至 800mL 刻度处，剧烈搅拌后静置 24h。

2) 比较试样上部溶液和新配制标准溶液的颜色，盛装标准溶液与盛装试样的量筒容积应一致。

(4) 结果评定

若试样上部溶液颜色浅于标准溶液颜色，则试样的有机质含量鉴定合格；如两种溶液的颜色接近，则应将该试样（包括上部溶液）倒入烧杯中放在温度为 60～70℃的水浴锅中加热 2～3h，然后再与标准溶液比色。

如溶液的颜色深于标准色，则应配制成混凝土作进一步检验。其方法如下：

取试样一份，用浓 3%氢氧化钠溶液洗除有机杂质，再用清水淘洗干净，至试样用比色法试验时溶液的颜色浅于标准色；然后洗除有机质和未经清洗的试样用相同的水泥、砂配成配合比相同、坍落度基本相同的两种混凝土，测其 28d 抗压强度。如未经洗除有机质的卵石混凝土强度与经洗除有机质的混凝土强度的比不低于 0.95 时，则此卵石可以使用。

11. 岩石的抗压强度试验

本方法适用于测定碎石的原始岩石在水饱和状态下的抗压强度。

（1）所用仪器设备

1）压力试验机：荷载 1000kN。

2）石材切割机或钻石机。

3）岩石磨光机。

4）游标卡尺，角尺等。

（2）试样制备

试验时，取有代表性的岩石样品用石材切割机切割成边长为 50mm 的立方体，或用钻石机取直径与高度均为 50mm 的圆柱体，然后用磨光机把试件与压力机压板接触的两个面磨光并保持平行，试件形状须用角尺检查。

（3）至少应制作六个试块。对有显著层理的岩石，应取两组试件（12 块）分别测定其垂直和平行于层理的强度值。

（4）试验步骤

1）用游标卡尺量取试件的尺寸（精确至 0.1mm），对于立方体试件，在顶面和底面上各量取其边长，以各个面上相互平行的两个边长的算术平均值作为宽或高，由此计算面积。对于圆柱体试件，在顶面和底面上各取相互垂直的两个直径，以其算术平均值计算面积。取顶面和底面面积的算术平均值作为计算抗压强度所用的截面积。

2）将试件置于水中浸泡 48h，水面应至少高出试件顶面 20mm。

3）取出试件擦干表面放在压力机上进行强度试验，试验时加压速度应为每秒钟 0.5～1.0MPa。

（5）结果计算

岩石的抗压强度应计算（精确至 1MPa）。

$$f=\frac{F}{A}$$

式中 f——岩石抗压强度（MPa）；

F——破坏荷载（N）；

A——试件受力面积（mm^2）。

（6）结果评定

取六个试件试验结果的算术平均值作为抗压强度测定值；当其中两个试件的抗压强度与其他四个试件抗压强度的算术平均值相差三倍以上时，应以试验结果相接近的四个试件的抗压强度算术平均值作为抗压强度测定值。

对具有显著层理的岩石，其抗压强度应分为垂直于层理及平行于层理的抗压强度的平均值。

12. 碎石或卵石时压碎指标值试验

本方法适用于测定碎石或卵石抵抗压碎的能力，以间接地推测其相应的强度。

（1）所用仪器设备

1）压力试验机，荷载 300kN；

2）压碎指标值测定仪（图 3-6）；

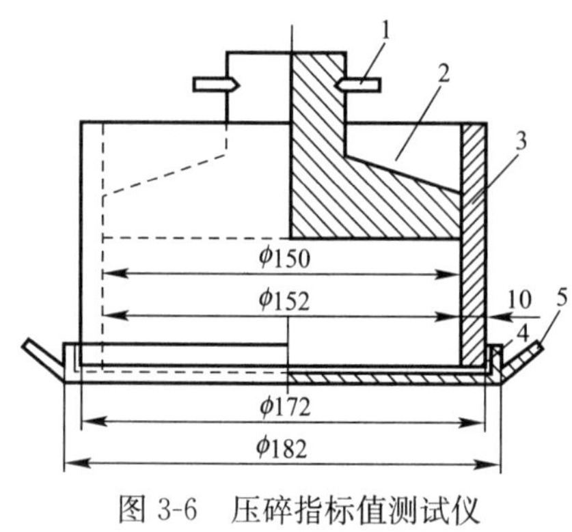

图 3-6 压碎指标值测试仪
1—把手；2—加压头；3—圆模；4—底盘；5—手把

3）秤：称量 5kg，感量 5g；

4）试验筛：筛孔公称直径为 10.0mm 和 20.0mm 的方孔筛各一只。

（2）试样制备

标准试样一律应采用公称直径为 10.0～20.0mm 的颗粒，并在风干状态下进行试验。检验前，先将试样筛去公称直径 10.0 以下及 20.0mm 以上的颗粒。对多种岩石组成的卵石，如其直径大于 20.0mm 颗粒的岩石矿矿物成分与 10.0～20.0mm 颗粒有显著差异时，对大于 20.0mm 的颗粒应经人工破碎后缔取 10.0～20.0mm 标准粒级另外进行压碎指标值实验，再用针状和片状规准仪剔除其针状和片状颗粒，然后称取每份 3kg 的试样 3 份备用。

（3）试验步骤

1）置圆筒于底盘上，取试样一份，分两层装入筒内。每装完一层试样后，在底盘下面垫放一直径为 10mm 的圆钢筋，将筒按住，左右交替颠击地面 25 下。第二层颠实后，试样表面距盘底的高度应控制为 100mm 左右。

2）整平筒内试样表面，把加压头装好（注意应使加压头保持平正），放到试验机上在 160～300s 内，均匀地加荷到 200kN，稳定 5s，然后卸荷，取出测定筒。倒出筒中的试样并称其重量（m_0），用公称直径为 50mm 的筛筛除被压碎的细粒，称量剩留在筛上的试样质量（m_1）。

（4）结果计算

碎石或卵石的压碎指标值 δ_α 计算（精确至 0.1%）。

$$\delta_\alpha = \frac{m_0 - m_1}{m_0} \times 100\%$$

式中 δ_α——石子压碎指标（%）；

m_0——试样质量（g）；

m_1——压碎试验后筛余的试样质量（g）。

对多种岩石组成的卵石，应对公称粒径 20.0mm 以下和 20.0mm 以上的标准粒级（10.0～20.0mm）分别进行检验，则其总的压碎指标值应按下式计算。

$$\delta_\alpha = \frac{\alpha_1\delta_{\alpha1} + \alpha_2\delta_{\alpha2}}{\alpha_1 + \alpha_2}$$

式中 δ_α——压碎指标值（%）；

α_1、α_2——试样中 20.0mm 以下和 20.0mm 以上两粒级的颗粒含量百分率；

$\delta_{\alpha1}$、$\delta_{\alpha2}$——两粒级以标准粒级试验的分计压碎指标值（%）。

以三次试验结果的算术平均值作为压碎指标测定值。

13. 碎石或卵石中硫化物和硫酸盐含量的实验

本方法适用于测定碎石或卵石中硫酸盐、硫化物含量（按 SO_3 百分含量计）

（1）硫酸盐和硫化物含量实验应采用下列仪器、设备及试剂

1）天平：称量 2kg、感量 2g；称量 1000g、感量 1g 各一台。

2）高温炉：最高温度1000℃

3）试验筛：筛孔公称直径为630μm的方孔筛一只。

4）烧瓶、烧杯等。

5）10%氯化钡溶液：10g氯化钡溶于100mL蒸馏水中。

6）盐酸（1+1）：浓盐酸溶于同体积的蒸馏水中。

7）1%硝酸银溶液：1g硝酸银溶于100mL蒸馏水中，并加入5～10mL硝酸，存于棕色瓶中。

（2）试样制作

试验前，取公称粒径40.0mm以下的风干碎石或卵石约1000g，按四分法缩分至约200g，磨细，使全部通过公称直径为630μm的方孔筛，仔细拌匀，烘干备用。

（3）试验步骤

1）精确称取石粉试样约1g放入300mL的烧杯中，加入30～40mL蒸馏水及10mL的盐酸（1+1），加热至微沸，并保持微沸5min，使试样充分分解后取下，以中速滤纸过滤，用温水洗涤10～12次。

2）调整滤液体积至200mL，煮沸，边搅拌边滴加10mL氯化钡溶液（10%），并将溶液煮沸数分钟，然后移至温热处至少静置4h（此时溶液体积应保持在200mL），用慢速滤纸过滤，以温水洗至无氯根反应（用硝酸银溶液检验）。

3）将沉淀及滤纸一并移入已灼烧至恒重（m_1）的瓷坩埚中，灰化后在800℃的高温炉内灼烧30min。取出坩埚，置于干燥器中冷却至室温，称重。如此反复灼烧，直至恒重（m_2）。

4）结果计算

水溶性硫化物硫酸盐含量（以SO_3计）计算（精确至0.01%）。

$$W_{SO_3}=\frac{(m_2-m_1)\times 0.343}{m}\times 100\%$$

式中 W_{SO_3}——硫化物及硫酸盐含量（以SO_3计）（%）；

m——试样的质量（g）；

m_1——坩埚质量（g）；

m_2——沉淀物与坩埚总质量（g）。

取二次试验的算术平均值作为评定指标，若两次试验结果之差大于0.15%，应重新试验。

14. 碎石或卵石的碱活性试验（岩相法）

本标准规定了采用岩相法检验混凝土用骨料碱活性的取样方法、仪器设备、试验程序以及结果处理方法等。

本标准适用于确定骨料的碱活性类别和定性评定骨料的碱活性。

本方法的原理：通过肉眼和显微镜对骨料进行观察，鉴定骨料的岩石种类、结构构造及矿物成分，确定骨料是否含有碱活性矿物、碱活性矿物的类别以及碱活性矿物占骨料的重量百分含量，从而定性评定骨料的碱活性。

（1）试剂和材料

1）盐酸（5%～10%）。

2）茜素红 S 试剂（将 0.1g 茜素红 S 溶于 100mL 0.2%的稀盐酸中）。

3）金刚砂、树脂胶或环氧树脂、载玻片、盖玻片、折光率浸油、酒精。

（2）仪器设备工具

1）筛：包括孔径为 40mm、20mm、10mm、5mm、2.5mm 的圆孔筛和孔径为 1.25mm、0.63mm、0.315mm、0.10mm、0.08mm 的方孔筛以及筛盖和底盘各一只。

2）磅秤：称量 100kg，感量 100g。

3）天平：称量 1kg，感量 0.5g。

4）烘箱

5）切片机、磨片机、镶嵌机。

6）10 倍放大镜、实体显微镜及附件、偏光显微镜及附件、地质锤。

（3）试验步骤

1）取样按照 JGJ 53 规定的取样方法和表 3-24 规定的数量分别取得不同粒径范围的粗骨料，并将其冲洗后再风干（烘干）。然后再按照 JGJ 53 规定的取样及筛分方法取得适量混合粗骨料并进行筛分，计算各级分计筛余百分率，将结果填入表 3-25 中。

粗骨料试样数量的规定值　　**表 3-24**

粒径范围（mm）	试样重量（kg）	备注
>40	180	1. 粗骨料中若含有小于 5mm 的颗粒，该级骨料按细骨料的试验方法进行试验 2. 试样数量也可以按颗粒计，每级至少 300 颗
40-20	90	
20-5	45	
<50	0.2	

粗骨料样品分类表　　**表 3-25**

粒径范围（mm）		20～5			20～40			>40			合计
分计筛余百分率（%）											
	分类组成										
编号	岩石种类	(1)	(2)	(3)	(1)	(2)	(3)	(1)	(2)	(3)	
1											
2											
3											
4											
5											
6											
7											
8											
9											
10											
11											
合计			100			100			100		100

注：表中（1）为分类样品的重量（g）；（2）为分类样品占本级样品重量的百分率（%）；（3）为分类样品占样品总重量的百分率（%）。

2）分类：对于每一级样品，首先通过肉眼观察，按岩石种类将其大致分类。具体方法有：观察颗粒表面及新鲜断面的颜色、结构构造；用10倍放大镜初步鉴定样品中的矿物成分；必要时检测样品的硬度或进行滴稀酸试验等。如果通过肉眼观察木能确定某些样品的种类，或认为某些样品可能含有碱活性矿物，则可通过实体显微镜进行观察，并按岩石种类对其进行分类。分类完毕后，称量本级样品中各分类样品的重量，并将结果填入表3-25中。

将本级样品中各分类样品的重量除以本级样品的重量，得到各分类样品的重量占本级样品重量的百分率；将本级样品中各分类样品的重量占本级样品重量的百分率乘以本级样品的分计筛余百分率，得到本级样品中各分类样品的重量占样品总重量的百分率。将结果填入表3-25中。

注：(1) 所有粒级的分类样品的重量精确到0.1%，所有样品的重量百分率计算精确到0.5%。

(2) 分类过程中，不含碱活性矿物的样品种类应合并成一类。

将每一级样品中同一种类的分类样品占样品总重量的百分率相加，得到各分类样品占样品总重量的百分率，将结果填入表3-26中。

粗骨料样品碱活性矿物分析统计表 **表3-26**

粒径范围（mm）	20～5				40～20				……			
岩石种类编号	1	2	3	…	1	2	3	…	1	2	3	…
岩石名称												
结构构造												
主要矿物成分												
碱活性矿物的百分含量（%）												
分类样品占样品总重量的百分率（%）												
碱活性矿物占样品总重量的百分率（%）												

3）岩相分析：对于每一粒级样品，分别从其每一分类样品中选取3～5块样品，称重后制成薄片，然后在偏光显微镜下观察，确定岩石的名称、结构构造和矿物成分等。若发现有碱活性矿物，则在偏光显微镜下测定各薄片中该碱活性矿物的百分含量，并按下式计算碱活性矿物的平均百分含量：

$$\alpha = \frac{\sum_{i=1}^{n} b_i a_i}{\sum_{i=1}^{n} b_i a_i} \qquad (n = 3 \sim 5)$$

式中 α——碱活性矿物的平均百分含量（%）；

b_i——第 i 块样品的重量（g）；

a_i——在偏光显微镜下测得的第i块样品的薄片中碱活性矿物的百分含量（%）；

n——所取样品块数。

4）计算：将各级分类样品中碱活性矿物的百分含量乘以该分类样品占样品总重量的百分率之后相加，求得各级样品中碱活性矿物占样品总重量的百分率；将各级样品中碱活性矿物占样品总重量相加，求得粗骨料样品中碱活性矿物样品总重量的百分率。将观察及计算结果填入表3-26中。

5）评定：如果所有种类的样品经岩相分析不含有碱活性矿物，则将骨料评为非碱活性骨料；如果所有或部分种类样品中含有碱活性矿物，将该骨料评定为具有可疑碱活性骨料，并应进一步采用其他方法进行检验，从而最终评定骨料的碱活性。

3.5 现行标准

1.《普通混凝土用砂、石质量及检验方法标准》(JGJ 52—2006)
2.《通用硅酸盐水泥》(GB/T 175—2007)
3.《化学试剂溶液的配制》(GB/T 601—1988)
4.《化学试剂》(GB/T 602—1988)
5.《水泥胶砂流动度测定方法》(GB/T 2419—2005)
6.《金属丝编织网试验筛》(GB/T 6003.1—1997)
7.《金属穿插孔板试验筛》(GB/T 003.2—1997)
8《水泥硅胶强度检验方法（ISO 法）》(GBA 17671—1999)
9.《建设用砂》(GB/T 14684—2011)
10.《建设用卵石、碎石》(GB/T 14685—2011)

3.6 练习题

一、单选题

1. 配制≥C60 强度等级的混凝土，应采用针、片状颗粒总含量（按质量计）（　　）的卵石或碎石。

A. ≤8　　B. ≤15　　C. ≤25　　D. ≤40

2. 配制 C30～C55 强度等级的混凝土，应采用泥块含量（按质量计）（　　）的卵石或碎石

A. ≤0.2　　B. ≤0.5　　C. ≤0.7　　D. ≤1.0

3. 配制 C30～C55 强度等级的混凝土，应采用含泥量（按质量计）（　　）的卵石或碎石。

A. ≤0.5　　B. ≤1.0　　C. ≤2.0　　D. ≤4.0

4. 配制＞C60 强度的混凝土，应采用含泥量（按质量计）（　　）的卵石或碎石。

A. ≤0.5　　B. 1.0　　C. ≤2.0　　D. ≤4.0

5. 对于有抗冻、抗渗或其他特殊要求的混凝土，其所用碎石或卵石中含泥量不应大于（　　）。

A. 1.0%　　B. 2.0%　　C. 3.0%　　D. 4.0%

6. 使用单位应按砂的同产地同规格分批验收。采用大型工具（如火车、货船或汽车）运输的，应以（　　）为一验收批。

A. 100m3 或 150t　　B. 200m3 或 300t

C. 400m3 或 600t　　D. 800m3 或 1000t

7. 对于长期处于潮湿环境的重要混凝土结构用砂，应采用砂浆棒（快速法）或砂浆长度法进行骨料的（　　），检验。

A. 压碎指标　　B 碱活性　　C. 吸水率　　D. 坚固性

8. 当砂中含有颗粒状的硫酸盐或硫化物杂质时，应进行专门检验，确认能满足混凝土（　　）要求后，方可使用。

A. 工作性　　B. 耐久性　　C. 粘聚性　　D. 抗压强度

9. 当混凝土强度等级大于或等于（　　）时，应进行岩石抗压强度检验。

A. C50　　B. C55　　C. C60　　D. C65

10. 岩石的抗压强度应比所配制的混凝土强度至少高（　　）。

A. 10%　　B. 20%　　C. 30%　　D. 40%

11. 对于有抗冻、抗渗或其他特殊要求的小于等于 C25 混凝土用砂，其含泥量不应大于（　　）。

A. 1.0%　　B. 2.0%　　C. 3.0%　　D. 5.0%

12. 对于有抗冻、抗渗或其他特殊要求的小于等于 C25 混凝土用砂，其泥块含量不应大于（　　）。

A. 1.0%　　B. 2.0%　　C. 3.0%　　D. 5.0%

13. 机制砂除满足坚固性指标的要求外，压碎指标还应小于（　　）。

A. 15%　　B. 30%　　C. 45%　　D. 60%

14. 对于长期处潮湿环境的重要混凝土结构用砂，应采用砂浆棒（快速法）或砂浆长度法进行骨料的碱活性检验。经上述检验判断为有潜在危害时，应控制混凝土中的碱含量不超过（　　）。

A. 1kg/m3　　B. 3kg/m3　　C. 10kg/m3　　D. 30kg/m3

15. 对预应力混凝土用砂，氯化物含量（以氯离子质量计）不应大于（　　）。

A. 0.01%　　B. 0.02%　　C. 0.06%　　D. 0.10%

16. 配制混凝土时宜优先选用Ⅱ区砂。当采用Ⅰ区砂时，应（　　）砂率并保持足够的水泥用量，满足混凝土的和易性的要求。

A. 提高　　B. 降低　　C. 保持　　D. 以上都不对

17. 配制混凝土时宜优先选用Ⅱ区砂。当采用Ⅲ区砂时，应（　　）砂率并保持足够的水泥用量，满足混凝土的和易性的要求。

A. 提高　　B. 降低　　C. 保持　　D. 以上都不对

18. 配制混凝土时应优先选用（　　）砂。

A. Ⅰ区　　B. Ⅱ区　　C. Ⅲ区　　D. Ⅳ区

19. 砂的实际级配除 4.75mm 和 600um 筛档外，可以略有超出，但各级累计筛余超出值总和应不大于（　　）。

A. 1%　　B. 2.5%　　C. 5%　　D. 10%

20. 当混凝土强度等级为 C60 以上时，应对混凝土用骨料母岩进行（　　）试验。

A. 密度　　B. 颜色　　C. 含水率　　D. 岩石抗压

21. 以下关于砂的筛分析试验，说法不正确的是（　　）。

A. 砂的筛分析试验可用于测定砂的表观密度；

B. 按规定的方法缩分，称取每份不少于 550g 的试样两份，在 (105±5)℃的温度下烘干到恒重，冷却至室温备用；

C. 将套筛装入摇筛机内固紧，筛分时间为10min左右；

D. 然后取出套筛，再按筛孔大小顺序，在清洁的浅盘上逐个进行手筛，直至每分钟的筛出量不超过试样总量的0.1%时为止。

22、砂的颗粒级配一般可按公称粒径（　　）筛孔的累计筛余量分成三个级配区。

A. 80μm　　B. 160μm　　C. 630μm　　D. 2.50mm

23. 碎石或卵石的压碎值指标试验可间接反映岩石的（　　）。

A. 密度　　B. 强度　　C. 颜色　　D. 成分

24. 碎石或卵石压碎值指标试验中，标准试样一律采用公称粒级为（　　）的颗粒，并在风干状态下进行试验。

A. 2.50～5.00mm　　B. 10.0～20.0mm

C. 20.0～60.0mm　　D. 以上都不对

25. 砂中泥块含量是指公称粒径大于（　　），经过水洗、手捏后变成公称粒径小于630μm的颗粒含量。

A. 10.00mm　　B. 5.00mm　　C. 1.25mm　　D. 315μm

26. 砂的细度模数以（　　）次试验结果的算术平均值为测定值。

A. 1　　B. 2　　C. 3　　D. 4

27. 某砂的含水率试验中（标准法），未烘干的试样质量为 m_1，烘干后的试样质量为 m_2，砂的含水率（%）为（　　）

A. $w=(m_1-m_2)/m_2\times100$　　B. $w=(m_2-m_1)/m_2\times100$

C. $w=(m_1-m_2)/m_1\times100$　　D. $w=(m_2-m_1)/m_1\times100$

28. 某砂样泥块含量两次平行试验结果分别为0.5%和2.5%，请问该砂的泥块含量是（　　）。

A. 1.0%　　B. 1.5%　　C. 3.0%　　D. 5.0%

29. 碱-骨料反指水泥中的（　　）与混凝土骨料中的活性二氧化硅发生化学反应，生成新的硅酸盐凝胶而产生膨胀的一种破坏作用。

A. 碱　　B. 酸　　C. 石英　　D. 云母

30. 卵石、碎石中的含泥量是指卵石、碎石中公称粒径小于（　　）的颗粒含量。

A. 5.00mm　　B. 2.50mm　　C. 1.25mm　　D. 80um

31. 砂的颗粒级配一般可按公称直径630μm筛孔的累计筛余量分成（　　）个级配区。

A. 2　　B. 3　　C. 5　　D. 7

32. 砂的颗粒级配一般可按公称直径630μm筛孔的累计筛余量分成三个级配区，其中Ⅰ区砂（　　）。

A. 较细　　B. 较粗

C. 适中　　D. 以上说法都不对

33. 碱-骨料反应，就是水泥中的碱与混凝土骨料中的（　　）发生化学反应，生成新的硅酸盐凝胶而产生膨胀的一种破坏作用。

A. 轻物质　　B. 针片状颗粒

C. 云母　　D. 活性二氧化硅

34. 细度模数为2.7的砂为（　　）

A. 粗砂　　B. 中砂　　C. 细砂　　D. 特细砂

35. 骨料也称集料，在混凝土中起（　　）作用

A. 水化　　B. 增稠　　C. 骨架　　D. 缓凝

36. 骨料在自然堆积状态下，单位体积质量称为（　　）。

A. 密度　　B. 表观密度　　C. 堆积密度　　D. 以上都不对

37. （　　）是用来代表细骨料总的粗细程度的指标。

A. 筛余量　　B. 颗粒级配　　C. 粗细骨料比　　D. 细度模数

38. 卵石、碎石中的有害物质不包括（　　）。

A. 云母含量　　B. 硫化物　　C. 有机物含量　　D. 硫酸盐含量

39. 骨料的（　　）是指骨料能抵抗各种环境因素的作用，保持物理化学性能相对稳定，从而保持混凝土物理化学性能相对稳定的能力。

A. 耐水性　　B. 抗冻性　　C. 抗渗性　　D. 耐久性

40. 骨料按（　　）可以划分为轻骨料、普通骨料和重骨料。

A. 密度　　B. 成因　　C. 粒径　　D. 细度模数

41. 碱-骨料发生需要具备的三要素不包括（　　）。

A. 水　　B. 空气

C. 碱活性骨料　　D. 有足够量的碱存在（K，Na 离子等）

42. 砂的检验项目中不包括（　　）。

A. 坚固性　　B. 轻物质含量　　C. 针片状含量　　D. 云母含量

43. 岩石的抗压强度试验时，至少应制作（　　）个试块。

A. 3　　B. 6　　C. 9　　D. 12

44. JGJ 52—2006 中规定，岩石的抗压强度试验时，采用边长为（　　）的立方体试件或直径与高度均为（　　）的圆柱体，在饱和状态下测定其抗压强度。

A. 100mm　　B. 75mm　　C. 50mm　　D. 150mm

45. 凡碎石或卵石颗粒的长度大于该颗粒所属粒级的平均粒径（　　）倍者为针状颗粒；厚度小于平均粒径（　　）倍者为片状颗粒。

A. 2.4；0.4　　B. 0.4；2.4　　C. 4.2；0.2　　D. 0.2；4.2

46. 砂的细度模数以两次试验结果的算术平均值为测定值。如两次试验所得的细度模数之差大于（　　）时，应重新取试样进行试验。

A. 0.10　　B. 0.15　　C. 0.20　　D. 0.25

47. 碱-骨料反应的评价方法不包括（　　）。

A. 岩相法　　B. 砂浆棒法　　C. 快速砂浆棒法　　D. 目测法

48. 在砂的筛分析试验中，“恒重”是指在（　　）的温度下烘干至恒重，即相邻两次称量间隔时间不小于 3h 小时的情况下，前后两次称量之差小于该项试验所要求的称量精度。

A. (60±5)℃　　B. (80±5)℃　　C. (105±5)℃　　D. (115±5)℃

二、多选题

1. 配制 C30～C55 强度等级的混凝土，可采用（　　）的机制砂。

A. MB≥1.4，石粉含量（按质量计）≤7.0%

B. MB≥1.4，石粉含量（按质量计）≤3.0%

C. MB<1.4，石粉含量（按质量计）≤7.0%

D. MB<1.4，石粉含量（按质量计）≤3.0%

E. MB<1.4，石粉含量（按质量计）≤5.0%

2. 配制C30～C55强度等级的混凝土，可采用（　　）的天然砂。

A. 含泥量≤3.0%　　B. 泥块含量≤1.0%

C. 含泥量≤5.0%　　D. 泥块含量≤2.0%

E. 含泥量≤2.5%

3. 配制C30～C55强度等级的混凝土，可采用（　　）的卵石或碎石。

A. 含泥量≤1.0%　　B. 泥块含量≤0.5%

C. 含泥量≤2.0%　　D. 泥块含量≤0.7%

E. 泥块含量≤0.3%

4. 每验收批卵石、碎石至少应进行（　　）检验。

A. 颗粒级配　　B. 含泥量

C. 泥块含量　　D. 针、片状颗粒含量

E. 含水率

5. 每验收批砂至少应进行（　　）检验。

A. 颗粒级配　　B. 含泥量

C. 泥块含量　　D. 针、片状颗粒含量

E. 含水率

6. 对于长期处于潮湿环境的重要混凝土结构用砂，应采用（　　）进行骨料的碱活性检验。

A. 砂浆棒（快速法）　　B. 砂浆长度法

C. 硫酸钠溶液法　　D. 氢氧化钠溶液法

E. 岩相法

7. 砂按级配可分为（　　）。

A. Ⅰ区　　B. Ⅱ区　　C. Ⅲ区　　D. Ⅳ区

E. Ⅴ区

8. 以下关于骨料含泥量，说法正确的是（　　）。

A. 骨料的含泥量是指公称粒径小于80um的颗粒含量

B. 骨料的含泥量是指公称粒径小于5.00mm的颗粒含量

C. 含泥量会降低混凝土和易性、抗冻性和抗渗性

D. 含泥量会增加混凝土干缩

E. 均指粒径小于75μm的颗粒含量

9. 以下物质中，属于骨料中的有害物质的是（　　）。

A. 有机物　　B. 硫化物　　C. 轻物质　　D. 云母

E. 水

10. 碱-骨料反应中的碱的问题，以下说法正确的是（　　）。

A. 总碱量大于0.6%的水泥容易引起碱-骨料反应

B. 总碱量小于 0.6%的水泥容易引起碱-骨料反应

C. 混凝土中的总碱量小于 $3kg/m^3$ 时比较安全

D. 混凝土中的总碱量大于 $3kg/m^3$ 时比较安全

E. 混凝土中的总碱量大于 $5kg/m^3$ 时比较安全

11. 目前控制碱-骨料反应的措施主要从以下几个方面考虑（　　）。

A. 用非活性骨料

B. 控制水泥及混凝土中的碱含量

C. 控制湿度

D. 使用混合材

E. 控制温度

12. 砂的细度程度按细度模数 μ_f 分为粗、中、细、特细四级，以下正确的是（　　）。

A. 细度模数为 3.5 的砂为粗砂

B. 细度模数为 2.6 的砂为中砂

C. 细度模数为 1.8 的砂为细砂

D. 以上都不正确

E. 细度模数为 1.5 的砂为特细砂

13. 关于卵石、碎石的压碎指标值试验，以下说法正确的有（　　）。

A. 标准试样一律应采用公称直径为 10.0～20.0mm 的颗粒，并在风干状态下进行试验

B. 取试样一份，分两层装入筒内

C. 每装完一层试样后，在底盘下面垫放一直径为 10mm 的圆钢筋，将筒按住，左右交替颠击地面 25 下

D. 将装好试样的筒放到试验机上在 160～300s 内，均匀地加荷到 200kN，稳定 5s，然后卸荷，取出测定筒。

E. 以上都不准确

14. 以下关于岩石的抗压强度试验结果评定，说法正确的有（　　）。

A. 取三个试件试验结果的算术平均值作为抗压强度测定值

B. 取六个试件试验结果的算术平均值作为抗压强度测定值

C. 三个测值中的最大值或最小值中如有一个与中间值的差值超过中间值的 15%时，则把最大及最小值一并舍除，取中间值作为该组试件的抗压强度值

D. 当其中两个试件的抗压强度与其他四个试件抗压强度的算术平均值相差三倍以上时，应以试验结果相接近的四个试件的抗压强度算术平均值作为抗压强度测定值

E. 取四个试件试验结果的算术平均值作为抗压强度测定值

15. 砂的取样方法中，以下说法正确的有（　　）。

A. 在料堆上取样时，取样部位应均匀分布。取样前先将取样部位表层铲除，然后由各部位抽取大致相等的砂共 8 份，组成一组样品

B. 从皮带运输机上取样时，应在皮带运输机机尾的出料处用接料器定时抽取砂 4 份组成一组样品

C. 从火车、汽车、货船上取样时，从不同部位和深度抽取大致相等的砂 8 份，组成一组样品

D. 除筛分析外，当其余检验项目存在不合格项时，应进行加倍取样复验，若复验仍有一个试样不能满足标准要求，应按不合格品处理

E. 只能从实验室取样

16. 以下关于砂的筛分析试验，说法正确的是（　　）。

A. 计算分计筛余百分率，精确至 0.1%

B. 计算累计筛余百分率，精确至 0.1%

C. 根据各筛两次试验的累计筛余百分率的平均值，评定该试样的颗粒级配分布情况，精确至 1%

D. 细度模数以两次试验结果的算术平均值为测定值

E. 上述说法都对

17. 砂的筛分析试验用到的试验筛包括（　　）。

A. 公称直径 20.0mm 的方孔筛

B. 公称直径 10.0mm 的方孔筛

C. 公称直径 5.00mm 的方孔筛

D. 公称直径 2.50mm 的方孔筛

E. 公称直径 5.50mm 的方孔筛

18. 以下关于岩石的抗压强度试验方法，描述正确的有（　　）。

A. 用游标卡尺量取试件的尺寸（精确至 0.1mm）

B. 将试件置于水中浸泡 48h，水面应至少高出试件顶面 20mm

C. 取出试件擦干表面放在压力机上进行强度试验，试验时加压速度应为每秒钟 0.5～1.0MPa

D. 取六个试件试验结果的算术平均值作为抗压强度测定值

E. 以上都不对

19. 砂的表观密度试验（标准方法）用到的仪器设备有（　　）。

A. 天平　　B. 容量瓶　　C. 烘箱　　D. 液体天平

E. 温度计

20. 砂的吸水率试验中，关于饱和面干试样的制备，以下说法正确的有（　　）。

A. 将样品装于浅盘或其他合适的容器中，注入清水，使水面高出试样表面 20mm 左右，水温控制在（20±5℃）

B. 用玻璃棒连续搅拌 5min，以排除气泡

C. 静置 24h 以后，细心地倒去试样上的水，并用吸管吸去余水

D. 再将试样在盘中摊开，用手提吹风机缓缓吹入暖风，并不断翻拌试样，使砂表面的水分在各部位均匀蒸发

E. 以上都对

三、思考题：

1. 对混凝土用骨料在技术上有哪些基本要求？为什么？

2. 试说明骨料级配的含义，怎样评定级配是否合格？骨料级配良好有何技术经济意义？

3. 某工地打算大量拌制 C40 混凝土，当地所产砂（甲砂）的取样筛分结果如表所示，判定其颗粒级配不合格。外地产砂（乙砂），根据筛分结果，其颗粒级配也不合格。因此打算将两种砂掺配使用，请回答能否行？如果行，试确定其最合理的掺合比例。

筛分记录

筛孔尺寸（mm）	累计筛余率（%）		筛孔尺寸（mm）	累计筛余率（%）	
	甲砂	乙砂		甲砂	乙砂
5.00	0	0	0.63	50	90
2.50	0	40	0.315	70	95
1.25	4	70	0.16	100	100

4. 现有两种砂子，若细度模数相同，其级配是否相同？若两者的级配相同，其细度模数是否相同？

5. 试比较碎石和卵石拌制混凝土的优缺点。

6. 砂子标准筛分曲线图中的 1 区、2 区、3 区说明什么问题？三个区以外的区域又说明什么？配制混凝土时应选用那个区的砂好些，为什么？

7. 国家标准规定，粗骨料验收时主要检测的性能指标包括哪些。

8. 取 500g 干砂，经筛分后，其结果见下表。试计算该砂的细度模数，并判断碎砂级配是否合格，属于什么砂。

筛孔尺寸 mm）	5.0	2.5	1.25	0.63	0.315	0.16	<0.16
筛余量（g）	8	82	70	98	124	106	14

9. 砂子按其细度模数分几类？

10. 泵送混凝土为什么优先选用中砂？

11. 什么是混凝土的碱-骨料反应？对混凝土有什么危害？

答案：

一、单选题：

1. A　2. A　3. B　4. A　5. A　6. C　7. B　8. B　9. C　10. B　11. C　12. A　13. B　14. B　15. C　16. A　17. B　18. B　19. C　20. D　21. A　22. C　23. B　24. B　25. C　26. B　27. A　28. B　29. A　30. C　31. B　32. B　33. D　34. B　35. C　36. C　37. D　38. A　39. D　40. A　41 . B　42. C　43. B　44. C　45. A　46. C　47. D　48. C

二、多选题：

1. BC　2. AB　3. AB　4. ABCD　5. ABC　6. AB　7. ABC　8. CDE　9. AB　10. AC　11. ABCD　12. ABCE　13. ABC　14. BD　15. ABC　16. ABCDE　17. BCD　18. ABD　19. ABCE　20. ABCDE

第4章　砂浆

4.1　砂浆的分类与主要性能指标

砂浆的种类繁多，按胶结材料可分为：水泥砂浆、石灰砂浆、石膏砂浆、混合砂浆、聚合物砂浆；按生产和施工方法可分为现场拌制砂浆、预拌砂浆和干粉砂浆。

对于新拌砂浆，其主要技术性质指标是流动性和保水性。流动性表征了砂浆的稠度：用“沉入度”表示，可以用砂浆稠度测定仪测定；砂浆的保水性用“分层度”表示，可以用分层度测定仪测定，或用“保水率”表示。

对于硬化砂浆，其主要的性质指标有砂浆强度、砂浆粘结力、砂浆变形和砂浆抗冻性。

砂浆检验的执行标准：《建筑砂浆基本性能试验方法标准》JGJ/T 70。

4.2　砌筑砂浆配合比设计

砌筑砂浆的配合比设计按照标准：《砌筑砂浆配合比设计规程》JGJ/T 98 执行。

4.2.1　材料要求

1. 砌筑砂浆所用原材料不应对人体、生物与环境造成有害的影响，并应符合现行国家标准《建筑材料放射性核素限量》GB 6566 的规定。

2. 砂宜选用中砂，并应符合现行行业标准《普通混凝土用砂、石质量及检验方法标准》JGJ 52 的规定，且应全部通过 4.75mm 的筛孔。

3. 水泥宜采用通用硅酸盐水泥或砌筑水泥，且应符合现行国家标准《通用硅酸盐水泥》GB 175 和《砌筑水泥》GB/T 3183 的规定。水泥强度等级应根据砂浆品种及强度等级的要求进行选择。M15 及以下强度等级的砌筑砂浆宜选用 32.5 级的通用硅酸盐水泥或砌筑水泥；M15 以上强度等级的砌筑砂浆宜选用 42.5 级通用硅酸盐水泥。

4. 砌筑砂浆用石灰膏、电石膏应符合下列规定：

(1) 生石灰熟化成石灰膏时，应用孔径不大于 3mm×3mm 的网过滤，熟化时间不得少于 7d；磨细生石灰粉的熟化时间不得少于 2d。沉淀池中储存的石灰膏，应采取防止干燥、冻结和污染的措施。严禁使用脱水硬化的石灰膏。

(2) 消石灰粉不得直接用于砌筑砂浆中。

(3) 制作电石膏的电石渣应用孔径不大于 3mm×3mm 的网过滤，检验时应加热至 70℃后至少保持 20min，并应待乙炔挥发完后再使用。

(4) 石灰膏、电石膏试配时的稠度，应为 120mm±5mm。

5. 粉煤灰、粒化高炉矿渣粉、硅灰、天然沸石粉应分别符合国家现行标准《用于水泥和混凝土中的粉煤灰》GB/T 1596、《用于水泥和混凝土中的粒化高炉矿渣粉》GB/T 18046、《高强高性能混凝土用矿物外加剂》GB/T 18736 和《天然沸石粉在混凝土和砂浆中应用技术规程》JGJ/T 112 的规定。当采用其他品种矿物掺合料时，应有可靠的技术依据，并应在使用前进行试验验证。

6. 外加剂应符合国家现行有关标准的规定，引气型外加剂还应有完整的型式检验报告。

7. 采用保水增稠材料时，应在使用前进行试验验证，并应有完整的型式检验报告。

8. 拌制砂浆用水应符合现行行业标准《混凝土用水标准》JGJ 63 的规定。

4.2.2 技术条件

1. 水泥砂浆及预拌砌筑砂浆的强度等级可分为 M5、M7.5、M10、M15，M20、M25、M30；水泥混合砂浆的强度等级可分为 M5、M7.5、M10、M15。

2. 砌筑砂浆拌合物的表观密度宜符合表 4-1 的规定。

砌筑砂浆拌合物的表观密度（kg/m^3） **表 4-1**

砂浆种类	表观密度
水泥砂浆	≥1900
水泥混合砂浆	≥1800
预拌砌筑砂浆	≥1800

3. 砌筑砂浆的稠度、保水率、试配抗压强度应同时满足要求。

4. 砌筑砂浆施工时的稠度宜按表 4-2 选用。

砌筑砂浆的施工稠度（mm） **表 4-2**

砌体种类	施工稠度
烧结普通砖砌体、粉煤灰砖砌体	70～90
混凝土砖砌体、普通混凝土小型空心砌块砌体、灰砂砖砌体	50～70
烧结多孔砖砌体、烧结空心砖砌体、轻集料混凝土小型空心砌块砌体、蒸压加气混凝土砌块砌体	60～80
石砌体	30～50

5. 砌筑砂浆的保水率应符合表 4-3 的规定。

砌筑砂浆的保水率 **表 4-3**

砂浆种类	保水率（%）
水泥砂浆	≥80
水泥混合砂浆	≥84
预拌砌筑砂浆	≥88

6. 有抗冻性要求的砌体工程，砌筑砂浆应进行冻融试验。砌筑砂浆的抗冻性应符合表 4-4 的规定，且当设计对抗冻性有明确要求时，尚应符合设计规定。

砌筑砂浆的抗冻性 表 4-4

使用条件	抗冻指标	质量损失率（%）	强度损失率（%）
夏热冬暖地区	F15	≤5	≤25
夏热冬冷地区	F25		
寒冷地区	F35		
严寒地区	F50		

7. 砌筑砂浆中的水泥和石灰膏、电石膏等材料的用量可按表 4-5 选用。

砌筑砂浆的材料用量（kg/m^3） 表 4-5

砂浆种类	材料用量
水泥砂浆	≥200
水泥混合砂浆	≥350
预拌砌筑砂浆	≥200

注：1. 水泥砂浆中的材料用量是指水泥用量。
2. 水泥混合砂浆中的材料用量是指水泥和石灰膏、电石膏的材料总量。
3. 预拌砌筑砂浆中的材料用量是指胶凝材料用量，包括水泥和替代水泥的粉煤灰等活性矿物掺合料。

8. 砌筑砂浆中可掺入保水增稠材料、外加剂等，掺量应经试配后确定。

9. 砌筑砂浆试配时应采用机械搅拌。搅拌时间应自开始加水算起，并应符合下列规定：

（1）对水泥砂浆和水泥混合砂浆，搅拌时间不得少于 120s。

（2）对预拌砌筑砂浆和掺有粉煤灰、外加剂、保水增稠材料等的砂浆，搅拌时间不得少于 180s。

4.2.3 砌筑砂浆配合比的确定与要求

1. 现场配制砌筑砂浆的试配要求

（1）现场配制水泥混合砂浆的试配应符合下列规定：

砂浆配合比的确定，应按下列步骤进行：

1）计算砂浆试配强度 $f_{m,0}$(MPa)；

2）计算出每立方米砂浆中的水泥用量 Q_C(kg)；

3）按水泥用量 Q_C 计算每立方米砂浆掺加料用量 Q_D(kg)；

4）确定每立方米砂浆砂用量 Q_S(kg)；

5）按砂浆稠度选用每立方米砂浆用水量 Q_w(kg)；

（2）砂浆的试配强度应按下式计算：

$$f_{m,0} = K \cdot f_2$$

式中 $f_{m,0}$——砂浆的试配强度，精确至 0.1MPa；

f_2——砂浆抗压强度平均值，精确至 0.1MPa；

Δ——砂浆现场强度标准差，精确至 0.1MPa；

K——系数；按表 4-6 选用。

（3）砂浆强度标准差的确定应符合下列规定：

1）当有统计资料时，砂浆强度标准差应按标准计算；

2）当无统计资料时，砂浆强度标准差可按表取值。

砂浆强度标准差 **δ** 及 **K** 值 表 4-6

强度等级 施工水平	强度标准差（MPa）							K
	M5	M7.5	M10	M15	M20	M25	M30	
优良	1.00	1.50	2.00	3.00	1.00	5.00	6.00	1.15
一般	1.25	1.88	2.50	3.75	5.00	6.25	7.50	1.20
较差	1.50	2.25	3.00	4.50	6.00	7.50	9.00	1.25

（4）水泥用量的计算应符合下列规定：

每立方米砂浆中的水泥用量

$$Q_C = \frac{1000(f_{m,0} - \beta)}{\alpha f_{ce}}$$

式中 f_{ce}——水泥的实测强度，精确至 0.1MPa；

α——砂浆的特征系数。

$$\alpha = 3.03,\ \beta = -15.09$$

注：各地区也可用本地区试验资料确定 α、β 值，统计用的试验组数不得少于 30 组。

在无法取得水泥的实测强度值时，可按下式计算：

$$f_{ce} = r_c \cdot f_{cek}$$

式中 f_{cek}——水泥强度等级值（MPa）；

r_c——水泥强度等级值的富余系数，宜按实际统计资料确定；无统计资料时可取 1.0。

（5）石灰膏用量应按下式计算：

$$Q_D = Q_A - Q_C$$

式中 Q_D——每立方米砂浆的石灰膏用量（kg），应精确至 1kg；石灰膏使用时的稠度宜为 120mm±5mm；

Q_C——每立方米砂浆的水泥用量（kg），应精确至 1kg；

Q_A——每立方米砂浆中水泥和石灰膏总量，应精确至 1kg，可为 350kg。

（6）每立方米砂浆中的砂用量，应按干燥状态（含水率小于 0.5%）的堆积密度值作为计算值（kg）。

（7）每立方米砂浆中的用水量，可根据砂浆稠度等要求选用 210～310kg。

注：1. 混合砂浆中的用水量，不包括石灰膏中的水；

2. 当采用细砂或粗砂时，用水量分别取上限或下限；

3. 稠度小于 70mm 时，用水量可小于下限；

4. 施工现场气候炎热或干燥季节，可酌量增加用水量。

2. 现场配制水泥砂浆的试配应符合下列规定：

（1）水泥砂浆的材料用量可表 4-7 选用。

每立方米水泥砂浆材料用量（kg/m^3） 表 4-7

强度等级	水泥	砂	用水量
M5	200～230	砂的堆积密度值	270～330
M7.5	230～260		
M10	260～290		
M15	290～330		

续表

强度等级	水泥	砂	用水量
M20	340～400	砂的堆积密度值	270～330
M25	360～410		
M30	430～480		

注：1. M15及M15以下强度等级水泥砂浆，水泥强度等级为32.5级；M5以上强度等级水泥砂浆，水泥强度等级为42.5级
2. 当采用细砂或粗砂时，用水量分别取上限或下限；
3. 稠度小于70mm时，用水量可小于下限；
4. 施工现场气候炎热或干燥季节，可酌量增加用水量；
5. 试配强度应按本规程式计算。

（2）水泥粉煤灰砂浆材料用量可按表4-8选用。

每立方米水泥粉煤灰砂浆材料用量（kg/m³） **表4-8**

强度等级	水泥和粉煤灰总量	粉煤灰	砂	用水量
M5	210～240	粉煤灰掺量可占胶凝材料总量的15%～25%	砂的堆积密度值	270～330
M7.5	240～270			
M10	270～300			
M15	300～330			

注：1. 表中水泥强度等级为32.5级；
2. 当采用细砂或粗砂时．用水量分别取上限或下限；
3. 稠度小于70mm时，用水量可小于下限；
4. 施工现场气候炎热或干燥季节，可酌情增加用水量；
5. 试配强度应按本规程计算。

4.2.4 预拌砌筑砂浆的试配要求

1. 预拌砲筑砂浆应符合下列规定：

（1）在确定湿拌砌筑砂浆稠度时应考虑砂浆在运输和储存过程中的稠度损失。

（2）湿拌砌筑砂浆应根据凝结时间要求确定外加剂掺量。

（3）干混砌筑砂浆应明确拌制时的加水量范围。

（4）预拌砌筑砂浆的搅拌、运输、储存等应符合现行行业标准《预拌砂浆》JG/T 230的规定。

（5）预拌砌筑砂浆性能应符合现行行业标准《预拌砂浆》JG/T 230的规定。

2. 预拌砌筑砂浆的试配应符合下列规定：

（1）预拌砌筑砂浆生产前应进行试配，试配强度应按本规程计算确定，试配时稠度取70～80mm。

（2）预拌砌筑砂浆中可掺入保水增稠材料、外加剂等，掺量应经试配后确定。

4.2.5 砌筑砂浆配合比试配、调整与确定

（1）砌筑砂浆试配时应考虑工程实际要求，搅拌应符合本规程的规定。

（2）按计算或查表所得配合比进行试拌时，应按现行行业标准《建筑砂浆基本性能试验方法标准》JGJ/T 70测定砌筑砂浆拌合物的稠度和保水率。当稠度和保水率不能满足要求时，应调整材料用量，直到符合要求为止，然后确定为试配时的砂浆基准配合比。

（3）试配时至少应采用三个不同的配合比，其中一个配合比应为按本规程得出的基准配合比，其余两个配合比的水泥用量应按基准配合比分别增加及减少10%。在保证稠度、

保水率合格的条件下，可将用水量、石灰膏、保水增稠材料或粉煤灰等活性掺合料用量作相应调整。

（4）砌筑砂浆试配时稠度应满足施工要求，并应按现行行业标准《建筑砂浆基本性能试验方法标准》JGJ/T 70 分别测定不同配合比砂浆的表观密度及强度；并应选定符合试配强度及和易性要求、水泥用量最低的配合比作为砂浆的试配配合比。

（5）砌筑砂浆试配配合比尚应按下列步骤进行校正：

1）应根据本规程确定的砂浆配合比材料用量，按下式计算砂浆的理论表观密度值：

$$\rho_t = Q_C + Q_D + Q_S + Q_W$$

式中　ρ_t——砂浆的理论表观密度值（kg/m^3），应精确至 $10kg/m^3$。

2）应按下式计算砂浆配合比校正系数 δ

$$\delta = \frac{\rho_c}{\rho_t}$$

式中　ρ_c——砂浆的实测表观密度值（kg/m^3），应精确至 $10kg/m^3$。

3）当砂浆的实测表观密度值与理论表观密度值之差的绝对值不超过理论值的 2%时，可将按本规程得出的试配配合比确定为砂浆设计配合比；当超过 2%时，应将试配配合比中每项材料用量均乘以校正系数 δ 后，确定为砂浆设计配合比。

（6）预拌砌筑砂浆生产前应进行试配、调整与确定，并应符合现行行业标准《预拌砂浆》JG/T 230 的规定。

4.2.6　砌筑砂浆配合比计算实例

配制用于砌筑普通黏土砖的 M5 水泥混合砂浆。所用材料：32.5 级普通水泥，其密度 P_c 为 $3.1kg/m^3$，表观密度 P_{0c} 为 $1280kg/m^3$；石灰膏表观密度为（P_d）为 $1350kg/m^3$；砂为中砂，干燥堆积密度（P_{0S}）为 $1500kg/m^3$。施工单位质量水平一般，计算该砂浆配合比。

解　1）计算砂浆配合比计算实例

$$f_{m,0} = k \cdot f_2 = 1.20 \times 5.0 = 6.0\text{MPa}$$

2）计算水泥用量，$A=3.03$，$B=-15.09$，则

$$Q_C = \frac{1000(f_{m,0} - \beta)}{\alpha f_{ce}} = \frac{1000(6 - 15.9)}{3.03 \times 32.5} = 214kg/m^3$$

3）石灰膏用量。Q_A 取 350，则

$$Q_D = 350 - Q_C = 350 - 214 = 136kg/m^3$$

4）砂子用量。

$$Q_S = 1500kg/m^3$$

5）砂浆配合比：

质量配合比为：

水泥：石灰膏：砂＝214：136：1500＝1：0.64：7.01

体积配合比为：

水泥：石灰膏：砂＝(214/1280)：(136/1350)：(1500/1500)＝0.17：0.10：1＝1：0.59：5.88

4.3 砂浆检验

砂浆的检测主要按照现行标准《建筑砂浆基本性能试验方法标准》JGJ/T 70 进行。砂浆试样的制备主要步骤按照如下方式进行：

1. 在试验室制备砂浆试样时，所用材料应提前 24h 运入室内。拌合时，试验室的温度应保持在 20±5℃。当需要模拟施工条件下所用的砂浆时，所用原材料的温度宜与施工现场保持一致。

2. 试验所用原材料应与现场使用材料一致。砂应通过 4.75mm 筛。

3. 试验室拌制砂浆时，材料用量应以质量计。水泥、外加剂、掺合料等的称量精度应为±0.5%，细骨料的称量精度应为±1%。

4. 在试验室搅拌砂浆时应采用机械搅拌，搅拌机应符合现行行业标准《试验用砂浆搅拌机》JG/T 3033 的规定，搅拌的用量宜为搅拌机容量的 30%～70%，搅拌时间不应少于 120s。掺有掺合料和外加剂的砂浆，其搅拌时间不应少于 180s。

4.3.1 稠度试验

1. 试验目的：

确定砂浆的配合比或施工过程中控制砂浆的稠度。

2. 使用仪器：砂浆稠度仪、钢制捣棒、秒表。

3. 试验步骤：

(1) 应先采用少量润滑油轻擦滑杆，再将滑杆上多余的油用吸油纸擦净，使滑杆能自由滑动；

(2) 应先采用湿布擦净盛浆容器和试锥表面，再将砂浆拌合物一次装入容器；砂浆表面宜低于容器口 10mm。用捣棒自容器中心向边缘均匀地插捣 25 次，然后轻轻地将容器摇动或敲击 5～6 下，使砂浆表面平整，随后将容器置于稠度测定仪的底座上；

(3) 拧开制动螺丝，向下移动滑杆，当试锥尖端与砂浆表面刚接触时，应拧紧制动螺丝，使齿条测杆下端刚接触滑杆上端，并将指针对准零点上；

(4) 拧开制动螺丝，同时计时间，10s 时立即拧紧螺丝，将齿条测杆下端接触滑杆上端，从刻度盘上读出下沉深度（精确至 1mm），即为砂浆的稠度值；

(5) 盛浆容器内的砂浆，只允许测定一次稠度，重复测定时，应重新取样测定；

(6) 稠度试验结果应按下列要求确定：

1) 同盘砂浆应取两次试验结果的算术平均值作为测定值，并应精确至 1mm；

2) 当两次试验值之差大于 10mm 时，应重新取样测定。

4.3.2 表观密度试验

1. 试验目的

本方法适用于测定砂浆拌合物捣实后的单位体积质量，以确定每立方米砂浆拌合物中各组成材料的实际用量。

2. 试验仪器

表观密度试验应使用下列仪器：容量筒、天平、钢制捣棒、砂浆密度测定仪、振动台、秒表。

3. 试验步骤：

(1) 测定砂浆拌合物的稠度；

(2) 应先采用湿布擦净容量筒的内表面，再称量容量筒质量（mL），精确至5g；

(3) 捣实可采用手工或机械方法。当砂浆稠度大于50mm时，宜采用人工插捣法，当砂浆稠度不大于50mm时，宜采用机械振动法；

采用人工插捣时，将砂浆拌合物一次装满容量筒，使稍有富余，用捣棒由边缘向中心均匀地插捣25次。当插捣过程中砂浆沉落到低于筒口时，应随时添加砂浆，再用木锤沿容器外壁敲击5～6下；

采用振动法时，将砂浆拌合物一次装满容量筒连同漏斗在振动台上振10s，当振动过程中砂浆沉入到低于筒口时，应随时添加砂浆；

(4) 捣实或振动后，应将筒口多余的砂浆拌合物刮去，使砂浆表面平整，然后将容量筒外壁擦净，称出砂浆与容量筒总质量 m_2，精确至5g；

(5) 砂浆拌合物的表观密度应按下式计算：

$$\rho = \frac{m_2 - m_1}{V} \times 1000$$

式中 ρ——砂浆拌合物的表观密度（kg/m^3）；

m_1——容量筒质量（kg）；

m_2——容量筒及试样质量（kg）；

V——容量筒容积（L）。

取两次试验结果的算术平均值作为测定值，精确至 $10kg/m^3$。

(6) 容量筒的容积可按下列步骤进行校正：

1) 选择一块能覆盖住容量筒顶面的玻璃板，称出玻璃板和容量筒质量。

2) 向容量筒中灌入温度为20±5℃的饮用水，灌到接近上口时，一边不断加水，一边把玻璃板沿筒口徐徐推入盖严。玻璃板下不得存在气泡。

3) 擦净玻璃板面及筒壁外的水分，称量容量筒、水和玻璃板质量（精确至5g）。两次质量之差（以kg计）即为容量筒的容积（L）。

4.3.3 分层度试验

1. 试验目的

本方法适用于测定砂浆拌合物的分层度，以确定在运输及停放时砂浆拌合物的稳定性。分层度的测定可采用标准法和快速法。当发生争议时，应以标准法的测定结果为准。

2. 试验仪器

分层度试验应使用下列仪器：砂浆分层度筒、振动台、砂浆稠度仪、木锤等。

3. 标准法测定分层度应按下列步骤进行：

(1) 测定砂浆拌合物的稠度；

(2) 应浆砂浆拌合物一次装入分层度筒内，待装满后，用木锤在分层度筒周围距离大致相等的四个不同部位轻轻敲击1～2下；当砂浆沉落到低于筒口时，应随时添加，然后刮去多余的砂浆并用抹刀抹平；

(3) 静置30min后，去掉上节200mm砂浆，然后将剩余的100mm砂浆倒在拌合锅内拌2mm，再按照本标准的规定测其稠度。前后测得的稠度之差即为该砂浆的分层度值。

4. 快速法测定分层度应按下列步骤进行：

(1) 测定砂浆拌合物的稠度；

(2) 应将分层度筒预先固定在振动台上，砂浆一次装入分层度筒内，振动 20s；

(3) 去掉上节 200mm 砂浆，剩余 100mm 砂浆倒出放在拌合锅内拌 2min，再按本标准稠度试验方法测其稠度，前后测得的稠度之差即为该砂浆的分层度值。

5. 分层度试验应按下列要求确定：

(1) 应取两次试验结果的算术平均值作为该砂浆的分层度值，精确至 1mm；

(2) 当两次分层度试验值之差大于 10mm 时，应重新取样测定。

4.3.4 保水性试验

1. 试验仪器

主要仪器：金属或塑料试模，内径 100mm，内部高度为 25mm；天平：量程为 200g，感量应为 0.1g；量程为 2000g，感量应为 1g；金属滤环、超白滤纸、不透水片；烘箱。

2. 水性试验按下列步骤进行：

(1) 称量底部不透水片与干燥试模质量 m_1 和 15 片中速定性滤纸质量 m_2；

(2) 将砂浆拌合物一次性装入试模，并用抹刀插捣数次，当装入的砂浆略高于试模边缘时，用抹刀以 45 度角一次性将试模表面多余的砂浆刮去，然后再用抹刀以较平的角度在试模表面反方向将砂浆刮平；

(3) 抹掉试模边的砂浆，称量试模、底部不透水片与砂浆总质量（m_2）；

(4) 用金属滤网覆盖在砂浆表面，再在滤网表面放上 15 片滤纸，用上部不透水片盖在滤纸表面，以 2kg 的重物把上部不透水片压住；

(5) 静置 2min 后移走重物及上部不透水片，取出滤纸（不包括滤网），迅速称量滤纸质量 m_4；

(6) 按照砂浆的配比及加水量计算砂浆的含水率 α，当无法计算时，可按照标准测定砂浆的含水率。

3. 砂浆保水率 W 按下式计算：

$$W=\frac{1-(m_4-m_2)}{\alpha(m_3-m_1)}\times 100$$

式中 W——砂浆保水率（%）；

m_1——不透水片与干燥试模质量（g）；

m_2——15 片中速定性滤纸吸水前的质量（0.1g）；

m_3——试模、底部不透水片与砂浆总质量（g）；

m_4——15 片中速定性滤纸吸水后的质量（0.1g）。

取两次试验结果的算术平均值作为砂浆的保水率，精确至 0.1%，且第二次试验应重新取样测定。当两个测定值之差超过 2%时，此组试验结果无效。

4.3.5 立方体抗压强度试验

1. 试验仪器

立方体抗压强度试验应使用下列仪器设备：试模；70.7×70.7×70.7(mm)；钢制捣棒；压力试验机：精度为 1%；垫板；振动台。

2. 试验步骤

立方体抗压强度试件的制作及养护应按下列步骤进行：

(1) 应采用立方体试件，每组试件应为 3 个；

(2) 应采用黄油等密封材料涂抹试模的外接缝，试模内应涂刷薄层机油或隔离剂。应将拌制好的砂浆一次性装满砂浆试模，成型方法应根据稠度而确定。当稠度大于 50mm 时，宜采用人工插捣成型，当稠度不大于 50mm 时，宜采用振动台振实成型：

1) 人工插捣：应采用捣棒均匀地由边缘向中心按螺旋方式插捣 25 次，插捣过程中当砂浆沉落低于试模口时，应随时添加砂浆，可用油灰刀插捣数次，并用手将试模一边抬高 5～10mm 各振动 5 次，砂浆应高出试模顶面 6～8mm；

2) 机械振动：将砂浆一闪装满试模，放置至振动台上，振动时试模不得跳动，振动 5～10s 或持续到表面泛浆为止，不得过振。

(3) 应待表面水分稍干后，再将高出试模部分的砂浆沿试模顶面刮去并抹平；

(4) 试件制作后应在温度为 20±5℃的环境下静置 24±2h，对试件进行编号、拆模。当气温较低时，或者凝结时间大于 24h 的砂浆，可适当延长时间，但不应超过 2d. 试件拆模后应立即放入温度为 20±2℃、相对湿度为 90%以上的标准养护室中养护。养护期间，试件彼此间隔不得小于 10mm，混合砂浆、湿拌砂浆试件上面应覆盖，防止有水滴在试件上；

(5) 从搅拌加水开始计时，标准养护龄期应为 28d，也可根据相关标准要求增加 7d 或 14d；

(6) 立方体试件抗压强度试验应按下列步骤进行：

1) 试件从养护地点取出后应及时进行试验。试验前应将试件表面擦拭干净，测量尺寸，并检查其外观，并应计算试件的承压面积。当实测尺寸与公称尺寸之差不超过 1mm 时，可按照公称尺寸进行计算；

2) 将试件安放在试验机的下压板或下垫板上，试件的承压面应与成型时的顶面垂直，试件中心应与试验机下压板或下垫板中心对准。开动试验机，当上压板与试件或上垫板接近时，调整球座，使接触面均衡受压。承压试验应连续而均匀地加荷，加荷速度应为 0.25～1.5kN/s；砂浆强度不大于 2.5MPa 时，宜取下取。当试件接近破坏而开始迅速变形时，停止调整试验机油门，直至试件破坏，然后记录破坏荷载；

3) 砂浆立方体抗压强度应按下式计算：

$$f_{m,cu} = K \cdot \frac{N_u}{A}$$

式中 $f_{m,cu}$——砂浆立方体试件抗压强度（MPa），应精确至 0.1MPa；

N_u——试件破坏荷载（N）；

A——试件承压面积（mm^2）；

K——换算系数，取 1.35。

3. 立方体抗压强度试验的试验结果应按下列要求确定：

(1) 应以三个试件测值的算术平均值作为该组试件的砂浆立方体抗压强度平均值（f_2），精确至 0.1MPa；

(2) 当三个测值的最大值或最小值中有一个与中间值的差值超过中间值的 15%时，应把最大值及最小值一并舍去，取中间值作为该组试件的抗压强度值；

(3) 当两个测值与中间值的差值均超过中间值的 15%时，该组试验结果为无效。

4.4 现行标准

1.《预拌砂浆》GB/T 25181—2010
2.《建筑砂浆基本性能试验方法》JGJ/T 70—2009
3.《砌筑砂浆配合比设计规格》JGJ/T 98—2010
4.《蒸压加气混凝土用砌筑砂浆与抹面砂浆》JC 890—2001
5.《聚合物水泥防水砂浆》JC/T 984—2011
6.《抹灰砂浆技术规程》JGJ/T 220—2010
7.《墙体饰面砂浆》JC/T 1024—2007
8.《贯入法检测砌筑砂浆抗压强度技术规程》JGJ/T 136—2001
9.《混凝土小型空心砌块和混凝土砖砌筑砂》浆 JC 860—2008
10.《聚合物改性水泥砂浆试验规程》DL/T 5126—2001
11.《普通建筑砂浆技术导则》RISM-TG008—2010

4.5 练习题

一、单选题

1. 新拌砂浆的流动性（稠度）用（　　）表示。

A. 沉入度　　B. 分层度　　C. 坍落度　　D. 针入度

2. JGJ/T 70—2009《建筑砂浆基本性能试验方法标准》规定：在试验室搅拌砂浆时应采用机械搅拌，搅拌机应符合现行行业标准《试验用砂浆搅拌机》JG/T 3033 的规定，搅拌的用量宜为搅拌机容量的 30%～70%，搅拌时间不应少于 120s。掺有掺合料和外加剂的砂浆，其搅拌时间不应少于（　　）。

A. 120s　　B. 150s　　C. 180s　　D. 200s

3. 稠度试验试验时，同盘砂浆应取两次试验结果的算术平均值作为测定值，并应精确至 1mm，当两次试验值之差大于（　　）时，应重新取样测定。

A. 20mm　　B. 15mm　　C. 10mm　　D. 5mm

4.《建筑砂浆基本性能试验方法标准》JGJ/T 70 规定：砂浆试件拆模后，应立即放入温度和相对湿度分别为（　　）的标准养护室中养护。

A. 20±2°、90%以上　　B. 20±3°、90%以上

C. 20±3°、95%以上　　D. 20±3°、95%以上

二、多选题

砂浆按生产和施工方法可分为（　　）。

A. 现场拌制砂浆　　B. 预拌砂浆

C. 干粉砂浆　　D. 混合砂浆

E. 水泥砂浆

三、思考题

试述砌筑砂浆配合比设计过程。

答案：

一、单选题：

1. A　2. C　3. C　4. A

二、多选题：

ABC

第5章　混凝土

5.1　混凝土的定义及主要技术性质

5.1.1　混凝土的定义

混凝土是由无机胶凝材料（水泥、石灰、石膏、菱苦土或水玻璃等）或有机胶凝材料（沥青、树脂等）、水、骨料、外加剂、掺合料等，按一定比例拌合并在一定条件下凝结硬化而成的复合体材料的总称。

一般所称的混凝土是指水泥混凝土。

5.1.2　混凝土的分类

1. 按表观密度分类

重混凝土，密度大于 2800kg/m^3。

普通混凝土，密度在 2000～2800kg/m^3 之间。

轻混凝土，密度小于 2000kg/m^3。

2. 按功能和用途分类

普通混凝土、道路混凝土、耐热混凝土、防水混凝土、绝热混凝土、耐油混凝土、耐酸混凝土、耐碱混凝土、防护混凝土、补偿收缩混凝土、装饰混凝土和大体积混凝土等。

3. 按胶凝材料分类

硅酸盐水泥混凝土、铝酸盐水泥混凝土、沥青混凝土、硫磺混凝土、树脂混凝土、聚合物水泥混凝土和石膏混凝土等。

4. 按流动性分类

干硬性混凝土，坍落度一般小于 10mm，须用维勃稠度表示其稠度。

低塑性混凝土，坍落度一般在 10～40mm 之间。

塑性混凝土，坍落度一般在 50～90mm 之间。

流动性混凝土，坍落度一般在 100～150mm 之间。

大流动性混凝土，坍落度一般大于 160mm。

对于坍落度大于 220mm 的大流动性混凝土，还测其坍落扩展度。

5. 按强度分类

普通混凝土，抗压强度在 10～60MPa 之间。

高强混凝土，抗压强度大于或等于 60MPa。

超高强混凝土，抗压强度大于或等于 100MPa。

6. 按生产和施工方法分类

商品混凝土、泵送混凝土、喷射混凝土、离心混凝土、真空混凝土、压力灌浆混凝土、水下混凝土或碾压混凝土等。

5.1.3 混凝土的主要技术性质

从混凝土应用出发，混凝土应具有三方面的性能：新拌混凝土应有满足工程施工要求的和易性，硬化混凝土应具有满足工程设计的强度与工程使用寿命相适应的耐久性。

1. 混凝土拌合物的和易性

和易性是指在一定的施工条件下，便于进行各种施工操作，并能获得均匀、密实混凝土的一种综合性能。它包含有流动性、粘聚性和保水性三个方面的含义。

（1）流动性

指混凝土拌合物在自重或机械振捣作用下能流动并密实填充的性能。流动性较低，则浇注的混凝土构件或构筑物难以密实均匀。

（2）粘聚性

指混凝土拌合物抵抗骨料（尤其是粗骨料）与水泥浆或砂浆分离析出的能力。混凝土拌合物粘聚性较差，易发生离析现象，则浇注的混凝土构件或构筑物整体均匀性和密实性很差，呈现蜂窝、麻面等缺陷。

（3）保水性

指混凝土拌合物保持水分不析出的能力。混凝土拌合物在运输、浇注与捣实过程中，随着密度较大的固体颗粒下沉，水分将逐渐上升到混凝土表面，这种现象称为泌水。由于水分上浮，在混凝土表面会形成一个多孔疏松层．如果在其上继续浇注混凝土，将会形成一个薄弱的夹层。此外，在粗骨料颗粒和水平钢筋下因泌水容易形成水囊或水膜，致使骨料、钢筋与水泥石的粘结力降低。

2. 和易性的主要影响因素：

影响混凝土拌合物的主要因素有水泥、粗细骨料和水等组成材料的特性和配合比。

（1）用水量

单位用水量是混凝土拌合物流动性的决定性因素。试验证明：当粗细骨料的种类和质量比一定时，即使水泥用量有适当变化，单位用水量相同时，混凝土拌合物的坍落度可基本保持不变。也就是说，要使混凝土拌合物获得一定的坍落度，其所需的单位用水量是一个定值，这就是所谓的“恒定用水量法则”。

（2）化学外加剂

添加减水剂或超塑化剂是改善混凝土拌合物和易性的重要技术途径。

添加引气剂在混凝土拌合物中引入微小气泡，在固体颗粒间起到润滑作用，减低塑性黏度。因此，适量引气剂可增大混凝土拌合物的流动性，改善粘聚性和保水性。

（3）水泥浆用量

水泥浆用量的增加，减少了骨料颗粒间的摩阻力，增大了润滑作用，试混凝土拌合物的流动性增大。但如果水泥浆过多，多余的水泥浆不仅使混凝土拌合物的流动性无明显的增大，而且还将出现淌浆和离析现象，损害混凝土拌合物的和易性。

（4）矿物掺合料

矿物掺合料对混凝土拌合物的和易性的影响与矿物掺合料的种类有关。用水量相同时，粉煤灰取代水泥不但可增大混凝土拌合物的流动性，而且改善了粘聚性和保水性；火山灰取代水泥可改善混凝土拌合物的保水性；但矿渣取代水泥，一般不会使混凝土拌合物的和易性有所改善，有时会损害其保水性；硅灰取代水泥会使混凝土拌合物粘聚性和保水性显著增加，而使其流动性降低。

水泥和矿物掺合料磨得愈细，混凝土拌合物的粘聚性和保水性愈好。当其比表面积在 $280m^2/kg$ 以下时，会增大混凝土拌合物的泌水性。

（5）砂率

当骨料用量一定时，骨料的总表面积随砂率的增加而增加，而骨料的堆积空隙率随砂率的减少而增加，因此，砂率对混凝土拌合物和易性有较大影响。

3. 混凝土的强度

混凝土强度有：立方体抗压强度、棱柱体抗压强度、劈裂抗拉强度、抗折强度、抗剪强度和握裹强度等。其中，抗压强度最大，抗拉强度最小。

（1）抗压强度

混凝土的强度等级是根据混凝土立方体抗压强度标准值划分的。混凝土强度等级采用符号 C 与立方体抗压强度标准值表示。

立方体抗压强度标准值为按标准方法制作和养护的边长为 150mm 的立方体试件，用标准试验方法在 28d 龄期测得的混凝土抗压强度总体分布中的一个值，强度低于该值的概率应为 5%。

（2）抗拉强度

混凝土的抗拉强度很低，一般只有抗压强度的 0.07～0.11，而且，混凝土强度等级越高，其拉压比越小，因此，混凝土材料的脆性很大。

在混凝土结构设计中一般不考虑抗拉强度，但在抗裂性要求高的结构，如油库、水塔、路面以及预应力混凝土构件的设计中，抗拉强度却是确定混凝土抗裂度的主要指标。提高混凝土抗拉强度对于钢筋混凝土和预应力混凝土结构的裂缝控制非常重要。

（3）抗弯强度

道路路面或机场跑道用混凝土以其抗弯强度作为主要强度指标，抗压强度作为参考指标。

（4）与钢筋的粘结强度

对于钢筋混凝土结构，混凝土与钢筋之间必须具有足够的粘结强度（又称握裹强度），以保证钢筋与混凝土能粘结在一起协同工作。混凝土与钢筋间的握裹力来自三个方面：

水泥石与钢筋的粘结力；

基于混凝土收缩对钢筋侧压力而产生的混凝土——钢筋界面的摩擦力；

钢筋表面凹凸纹理形成的机械抗力。

一般来说，混凝土抗压强度越高，其与钢筋的握裹强度也越大。另外，相同的混凝土对光圆钢筋的握裹强度明显小于对螺纹钢筋的握裹强度。握裹强度会因钢筋的配置方向而异，这与混凝土泌水在钢筋下缘形成水囊而使握裹力减弱有关。

4. 混凝土的耐久性

混凝土在使用过程中抵抗由外部或内部原因而造成破坏的能力称为混凝土的耐久性。所谓外部原因是指混凝土所处环境的物理化学因素作用，如风化、冻融、化学原因是组织材料间的相互作用，如碱-骨料反应、本身的体积变化、吸水性及渗透性等。事实上，混凝土在长期使用过程中同时存在着两个过程，一方面由于混凝土水泥石中残存水泥水化作用的进行使其强度逐渐增长，而另一方面由于内部和外部的破坏作用使得强度下降，二者综合作用的结果决定了混凝土耐久性的优劣。

混凝土耐久性主要包括抗渗性、抗冻性、耐蚀性、抗碳化能力、碱骨料反应、耐火性、耐磨性、耐冲刷性等。对每个具体工程而言，由于所处环境的不同，耐久性有不同的含义。

(1) 混凝土的抗渗性

因混凝土拌合物离析泌水现象、振捣不充分、干缩和温度变形等多种原因，使得硬化混凝土和水泥石含有各种类型和孔径的孔缝，这些孔缝为有害物质的进入提供了通道。CO_2 气体、水、和 Cl^-、SO_4^{2-}、H^+ 等有害物质能通过下列三种不同的机理传输或迁移进入混凝土中：

1) 渗透：流体介质在压力差驱动下迁移；

2) 扩散：离子、原子或分子因浓度梯度驱动下迁移；

3) 毛细吸附：液体因毛细吸附而流入空的或部分空的孔缝中。

物质在混凝土中的传输和迁移不但取决于孔隙率，而更取决于孔隙连通程度和孔径。物质不会在孔径小于 150mm 的孔缝或完全封闭的孔隙中传输或迁移，只能在连通的孔径大于 150mm 的孔缝或空隙中流动传输。

(2) 混凝土的抗冻性

混凝土的抗冻性是指在饱和水状态下，混凝土能够经受多次冻融循环作用外观不破损、强度不严重降低的性能。

一般认为：当混凝土内较大孔缝中的自由水结冰时，其体积约膨胀 9%，如果混凝土内没有足够的空间容纳或消解这一膨胀，则会产生较大的破坏性内压力使混凝土受损；连续的多次冻融循环作用将使这种损伤逐渐累积，导致混凝土从表面开始出现开裂和剥落等劣化现象。

(3) 混凝土的抗碳化性能

混凝土的碳化是指环境中的 CO_2 渗入并溶解在混凝土孔溶液中，与混凝土水泥石孔溶液中的 $Ca(OH)_2$ 反应，形成碳酸钙，并使 pH 降低。

5.2 普通混凝土拌合物性能试验

执行标准：GB/T 50080—2002《普通混凝土拌合物性能试验方法标准》

5.2.1 取样及试样的制备

1. 取样

(1) 同一组混凝土拌合物的取样应从同一盘混凝土或同一车混凝土中取样。取样量应多于试验所需量的 1.5 倍，且宜不小于 20L。

(2) 混凝土拌合物的取样应具有代表性，宜采用多次采样的方法。一般在同一盘混凝土或同一车混凝土中的约 1/4 处、1/2 处和 3/4 处之间分别取样，从第一次取样到最后一次取样不宜超过 15min，然后人工搅拌均匀。

(3) 从取样完毕到开始做各项性能试验不宜超过 5min。

2. 试样的制备

(1) 在试验室制备混凝土拌合物时，拌合时试验室的温度应保持在 20±5℃，所用材料的温度应与试验室温度保持一致。

(2) 试验室拌合混凝土时，材料用量应以质量计。称量精度：骨料为±1%；水、水泥、掺合料、外加剂均为±0.5%。

(3) 从试样制备完毕到开始做各项性能试验不宜超过5min。

3. 试验记录

取样记录应包括下列内容：

(1) 取样日期和时间；

(2) 工程名称、结构部位；

(3) 混凝土强度等级；

(4) 取样方法；

(5) 试样编号；

(6) 试样数量；

(7) 环境温度及取样的混凝土温度。

在试验室制备混凝土拌合物时，还应记录下列内容：

(1) 试验室温度；

(2) 各种原材料品种、规格、产地及性能指标；

(3) 混凝土配合比和每盘混凝土的材料用量。

5.2.2 稠度试验

1. 坍落度与坍落扩展度法

本方法适用于骨料最大粒径不大于40mm、坍落度不小于10mm的混凝土拌合物稠度测定。

(1) 坍落度与坍落扩展度试验设备：混凝土坍落度仪。

(2) 坍落度与坍落扩展度试验应按下列步骤进行：

1) 湿润坍落度筒及底板，在坍落度筒内壁和底板上应无明水。底板应放置在坚实水平面上，并把筒放在底板中心，然后用脚踩住三边的脚踏板，坍落度筒在装料时应保持固定的位置。

2) 把按要求取得的混凝土试样用小铲分三层均匀地装入筒内，使捣实后每层高度为筒高的1/3左右。每层用捣棒插捣25次。插捣应沿螺旋方向由外向中心进行，各次插捣应在截面上均匀分布。插捣筒边混凝土时，捣棒可以稍稍倾斜。插捣底层时，捣棒应贯穿整个深度，插捣第二层和顶层时，捣棒应插透本层至下一层的表面；浇灌顶层时，混凝土应灌到高出筒口。插捣过程中，如混凝土沉落到低于筒口，则应随时添加。顶层插捣完后，刮去多余的混凝土，并用抹刀抹平。

3) 清除筒边底板上的混凝土后，垂直平稳地提起坍落度筒。坍落度筒的提离过程应在5～10s内完成；从开始装料到提坍落度筒的整个过程应不间断地进行，并应在150s内完成。

4) 提起坍落度筒后，测量筒高与坍落后混凝土试体最高点之间的高度差，即为该混凝土拌合物的坍落度值；坍落度筒提离后，如混凝土发生崩坍或一边剪坏现象，则应重新取样另行测定；如第二次试验仍出现上述现象，则表示该混凝土和易性不好，应予记录备查。

5）观察坍落后的混凝土试体的粘聚性及保水性。粘聚性的检查方法是用捣棒在已坍落的混凝土锥体侧面轻轻敲打，此时如果锥体逐渐下沉，则表示粘聚性良好，如果锥体倒塌、部分崩裂或出现离析现象，则表示粘聚性不好。保水性以混凝土拌合物稀浆析出的程度来评定，坍落度筒提起后如有较多的稀浆从底部析出，锥体部分的混凝土也因失浆而骨料外露，则表明此混凝土拌合物的保水性能不好；如坍落度筒提起后无稀浆或仅有少量稀浆自底部析出，则表示此混凝土拌合物保水性良好。

6）当混凝土拌合物的坍落度大于220mm时，用钢尺测量混凝土扩展后最终的最大直径和最小直径，在这两个直径之差小于50mm的条件下，用其算术平均值作为坍落扩展度值；否则，此次试验无效。

7）如果发现粗骨料在中央集堆或边缘有水泥浆析出，表示此混凝土拌合物抗离析性不好，应予记录。

混凝土拌合物坍落度和坍落扩展度值以毫米为单位，测量精确至1mm，结果修约至最接近的5mm。

2. 维勃稠度法

本方法适用于骨料最大粒径不大于40mm，维勃稠度在5～30s之间的混凝土拌合物稠度测定。坍落度不大于50mm成于硬性混凝土和维勃稠度大于30s的特干硬性混凝土拌合物的稠度可采用增实因数法来测定。

（1）维勃稠度试验所用设备：维勃稠度仪

（2）维勃稠度试验应按下列步骤进行：

1）维勃稠度仪应放置在坚实水平面上，用湿布把容器、坍落度筒、喂料斗内壁及其他用具润湿；

2）将喂料斗提到坍落度筒上方扣紧，校正容器位置，使其中心与喂料中心重合，然后拧紧固定螺丝；

3）把按要求取样或制作的混凝土拌合物试样用小铲分三层经喂料斗均匀地装人筒内，装料及插捣的方法应符合规定；

4）把喂料斗转离，垂直地提起坍落度筒，此时应注意不使混凝土试体产生横向的扭动；

5）把透明圆盘转到混凝土圆台体顶面，放松测杆螺钉，降下圆盘，使其轻轻接触到混凝土顶面；

6）拧紧定位螺钉，并检查测杆螺钉是否已经完全放松；

7）在开启振动台的同时用秒表计时，当振动到透明圆盘的底面被水泥浆布满的瞬间停止计时，并关闭振动台。

（3）由秒表读出时间即为该混凝土拌合物的维勃稠度值，精确至1s。

5.2.3 凝结时间试验

本方法适用于从混凝土拌合物中筛出的砂浆用贯入阻力法来确定坍落度值不为零的混凝土拌合物凝结时间的测定。

1. 设备

贯入阻力仪应由加荷装置、测针、砂浆试样筒和标准筛组成，可以是手动的，也可以是自动的。贯入阻力仪应符合下列要求：

（1）加荷装置：最大测量值应不小于1000N，精度为±10N；

（2）测针：长为100mm，承压面积为100mm²、50mm² 和 20mm² 三种测针；在距贯入端25mm处刻有一圈标记；

（3）砂浆试样筒：上口径为160mm，下口径为1.50mm，净高为150mm刚性不透水的金属圆筒，并配有盖子；

（4）标准筛：筛孔为5mm的符合现行国家标准《试验筛》GB/T6005规定的金属圆孔筛。

2. 凝结时间试验步骤

（1）应从制备或现场取样的混凝土拌合物试样中，用5mm标准筛筛出砂浆，每次应筛净，然后将其拌合均匀。将砂浆一次分别装入三个试样筒中，做三个试验。取样混凝土坍落度不大于70mm的混凝土宜用振动台振实砂浆；取样混凝土坍落度大于70mm的宜用捣棒人工捣实。用振动台振实砂浆时，振动应持续到表面出浆为止，不得过振；用捣棒人工捣实时，应沿螺旋方向由外向中心均匀插捣25次，然后用橡皮锤轻轻敲打筒壁，直至插捣孔消失为止。振实或插捣后，砂浆表面应低于砂浆试样筒口约10mm；砂浆试样筒应立即加盖。

（2）砂浆试样制备完毕，编号后应置于温度为20±2℃的环境中或现场同条件下待试，并在以后的整个测试过程中，环境温度应始终保持20±2℃。现场同条件测试时，应与现场条件保持一致。在整个测试过程中，除在吸取泌水或进行贯入试验外，试样筒应始终加盖。

（3）凝结时间测定从水泥与水接触瞬间开始计时。根据混凝土拌合物的性能，确定测针试验时间，以后每隔0.5h测试一次，在临近初、终凝时可增加测定次数。

（4）在每次测试前2min，将一片20mm厚的垫块垫人筒底一侧使其倾斜，用吸管吸去表面的泌水，吸水后平稳地复原。

（5）测试时将砂浆试样筒置于贯入阻力仪上，测针端部与砂浆表面接触，然后在10±2s内均匀地使测针贯入砂浆25±2mm深度，记录贯入压力，精确至10N；记录测试时间，精确至1min；记录环境温度，精确至0.5℃。

（6）各测点的间距应大于测针直径的两倍且不小于15mm，测点与试样筒壁的距离应不小于25mm。

（7）贯入阻力测试在间应至少进行6次，直至贯入阻力大于28MPa为止。

（8）在测试过程中应根据砂浆凝结状况，适时更换测针，更换测针宜按表5-1选用。

测针选用规定表 **表5-1**

贯入阻力（MPa）	0.2～3.5	3.5～20	20～28
测针面积（mm²）	100	50	20

3. 贯入阻力的结果计算以及初凝时间和终凝时间的确定方法

（1）贯入阻力计算：

$$f_{PR} = P/A$$

式中 f_{PR}——贯入阻力（MPa）；

P——贯入压力（N）；

A——测针面积（mm^2）。

计算应精确至 0.1MPa。

（2）凝结时间宜通过线性回归方法确定。也可用绘图拟合方法确定，以贯入阻力为纵坐标，经过的时间为横坐标（精确至 1min），绘制出贯入阻力与时间之间的关系曲线。

（3）以贯入阻力为 3.5MPa 时对应的时间为初凝时间，以贯入阻力为 28MPa 时对应的时间为终凝时间。

（4）用三个试验结果的初凝和终凝时间的算术平均值作为此次试验的初凝和终凝时间。如果三个测值的最大值或最小值中有一个与中间值之差超过中间值的 10%，则以中间值为试验结果；如果最大值和最小值与中间值之差均超过中间值的 10%时，则此次试验无效。

凝结时间用 h：min 表示，并修约至 5min。

（5）混凝土拌合物凝结时间试验报告还应包括以下内容：

1）每次做贯入阻力试验时所对应的环境温度、时间、贯入压力、测针面积和计算出来的贯入阻力值；

2）根据贯入阻力和时间绘制的关系曲线；

3）混凝土拌合物的初凝和终凝时间。

5.2.4　泌水试验

本方法适用于骨料最大粒径不大于 40mm 的混凝土拌合物泌水测定。

1. 泌水试验所用的仪器设备

（1）试样筒：容积为 5L 的容量筒并配有盖子；

（2）台秤：称量为 50kg、感量为 50g；

（3）量筒：容量为 10mL、50mL、100mL 的量筒及吸管；

（4）振动台；

（5）捣棒。

2. 泌水试验步骤

（1）应用湿布湿润金样筒内壁后立即称量，记录试样筒的质量。再将混凝土试样装入试样筒，混凝土的装料及捣实方法有两种：

方法 A：用振动台振实。将试样一次装入试样筒内，开启振动台，振动应持续到表面出浆为止，且应避免过振；并使混凝土拌合物表面低于试样筒筒口 30±3mm，用抹刀抹平。抹平后立即计时并称量，记录试样筒与试样的总质量。

方法 B：用捣棒捣实。采用捣棒捣实时，混凝土拌合物应分两层装入，每层的插捣次数应为 25 次；捣棒由边缘向中心均匀地插捣，插捣底层时捣棒应贯穿整个深度，插捣第二层时，捣棒应插透本层至下一层的表面；每一层捣完后用橡皮锤轻轻沿容量外壁敲打 5～10 次，进行振实，直至拌合物表面插捣孔消失并不见大气泡为止；并使混凝土拌合物表面低于试样筒筒口 30±3mm，用抹刀抹平。抹于后立即计时并称量，记录试样筒与试样的总质量。

（2）在以下吸取混凝土拌合物表面泌水的整个过程中，应使试样筒保持水平、不受振动；除了吸水操作外，应始终盖好盖子；室温应保持在 20±2℃。

（3）从计时开始后 60min 内，每隔 10min 吸取 1 次试样表面渗出的水。60min 后，每隔 30min 吸 1 次水，直至认为不再泌水为止。为了便于吸水，每次吸水前 2min，将一片 35mm 厚的垫块垫入筒底一侧使其倾斜，吸水后平稳地复原。吸出的水放人量筒中，记录每次吸水的水量并计算累计水量，精确至 1mL。

3. 泌水量和泌水率的结果计算及其确定方法

（1）泌水量应按下式计算：

$$B = V/A$$

式中 B——泌水量（mL/mm^2）；

V——最后一次吸水后累计的泌水量（mL）；

A——试样外露的表面面积（mm^2）。

计算应精确至 $0.01mL/mm^2$。泌水量取三个试样测值的平均值。三个测值中的最大值或最小值，如果有一个与中间值之差超过中间值的 15%，则以中间值为试验结果；如果最大值和最小值与中间值之差均超过中间值的 15%时，则此次试验无效。

（2）泌水率计算公式如下：

$$B = \frac{V_W}{(W/G)G_W} \times 100$$

$$G_W = G_1 - G_0$$

式中 B——泌水率（%）；

V_W——泌水总量（mL）；

G_W——试样质量（g）；

W——混凝土拌合物总用水量（mL）；

G——混凝土拌合物总质量（g）；

G_1——试样筒及试样总质量（g）；

G_0——试样筒质量（g）。

计算应精确至 1%。泌水率取三个试样测值的平均值。三个测值中的最大值或最小值，如果有一个与中间值之差超过中间值的 15%，则以中间值为试验结果；如果最大值和最小值与中间值之差均超过中间值的 15%时，则此次试验无效。

4. 混凝土拌合物泌水试验记录及其报告内容

（1）混凝土拌合物总用水量和总质量；

（2）试样筒质量；

（3）试样筒和试样的总质量；

（4）每次吸水时间和对应的吸水量；

（5）泌水量和泌水率。

5.2.5 压力泌水试验

本方法适用于骨料最大粒径不大于 40mm 的混凝土拌合物压力泌水测定。

1. 压力泌水试验所用的仪器设备应符合的条件

（1）压力泌水仪：其主要部件包括压力表、缸体、工作活塞、筛网等，压力表最大量程 6MPa，最小分度值不大于 0.1MPa；缸体内径 125±0.02mm，内高 200±0.2mm；工作活塞压强为 3.2MPa，公称直径为 125mm；筛网孔径为 0.315mm。仪器构造如图 5-1 所示。

（2）捣棒。

（3）量筒：200mL 量筒。

2. 压力泌水试验步骤

（1）混凝土拌合物应分两层装入压力泌水仪的缸体容器内，每层的插捣次数应为 20 次。捣棒由边缘向中心均匀地插捣，插捣底层时捣棒应贯穿整个深度，插捣第二层时，捣棒应插透本层至下一层的表面；每一层捣完后用橡皮锤轻轻沿容器外壁敲打 5～10 次，进行振实，直至拌合物表面插捣孔消失并不见大气泡为止；并使拌合物表面低于容器口以下约 30mm 处，用抹刀将表面抹平。

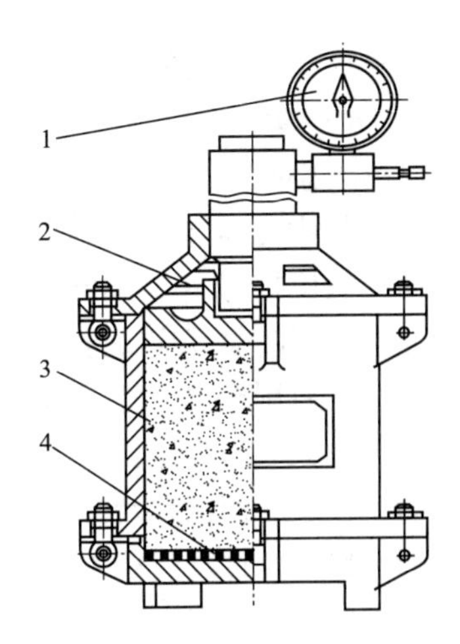

图 5-1　压力泌水仪

1—压力表；2—工作活塞；3—缸体；4—筛网

（2）将容器外表擦干净，压力泌水仪按规定安装完毕后应立即给混凝土试样施加压力至 3.2MPa，并打开泌水阀门同时开始计时，保持恒压，泌出的水接入 200mL 量筒里；加压至 10s 时读取泌水量 V_{10}，加压至 140s 时读取泌水量 V_{140}。

3. 压力泌水率计算

$$B_V = \frac{V_{10}}{V_{140}} \times 100$$

式中　B_V——压力泌水率（%）；

V_{10}——加压至 10s 时的泌水量（mL）；

V_{140}——加压至 140s 的泌水量（mL）。

压力泌水率的计算应精确至 1%。

4. 混凝土拌合物压力泌水试验报告内容

（1）加压至 10s 时的泌水量 V_{10}，加压至 140s 时的泌水量 V_{140}；

（2）压力泌水率。

5.2.6　表观密度试验

本方法适用于测定混凝土拌合物捣实后的单位体积质量（即表观密度）。

1. 混凝土拌合物表观密度试验所用的仪器设备应符合的规定

（1）容量筒：金属制成的圆筒，两旁装有提手。对骨料最大粒径不大于 40mm 的拌合物采用容积为 5L 的容量筒，其内径与内高均为 186±2mm，筒壁厚为 3mm；骨料最大粒径大于 40mm 时，容量筒的内径与内高均应大于骨料最大粒径的 4 倍。容量筒上缘及内壁应光滑平整，顶面与底面应平行并与圆柱体的轴垂直。容量筒容积应予以标定，标定方法可采用一块能覆盖住容量筒顶面的玻璃板，先称出玻璃板和空桶的质量，然后向容量筒中灌入清水，当水接近上口时，一边不断加水，一边把玻璃板沿筒口徐徐推人盖严，应注意使玻璃板下不带入任何气泡；然后擦净玻璃板面及筒壁外的水分，将容量筒连同玻璃板放在台秤上称其质量；两次质量之差（kg）即为容量筒的容积 L；

（2）台秤：称量 50kg，感量 50g。

（3）振动台。

（4）捣棒。

2. 混凝土拌合物表观密度试验步骤

（1）用湿布把容量筒内外擦干净，称出容量筒质量，精确至 50g。

(2) 混凝土的装料及捣实方法应根据拌合物的稠度而定。坍落度不大于70mm的混凝土，用振动台振实为宜；大于70mm的用捣棒捣实为宜。采用捣棒捣实时，应根据容量筒的大小决定分层与插捣次数；用5L容量筒时，混凝土拌合物应分两层装入，每层的插捣次数应为25次；用大于5L的容量筒时，每层混凝土的高度不应大于100mm，每层插捣次数应按每10000mm^{2}截面不小于12次计算。各次插捣应由边缘向中心均匀地插捣，插捣底层时捣棒应贯穿整个深度，插捣第二层时，捣棒应插透本层至下一层的表面；每一层捣完后用橡皮锤轻轻沿容器外壁敲打5～10次，进行振实，直至拌合物表面插捣孔消失并不见大气泡为止。

(3) 采用振动台振实时，应一次将混凝土拌合物灌到高出容量筒口。装料时可用捣棒稍加插捣，振动过程中如混凝土低于筒口，应随时添加混凝土，振动直至表面出浆为止。

(4) 用刮尺刮去筒口多余的混凝土拌合物，表面如有凹陷应填平；将容量筒外壁擦净，称出混凝土试样与容量筒总质量，精确至50g。

3. 混凝土拌合物表观密度的计算

$$\gamma_h = \frac{w_2 - w_1}{V} \times 100$$

式中 γ_h——表观密度（kg/m^3）；

w_1——容量筒质量（kg）；

w_2——容量筒和试样总质量（kg）；

V——容量筒容积（L）。

试验结果的计算精确至10kg/m^3。

4. 混凝土拌合物表观密度试验报告内容

(1) 容量筒质量和容积；

(2) 容量筒和混凝土试样总质量；

(3) 混凝土拌合物的表观密度。

5.2.7 含气量试验

本方法适于骨料最大粒径不大于40mm的混凝土拌合物含气量测定。

1. 设备

(1) 含气量测定仪：压力表的量程为0～0.25MPa，精度为0.01MPa。容量：7升，空气含量范围：0～100%；

(2) 捣棒；

(3) 振动台；

(4) 台秤：称量50kg，感量50g；

(5) 橡皮锤。

2. 含气量测定仪容器容积的标定

容器容积的标定按下列步骤进行：

(1) 擦净容器，并将含气量仪全部安装好，测定含气量仪的总质量，测量精确至50g；

(2) 往容器内注水至上缘，然后将盖体安装好，关闭操作阀和排气阀，打开排水阀和加水阀，通过加水阀，向容器内注入水；当排水阀流出的水流不含气泡时，在注水的状态下，同时关闭加水阀和排水阀，再测定其总质量；测量精确至50g；

3. 容器的容积计算

$$V=(m_2-m_1)/\rho_w\times1000$$

式中 V——含气量仪的容积（L）；

m_1——干燥含气量仪的总质量（kg）；

m_2——水、含气量仪的总质量（kg）；

ρ_w——容器内水的密度（kg/m^3）。

计算应精确至0.01L。

4. 含气量测定仪的率定步骤

（1）容积标定后，开始测量含气量为0时的压力值；具体操作过程如下：

① 开启进气阀，用气泵注入空气至气室内压力略大于0.1MPa，待压力示值仪表示值稳定后，微微开启排气阀，调整压力至0.1MPa，关闭排气阀；

② 开启操作阀，待压力示值仪稳定后，测得压力值（MPa）；

③ 开启排气阀，压力仪示值回零；重复上述步骤，对容器内试样再测一次压力值（MPa）；

（2）开启排气阀，压力示值器示值回零；关闭操作阀和排气阀，打开排水阀，在排水阀口用量筒接水；用气泵缓缓地向气室内打气，当排出的水恰好是含气量仪体积的1%时，按上述步骤测得含气量为1%时的压力值；

（3）如此继续测取含气量分别为2%、3%、4%、5%、6%、7%、8%时的压力值；

（4）以上试验均应进行两次，各次所测压力值均应精确至0.01MPa；

（5）对以上的各次试验均应进行检验，其相对误差均应小于0.2%；否则应重新率定；

（6）据此检验以上含气量0、1%、…、8%共9次的测量结果，绘制含气量与气体压力之间的关系曲线。

5.3 普通混凝土力学性能试验

5.3.1 试验要求

1. 进行普通混凝土力学性能试验，撰写试验报告或试验记录，应包括的内容

（1）委托单位提供的内容：

① 委托单位名称；

② 工程名称及施工部位；

③ 要求检测的项目名称；

④ 要说明的其他内容。

（2）试件制作单位提供的内容：

① 试件编号；

② 试件制作日期；

③ 混凝土强度等级；

④ 试件的形状与尺寸；

⑤ 原材料的品种、规格和产地以及混凝土配合比；

⑥ 养护条件；

⑦ 试验龄期；

⑧ 要说明的其他内容。

（3）检测单位提供的内容：

① 试件收到的日期；

② 试件的形状及尺寸；

③ 试验编号；

④ 试验日期；

⑤ 仪器设备的名称、型号及编号；

⑥ 试验室温度；

⑦ 养护条件及试验龄期；

⑧ 混凝土强度等级；

⑨ 检测结果；

⑩ 要说明的其他内容。

2. 试件的尺寸

（1）试件尺寸要求

应根据混凝土中骨料的最大粒径按下表 5-2 选定。

混凝土试件尺寸选用表 **表 5-2**

试件横截面尺寸（mm）	骨料最大粒径（mm）	
	劈裂抗拉强度试验	其他试验
100×100	20	31.5
150×150	40	40
200×200	—	63

（2）试件的形状

1）抗压强度和劈裂抗拉强度试件应符合下列规定：

① 边长为 150mm 的立方体试件是标准试件。

② 边长为 100mm 和 200mm 的立方体试件是非标准试件。

2）轴心抗压强度和静力受压弹性模量试件应符合下列规定：

① 边长为 150mm×150mm×300mm 的棱柱体试件是标准试件。

② 边长为 100mm×100mm×300mm 和 200mm×200mm×400mm 的棱柱体试件是非标准试件。

3）抗折强度试件应符合下列规定：

① 边长为 150mm×150mm×600mm（或 550mm）的棱柱体试件是标准试件。

② 边长为 100mm×100mm×400mm 的棱柱体试件是非标准试件。

3. 主要检测设备

（1）压力试验机除应符合《液压式压力试验机》GB/T 3722 及《试验机通用技术要求》GB/T 2611 中技术要求外，其测量精度为±1%，试件破坏荷载应大于压力机全量程的 20%且小于压力机全量程的 80%。

（2）微变形测量仪的测量精度不得低于 0.001mm。

(3) 振动台。

4. 试件的制作

根据混凝土拌合物的稠度确定混凝土成型方法，坍落度不大于70mm的混凝土宜用振动振实；大于70mm的宜用捣棒人工捣实；检验现浇混凝土或预制构件的混凝土，试件成型方法宜与实际采用的方法相同。

5. 试件的养护

(1) 试件成型后应立即用不透水的薄膜覆盖表面。采用标准养护的试件，应在温度为20±5℃的环境中静置一昼夜至二昼夜，然后编号、拆模。拆模后应立即放入温度为20±2℃相对湿度为95%以上的标准养护整中养护，或在温度为20±2℃的不流动的$Ca(OH)_2$饱和溶液中养护。标准养护室内的试件应放在支架上，彼此间隔10～20mm，试件表面应保持潮湿，但不得被水直接冲淋。

(2) 同条件养护试件的拆模时间可与实际构件的拆模时间相同，拆模后，试件仍需保持同条件养护。

(3) 标准养护龄期为28d（从搅拌加水开始计时）。

5.3.2 抗压强度试验

混凝土强度等级＞C60时，试件周围应设防崩裂网罩。

1. 立方体抗压强度试验步骤

(1) 试件从养护地点取出后应及时进行试验，将试件表面与上下承压板面擦干净。

(2) 将试件安放在试验机的下压板或垫板上，试件的承压面应与成型时的顶面垂直。试件的中心应与试验机下压板中心对准，开动试验机，当上压板与试件或钢垫板接近时，调整球座，使接触均衡。

(3) 在试验过程中应连续均匀地加荷，混凝土强度等级＜C30时，加荷速度取每秒钟0.3～0.5MPa；混凝土强度等级≥C30且＜C60时，取每秒钟0.5～0.8MPa；混凝土强度等级≥C60时，取每秒钟0.8～1.0MPa。

(4) 当试件接近破坏开始急剧变形时，应停止调整试验机油门、直至破坏。然后记录破坏荷载。

2. 立方体抗压强度试验结果计算及确定方法

(1) 混凝土立方体抗压强度应按下式计算：

$$f_{cc} = F/A$$

式中 f_{cc}——混凝土立方体试件抗压强度（MPa）；

F——试件破坏荷载（N）；

A——试件承压面积（mm^2）。

混凝土立方体抗压强度计算应精确至0.1MPa。

(2) 强度值的确定应符合下列规定：

1) 3个试件测值的算术平均值作为该组试件的强度值（精确至0.1MPa）；

2) 3个测值中的最大值或最小值中如有一个与中间值的差值超过中间值的15%时，则把最大及最小值一并舍除，取中间值作为该组试件的抗压强度值；如最大值和最小值与中间值的差均超过中间值的15%则该组试件的试验结果无效。

3) 混凝土强度等级＜C60时，用非标准试件测得的强度值均应乘以尺寸换算系数，其值为对 200mm×200mm×200mm 试件为 1.05；对 100mm×100mm×100mm 试件为 0.95。当混凝土强度等级≥C60 时，宜采用标准试件；使用非标准试件时，尺寸换算系数应由试验确定。

（3）混凝土立方体抗压强度试验报告还应报告实测的混凝土立方体抗压强度值。

5.3.3 轴心抗压强度试验

混凝土强度等级<C60 时，用非标准试件测得的强度值均应乘以尺寸换算系数，其值为对 200mm×200mm×400mm 试件为 1.05；对 100mm×100mm×300mm 试件为 0.95。当混凝土强度等级≥C60 时，宜采用标准试件；使用非标准试件时，尺寸换算系数应由试验确定。

5.3.4 静力受压弹性模量试验

每次试验应制备 6 个试件。

1. 设备

（1）压力试验机。

（2）微变形测量仪微变形测量仪的测量精度不得低于 0.001mm。微变形测量固定架的标距应为 150mm。

2. 静力受压弹性模量试验步骤

（1）试件从养护地点取出后先将试件表面与上下承压板面擦干净。

（2）取 3 个试件测定混凝土的轴心抗压强度。另 3 个试件用于测定裩凝土的弹性模量。

（3）在测定混凝土弹性模量时，变形测量仪应安装在试件两侧的中线上并对称于试件的两端。

（4）应仔细调整试件在压力试验机上的位置，使其轴心与下压板的中心线对准。开动压力试验机，当上压板与试件接近时调整球座，使其接触均衡。

（5）加荷至基准应力为 0.5MPa 的初始荷载值 F_0，保持恒载 60s 并在以后的 30s 内记录每测点的变形读数 ε_0。应立即连续均匀地加荷至应力为轴心抗压强度的 1/3 的荷载值 F_a，保持恒载 60s 并在以后的 30s 内记录每一测点的变形读数 ε_a。所用加荷速度应符合规定。

（6）当以上这些变形值之差与它们平均值之比大于 20%时，应重新对中试件后重复步骤 5 的试验。如果无法使其减少到低于 20%时，则此次试验无效。

（7）在确认试件对中符合步骤 6 的规定后，以与加荷速度相同的速度卸荷至基准应力 0.5MPa(F_0)，恒载 60s；然后用同样的加荷和卸荷速度以及 60s 的保持恒载（F_0 及 F_a）至少进行两次反复预压。在最后一次预压完成后，在基准应力 0.5MPa(F_0) 持荷 60s 并在以后的 30s 内记录每一测点的变形读数再用同样的加荷速度加荷至 F_a，持荷 60s 并在以后的 30s 内记录每一测点的变形读数 ε_a。加荷示意图如图 5-2 所示。

（8）卸除变形测量仪，以同样的速度加荷至破坏，记录破坏荷载；如果试件的抗压强度与 f_{cp}之差超过 f_{cp}的 20%时，则应在报告中注明。

3. 混凝土弹性模量试验结果计算及确定方法

（1）混凝土弹性模量值应按如下两个公式计算：

$$E_C = \frac{F_a - F_0}{A} \times \frac{L}{\Delta n}$$

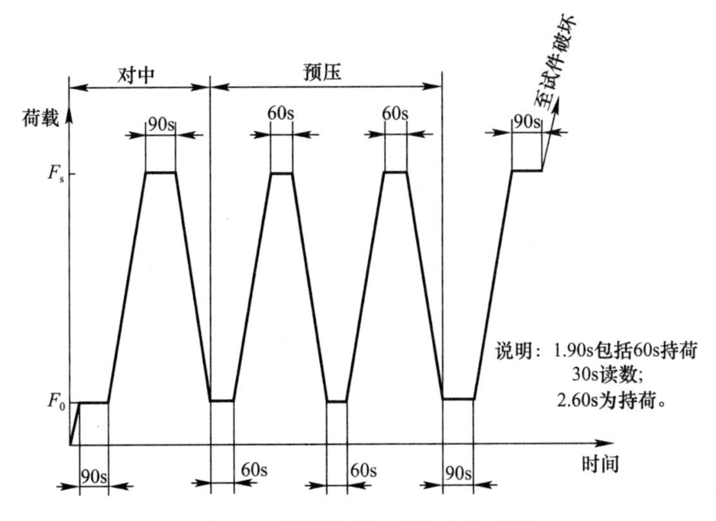

图 5-2 弹性模量加荷方法示意图

式中 E_C——混凝土弹性模量（MPa）；

F_a——应力为 1/3 轴心抗压强度时的荷载（N）；

F_0——应力为 0.5MPa 时的初始荷载（N）；

A——试件承压面积（mm^2）；

L——测量标距（mm）。

$$\Delta n = \varepsilon_a - \varepsilon_0$$

式中 Δn——最后一次从 F_0 加荷至 F_a 时试件两侧变形的平均值（mm）；

ε_a——F_a 时试件两侧变形的平均值（mm）；

ε_0——F_0 时试件两侧变形的平均值（mm）。

混凝土受压弹性模量计算精确至 100MPa。

（2）弹性模量按 3 个试件测值的算术平均值计算。如果其中有一个试件的轴心抗压强度值与用以确定检验控制荷载的轴心抗压强度值相差超过后者的 20％时，则弹性模量值按另两个试件测值的算术平均值计算；如有两个试件超过上述规定时，则此次试验无效。

4. 混凝土弹性模量试验报告内容

应报告实测的静力受压弹性模量值。

5.3.5 劈裂抗拉强度试验

1. 设备

（1）压力试验机。

（2）垫块、垫条及支架。

2. 劈裂抗拉强度试验步骤

（1）试件从养护地点取出后应及时进行试验，将试件表面与上下承压板面擦干净。

（2）将试件放在试验机下压板的中心位置，劈裂承压面和劈裂面应与试件成型时的顶面垂直；在上、下压板与试件之间垫以圃弧形垫块及垫条各一条，垫块与垫条应与试件上、下面的中心线对准并与成型时的顶面垂直。宜把垫条及试件安装在定位架上使用。

（3）开动试验机，当上压板与圆弧形蛰块接近时，调整球座，使接触均衡。加荷应连续均匀，当混凝土强度等级<C30 时，加荷速度取每秒钟 0.02～0.05MPa；当混凝土强度等级≥C30 且<C60 时，取每秒钟 0.05～0.08MPa；当混凝土强度等级≥C60 时，取每秒钟 0.08～0.10MPa，至试件接近破坏时，应停止调整试验机油门，直至试件破坏，然后记录破坏荷载。

3. 混凝土劈裂抗拉强度试验结果计算及确定方法

（1）混凝土劈裂抗拉强度计算：

$$f_{ts}=\frac{2F}{\pi A}=0.637\frac{F}{A}$$

式中 f_{ts}——混凝土劈裂抗拉强度（MPa）；

F——试件破坏荷载（N）；

A——试件劈裂面面积（mm^2）；

劈裂抗拉强度计算精确到 0.01MPa。

（2）强度值的确定应符合下列规定：

3 个试件测值的算术平均值作为该组试件的强度值（精确至 0.01MPa）；3 个测值中的最大值或最小值中如有一个与中间值的差值超过中间值的 15%时，则把最大及最小值一并舍除，取中间值作为该组试件的抗压强度值；如最大值与最小值与中间值的差均超中间值的 15%，则该组试件的试验结果无效。

（3）采用 100×100×100(mm) 非标准试件测得的劈裂抗拉强度值，应乘以尺寸换算系数 0.85；当混凝土强度等级≥C60 时，宜采用标准试件；使用非标准试件时，尺寸换算系数应由试验确定。

4. 混凝土劈裂抗拉强度试验报告内容

应报告实测的劈裂抗拉强度值。

5.3.6 抗折强度试验

试件除应符合有关规定外，在长向中部 1/3 区段内不得有表面直径超过 5mm、深度超过 2mm 的孔洞。

1. 设备

（1）试验机应能施加均匀、连续、速度可控的荷载，并带有能使两个相等荷载同时作用在试件跨度 3 分点处的抗折试验装置。

（2）试件的支座和加荷头应采用直径为 20～40mm、长度不小于 b+10mm 的硬钢圆柱，支座立脚点固定铰支，其他应为滚动支点。

2. 抗折强度试验步骤

（1）试件从养护地取出后应及时进行试验，将试件表面擦干净。

（2）装置试件，安装尺寸偏差不得大于 1mm。试件的承压面应为试件成型时的侧面。支座及承压面与圆柱的接触面应平稳、均匀，否则应垫平。

（3）施加荷载应保持均匀、连续。当混凝土强度等级<C30 时，加荷速度取每秒 0.02～0.05MPa；当混凝土强度等级≥C30 且<C60 时，取每秒钟 0.05～0.08MPa；当混凝土强度等级≥C60 时，取每秒钟 0.08～0.10MPa 至试件接近破坏时，应停止调整试验机油门，直至试件破坏，然后记录破坏荷载。

（4）记录试件破坏荷载的试验机示值及试件下边缘断裂位置。

3. 抗折强度试验结果计算及确定方法

(1) 若试件下边缘断裂位置处于两个集中荷载作用线之间，则试件的抗折强度 f_f(MPa)按下式计算：

$$f_f = \frac{F_1}{bh^2}$$

式中 f_f——混凝土抗折强度（MPa）；

F_1——试件破坏荷载（N）；

L——支座间跨度（mm）；

h——试件截面高度（mm）；

b——试件截面宽度（mm）；

抗折强度计算应精确至 0.1MPa。

(2) 抗折强度值的确定与抗压强度同。

(3) 3 个试件中若有一个折断面位于两个集中荷载之外，则混凝土抗折强度值按另两个试件的试验结果计算。若这两个测值的差值不大于这两个测值的较小值的 15%时，则该组试件的抗折强度值按这两个测值的平均值计算，否则该组试件的试验无效。若有两个试件的下边缘断裂位置位于两个集中荷载作用线之外，则该组试件试验无效。

(4) 当试件尺寸为 100mm×100mm×400mm 非标准试件时，应乘以尺寸换算系数 0.85；当混凝土强度等级>C60 时，宜采用标准试件；使用非标准试件时尺寸换算系数应由试验确定。

4. 混凝土抗折强度试验报告内容

应报告实测的混凝土抗折强度值。

5.4 普通混凝土长期和耐久性能试验

5.4.1 试验报告的要求

1. 委托单位应提供的内容

(1) 委托单位和见证单位名称。

(2) 工程名称及施工部位。

(3) 要求检测的项目名称。

(4) 要说明的其他内容。

2. 试件制作单位应提供的内容

(1) 试件编号。

(2) 试件制作日期。

(3) 混凝土强度等级。

(4) 试件的形状及尺寸。

(5) 原材料的品种、规格和产地以及混凝土配合比。

(6) 养护条件。

(7) 试验龄期。

(8) 要说明的其他内容。

3. 试验或检测单位应提供的内容

(1) 试件收到的口期。

(2) 试件的形状及尺寸。

(3) 试验编号。

(4) 试验日期。

(5) 仪器设备的名称、型号及编号。

(6) 试验室温（湿）度。

(7) 养护条件及试验龄期。

(8) 混凝土实际强度。

(9) 测试结果。

(10) 要说明的其他内容。

5.4.2 慢冻法抗冻试验

本方法适用于测定混凝土试件在气冻水融条件下，以经受的冻融循环次数来表示的混凝土抗冻性能。

1. 慢冻法抗冻试验所采用的试件应符合的规定

(1) 试验应采用尺寸为 100mm×100mm×100mm 的立方体试件。

(2) 慢冻法试验所需要的试件组数应符合表 5-3 的规定，每组试件应为 3 块。

慢冻法试验所需要的试件组数 表 5-3

设计抗冻标号	D25	D50	D100	D150	D200	D250	D300	D300 以上
检查强度所需冻融次数	25	50	50 及 100	100 及 150	150 及 200	200 及 250	250 及 300	300 及设计次数
鉴定 28d 强度所需试件组数	1	1	1	1	1	1	1	1
冻融试件组数	1	1	2	2	2	2	2	2
对比试件组数	1	1	2	2	2	2	2	2
对比试件组数	3	3	5	5	5	5	5	5

2. 试验设备应符合的规定

(1) 冻融试验箱应能使试件静止不动，并应通过气冻水融进行冻融循环。在满载运转的条件下，冷冻期间冻融试验箱内空气的温度应能保持在（−20～−18)℃范围内；融化期间冻融试验箱内浸泡混凝土试件的水温应能保持在（18～20)℃范围内；满载时冻融试验箱内各点温度极差不应超过 2℃。

(2) 采用自动冻融设备时，控制系统还应具有自动控制数据曲线实时动态显示、断电记忆和试验数据动存储等功能。

(3) 试件架应采用不锈钢或者其他耐腐蚀的材料制作，其尺寸应与冻融试验箱和所装的试件相适应。

(4) 称量设备的最大量程为 20g，感量不应超过 5g。

(5) 压力试验机应符合相关要求。

(6) 温度传感器的温度检测范围不应小于（−20～20)℃，测量精度应为±0.5℃。

3. 慢冻试验步骤

(1) 在标准养护窐内或同条件养护的冻融试验的试件应在养护龄期为 24d 时提前将试

件从养护地点取出，随后应将试件放在（20±2)℃水中浸泡，浸泡时水面应高出试件顶面（20～30）mm，在水中浸泡的时间应为4d，试件应在28d龄期时开始进行冻融试验。始终在水中养护的冻融试验的试件，当试件养护龄期达到28d时，可直接进行后续试验，对此种情况，应在试验报告中予以说明。

（2）当试件养护龄期达到28d时应及时取出冻融试验的试件，用湿布擦除表面水分后应对外观尺寸进行测量，试件的外观尺寸应满足要求，并应分别编号、称重，然后按编号置入试件架内，且试件架与试件的接触面积不宜超过试件底面的1/5。试件与箱体内壁之间应至少留有20mm的空隙，试件架中各试件之间应至少保持30mm的空隙。

（3）冷冻时间应在冻融箱内温度降至－18℃时开始计算。每次从装完试件到温度降至－18℃所需的时间应在1.5～2.0h内。冻融箱内温度在冷冻时应保持在－20～－18℃。

（4）每次冻融循环中试件的冷冻时间不应小于4h。

（5）冷冻结束后，应立即加人温度为18～20℃的水，使试件转入融化状态，加水时间不应超过10min。控制系统应确保在30min内，水温不低于10℃，且在30min后水温能保持在18～20℃。冻融箱内的水面应至少高出试件表面20mm。融化时间不应小于融化完毕视为该次冻融循环结束，可进入下一次冻融循环。

（6）每25次循环宜对冻融试件进行一次外观检查。当出现严重破坏时，应立即进行称重，当一组试件的平均质量损失率超过5%，可停止其冻融循环试验。

（7）试件在达到本标准规定的冻融循环次数后，试件应称重并进行外观检查，应详细记录试件表面破损、裂缝及边角缺损情况。当试件表面破损严重时，应先用高强石膏找平，然后应进行抗压强度试验。

（8）冻融循环因故中断且试件处于冷冻状态时，试件应继续保持冷冻状态，直至恢复冻融试验为止，并应将故障原因及暂停时间在试验结果中注明。当试件处在融化状态下因故中断时，中断时间不应超过两个冻融循环的时间。在整个试验过程中，超过两个冻融循环时间的中断故障次数不得超过两次。

（9）当部分试件由于失效破坏或者停止试验被取出时，应用空白试件填充空位。

（10）对比试件应继续保持原有的养护条件，直到完成冻融循环后，与冻融试验的试件同时进行抗压强度试验。

4. 可停止试验的条件（条件之一）

（1）已达到规定的循环次数；

（2）抗压强度损失率已达到25%；

（3）质量损失率已达到5%。

5. 试验结果计算及处理应符合的规定

（1）强度损失率计算：

$$\Delta f_c = \frac{f_{co} - f_{cn}}{f_{co}} \times 100$$

式中　Δf_c——N次冻融循环后的混凝土抗压强度损失率（%），精确至0.1；

f_{co}——对比用的一组混凝土试件的抗压强度测定值（MPa），精确至0.1MPa；

f_{cn}——经N次冻融循环后的一组混凝土试件抗压强度测定值（MPa），精确至0.1MPa。

（2）f_{co}和f_{cn}应以三个试件抗压强度试验结果的算术平均值作为测定值。当三个试件抗压强度最大值或最小值与中间值之差超过中间值的15%时，应剔除此值，再取其余两值的算术平均值作为测定值；当最大值和最小值均超过中间值的15%时，应取中间值作为测定值。

（3）单个试件的质量损失率计算如下：

$$\Delta W_{ni} = \frac{W_{oi} - W_{ni}}{W_{oi}} \times 100$$

式中 ΔW_{ni}——N次冻融循环后第i个混凝土试件的质量损失率（%），精确至0.01；

W_{oi}——冻融循环试验前第i个混凝土试件的质量（g）；

W_{ni}——N次冻融循环后第i个混凝土试件的质量（g）。

（4）一组试件的平均质量损失率计算：

$$\Delta W_{n} = \frac{\sum_{i=1}^{3} \Delta W_{n}}{3} \times 100$$

式中 ΔW_{n}——N次冻融循环后一组混凝土试件的平均质量损失率（%），精确至0.1。

（5）每组试件的平均质量损失率应以三个试件的质量损失率试验结果的算术平均值作为测定值。某个试验结果出现负值，应取0，再取三个试件的算术平均值。当三个值中的最大值或最小值与中间值之差超过1%时，应剔除此值，再取其余两值的算术平均值作为测定值；当最大值和最小值与中间值之差均超过1%时，应取中间值作为测定值。

（6）抗冻等级应以抗压强度损失率不超过25%或者质量损失率不超过5%时的最大冻融循环次数确定。

5.4.3 快冻法抗冻试验

本方法适用于测定混凝土试件在水冻水融条件下，以经受的快速冻融循环次数来表示的混凝土抗冻性能。

试验按下列步骤进行：

（1）采用100mm×100mm×400mm的棱柱体试件为标准试件，在标准养护室内或同条件养护的冻融循环试验的试件在养护龄期为24d时提前将试件从养护地点取出，放在(20±2)℃水中浸泡4d。

（2）试件应在28d龄期时开始进行冻融试验。始终在水中养护的冻融试验的试件，当试件龄期达到28d时，可直接进行后续试验。

（3）将试件放入自动控制的快速冻融箱内进行快速冻融循环，每个冻融循环时间为2～4h，且试件中心温度不得高于7℃，且不得低于－20℃。

（4）每隔25次冻融循环，采用混凝土动弹性测定仪（共振仪）测量试件的横向基频f_{ni}，计算试件的相对动弹性模量P和质量损失率。相对动弹性模量按如下公式计算。

$$P_i = \frac{f_{ni}^2}{f_{oi}^2} \times 100$$

式中 P_i——经N次冻融循环后，第i个混凝土试件的相对动弹性模量（%），精确到0.1；

f_{ni}——经N次冻融循环后，第i个混凝土试件的横向基频（Hz）；

f_{oi}——冻融循环试验前第i个混凝土试件的横向基频初始值（Hz）。

$$P=\frac{1}{3}\sum P_i$$

式中　P——经 N 次冻融循环后一组混凝土试件的相对动弹性模量（%），精确到 0.1。

相对动弹性模量 P 以三个试件试验结果的算术平均值作为测定值，当最大值或最小值与中间值之差超过中间值的 15%时，应剔除此值，并应取其余两值的算术平均值为测定值；当最大值和最小值与中间值之差均超过中间值的 15%时，应取中间值作为测定值。

质量损失率的计算与慢冻法相同。

（5）当冻融循环出现下列情况之一是，可停止试验

1）达到规定的冻融循环次数；

2）试件的相对动弹性模量下降到 60%；

3）试件的质量损失率大 5%。

（6）混凝土的抗冻等级以相对动弹性模量下降至不低于 60%或者质量损失率不超过5%的最大冻融循环次数来确定，并用符号 F 表示。有 F50、F100、F150、F200、F250、F300、F350、F400 及>F400。

（7）混凝土抗冻等级应以相对动弹性模量下降至不低于 60%或者质量损失率不超过5%时的最大冻融循环次数来确定，并用符号 F 表示。

5.4.4　渗水高度法抗水渗透试验

本方法适用于以测定硬化混凝土在恒定水压力下的平均渗水高度来表示的混凝土抗水渗透性能。

1. 试验设备

（1）混凝土抗渗仪，施加水压力范围应为 0.1～2.0MPa。

（2）试模应采用上口内部直径为 175mm、下口内部直径为 185mm 和高度为 150mm的圆台体。

（3）密封材料宜用石蜡加松香或水泥加黄油等材料，也可采用橡胶套等其他有效密封材料。

（4）梯形板应采用尺寸为 200mm×200mm 透明材料制成，并应画有十条等间距、垂直于梯形底线的直线。

（5）钢尺的分度值应为 1mm。

（6）钟表的分度值应为 1min。

（7）辅助设备应包括螺旋加压器、烘箱、电炉、浅盘、铁锅和钢丝刷等。

（8）安装试件的加压设备可为螺旋加压或其他加压形式，其压力应能保证将试件压入试件内。

2. 抗水渗透试验步骤

（1）应先按规定的方法进行试件的制作和养护。抗水渗透试验应以 6 个试件为一组。

（2）试件拆模后，应用钢丝刷刷去两端面的水泥浆膜，并应立即将试件送人标准养护室进行养护。

（3）抗水渗透试验的龄期宜为 28。应在到达试验龄期的前一天，从养护室取出试件，并擦拭干净。待试件表面晾干后，应按下列方法进行试件密封：

1）当用石蜡密封时，应在试件侧面裹涂一层熔化的内加少量松香的石蜡。然后应用

螺旋加压器将试件压入经过烘箱或电炉预热过的试模中，使试件与试模底平齐，并应在试模变冷后解除压力。试模的预热温度，应以石蜡接触试模，即缓慢熔化，但不流淌为准。

2）用水泥加黄油密封时，其质量比应为（2.5～3）∶1。应用二角刀将密封材料均匀地刮涂在试件侧面上，厚度应为1～2mm。应套上试模并将试件压入，应使试件与试模底齐平。

3）试件密封也可以采用其他更可靠的密封方式。

（4）试件准备好之后，启动抗渗仪，并开通6个试位下的阀门，使水从6个孔中渗出，水应充满试位坑，在关闭6个试位下的阀门后应将密封好的试件安装在抗渗仪上。

（5）试件安装好以后，应立即开通6个试位下的阀门，使水压在24h内恒定控制在（1.2±0.05）MPa，且加压过程不应大于5min，应以达到稳定压力的时间作为试验记录起始时间（精确至1min）。在稳压过程中随时观察试件端面的渗水情况，当有某一个试件端面出现渗水时，应停止该试件的试验并应记录时间。并以试件的高度作为该试件的渗水高度。对于试作端面未出现渗水的情况，应在试验24h后停止试验，并及时取出试件。在试验过程中，当发现水从试件周边渗出时，应重新密封。

（6）将从抗渗仪上取出来的试件放在压力机上，并应在试件上下两端面中心处沿直径方问各放一根直径为6mm的钢垫条，并应确保它们在同一竖直平面内。然后开动压力机，将试件沿纵断面劈裂为两半。试件劈开后，应用防水笔描出水痕。

（7）应将梯形板放在试件劈裂面上，并用钢尺沿水痕等间距量测10个测点的渗水高度值，读数应精确至1mm。读数时若遇到某测点被骨料阻挡，可以靠近骨料两端的渗水高度算术平均值来作为该测点的渗水高度。

3. 试验结果计算及处理应符合的规定

（1）试件渗水高度应按下式进行计算：

$$\bar{h}_j = \frac{1}{10}\sum_{j-1}^{10} h_j$$

式中 h_j——第i个试件第j个测点处的渗水高度（mm）；

$\bar{h}_j$——第i个试件的平均渗水高度（mm），应以10个测点渗水高度的平均值作为该试件渗水高度的测定值。

（2）一组试件的平均渗水高度应按下式进行计算。

$$\bar{h}_j = \frac{1}{6}\sum_{j-1}^{6} \bar{h}_j$$

式中 $\bar{h}$——一组6个试件的平均渗水高度（mm）。应以一组6个试件渗水高度的算术平均值作为该组试件渗水高度的测定值。

5.4.5 逐级加压法抗水渗透试验

本方法适用于通过逐级施加水压力来测定以抗渗等级来表示的混凝土的抗水渗透性能。

仪器设备同渗水高度法抗水渗透试验。

试验步骤应符合下列规定：

（1）按同上方法进行试件的密封和安装。

（2）试验时，水压应从0.1MPa开始，以后应每隔8h增加0.1MPa水压，并应随时观察试件墙面渗水情况。当6个试件中有3个试件表面出现渗水时，或加至规定压力（设计抗渗等级）在8h内6个试件中表面渗水试件少于3个时，可停止试验，并记录此时的水压力，在试验过程中，发现水从试件周边渗出时，应重新进行密封。

（3）混凝土凝土的抗渗等级应以每组6个试件中有4个试件未出现渗水时的最大水压力乘以10来确定。混凝土的抗渗等级计算：

$$P = 10H - 1$$

式中 P——混凝土抗渗等级；

H——6个试件中有3个试件渗水时的水压力（MPa）。

5.4.6 接触法混凝土收缩试验

本方法适用于测定在无约束和规定的温湿度条件下硬化混凝土试件的收缩变形性能。

1. 试件和测头应符合的规定

（1）本方法应采用尺寸为100mm×100mm×515mm的棱柱体试件。每组应为3个试件。

（2）采用卧式混凝土收缩仪时，试件两端应预埋测头或留有埋设测头的凹槽。卧式收缩试验用测头应由不锈钢或其他不锈的材料制成。

（3）采用立式混凝土收缩仪时，试件一端中心应预埋测头。立式收缩试验用测头的另外一端宜采用M20mm×35mm的螺栓（螺纹通长），并应与立式混凝土收缩仪底座固定。螺栓和测头都应预埋进去。

（4）采用接触法引伸仪时，所用试件的长度应至少比仪器的测标距长出一个截面边长。测头应粘贴在试件两侧面的轴线上。

（5）使用混凝土收缩仪时，制作试件的试模应具有能固定测头或预留凹槽的端板。使用接触法引伸仪时，可用一般棱柱体试模制作试件。

（6）收缩试件成型时不得使用机油等憎水性脱模剂。试件成型后应带模养护1～2d，并保证拆模时不损伤试件。对于事先没有埋设测头的试件，拆模后应立即粘贴或埋设测头。试件拆模后，应立即送至温度为20±2℃、相对湿度为95%以上的标准养护室养护。

2. 试验设备应符合的规定

（1）测量混凝土收缩变形的装置应具有硬钢或石英玻璃制作的标准杆，并应在测量前及测量过程中及时校核仪表的读数。

（2）收缩测量装置可采用下列形式之一：

1）卧式混凝土收缩仪的测量标距应为540mm，并应装有精度为±0.001mm的千分表或测微器。

2）立式混凝土收缩仪的测量标距和测微器同卧式混凝收缩仪。

3）其他形式的变形测量仪表的测量标距不应小于100mm及骨料最大粒径的3倍，并至少能达到±0.001mm的测量精度。

3. 混凝土收缩试验步骤

（1）收缩试验应在恒温恒湿环境中进行，室温应保持在20±2℃，相对湿度应保持在(60±5)%。试件应放置在不吸水的搁架上，底面应架空，每个试件之间的间隙应大于30mm。

（2）测定代表某一混凝土收缩性能的特征值时，试件应在 3d 龄期时（从混凝土搅拌加水时算起）从标准养护室取出，并应立即移入恒温恒湿室测定其初始长度，此后应至少按下列规定的时间间隔测量其变形读数：1d、3d、7d、14d、28d、45d、60d、90d、120d、150d、180d、360d（从移入恒温恒湿室内计时）。

（3）测定混凝土在某一具体条件下的相对收缩值时（包括在徐变试验时的混凝土收缩变形测定）应按要求的条件进行试验。对非标准养护试件，当需要移入恒温恒湿室进行试验时，应先在该室内预置 4h，再测其初始值，测量时应记下试件的初始干湿状态。

（4）收缩测量前应先用标准杆校正仪表的零点，并应在测定过程中至少再复核 1～2 次，其中一次应在全部试件测读完后进行。当复核时发现零点与原值的偏差超过 ±0.001mm时，应调零后重新测量。

（5）试件每次在卧式收缩仪上放置的位置和方向均应保持一致。试件上应标明相应的方向记号。试件在放置及取出时应轻稳仔细，不得碰撞表架及表杆。当发生碰撞时，应取下试件，并应重新以标准杆复核零点。

（6）采用立式混凝土收缩仪时，整套测试装置应放在不易受外部振动影响的地方。读数时宜轻敲仪表或者上下轻轻滑动测头。安装立式混凝土收缩仪的测试台应有减振装置。

（7）接触法引伸仪测量时，应使每次测量时试件与仪表保持相对固定的位置和方向。每次读数应重复 3 次。

4. 混凝土收缩试验结果计算和处理应符合的规定

（1）混凝土收缩率计算：

$$\varepsilon_{st} = \frac{L_0 - L_t}{L_b}$$

式中 ε_{st}——试验期为 t(d) 的混凝土收缩率，t 从测定初始长度时算起；

L_b——试件的测量标距，用混凝土收缩仪测量时应等于两测头内侧的距离，即等于混凝土试件长度（不计测头凸出部分）减去两个测头埋人深度之和（mm），采用接触法引伸仪时，即为仪器的测量标距；

L_0——试件长度的初始读数（mm）；

L_t——试件在试验期为时测得的长度读数（mm）。

（2）每组应取 3 个试件收缩率的算术平均值作为该组混凝土试件的收缩率测定值，计算精确至 1.0×10^{-6}。

（3）作为相互比较的混凝土收缩率值应为不密封试件于 180d 所测得的收缩率值。可将不密封试件于 360d 所测得的收缩率值作为该混凝土的终极收缩率值。

5.5 混凝土配合比设计

5.5.1 普通混凝土配合比设计

混凝土质量的好坏和技术性质在很大程度上是由原材料及其相对含量所决定的，同时也与施工工艺有关。混凝土质量应满足下列基本要求：

（1）满足混凝土结构设计的强度要求；

（2）满足施工所要求的和易性；

（3）具有与工程环境相适应的耐久性。

执行标准：《普通混凝土配合比设计规程》JGJ 55—2011。

1. 设计基本原则和基本规定

（1）混凝土配合比设计应满足混凝土配制强度及其他力学性能、拌合物性能、长期性能和耐久性能的设计要求。混凝土拌合物性能、力学性能、长期性能和耐久性试验方法应分别符合现行国家标准 GB/T 50080、GB/T 50081、GB/T 50082 的规定。

1）和易性；

2）强度；

3）耐久性；

4）经济性。

（2）混凝土配合比设计应采用工程实际使用的原材料；配合比设计所采用的细骨料含水率应小于 0.5%，粗骨料含水率应小于 0.2%。

（3）混凝土最大水胶比应符合表 5-4 的规定。

混凝土最大水胶比 **表 5-4**

环境等级	最大水胶比	最低强度等级	最大氯离子含量（%）	最大碱含量（kg/m³）
一	0.60	C20	0.30	不限制
二 a	0.55	C25	0.20	3.0
二 b	0.50（0.55）	C30（C25）	0.15	
三 a	0.45（0.50）	C35（C30）	0.15	
三 b	0.40	C40	0.10	

注：1. 氯离子含量系指其占胶凝材料总量的百分比；
2. 预应力构件混凝土中的最大氯离子含量为 0.06%；其最低混凝土强度等级宜按表中的规定提高两个等级；
3. 素混凝土构件的水胶比及最低强度等级的要求适当放松；
4. 有可靠工程经验时，二类环境中的最低混凝土强度等级可降低一个等级。

（4）除配制 C15 及其以下强度等级的混凝土外，混凝土最小胶凝材料用量应符合表 5-5 的规定

混凝土的最小胶凝材料用量 **表 5-5**

最大水胶比	最小胶凝材料用量（kg/m³）		
	素混凝土	钢筋混凝土	预应力混凝土
0.60	250	280	300
0.55	280	300	300
0.50	320	320	320
≤0.45	330	330	330

（5）矿物掺合料在混凝土中的掺量应通过试验确定。采用硅酸盐水泥或普通硅酸盐水泥时，钢筋混凝土中矿物掺合料最大掺量应符合表 5-6 的规定，预应力混凝土中矿物掺合料最大掺量应符合表 5-7 的规定。对于大体积混凝土，粉煤灰、粒化高炉矿渣和符合掺合料的最大掺量可增加 5%。采用掺量大于 30%的 C 类粉煤灰的混凝土应以实际使用的水泥和粉煤灰掺量进行安定性检验。

钢筋混凝土中矿物掺合料最大掺量 表 5-6

矿物掺合料种类	水胶比	最大掺量（%）	
		采用硅酸盐水泥时	采用普通硅酸盐水泥时
粉煤灰	≤0.40	45	35
	>0.40	40	30
粒化高炉矿渣粉	≤0.40	65	55
	>0.40	55	45
钢渣粉	—	30	20
磷渣粉	—	30	20
硅灰	—	10	10
复合掺合料	≤0.40	65	55
	>0.40	55	45

注：采用其他通用硅酸盐水泥时，宜将水泥混合材掺量20%以上的混合材量计入矿物掺合料；复合掺合料各组分的掺量不宜超过单掺时的最大掺量；在混合使用两种或两种以上矿物掺合料，矿物掺合料总掺量应符合表5-7中复合掺合料的规定。

预应力混凝土中矿物掺合料最大掺量 表 5-7

矿物掺合料种类	水胶比	最大掺量（%）	
		采用硅酸盐水泥时	采用普通硅酸盐水泥时
粉煤灰	≤0.40	35	30
	>0.40	25	20
粒化高炉矿渣粉	≤0.40	55	45
	>0.40	45	35
钢渣粉	—	20	10
磷渣粉	—	20	10
硅灰	—	10	10
复合掺合料	≤0.40	55	45
	>0.40	45	35

（6）混凝土拌合物中水溶性氯离子最大含量应符合表5-8的规定。

混凝土拌合物中水溶性氯离子最大含量 表 5-8

环境条件	水溶性氯离子最大含量（%，水泥用量的质量百分比）		
	钢筋混凝土	预应力混凝土	素混凝土
干燥环境	0.30	0.06	1.00
潮湿但不含氯离子的环境	0.20		
潮湿且含有氯离子的环境、盐渍土环境	0.10		
除冰盐等侵蚀性物质的腐蚀环境	0.06		

（7）长期处于潮湿或水位变动的寒冷和严寒环境以及盐冻环境的混凝土应掺用引气剂。引气剂掺量应根据混凝土含气量要求经试验确定，混凝土最小含气量应符合表5-9的规定，最大不宜超过7.0%。

混凝土最小含气量 **表 5-9**

粗骨料最大公称粒径（mm）	混凝土最小含气量（%）	
	潮湿或水位变动的寒冷和严寒环境	盐冻环境
40.0	4.5	5.0
25.0	5.0	5.5
20.0	5.5	6.0

（8）对于有预防混凝土碱骨料反应设计要求的工程，宜掺用适量粉煤灰或其他矿物掺合料，混凝土中最大碱含量不应大于 3.0kg/m^3；对于矿物掺合料中粉煤灰的碱含量可取实测值的 1/6，粒化高炉矿渣粉碱含量可取实测值的 1/2。

2. 表示方法

（1）以 1m^3 混凝土中各项材料的质量表示，如水泥 300kg、水 180kg、砂 720kg、石子 1200kg；

（2）以各种材料相互间的重量比表示（以水泥用量为 1），如水泥∶砂∶石∶水＝1∶2.4∶4.0∶0.6。

3. 配合比设计的原理

配合比设计的基本原理建立在混凝土拌合物和硬化混凝土性能变化规律的基础上，配合比设计有：

（1）四个基本变量：胶凝材料、水、砂、石。

（2）三个配合参数：

1）胶凝材料用量与用水量之间的关系，以水胶比表示；

2）砂子和石子用量的关系，以含砂率或砂石比表示；

3）胶凝材料料浆与骨料之间的比例关系，常用单位用水量来反映。

4. 配合比设计的方法

（1）绝对体积法；

（2）假定表观密度法。

5. 配合比设计的步骤

检验和选择原材料→初步配合比→基准配合比→试验室配合比→施工配合比。

（1）初步配合比计算

依据混凝土施工要求的坍落度、设计要求的强度和保证率以及使用环境所要求的耐久性。

1）选择水胶比

水灰比一般根据混凝土强度等级和保证率的要求所确定的试配强度 $f_{cu,0}$ 进行计算，然后根据耐久性的要求进行校核选定。

① 根据混凝土强度要求选择水胶比

a. 混凝土配制强度的确定

当混凝土的设计强度等级小于 C60 时，混凝土配置强度按下式计算：

$$f_{cu,0} \geqslant f_{cu,k} + 1.645\sigma$$

式中 $f_{cu,0}$——混凝土强度要求选择水胶比；

$f_{cu,k}$——混凝土立方体抗压强度标准值，取混凝土的设计强度等级值（MPa）；

σ——混凝土强度标准差（MPa）；

1.645——保证率为95%的保证率系数。

当混凝土的设计强度等级不小于C60时，混凝土配置强度按下式计算：

$$f_{cu,0} \geqslant 1.15 f_{cu,k}$$

b. 标准差σ的确定。当具有近1～3个月的同一品种、同一强度等级混凝土的强度资料，且试件组数不小于30组时；按标准差公式计算；

对于强度等级不大于C30的混凝土，按标准差公式计算值取值，且不小于3.0MPa；对于强度等级大于C30且小于C60的混凝土，按标准差公式计算值取值，且不小于4.0MPa；

当无统计资料时，σ可按表5-10取值。

标准差值（MPa） **表5-10**

混凝土等级	<C20	C25～C45	C50～C55
标准差	4.0	5.0	6.0

c. 试配强度确定后，即可将$f_{cu,0}$代入混凝土强度公式求出水胶比W/B。

当混凝土强度等级小于C60级时，混凝土水胶比按下式计算：

$$W/B = \alpha_a f_b / (f_{cu,0} + \alpha_a \alpha_b f_b)$$

式中 $\alpha_a \alpha_b$——回归系数；

f_b——胶凝材料28d胶砂抗压强度（MPa），可实测，但试验方法应符合现行国家标准《水泥胶砂强度检验方法（ISO法）》GB/T 17671。

回归系数$\alpha_a \alpha_b$根据工程所使用的原材料，通过试验建立的水胶比与混凝土强度关系式来确定。当不具备统计资料时，按表5-11选用。

回归系数 **表5-11**

回归系数	碎石	卵石
α_a	0.53	0.49
α_b	0.20	0.13

f_b：胶凝材料28d胶砂抗压强度（MPa），可实测，且试验方法应现行国家标准《水泥胶砂强度检验方法（ISO法）》GB/T 17671执行。

当f_b无实测值时，可按式下计算：

$$f_b = \gamma_f \gamma_s f_{ce}$$

式中 γ_f、γ_s——粉煤灰影响系数和粒化高炉矿渣影响系数。按表5-12选用粉煤灰影响系数（γ_f）和粒化高炉渣粉影响系数（γ_s）。

影响系数 **表5-12**

掺量	粉煤灰影响系数γ_f	粒化高炉渣粉影响系γ_s
0	1.00	1.00
10	0.85～0.95	1.00
20	0.75～0.85	0.95～1.00
30	0.65～0.75	0.90～1.00

续表

掺量	粉煤灰影响系数 γ_f	粒化高炉渣粉影响系 γ_s
40	0.55～0.65	0.80～0.90
50	—	0.70～0.85

注：采用Ⅰ级、Ⅱ级粉煤灰宜取上限值；

采用S75级粒化高炉矿渣粉宜取下限值，采用S95级粒化高炉矿渣粉宜取上限值，采用S105级粒化高炉矿渣粉可取上限值加0.05；

当超出表中的掺量时，粉煤灰和粒化高炉矿渣影响系数应经试验确定。

f_{ce}——水泥28d压强度实测值（MPa）。

可实测，也可按下列方法确定：

当水泥28d胶砂抗压强度（f_{ce}）无实测值时，可按下式计算：

$$f_{ce}=\gamma_c f_{ce.g}$$

式中 γ_c——水泥强度等级值的富余系数，可按实际统计资料确定；当缺乏实际统计资料时，也可按表5-13选用；

$f_{ce.g}$——水泥强度等级值（MPa）。

水泥强度等级值的富余系数（γ_c） **表5-13**

水泥强度等级值	32.5	42.5	52.5
富余系数	1.12	1.16	1.10

② 根据混凝土耐久性要求校核水胶比

要配制耐久性良好的混凝土，要选用尽可能小的水胶比。《普通混凝土配合比设计规程》JGJ 55—2011规定：混凝土的最大水胶比应符合现行国家标准《混凝土结构设计规范》GB 50010—2010。混凝土的最大水胶比应符合表5-4的规定。

2）计算每立方米混凝土的用水量和外加剂的用量

为了满足混凝土拌合物的流动性要求（表5-14或施工方式的要求），水胶比在0.40～0.80范围时，根据粗骨料的品种、粒径及施工要求的混凝土拌合物稠度，其用水量按表5-15和表5-16选取。混凝土水胶比小于0.40时，可通过试验确定。

混凝土浇筑时的坍落度（mm） **表5-14**

结构种类	坍落度（mm）
基础或地面等的垫层、无配筋的大体积结构（挡土墙、基础等）或配筋稀疏的结构	10～30
板、梁和大型及中型截面的柱子等	30～50
配筋密列的结构（薄壁、斗仓、筒仓、细柱等）	50～70
配筋特密的结构	70～90

注：1. 本表系采用机械振捣混凝土时的坍落度，当采用了人工捣实混凝土时，其值可适当增大；
2. 当需要配制大坍落度混凝土时，应掺用外加剂。

干硬性混凝土的用水量（kg/m^3） **表5-15**

拌合物稠度		卵石最大公称粒径（mm）			碎石最大公称粒径（mm）		
项目	指标	10.0	20.0	40.0	16.0	20.0	40.0
维勃稠度（S）	16～20	175	160	145	180	170	155
	11～15	180	165	150	185	175	160
	5～10	185	170	155	190	180	165

塑性混凝土的用水量（kg/m^3） 表 5-16

拌合物稠度		卵石最大公称粒径（mm）				碎石最大公称粒径（mm）			
项目	指标	10.0	20.0	31.5	40.0	16.0	20.0	31.5	40.0
坍落度（mm）	10～30	190	170	160	150	200	185	175	105
	35～50	200	180	170	160	210	195	185	175
	55～70	210	190	180	170	220	205	195	185
	75～90	215	195	185	175	230	215	205	195

注：1. 本表用水量系采用中砂时的取值，采用细砂时，每立方米混凝土用水量可增加 5～10kg；采用粗砂时，可减少 5～10kg；
2. 掺用物掺合料和外加剂时，用水量应相应调整。

3）胶凝材料 m_{bo}、矿物掺合料 m_{fo} 和水泥用量 m_{co} 的确定。

① m_{bo} 根据用水量和水胶比按下式计算

$$m_{bo} = m_{wo}/(W/B)$$

算出的胶凝材料用量与表 5-17 中的最小胶凝材料用量比较，进行耐久性校检。选择较大的胶凝材料用量。

混凝土的最小胶凝材料用量 表 5-17

最大水胶比	最小胶凝材料用量（kg/m^3）		
	素混凝土	钢筋混凝土	预应力混凝土
0.60	250	280	300
0.55	280	300	300
0.50	320		
<0.45	330		

② 每立方米混凝土的矿物掺合料用量 m_{fo} 按下式计算

$$m_{fo} = m_{bo}\beta_f$$

式中 β_f——矿物掺合料掺量（%）。

③ 每立方米混凝土的水泥用量 m_{co} 按下式计算

$$m_{co} = m_{bo} - m_{fo}$$

4）选择含砂率 β_s

砂率应根据骨料的技术指标、混凝土拌合物性能和施工要求，参考既有历史资料确定。在缺乏历史资料时，混凝土的砂率的确定应符合下列规定：

① 坍落度小于 10mm 的混凝土，砂率应经试验确定；

② 坍落度为 10～60mm 的混凝土，砂率可根据粗骨料品种、粒径及水胶比按表 5-18 选取。

混凝土的砂率（%） 表 5-18

水胶比	卵石最大公称粒径（mm）			碎石最大公称粒径（mm）		
	10.0	20.0	40.0	16.0	20.0	40.0
0.40	26～32	25～31	24～30	30～35	29～34	27～32
0.50	30～35	29～34	28～33	33～38	32～37	30～35

续表

水胶比	卵石最大公称粒径（mm）			碎石最大公称粒径（mm）		
	10.0	20.0	40.0	16.0	20.0	40.0
0.60	33～38	32～37	31～36	36～41	35～40	33～38
0.70	36～41	35～40	34～39	39～44	38～43	36～41

注：1. 本表数值系中砂的选用砂率，对细砂或粗砂，可相应地减少或增大砂率；
2. 采用人工砂配制混凝土时，砂率可适当增大；
3. 只用一个单粒级粗骨料配制混凝土时，砂率应适当增大。

坍落度大于60mm的混凝土砂率，可经试验确定，也可按坍落度每增大20mm，砂率增大1%的幅度予以调整。

5）砂石用量的确定

① 假定表观密度法

假定混凝土拌合物捣实后的表观密度为已知，

即 $m_{fo}+m_{co}+m_{so}+m_{go}+m_{wo}=m_{cp}$

由 $m_{so}/(m_{so}+m_{go})=\beta_s$

联立求得 m_{so}，m_{go}

m_{cp}——每立方米混凝土拌合物的假定质量（kg），可取2350～2450kg/m³。

② 绝对体积法

$$m_{co}/\rho_c+m_{fo}/\rho_f+m_{so}/\rho_s+m_{go}/\rho_g+m_{wo}/\rho_w+0.01\alpha=1$$
$$m_{co}/(m_{so}+m_{go})=S_p$$

由联立求得 m_{so}，m_{go}

至此：m_{co}，m_{fo}，m_{so}，m_{go}，m_{wo}均已得出，即为初步配合比。

（2）基准配合比的试配、调整与确定

算出初步配合比，是否能够真正满足和易性的要求，砂率是否合理等，都需经过试拌来进行检验，如果试拌结果不符合要求，可视具体情况加以调整。

1）混凝土试配的最小搅拌量按表5-19确定。

混凝土试配的最小搅拌量 **表5-19**

粗骨料最大公称粒径（mm）	拌合物数量
≤31.5	20
40.0	25

2）试配、调整：

按初步配合比试拌。拌匀后做坍落度试验，观察和易性。

如果坍落度太小，则应保持水胶比不变，适当增加胶凝材料浆用量；

如果粘聚性不好，泌水性太大或将落度太大等等，可适当增加砂率。又如坍落度过大，则应保持砂率不变，适当增加砂石用量。

经过试拌调整，就可在满足和易性的条件下，根据所用材料计算出调整后的基准配合比。

（3）试验室配合比的调整与确定

1）基准配合比只是满足和易性要求的配合比，其强度和耐久性不一定符合要求，还需进行检验。

2）检验混凝土强度时，至少应采用三个不同的配合比。除了基准配合比外，还应取两个比基准水胶比个增减 0.05 左右的水胶比值，其用水量均应与基准配合比相同，但砂率可做相应的调整（±0.01）。分别计算用量并制作试块、测定混凝土拌合物的和易性和表观密度。

3）试块在标准养护条件下养护 28d，然后测抗压强度。

4）必要时也可同时制作几组试块，供快速检验或测定早期抗压强度，以便提前定出配合比或供施工拆模参考用。

5）不同水胶比的混凝土强度测定以后，可用作图法或计算法求出与略大于 $f_{cu,0}$ 对应的水胶比值，即可定出混凝土的配合比中各材料用量。

6）计算出混凝土的计算表观密度值 ρ。

7）将混凝土的实测表观密度 ρ 实除以计算表观密度 ρ 计得校正系数 δ。

当 ρ 计与 ρ 实之差的绝对值超过 ρ 计的 2%时，应将以上定出的每项材用量均乘以校正系数 δ，即为最终定出的试验室配合比。

当两者之差小于 2%时，不必进行校正计算，以上定出的配合比即为试验室配合比。

8）配合比调整后，应测定拌合物水溶性氯离子含量，试验结果应符合规程的规定；

9）对耐久性有设计要求的混凝土应进行耐久性试验验证。

注：生产单位可根据常用材料设计出常用的混凝土配合比备用，并应在启用过程中予以验证或调整。遇有下列情况之一时，应重新进行配合比设计：

1. 对混凝土性能有特殊要求时；

2. 水泥、外加剂或矿物掺合料等原材料品种、质量有显著变化时。

（4）施工配合比的确定

试验室配合比是以干燥状态的骨料为基准的。

所谓干燥状态，系指含水率小于 0.5%的细骨料或含水率小于 0.2%的粗骨料。

但现场施工用的骨料，一般都含有一些水分。因此，在现场配料拌合之前，必须快速测定和计算砂石的含水率，在用水量中将这部分水量扣除，而在称量砂石时，相应增大称量。

细骨料校正后称量值 $m_s'=m_s(1+a\%)$；

粗骨料校正后称量值 $m_g'=m_g(1+b\%)$；

水校正后称量值 $m_w'=m_w-m_s\times a\%-m_g\times b\%$；

胶凝材料用量不变。

此时的配合比即为施工配合比。

5.5.2 泵送混凝土配合比设计要点

1. 原材料

（1）泵送混凝土应选用硅酸盐水泥、普通硅酸盐水泥、矿渣硅酸盐水泥和粉煤灰硅酸盐水泥；

（2）粗骨料宜采用连续级配，其针片状颗粒含量不宜大于 10%；

（3）宜采用中砂，其通过 0.315mm 筛孔的颗粒含量不应少于 15%；通过 0.16mm 筛孔的颗粒含量不应少于 5%；

（4）粗骨料的最大粒径与输送管径之比应符合表5-20要求。

表5-20

石子品种	泵送高度（mm）	粗骨料的最大粒径与输送管径之比
碎石	<50	≤1∶3.0
	50～100	≤1∶4.0
	>100	≤1∶5.0
卵石	<50	≤1∶2.5
	50～100	≤1∶3.0
	>100	≤1∶4.0

（5）泵送混凝土应掺用泵送剂或减水剂，并宜掺用粉煤灰或其他活性矿物掺合料。

2. 泵送混凝土试配时的坍落度 T_t

（1）对不同的泵送高度，入泵时混凝土的坍落度 T_p 按表5-21选用。

表5-21

泵送高度（m）	30以下	30～60	60～100	100以上
坍落度（mm）	100～140	140～160	160～180	180～200

（2）根据大气温度考虑混凝土的坍落度经时损失值 ΔT

$$T_t = T_p + \Delta T$$

3. 参数选用

（1）泵送混凝土的用水量与水泥和矿物掺合料的总量之比不宜大于0.60；

（2）泵送混凝土的水泥和矿物掺合料的总量不宜小于 $300kg/m^3$；

（3）泵送混凝土的砂率宜为35%～45%；

（4）掺用引气型外加剂时，其混凝土含气量不宜大于4%；

（5）混凝土的可泵性，可用压力泌水试验结合施工经验进行控制。一般10s时的相对压力泌水率 $S10$ 不宜超过40%。

5.5.3 抗渗混凝土配合比设计要点

1. 原材料

（1）粗骨料宜采用连续级配，其最大粒径不宜大于40mm，含泥量不得大于1.0%，泥块含量不得大于0.5%；

（2）细骨料宜采用中砂，含泥量不得大于3.0%，泥块含量不得大于1.0%；

（3）外加剂宜采用引气剂；引气量宜控制在3.0%～5.0%；

（4）抗渗混凝土宜掺用矿物掺合料，粉煤灰等级应为Ⅰ级或Ⅱ级。

（5）水泥宜为普通硅酸盐水泥。

2. 参数选用

（1）每立方米混凝土中的水泥和矿物掺合料总量不宜小于320kg；

（2）砂率宜为35%～45%；

（3）最大水胶比应符合表5-22规定：

抗渗混凝土最大水胶比　　表 5-22

设计抗渗等级	最大水胶比	
	C20～C30	C30 以上
P6	0.60	0.55
P8～P12	0.55	0.50
＞P12	0.50	0.45

（4）掺用引气剂或引气型外加剂的抗渗混凝土，应进行含气量试验，其含气量宜控制在 3%～5%。

3. 试验要求

（1）试配要求的抗渗水压值比设计值提高 0.2MPa；

（2）宜采用水灰比最大的配合比成型抗渗试件，做抗渗试验；

（3）掺引气剂的混凝土还应进行含气量试验。

5.5.4 抗冻混凝土配合比设计要点

1. 原材料

（1）水泥应采用硅酸盐水泥或普通硅酸盐水泥；

（2）粗骨料宜选用连续级配，其含泥量不得大于 1.0%，泥块含量不得大于 0.5%；

（3）细骨料含泥量不得大于 3.0%，泥块含量不得大于 1.0%；

（4）粗、细骨料均应进行坚固性试验，并应符合现行行业标准《普通混凝土用砂、石质量及检验方法标准》JGJ 52 的规定；

（5）抗冻等级不小于 F100 的抗冻混凝土宜掺用引气剂；

（6）在钢筋混凝土和预应力混凝土中不得掺用含有氯盐的防冻剂；在预应力混凝土中不得掺用含有亚硝酸盐或碳酸盐的防冻剂。

2. 抗冻混凝土配合比应符合的规定

（1）最大水胶比和最小胶凝材料用量应符合表 5-23 的规定；

最大水胶比和最小胶凝材料用量　　表 5-23

F100	0.50	0.55	320
不低于 F150	—	0.50	350

（2）复合矿物掺合料掺量宜符合表 5-24 的规定；其他矿物掺合料掺量宜符合配合比规程的规定。

复合矿物掺合料最大掺量　　表 5-24

水胶比	最大掺量（%）	
	采用硅酸盐水泥时	采用普通硅酸盐水泥时
＜0.40	60	50
＞0.40	50	40

注：1. 采用其他通用硅酸盐水泥时，可将水泥混合材掺量 20%以上的混合材量计入矿物掺合料；
2. 复合矿物掺合料中各矿物掺合料组分的掺量不宜超过配比规程中单掺时的限量。
3. 掺用引气剂的混凝土最小含气量应符合配合比规程的规定。

5.5.5 高强混凝土配合比设计要点

1. 原材料

（1）水泥应选用硅酸盐水泥或普通硅酸盐水泥；

（2）粗骨料宜采用连续级配，其最大公称粒径不宜大于25.0mm，针片状颗粒含量不宜大于5.0%，含泥量不应大于0.5%，泥块含量不应大于0.2%；

（3）细骨料的细度模数宜为2.6～3.0，含泥量不应大于2.0%，泥块含量不应于0.5%；

（4）宜采用减水率不小于25%的高性能减水剂；

（5）宜复合掺用粒化高炉矿渣粉、粉煤灰和硅灰等矿物掺合料；粉煤灰等级不应低于Ⅱ级，对强度等级不低于C80的高强混凝土宜掺用硅灰。

2. 高强混凝土配合比

应经试验确定，缺乏试验依据的情况下，配合比设计宜符合下列规定：

（1）水胶比、胶凝材料用量和砂率可按表5-25选取，并应经试配确定；

水胶比、胶凝材料用量和砂率 **表5-25**

强度等级	水胶比	胶凝材料用量（kg/m³）	砂率（%）
≥C60，<C80	0.28～0.34	480～560	
≥C80，<C100	0.26～0.28	520～580	35～42
C100	0.24～0.26	550～600	

（2）外加剂和矿物掺合料的品种、掺量，应通过试配确定；矿物掺合料掺量宜为25%～40%；硅灰掺量不宜大于10%；

（3）水泥用量不宜大于500kg/m³。

3. 高强混凝土试配

在试配过程中，应采用三个不同的配合比进行混凝土强度试验，其中一个可为依据上表计算后调整拌合物的试拌配合比，另外两个配合比的水胶比，宜较试拌配合比分别增加和减少0.02。

4. 高强混凝土试配结果检验

高强混凝土设计配合比确定后，尚应采用该配合比进行不少于三盘混凝土的重复试验，每盘混凝土应至少成型一组试件，每组混凝土的抗压强度不应低于配制强度。

5. 高强混凝土试件尺寸

高强混凝土抗压强度测定宜采用标准尺寸试件，使用非标准尺寸试件时，尺寸折算系数应经试验确定。

5.5.6 大体积混凝土配合比设计要点

1. 原材料

（1）水泥宜采用中、低热硅酸盐水泥或低热矿渣硅酸盐水泥，水泥的3d和7d水化热应符合现行国家标准《中热硅酸盐水泥　低热硅酸盐水泥　低热矿渣硅酸盐水泥》GB 200规定。当采用硅酸盐水泥或普通硅酸盐水泥时，应掺加矿物掺合料，胶凝材料的3d和7d水化热分别不宜大于240kJ/kg和270kJ/kg。水化热试验方法应按现行国家标准《水泥水化热测定方法》GB/T 12959执行。

(2) 粗骨料宜为连续级配，最大公称粒径不宜小于 31.5mm，含泥量不应大于 1.0%。

(3) 细骨料宜采用中砂，含泥量不应大于 3.0%。

(4) 宜掺用矿物掺合料和缓凝型减水剂。

2. 当采用混凝土 60d 或 90d 龄期的设计强度时，宜采用标准尺寸试件进行抗压强度试验。

3. 大体积混凝土配合比应符合下列规定：

(1) 水胶比不宜大于 0.55，用水量不宜大于 175kg/m^3；

(2) 在保证混凝土性能要求的前提下，宜提高每立方米混凝土中的粗骨料用量；砂率宜为 38%～42%；

(3) 在保证混凝土性能要求的前提下，应减少胶凝材料中的水泥用量，提高矿物掺合料掺量，矿物掺合料掺量应符合配比规程第 3.0.5 条的规定。

4. 在配合比试配和调整时，控制混凝土绝热温升不宜大于 50℃。

5. 大体积混凝土配合比应满足施工对混凝土凝结时间的要求。

5.5.7 地下防水混凝土配合比设计

防水混凝土适用于抗渗等级不小于 P6 的地下混凝土结构。不适用于环境温度高于 80℃的地下工程。处于侵蚀性介质中，防水混凝土的耐侵蚀性要求应符合现行国家标准《工业建筑防腐蚀设计规范》GB 50046 和《混凝土结构耐久性设计规范》GB 50476 的有关规定。

1. 原材料

(1) 水泥：

1) 宜采用普通硅酸盐水泥或硅酸盐水泥，采用其他品种水泥时应经试验确定；

2) 在受侵蚀性介质作用时，应按介质的性质选用相应的水泥品种；

3) 不得使用过期或受潮结块的水泥，并不得将不同品种或强度等级的水泥混合使用。

(2) 砂、石：

1) 砂宜选用中粗砂，含泥量不应大于 3.0%，泥块含量不宜大于 1.0%；

2) 不宜使用海砂；在没有使用河砂的条件时，应对海砂进行处理后才能使用，且控制氯离子含量不得大于 0.06%；

3) 碎石或卵石的粒径宜为 5～40mm，含泥量不应大于 1.0%，泥块含量不应大于 0.5%；

4) 对长期处于潮湿环境的重要结构混凝土用砂、石，应进行碱活性检验。

(3) 矿物掺合料：

1) 粉煤灰的级别不应低于 E 级，烧失量不应大于 5%；

2) 硅粉的比表面积不应小于 15000m^2/kg，SiO_2 含量不应小于 85%；

3) 粒化高炉矿渣粉的品质要求应符合现行国家标准《用于水泥和混凝土中的粒化高炉矿渣粉》GB/T 18046 的有关规定。

(4) 混凝土拌合用水：应符合现行行业标准《混凝土用水标准》JGJ 63 的有关规定。

(5) 外加剂：

1) 外加剂的品种和用量应经试验确定，所用外加剂应符合现行国家标准《混凝土外加剂应用技术规范》GB 50119 的质量规定；

2）掺加引气剂或引气型减水剂的混凝土，其含气量宜控制在3%～5%；

3）考虑外加剂对硬化混凝土收缩性能的影响；

4）严禁使用对人体产生危害、对环境产生污染的外加剂。

2. 防水混凝土的配合比

应经试验确定并应符合下列规定：

(1) 试配要求的抗渗水压值应比设计值提高0.2MPa；

(2) 混凝土胶凝材料总量不宜小于320kg/m^3，其中水泥用量不宜小于260kg/m^3，粉煤灰掺量宜为胶凝材料总量的20%～30%，硅粉的掺量宜为胶凝材料总量的2%～5%；

(3) 水胶比不得大于0.50，有侵蚀性介质时水胶比不宜大于0.45；

(4) 砂率宜为35%～40%，泵送时可增至45%；

(5) 灰砂比宜为1：1.5～1：2.5；

(6) 混凝土拌合物的氯离子含量不应超过胶凝材料总量的0.1%；混凝土中各类材料的总碱量即Na_2O当量不得大于3kg/m^3。

3. 防水混凝土的坍落度应符合的规定

防水混凝土采用预拌混凝土时，入泵坍落度宜控制在120mm～160mm，坍落度每小时损失不应大于20mm，坍落度总损失值不应大于40mm。在设计许可的情况下，掺粉煤灰混凝土设计强度等级的龄期宜为60d或90d。

5.6 混凝土的强度评定

1. 混凝土的取样

(1) 混凝土强度试件应在混凝土的浇筑地点随机抽取；

(2) 每100盘，但不超过100m^{3}的同配合比混凝土，取样次数不应少于一次；

(3) 每一工作班拌制的同配合比混凝土，不足100盘和100m^{3}时其取样次数不应少于一次；

(4) 当一次连续浇筑的同配合比混凝土超过1000m^{3}时，每200m^{3}取样不应少于一次；

(5) 对房屋建筑，每一楼层、同一配合比的混凝土，取样不应少于一次；

(6) 每批混凝土试件应制作的试件总组数，除满足评定必需的组数外，还应留置为检验结果或构件施工阶段混凝土强度所必需的试件，其养护条件应与结构或构件相同，它的强度只作为评定结构或构件能否继续施工的依据，两类试件不得混同。

2. 混凝土试件的制作、养护和试验

(1) 对掺矿物掺合料的混凝土进行强度评定时，可根据设计规定，可采用大于28d龄期的混凝土强度，具体龄期应由设计部门规定。

(2) 当混凝土强度等级不低于C60时，宜采用标准尺寸试件；使用非标准尺寸试件时，尺寸换算系数应由试验确定，其试件数量不应少于30对组。

3. 统计方法评定

对大批量、连续生产混凝土的强度应按统计方法评定。

(1) 当连续生产的混凝土，生产条件在较长时间内保持一致，且同一品种、同一强度等级混凝土的强度变异性保持稳定时，应按下列规定进行评定（标准差已知方案）（预制构件厂可采用标准差已知方案）：

一个检验批的样本容量应为连续的 3 组试件，其强度应同时符合下式的规定：

$$mf_{cu} \geqslant f_{cu,k} + 0.7\sigma_0$$

$$f_{cu,\min} \geqslant f_{cu,k} - 0.7\sigma_0$$

检验批混凝土立方体抗压强度的标准差应按下式计算：

$$\sigma_0 = \sqrt{\frac{\sum_{i=1}^{n}(f_{cu,i} - mf_{cu})^2}{n-1}}$$

当混凝土强度等级不高于 C20 时，其强度的最小值尚应满足下式要求：

$$f_{cu,\min} \geqslant 0.85 f_{cu,k}$$

当混凝土强度等级高于 C20 时，其强度的最小值尚应满足下式的要求：

$$f_{cu,\min} \geqslant 0.9 f_{cu,k}$$

式中 mf_{cu}——同一检验批混凝土立方体抗压强度的平均值（N/mm^2），精确到 0.1（N/mm^2）；

$f_{cu,k}$——混凝土立方体抗压强度标准值（N/mm^2），精确到 0.1（N/mm^2）；

σ_0——检验批混凝土立方体抗压强度的标准差（N/mm^2），精确至 0.01（N/mm^2）；当检验批混凝土强度标准差 σ_0 计算值小于 2.5N/mm^2 时，应取 2.5N/mm^2；

$f_{cu,i}$——前一个检验期内同一品种、同一强度等级的第 i 组混凝土试件的立方体抗压强度代表值（N/mm^2），精确到 0.1（N/mm^2）；该检验期不应少于 60d，也不得大于 90d；

n——前一检验期内的样本容量，在该期间内样本容量不应少于 45；

$f_{cu,\min}$——同一检验批混凝土立方体抗压强度的最小值（N/mm^2），精确到 0.1（N/mm^2）。

（2）标准差未知方案：

当样本容量不少于 10 组时，其强度应同时满足如下公式要求：

$$mf_{cu} \geqslant f_{cu,k} + \lambda_1 \cdot Sf_{cu}$$

$$f_{cu,\min} \geqslant \lambda_2 \cdot f_{cu,k}$$

同一检验批混凝土立方体抗压强度的标准差应按下式计算：

$$S_{f_{cu}} = \sqrt{\frac{\sum_{i=1}^{n}(f_{cu,i} - mf_{cu})^2}{n-1}}$$

式中 $S_{f_{cu}}$——同一检验批混凝土立方体抗压强度的标准差（N/mm^2），精确到 0.01（N/mm^2）；

当检验批混凝土强度标准差 $S_{f_{cu}}$ 计算值小于 2.5N/mm^2 时，应取 2.5N/mm^2；

λ_1，λ_2——合格评定系数，按表 5-26 取用；

N——本检验期内的样本容量。

混凝土强度的合格评定系数 **表 5-26**

试件组数	10～14	15～19	≥20
λ_1	1.15	1.05	0.95
λ_2	0.90	0.85	

4. 非统计方法评定

当用于评定的样本容量小于 10 组时，应采用非统计方法评定混凝土强度。按非统计方法评定混凝土强度时，其强度应同时符合下式的规定：

$$mf_{cu} \geqslant f_{cu,k} + \lambda_3 \cdot Sf_{cu}$$

$$f_{cu,\min} \geqslant \lambda_4 \cdot f_{cu,k}$$

式中 λ_3，λ_4——合格评定系数，应按表 5-27 取用。

混凝土强度的非统计法合格评定系数 **表 5-27**

试件组数	<C60	≥C60
λ_3	1.15	1.10
λ_4	0.95	

当检验结果满足规定时，则该批混凝土强度应评定为合格；当不能满足规定时，该批混凝土强度应评定为不合格。

对评定不合格的混凝土，可按国家现行的有关标准进行处理。

5.7 现行标准

1.《混凝土质量控制标准》GB 50164—2011
2.《预拌混凝土》GB/T 14902—2012
3.《普通混凝土拌合物性能试验方法标准》GB/T 50080—2002
4.《普通混凝土力学性能试验方法标准》GB/T 50081—2002
5.《普通混凝土长期性能和耐久性能试验方法标准》GB/T 50082—2009
6.《锚杆喷射混凝土支护技术规范》GB 50086—2001
7.《钻芯检测离心高强混凝土抗压强度试验方法》GB/T 19496—2004
8.《混凝土结构工程施工质量验收规范》GB 50204—2015
9.《混凝土结构试验方法标准》GB/T 50152—2012
10.《混凝土结构设计规范》GB 50010—2010
11.《先张法预应力混凝土管桩》GB 13476—2009
12.《混凝土结构现场检测技术标准》GB/T 50784—2013
13.《轻骨料混凝土技术规程》JGJ 51—2002
14.《普通混凝土配合比设计规程》JGJ 55—2011
15.《早期推定混凝土强度试验方法标准》JGJ/T 15—2008
16.《钻芯法检测混凝土强度技术规程》CECS03：2007
17.《混凝土结构耐久性评定标准》CECS220：2007
18.《混凝土强度检验评定标准》GB/T 50107—2010
19.《混凝土用水标准》JGJ 63—2006
20.《高层建筑混凝土结构技术规程》JGJ 3—2010
21.《回弹法检测混凝土抗压强度技术规程》JGJ 7T23—2011
22.《自密实混凝土应用技术规程》CECS203：2006

23.《水工混凝土施工规范》DL/T 5144—2001
24.《高强混凝土结构技术规程》CECS104：99
25.《高性能混凝土应用技术规程》CECS207：2006
26.《水运工程混凝土试验规程》JTJ 270—98
27.《清水混凝土应用技术规程》JGJ 169—2009
28.《混凝土耐久性检验评定标准》JGJ/T 193—2009
29.《透水水泥混凝土路面技术规程》CJJ/T 135—2009
30.《喷射混凝土施工技术规程》YBJ 226—1991
31.《混凝土泵送施工技术规程》JG—J/T 10—2011

5.8 练习题

一、单选题

1. 混凝土的强度等级是根据混凝土（　　）划分的。

A. 立方体抗压强度　　B. 立方体抗折强度
C. 棱柱体抗压强度　　D. 立方体抗压强度标准值

2.《普通混凝土力学性能试验方法标准》GB/T 50081 规定：当混凝土强度等级低于C30 时，混凝土抗压强度测试时的加荷速度为（　　）。

A. 0.2～0.3MPa/s　　B. 0.3～0.5MPa/s
C. 0.5～0.8MPa/s　　D. 0.8～1.0MPa/s

3. 油库、水塔、路面以及预应力混凝土构件的设计中，（　　）是确定混凝土抗裂度的主要指标。

A. 抗压强度　　B. 抗折强度
C. 抗拉强度　　D. 混凝土的收缩

4.《普通混凝土力学性能试验方法标准》GB/T 50081 规定：混凝土的初凝时间和终凝时间对应的贯入阻力分别为（　　）。

A. 3.0MPa 和 25MPa　　B. 3.5MPa 和 25MPa
C. 3.0MPa 和 28MPa　　D. 3.5MPa 和 28MPa

5.《普通混凝土力学性能试验方法标准》GB/T 50081 规定：混凝土强度等级＜C60 时，采用 100mm×100mm×100mm 非标准试件测得的劈裂抗拉强度值，应乘以尺寸换算系数（　　）。

A. 0.85　　B. 0.95　　C. 1.05　　D. 1.10

6.《普通混凝土力学性能试验方法标准》GB/T 50081 规定：混凝土强度等级＜C60 时，采用 100mm×100mm×400mm 非标准试件测得的抗折强度值，应乘以尺寸换算系数（　　）。

A. 0.85　　B. 0.95　　C. 1.05　　D. 1.10

7. 大体积混凝土配合比设计时，在配合比试配和调整时，控制混凝土绝热温升不宜大于（　　）。

A. 40℃　　B. 50℃　　C. 60℃　　D. 70℃

8.《混凝土质量控制标准》GB 50164 要求，冬期施工时混凝土受冻前的强度等级不得低于（　　）。

A. 3MPa　　B. 4MPa　　C. 5MPa　　D. 6MPa

9.《混凝土质量控制标准》GB 50164 要求，冬期施工时混凝土强度达到设计等级的（　　）时，方可撤销养护措施。

A. 40%　　B. 50%　　C. 60%　　D. 70%

10.《混凝土结构工程施工规范》GB 50666 规定，在覆盖养护或带模养护阶段，混凝土浇筑体表面以内 40～100mm 位置处的温度与混凝土浇筑体表面温差值不应大于（　　）。

A. 20℃　　B. 25℃　　C. 30℃　　D. 50℃

11.《普通混凝土拌合物性能试验方法标准》GB/T 50080 规定：在试验室制备混凝土拌合物时，拌合时试验室的温度应保持在（　　），所用材料的温度应与试验室温度保持一致。

A. 20±2℃　　B. 20±3℃　　C. 20±4℃　　D. 20±5℃

12. 当混凝土拌合物的坍落度大于 220mm 时，用钢尺测量混凝土的坍落扩展度值，坍落扩展度为（　　）。

A. 坍落后混凝土最大直径

B. 坍落后混凝土最小直径

C. 坍落后混凝土最大直径和最小直径的算术平均值

D. 在坍落后混凝土最大直径和最小直径之差小于 50mm 的条件下，取其算术平均值

13.《普通混凝土力学性能试验方法标准》GB/T 50081 规定：混凝土抗折强度的标准试件尺寸为（　　）。

A. 边长为 150mm×150mm×450mm 的棱柱体试件

B. 边长为 150mm×150mm×550mm 的棱柱体试件

C. 边长为 100mm×100mm×300mm 的棱柱体试件

D. 边长为 100mm×100mm×400mm 的棱柱体试件

14.《普通混凝土长期性能和耐久性能试验方法标准》GB/T 50082 规定：混凝土凝土的抗渗等级应以每组 6 个试件中有（　　）个试件未出现渗水时的最大水压力乘以 10 来确定。

A. 2　　B. 3　　C. 4　　D. 5

15.《普通混凝土配合比设计规程》JGJ 55 中，混凝土的可泵性，可用压力泌水试验结合施工经验进行控制。一般 10s 时的相对压力泌水率 S10 不宜超过（　　）。

A. 35%　　B. 40%　　C. 45%　　D. 45%

16.《地下防水工程质量验收规范》GB 50208 的要求防水混凝土采用预拌混凝土时，入泵坍落度宜控制在（　　）。

A. 120～160mm　　B. 150～180mm

C. 180～200mm　　D. 180～220mm

17.《混凝土结构工程施工质量验收规范》GB 50204 规定，混凝土强度检验时的等效养护龄期可取日平均温度逐日累计达到（　　）时所对应的龄期，且不应小于 14d。日平均温度为 0℃及以下的龄期不计入。

A. 400℃. d　　B. 500℃. d　　C. 600℃. d　　D. 700℃. d

18.《混凝土结构工程施工规范》GB 50666 规定，大体积混凝土施工时，应对混凝土进行温度控制，混凝土入模温度不宜大于（　　）。

A. 20℃　　B. 25℃　　C. 30℃　　D. 50℃

19.《混凝土结构工程施工规范》GB 50666 规定，大体积混凝土施工时，应对混凝土进行温度控制，混凝土浇筑体最大温升值不宜大于（　　）。

A. 20℃　　B. 25℃　　C. 30℃　　D. 50℃

20.《普通混凝土拌合物性能试验方法标准》GB/T 50080 规定：试验压力试验机除应符合《液压式压力试验机》GB/T 3722 及《试验机通用技术要求》GB/T 2611 中技术要求外，其测量精度为±1%，试件破坏荷载应处在压力机全量程的（　　）的范围内。

A. 15%～85%　　B. 20%～80%　　C. 10%～90%　　D. 25%～75%

二、多选题

1. 以下混凝土种类按生产和施工方法分类的是（　　）。

A. 预拌混凝土　　B. 压力灌浆混凝土

C. 流动性混凝土　　D. 重混凝土

E. 泵送混凝土

2. 以下（　　）属于混凝土拌合物的和易性。

A. 流动性　　B. 粘聚性　　C. 保水性　　D. 收缩性

E. 防水性

3. 混凝土按强度可分为：（　　）。

A. 普通混凝土　　B. 低强混凝土

C. 高强混凝土　　D. 超高强混凝土

E. 大体积混凝土

4. 从混凝土应用出发，混凝土应具有以下三方面的基本性能（　　）。

A. 新拌混凝土应有满足工程施工要求的和易性

B. 价格低廉性

C. 硬化混凝土应具有满足工程设计的强度

D. 具有与工程寿命相适应的耐久性

E. 具有可泵性

5. 混凝土浇筑后的早期可能发生的相关现象包括（　　）。

A. 泌水　　B. 离析　　C. 塑性沉降　　D. 塑性收缩

E. 裂缝

6.《普通混凝土拌合物性能试验方法标准》GB/T 50080 规定：贯入阻力法来确定坍落度不为零的混凝土拌合物凝结时间采用的混凝土贯入阻力仪的测针承压面积分别为（　　）。

A. $200mm^2$　　B. $100mm^2$　　C. $50mm^2$　　D. $20mm^2$

E. $10mm^2$

7. 混凝土配合比设计的基本原则包括（　　）。

A. 和易性　　B. 强度　　C. 耐久性　　D. 可靠性

E. 经济性

8. 普通混凝土配合比设计的三个配合参数包括（　　）。

A. 水胶比　　B. 含砂率或砂石比　　C. 单位用水量　　D. 经济性

E. 水泥用量

9.《混凝土质量控制标准》GB 50164 要求，混凝土中粗骨料的主控项目包括（　　）。

A. 颗粒级配　　B. 针片状含量

C. 含泥量、泥块含量　　D. 压碎指标、坚固性

E. 以上都是

10.《普通混凝土长期性能和耐久性能试验方法标准》GB/T 50082 规定：慢冻法进行混凝土抗冻试验时，当冻融循环出现下列（　　）情况之一时，可停止试验。

A. 已达到规定的循环次数　　B. 抗压强度损失率已达到 25%

C. 重量损失率已达到 5%　　D. 试件的相对动弹性模量下降到 60%

E. 以上条件均需达到

11.《普通混凝土长期性能和耐久性能试验方法标准》GB/T 50082 规定：快冻法进行混凝土抗冻试验时，当冻融循环出现下列（　　）情况之一时，可停止试验。

A. 达到规定的冻融循环次数　　B. 抗压强度损失率已达到 25%

C. 试件的重量损失率大 5%　　D. 试件的相对动弹性模量下降到 60%

E. 以上条件均需达到

12. 温度、湿度和养护时间是养护过程中需控制的三大要素，混凝土抗压强度与强度增长情况，是判断养护制度与措施是否合理的重要评价指标。根据养护时的温度和湿度条件，养护类型可分为（　　）。

A. 标准养护　　B. 自然养护　　C. 水中养护　　D. 加速养护

E. 蒸汽养护

三、简答题

1. 混凝土按强度是怎样分类的？
2. 什么是混凝土的和易性？它包含哪三个方面的含义？这三个方面分别是怎样定义的？
3. 影响混凝土和易性的主要因素有哪些？
4. 配制混凝土时，其合理砂率的选用原则是什么？
5. 简述离析和泌水对混凝土的影响？
6. 试述减少混凝土离析和泌水的措施？
7. 试述混凝土浇筑后养护的作用和控制要素？
8. 混凝土浇筑后的自然养护措施有哪些？
9. 试述影响混凝土强度的影响因素有哪些？
10. 碳化对混凝土及其结构有哪些影响？
11. 何谓混凝土碱骨料反应？有哪几种反应形式？对混凝土会造成什么影响？
12. 抑制混凝土碱骨料反应的主要措施有哪些？
13. 提高混凝土耐久性的主要措施有哪些？
14. 简述混凝土坍落度试验过程？坍落度试验后，如何观察黏聚性和保水性？
15. 在进行混凝土凝结时间试验时，混凝土的初凝和混凝土的终凝是如何确定的？
16. 慢冻法进行混凝土抗冻性试验时，其抗冻标号是怎么确定的？
17. 初步配合比设计完成后，怎样确定基准配合比？

18. 简述泵送混凝土对原材料的要求？

答案：

一、单选题

1. A 2. B 3. C 4. D 5. A 6. A 7. B 8. C 9. B 10. B 11. D 12. D 13. B 14. C 15. B 16. A 17. C 18. C 19. D 20. B

二、多选题

1. ABE 2. ABC 3. ACD 4. ACD 5. ABCD 6. BCD 7. ABCE 8. ABC 9. ABCD 10. ABC 11. ABD 12. ABD

第6章　砌筑材料

6.1　概述及相关术语

6.1.1　概述

砌体结构从古至今经历了一个漫长的发展过程。早在远古时代，人类就用天然石块建造栖身之所；约在八千年前，人类就会使用晒干的泥土作为建筑材料；五千年前，人类已采用经凿琢的石材建造房屋、城堡、陵墓和神庙；三千年前，出现了烧制砖；公元1824年水泥问世，为砌块的生产、运用奠定了基础，混凝土砌块自1882年生产应用至今，已有一百多年历史。提起砖瓦的历史，人们总会想到“秦砖汉瓦”。传统上的砖指的是烧结黏土砖。由于烧结黏土砖破坏了大量的耕地资源，目前，我国已禁止使用烧结黏土实心砖，鼓励利用工农业固体废弃物如粉煤灰、煤矸石、污泥、工业副产石膏等生产轻质高强多功能的新型环保墙体材料。墙体材料是建筑材料中用量最大的一类材料，按照重量计算在一般民用建筑中可达70%以上。墙体材料种类繁多，可分为砌体结构墙体和墙板结构墙体两大类，其中砌体结构墙体的应用历史久远，到目前为止仍然是主要的墙体组成材料，砌体的主要类型为砖和砌块。

6.1.2　相关术语

（1）砌体结构：由块体和砂浆砌筑而成的墙、柱作为建筑物主要受力构件的结构。是砖砌体、砌块砌体和石砌体结构的统称。

（2）墙体材料：墙体材料是指用来砌筑、拼装或用其他方法构成承重或非承重墙的材料。

（3）砖：建筑用的人造小型块材。外形多为直角六面体，也有各种异形的。其长度不超过365mm，宽度不超过240mm，高度不超过115mm。

（4）烧结砖：凡以黏土、页岩、煤矸石或粉煤灰为原料，经成型和高温焙烧而制得的用于砌筑承重和非承重墙体的砖统称为烧结砖。

（5）烧结普通砖：凡以黏土、页岩、煤矸石、粉煤灰为主要原料，经过制备，成型、干燥和灼烧而成的实心或孔洞率不大于15%的砖。

（6）实心砖：无孔洞或孔洞率小于25%的砖。

（7）微孔砖：通过掺入成孔材料（如聚苯乙烯微珠、锯末等）经焙烧，在砖内形成微孔的砖。

（8）多孔砖：孔洞率等于或大于25%，孔的尺寸小而数量多的砖。常用于承重部位。

（9）空心砖：孔洞率等于或大于40%，孔的尺寸大而数量少的砖。常用于非承重部位。

（10）非烧结砖：没有经过高温烧结的砖称为非烧结砖，如蒸养砖。目前在土木工程中应用较多的是蒸养砖，蒸养砖是以石灰、电石废渣等钙质材料和砂、粉煤灰、炉渣等硅质材料经挤压成型，在常压或高压下蒸养而制成的砖。

（11）砌块：建筑用的人造块材，外形多为直角六面体，也有各种异性的。砌块系列中主规格的长度、宽度或高度有一项或一项以上分别大于 365mm、240mm 或 115mm。但高度不大于长度或宽度的六倍，长度不超过宽度的三倍。

（12）小型砌块：系列中主规格的高度大于 115mm 而又小于 380mm 的砌块。包括普通混凝土小型空心砌块、轻骨料混凝土小型空心砌块、蒸压加气混凝土砌块等。简称小砌块。

（13）中型砌块：系列中主规格的高度为 380～980mm 的砌块。

（14）大型砌块：系列中主规格的高度大于 980mm 的砌块。

6.1.3 砌墙砖

砌墙砖系指以黏土、工业废料或其他地方资源为主要原料，以不同工艺制造的，用于砌筑承重和非承重墙体的墙砖。按照生产工艺的不同，砖可分为烧结砖和非烧结砖。

6.2 烧结砖

6.2.1 烧结砖概述

凡以黏土、页岩、煤矸石、粉煤灰、江河淤泥和固体废弃物等为主要原料，经成型和高温焙烧而制得的用于砌筑承重和非承重墙体的砖统称为烧结砖。

烧结砖的分类：

（1）按原料不同分为：烧结普通黏土砖（N）、烧结粉煤灰砖（F）、烧结煤矸石砖（M）、烧结页岩砖（Y）、淤泥砖（U）和固体废弃物砖（G）。

（2）按孔洞率和孔特征分类：烧结普通砖、烧结多孔砖、烧结空心砖。

（3）按烧结燃料投放方式分为外燃砖和内燃砖。

（4）按烧结质量分为正火砖、欠火砖和过火砖。

（5）按烧制后的颜色分为红砖和青砖。

6.2.2 烧结普通砖的技术要求

烧结普通砖的外形为直角六面体，公称尺寸为：240mm×115mm×53mm，按技术指标分为优等品（A）、一等品（B）和合格品（C）三个质量等级，抗压强度分为 MU30、MU25、MU20、MU15、MU10 五个强度等级。

1. 尺寸允许偏差

烧结普通砖的尺寸允许偏差应符合表 6-1 的规定。

烧结普通砖的尺寸允许偏差（mm） **表 6-1**

公称尺寸	优等品		一等品		合格品	
	样本平均偏差	样本极差≤	样本平均偏差	样本极差≤	样本平均偏差	样本极差≤
240	±2.0	6	+2.5	7	±3.0	8
115	±1.5	5	±2.0	6	±2.5	7
53	±1.5	4	±1.6	5	±2.0	6

2. 外观质量

烧结普通砖的外观质量应符合表 6-2 的规定。

烧结普通砖的外观质量（mm） **表 6-2**

项目		优等品	一等品	合格品
两条面高度差		2	3	4
弯曲		2	3	4
杂质凸出高度		2	3	4
缺棱掉角的三个破坏尺寸不得同时大于		5	20	30
裂纹长度≤	a. 大面上宽度方向及延伸至条面的长度	30	60	80
	b. 大面上长度方向及延伸至顶面的长度或条顶面上水平裂纹的长度	50	80	100
完整面 a 不得少于		二条面和二顶面	一条面和一顶面	—
颜色		基本一致	—	—

注：为装饰面施加的色差，凹凸纹、拉毛、压花等不算作缺陷。

凡有下列缺陷之一者，不得称作完整面。

1. 缺陷在条面或顶面上造成的破坏面尺寸同时大于 10mm×10mm。
2. 条面或顶面上裂纹宽度大于 1mm，其长度超过 30mm。
3. 压线、粘底、焦花在条面或顶面上的凹陷或凸出超过 2mm，区域尺寸同时大于 10mm×10mm。

3. 强度等级

烧结普通砖的强度等级应符合表 6-3 的规定。

烧结普通砖的强度等级（MPa） **表 6-3**

强度等级	抗压强度平均值	变异系数	变异系数
		强度标准值	单块最小抗压强度值
MU30	30.0	22.0	25.0
MU25	25.0	18.0	22.0
MU20	20.0	14.0	16.0
MU15	15.0	10.0	12.0
MU10	10.0	6.5	7.5

4. 泛霜

泛霜是指黏土原料中的可溶性盐（如 Na_2SO_4）在砖的使用过程中，随着砖内水分的进入和蒸发而在砖的表面产生的盐析现象，一般为白色霜样粉状物（图 6-1）。

泛霜不仅有损于墙面外观，而且结晶物的体积膨胀也会引起砖表层的疏松，同时破坏砖与砂浆的粘结。

图 6-1 泛霜

按标准规定，每块砖应符合下列要求：

优等品：无泛霜；

一等品：不允许出现中等泛霜；

合格品：不允许出现严重泛霜。

5. 石灰爆裂

石灰爆裂是指当砖的原料土或掺入的内燃料

中夹杂有石灰质（$CaCO_3$）成分，烧砖时它们会被烧成过火石灰（CaO）留在砖中，这些过火石灰在砖内逐渐吸收水分熟化时产生体积膨胀，从而导致胀裂破坏，使砖砌体强度降低，直至破坏（图 6-2）。

图 6-2 严重石灰爆裂导致砖体碎

石灰爆裂对砖砌体影响较大，轻者影响外观，重者降低砖砲体强度，更有些砖在储存一段时间后，尚未施工就会有自裂成碎块的现象。

标准规定：优等品不允许出现最大破坏尺寸大于 2mm 的爆裂区域；

一等品：不允许出顧大飾尺寸大于 10mm 的爆裂区域，2～10mm 的爆裂区域，每组砖样不得多于 15 处；

合格品：不允许出现最大破坏尺寸大于 15mm 的爆裂区域，2～15mm 的爆裂区域，每组砖样不得多于 15 处，其中大于 10mm 的不得多于 7 处。

6. 抗风化性能

抗风化性能是指砖在干湿变化、温度变化、冻融变化等气候条件作用下抵抗破坏的能力；用抗冻性、5h 沸煮吸水率、饱和系数来评定。抗风化性能应符合表 6-4 的要求。

抗风化性能 **表 6-4**

砖种类	严重风化区				严重风化区			
	5h 沸煮泛水率，%≤		饱和系数≤　阳系数<		5h 沸者吸水率，%≤		饱和系数≤	
	平均值	单块最大值	平均值	单块最大值	平均值	单块最大值	平均值	单块最大值
黏土砖	18	20	0.85	0.87	19	20	0.88	0.90
粉煤灰砖	21	23			23	25		
页岩砖	16	18	0.74	0.77	18	20	0.78	0.80
煤矸石砖								

注：粉煤灰掺入量（体积比）小于 30%时，抗风化性能按粘土砖规定。

严重风化地区中黑龙江省、吉林省、辽宁省、内蒙古自治区和新疆维吾尔自治区地区的砖必须进行冻融试验，其他地区的砖抗风化性能符合表 7.5 规定时可不做冻融试验，否则必须进行冻融试验。冻融试验后，每块砖样不允许出现裂纹、分层、掉皮、缺棱、掉角等冻坏现象，质量损失率不得大于 2%。

烧结普通砖是传统的墙体材料，具有较高的强度和耐久性，又因其多孔而具有保温绝热、隔音吸声等优点，因此应用于砌筑建筑物的内墙、外墙、柱、拱、烟囱、沟道及其他构筑物的围护结构。

6.2.3 烧结多孔砖的技术要求

烧结多孔砖外形为直角六面体，常用规格中长度为 290、240、190（mm），宽度为 240、190、180、175、140、115（mm），高度为 90mm。典型尺寸为：240mm×115mm×90mm，190mm×190mm×90mm。抗压强度分为 MU30、MU25、MU20、MU15、MU10 五个强度等级。孔洞率为砖≥28%，砌块≥33%；孔形为矩形条孔或矩形孔，孔宽度≤13mm，孔长度≤40mm；最小壁厚：≥12mm；最小肋厚：≥5mm。

特点：孔位于砖的大面，单孔尺寸小但数量较多，孔洞方向与砖主要受力方向平行。孔洞对砖受压影响较小。

1. 尺寸允许偏差

烧结多孔砖和砌块的尺寸允许偏差应符合表 6-5 的规定。

烧结多孔砖的尺寸允许偏差（mm） **表 6-5**

尺寸	样本平均偏差	样本极差≤
＞400	±3.0	10.0
300～400	±2.5	9.0
200～300	±2.5	8.0
100～200	±2.0	7.0
＜100	±1.5	6.0

2. 外观质量

烧结多孔砖和砌块的外观质量应符合表 6-6 的规定。

烧结多孔砖和砌块的外观质量（mm） **表 6-6**

尺寸	样本平均偏差	样本极差≤
＞400	±3.0	10.0
300～400	±2.5	9.0
200～300	±2.5	8.0
100～200	±2.0	7.0
＜100	±1.5	6.0

3. 密度等级

烧结多孔砖和砌块的密度等级应符合表 6-7 的规定。

烧结多孔砖的密度等级（kg/m³） **表 6-7**

密度等级		砌块砖或砌块干燥表观密度平均值
砖	砌块	
—	900	≤900
1000	1000	900～1000
1100	1100	1000～1100
1200	1200	1100～1200
1300	—	1200～1300

4. 强度等级

烧结多孔砖的强度等级应符合表 6-8 的要求。

烧结多孔砖的强度等级（MPa） **表 6-8**

强度等级	抗压强度平均值	强度标准值
MU30	30.0	22.0
MU25	25.0	18.0
MU20	20.0	14.0
MU15	15.0	10.0
MU10	10.0	6.5

5. 孔型、孔结构和孔洞率

烧结多孔砖的孔型、孔结构和孔洞率应符合表 6-9 的规定。

烧结多孔砖的孔型孔结构及孔洞率 **表 6-9**

孔型	孔洞尺寸（mm）		最小外壁厚（mm）	最小肋厚（mm）	孔洞率（%）		孔洞排列
	孔宽度尺寸 b	孔长度尺寸 L			砖	砌块	
矩形条孔或矩形孔	≤13	≤40	≥12	≥5	≥28	≥33	所有孔宽应相等。孔采用单向或双向交错排列；孔洞排列上下、左右应对称，分布均匀，手抓孔的长度方向尺寸必须平行于砖的条面

注：1. 矩型孔的孔长 L、孔宽 b 满足式 $L \geqslant 3b$ 时，为矩形条孔。
2. 孔四个角应做成过渡圆角，不得做成直尖角。
3. 如设有砌筑砂浆槽，则砌筑砂装槽不计算在孔洞率内。
4. 规格大的砖和砌块应设置手抓孔，手抓孔尺寸为（30～40)mm×(75～85)mm。

6.3 非烧结砖

6.3.1 非烧结砖概述

非烧结砖是以含钙材料（石灰、电石渣等）和含硅材料（砂子、粉煤灰、煤矸石、灰渣、炉渣等）与水拌和，经压制成型，在自然条件下或人工热合成条件下（常压或高压蒸汽养护）反应生成以水化硅酸钙、水化铝酸钙为主要胶结料的硅酸盐建筑制品，又称免烧砖。

根据所用原料不同可分为蒸压灰砂砖、粉煤灰砖、蒸压炉渣砖等。

6.3.2 蒸压灰砂砖

蒸压灰砂砖是用磨细生石灰和天然砂，经混合搅拌、陈化（使生石灰充分熟化）、轮碾、加压成型、蒸压养护（175～191℃，0.8～1.2MPa 的饱和蒸汽）而成。灰砂砖的尺寸为 240mm×115mm×(53mm、90mm、115mm 和 175mm)。其外形尺寸与烧结普通砖相同，颜色有彩色（Co）和本色（N）两类。根据抗压强度、尺寸偏差和外观质量划分为优等品（A)、一等品（B）和合格品（C）三个质量等级。

蒸压灰砂砖按其抗压强度和抗折强度分为 MU25、MU20、MU15 及 MU10 四个级别，各等级的强度指标应符合蒸压灰砂砖的强度指标和抗冻性指标应符合表 6-10 中的规定。

蒸压灰砂砖的强度指标和抗冻性指标 **表 6-10**

强度等级	抗压强度（MPa）		抗折强度（MPa）		抗冻性指标	
	平均值≥	单块值≥	平均值≥	单块值≥	冻后抗压强度（MPa）平均值≥	单块砖的干质量损失（%）≤
MU25	25.0	20.0	5.0	4.0	20.0	2.0
MU20	20.0	16.0	4.0	3.2	16.0	2.0
MU15	15.0	12.0	3.3	2.6	12.0	2.0
MU10	10.0	8.0	2.5	2.0	8.0	2.0

灰砂砖与其他墙体材料相比，强度较高，蓄热能力显著，隔声性能十分优越，属于不

可燃建筑材料，可用于多层混合结构的承重墙体，其中 MU15、MU20、MU25 灰砂砖可用于基础及其他部位，MU10 和 MU7.5 可用于防潮层以上的建筑部位。长期在高于200℃下，受急冷、急热或有酸性介质的环境禁止使用蒸压灰砂砖。灰砂砖表面光滑平整，使用时注意提高砖和砂浆间的粘结力。

6.3.3 粉煤灰砖

粉煤灰砖是以粉煤灰、石灰和水泥为主要原料，掺入适量的石膏、外加剂、颜料和骨料，经坯料制备、压制成型、高压或常压蒸汽养护而制成的实心砖。

粉煤灰砖的尺寸为：240mm×115mm×53mm。按 JC239 的要求：根据外观质量、尺寸偏差、强度等级、和干缩值分为优等品（A）、一等品（B）和合格品（C）三个质量等级。优等品和一等品干燥收缩率不大于 0.65mm/m，合格品干燥收缩率不大于 0.75mm/m。

按抗压强度和抗折强度分为 MU30、MU25、MU20、MU15、MU10 五个强度等级。各等级强度指标和抗冻性指标应符合表 6-11 中的规定。

粉煤灰砖的强度指标和抗冻性指标　　表 6-11

强度等级	抗压强度（MPa）		抗折强度（MPa）		抗冻性指标	
	平均值≥	单块值≥	平均值≥	单块值≥	冻后抗压强度（MPa）平均值≥	单块砖的干质量损失（%）≤
MU30	30.0	24.0	6.2	5.0	24.0	2.0
MU25	25.0	20.0	5.0	4.0	20.0	2.0
MU20	20.0	16.0	4.0	3.2	16.0	2.0
MU15	25.0	12.0	3.3	2.6	12.0	2.0
MU10	10.0	8.0	2.5	2.0	8.0	2.0

注：其他性能指标应符合 JG239 的规定。

蒸压粉煤灰砖可用于工业与民用建筑的基础、墙体。在易受冻融和干湿交替作用的建筑部位必须使用优等品或一等品砖。用于易受冻融作用的建筑部位时要进行抗冻性检验，并采取适当措施，以提高建筑的耐久性；用于粉煤灰砖砌筑的建筑物，应适当增设圈梁及伸缩缝或采取其他措施，以避免或减少收缩裂纹的产生；粉煤灰砖出釜后，应存放一段时间后再用，以减少相当伸缩值；长期受高于 200℃温度作用，或受冷热交替作用，或有酸性侵蚀的建筑部位不得使用粉煤灰砖。

6.3.4 炉渣砖

炉渣砖是以炉渣为主要原料，加入适量石灰、石膏等材料，经混合、压制成型、蒸汽或蒸压养护而制成的实心砖，颜色呈黑灰色。按 JC/T 525 的规定：炉渣砖的公称尺寸为240mm×115mm×53mm，按其抗压强度和抗折强度分为 MU25、MU20、MU15、三个强度级别，各级别的强度指标及抗冻性应符合表 6-12 的规定。

炉渣砖的强度等级及抗冻性　　表 6-12

强度等级	抗压强度	变异系数 $\delta\leqslant0.21$	变异系数 $\delta\geqslant0.21$	抗冻性	
	平均值≥(MPa)	强度标准值≥(MPa)	单块最小抗压强度值≥(MPa)	冻后抗压强度（MPa）平均值≥	单块砖的干质量损失（%）≤
MU25	25.0	19.0	20.0	22.0	2.0
MU20	20.0	14.0	16.0	16.0	2.0
MU15	15.0	10.0	12.0	12.0	2.0

炉渣砖可用于一般工业与农用建筑的墙体和基础。但应注意：用于基础或易受冻融和干湿交替作用的建筑部位必须使用 MU15 及以上的砖；不得用于长期受 200℃以上或受急冷急热或有侵蚀性介质侵蚀的建筑部位。

6.4 砌墙砖试验方法

6.4.1 尺寸测量

1. 量具

砖用卡尺（图 6-3），分度值为 0.5mm。

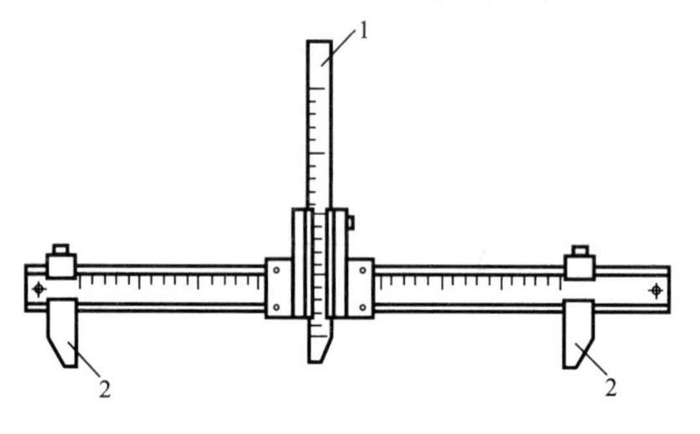

图 6-3 砖用卡尺

1—垂直尺；2—支脚

2. 测量方法

长度应在砖的两个大面的中间处分别测量两个尺寸；宽度应在砖的两个大面的中间处分别测量两个尺寸；高度应在两个条面的中间处分别测量两个尺寸。当被测处有缺损或凸出时，可在其旁边测量，但应选择不利的一侧。精确至 0.5mm。

3. 结果表示

每一方向尺寸以两个测量值的算术平均值表示。

6.4.2 外观质量检查

1. 量具

砖用卡尺：分度值为 0.5mm。

钢直尺：分度值不应大于 1mm。

2. 测量方法

（1）缺损

1）缺棱掉角在砖上造成的破损程度，以破损部分对长、宽、高三个棱边的投影尺寸来度量，称为破坏尺寸。如图 6-4 示。

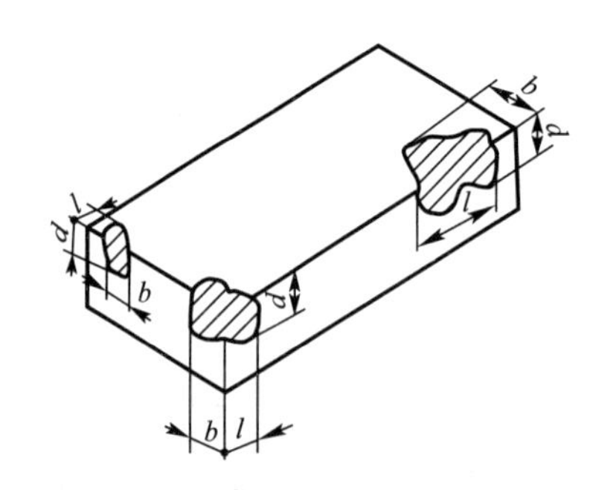

图 6-4 缺棱掉角破坏尺寸量法（mm）

l—长度方向的投影尺寸；b—宽度方向的投影尺寸；d—高度方向的投影尺寸

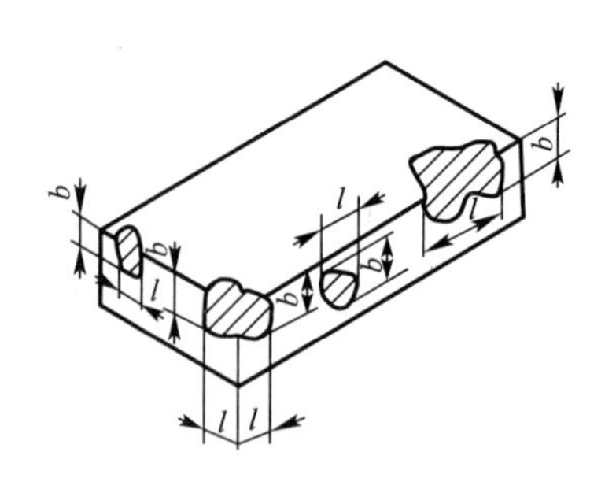

图 6-5 缺棱掉角破坏尺寸量法（mm）

l—长度方向的投影尺寸；

b—宽度方向的投影尺寸

2）缺损造成的破坏面，是指缺损部分对条、顶面（空心砖为条、大面）的投影面积，如图 6-5 所示。空心砖内壁残缺及肋残缺尺寸，以长度方向的投影尺寸来度量。

（2）裂纹

1）裂纹分为长度方向、宽度方向和水平方向三种，以被测方向的投影长度表示。如果裂纹从一个面延伸至其他面上时，则累计其延伸的投影长度，如图 6-6 所示。

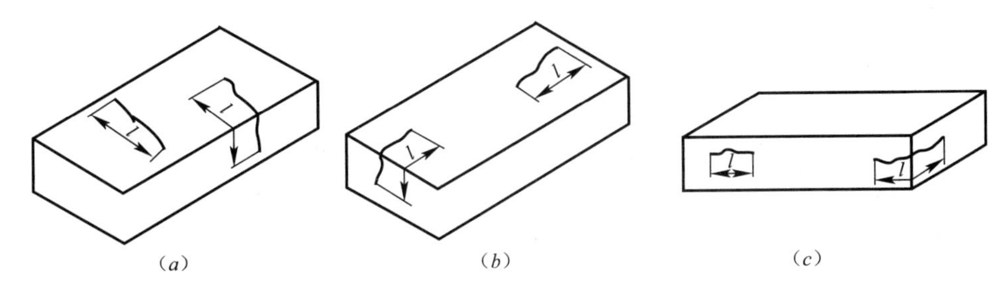

图 6-6　裂纹长度量法

（a）宽度方向裂纹长度量法；（b）长度方向裂纹长度量法；（c）水平方向裂纹长度量法

2）多孔砖的孔洞与裂纹相通时，则将孔洞包括在裂纹内一并测量。如图 6-7 所示。

（3）弯曲

1）弯曲分别在大面和条面上测量，测量时将砖用卡尺的两支脚沿棱边两端放置，择其弯曲最大处将垂直尺推至砖面，如图 6-8 所示。但不应将因杂质或碰伤造成的凹处计算在内。

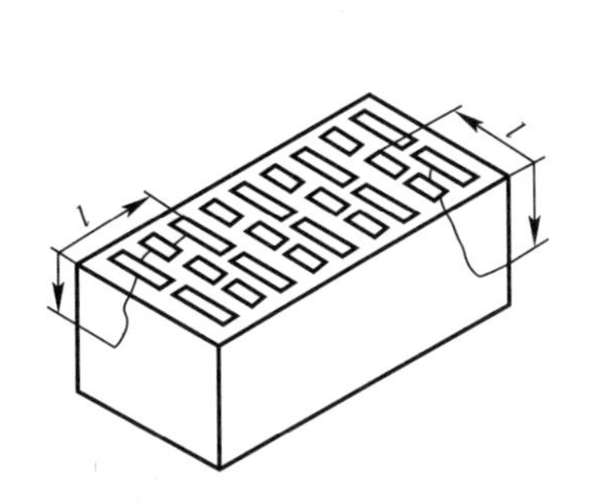

图 6-7　多孔砖裂纹通过孔洞时长度量法（mm）

l—裂纹总长度

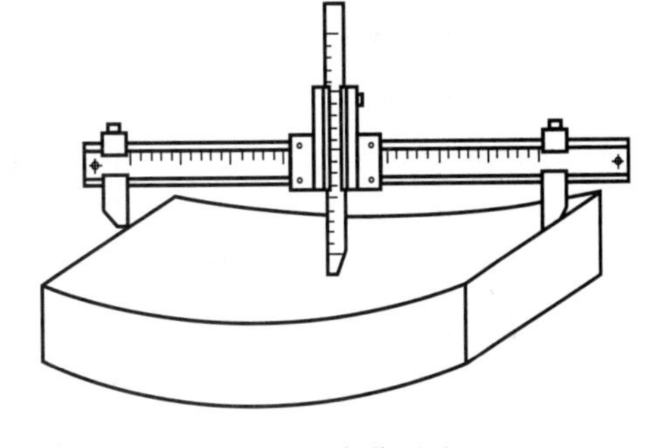

图 6-8　弯曲量法

2）以弯曲中测得的较大者作为测量结果。

（4）杂质突出高度

杂质在砖面上造成的凸出高度，以杂质距砖面的最大距离表示。测量将砖用卡尺的两支脚置于凸出两边的砖平面上，以垂直尺测量，如图 6-9 所示。

（5）色差

装饰面朝上随机分两排并列，在自然光下距离砖样 2m 处目测。

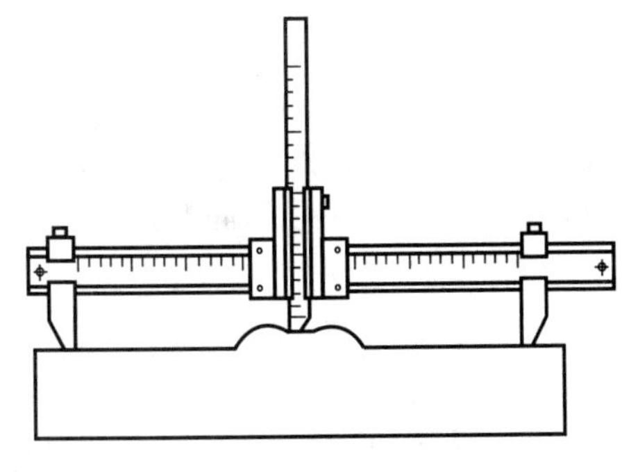

图 6-9　突出杂质量法

（6）结果处理

外观测量结果以 mm 为单位，不足 1mm 者，按 1mm 计。

6.4.3 抗压强度

1. 仪器设备

（1）材料试验机：试验机的示值相对误差不超过±1%，其上、下加压板至少应有一个球铰支座，预期最大破坏荷载应在量程的 20%～80%之间；

（2）钢直尺：分度值不应大于 1mm；

（3）振动台、制样模具、搅拌机：应符合 GB/T 25044 的要求；

（4）切割设备；

（5）抗压强度试验用净浆材料：应符合 GB/T 25183 的要求。

2. 试样数量

试样数量为 10 块。

3. 试样制备

（1）一次成型制样

1）一次成型制样适用于采用样品中间部位切割，交错叠加灌浆制成强度试验试样的方式；

2）将试样锯成两个半截砖，两个半截砖用于叠合部分的长度不得小于 100mm。如果不足 100mm，应另取备用试样补足；

3）将已切割开的半截砖放入室温的净水中浸 20～30min 后取出，在铁丝网架上滴水 20～30min，以断口相反方向装入制样模具中。用插板控制两个半砖间距不应大于 5mm，砖大面与模具间距不应大于 3mm，砖断面、顶面与模具间垫以橡胶垫或其他密封材料，模具内表面涂油或脱膜剂；

4）将净浆材料按照配制要求，置于搅拌机中搅拌均匀；

5）将装好试样的模具置于振动台上，加入适量搅拌均匀的净浆材料，振动时间为 0.5～1min，停止振动，静置至净浆材料达到初凝时间（约 15～19min）后拆模。

（2）二次成型制样

1）二次成型制样适用于采用整块样品上下表面灌浆制成强度试验试样的方式；

2）将整块试样放人室温的净水中浸 20～30min 后取出，在铁丝网架上滴水 20～30min；

3）按照净浆材料配制要求，置于搅拌机中搅拌均匀；

4）模具内表面涂油或脱膜剂，加入适量搅拌均匀的净浆材料，将整块试样一个承压面与净浆接触，装入制样模具中，承压面找平层厚度不应大于 3mm。接通振动台电源，振动 0.5～1min，停止振动，静置至净桨材料初凝（约 15～19min）后拆模。按同样方法完成整块试样另一承压面的找平。

（3）非成型制样

1）非成型制样适用于试样无需进行表面找平处理制样的方式；

2）将试样锯成两个半截砖，两个半截砖用于叠合部分的长度不得小于 100mm。如果不足 100mm，应另取备用试样补足；

3）两半截砖切断口相反叠放，叠合部分不得小于 100mm，即为抗压强度试样。

4. 试样养护

（1）一次成型制样、二次成型制样在不低于10℃的不通风室内养护4h；

（2）非成型制样不需养护，试样气干状态直接进行试验。

5. 试验步骤

（1）测量每个试样连接面或受压面的长、宽尺寸各两个，分别取其平均值，精确至1mm；

（2）将试样平放在加压板的中央，垂直于受压面加荷，应均匀平稳，不得发生冲击或振动。加荷速度以2～6kN/s为宜，直至试样破坏为止，记录最大破坏荷载P。

6. 结果计算与评定

每块试样的抗压强度（R_P）按下式计算；

$$R_P = P/(L \times B)$$

式中 R_P——抗压强度，单位为兆帕（MPa）；

P——最大破坏荷载，单位为牛顿（N）；

L——受压面（连接面）的长度，单位为毫米（mm）；

B——受压面（连接面）的宽度，单位为毫米（mm）。

试验结果以试样抗压强度的算术平均值和标准值或单块最小值表示。

7. 烧结普通砖、烧结空心砖和空心砌块的强度等级

（1）试样数量为10块，加荷速度为（5±0.5)kN/s。试验按GB/T 2542规定进行。试验后按下式计算出强度变异系数δ和标准差S；

$$\delta = \frac{S}{\bar{f}}$$

$$S = \sqrt{\frac{1}{9}\sum_{i=1}^{10}(f_i - \bar{f})^2}$$

式中 δ——砖强度变异系数，精确至0.01；

S——10块试样的抗压强度标准差（MPa），精确至0.01；

$\bar{f}$——10块试样的抗压强度平均值（MPa），精确至0.01；

f_i——单块试样抗压强度测定值（MPa），精确至0.01。

（2）结果计算与评定

1）抗压强度平均值——标准值方法评定；

变异系数$\delta \leqslant 0.21$时，按标准规范中抗压强度平均值$\bar{f}$，强度标准值f_k评定砖的强度等级；样本量$n=10$时的强度标准值按下式计算。

$$f_k = \bar{f} - 1.8S$$

式中 f_k——强度标准值（MPa），精确至0.01。

2）抗压强度平均值——最小值方法评定。

变异系数$\delta > 2$时，按标准规范中抗压强度平均值$\bar{f}$，单块最小抗压强度f_{min}评定砖的强度等级，单块最小值精确至0.1MPa。

8. 烧结多孔砖的强度等级

（1）强度以大面（有孔面）抗压强度结果表示。其中试样数量为10块。试验后按下

式计算出强度标准差 S；

$$S=\sqrt{\frac{1}{9}\sum_{i=1}^{10}(f_i-\bar{f})^2}$$

式中 S——10 块试样的抗压强度标准差（MPa），精确至 0.01；

$\bar{f}$——10 块试样的抗压强度平均值（MPa），精确至 0.1；

f_i——单块试样抗压强度测定值（MPa），精确至 0.01。

（2）结果计算与评定

按标准规范中抗压强度平均值 $\bar{f}$，强度标准值 f_k 评定砖的强度等级，精确至 0.1MPa；样本量 $n=10$ 时的强度标准值按下式计算。

$$f_k=\bar{f}-1.83S$$

式中 f_k——强度标准值（MPa），精确至 0.1。

6.4.4 抗折强度

1. 仪器设备

（1）材料试验机：试验机的不值相对误差不大于±1%，其下加压板应为球铰支座，预期最大破坏荷载应在量程的 20%～80%之间；

（2）抗折夹具：抗折试验的加荷形式为三点加荷，其上压辊和下支辊的曲率半径为 15mm，下支辅应有一个为铰接固定；

（3）钢直尺：分度值不应大于 1mm。

2. 试样数量

按产品标准的要求确定。通常情况，试样数量为 10 块。

3. 试样处理

试样应放在温度为（20±5）℃的水中浸泡 24h 后取出，用湿布拭去其表面水分进行抗折强度试验。

4. 试验步骤

（1）按规定测量试样的宽度和高度尺寸各 2 个，分别取算术平均值，精确至 1mm；

（2）调整抗折夹具下支辊的跨距为砖规格长度减去 40mm。但规格长度为 190mm 的砖，其跨距为 160mm；

（3）将试样大面平放在下支辊上，试样两端面与下支辊的距离应相同，当试样有裂缝或凹陷时，应使有裂缝或凹陷的大面朝下，以 50～150N/s 的速度均匀加荷，直至试样断裂，记录最大破坏荷载 P。

5. 结果计算与评定

每块试样的抗折强度（R_c）按下式计算；

$$R_c \frac{3PL}{2BH^2}$$

式中 R_c——抗折强度，单位为兆帕（MPa）；

P——最大破坏荷载，单位为牛顿（N）；

L——跨距，单位为毫米（mm）；

B——试样宽度，单位为毫米（mm）；

H——试样高度，单位为毫米（mm）。

试验结果以试样抗折强度的算术平均值和单块最小值表示。

6.4.5 冻融实验

1. 仪器设备

(1) 低温箱或冷冻室：试样放入箱（室）内温度可调至−20℃或−20℃以下；

(2) 水槽：保持槽中水温 10～20℃为宜；

(3) 台秤：分度值不大于 59；

(4) 电热鼓风干燥箱：最高温度 200℃；

(5) 抗压强度试验设备。

2. 试样数量

试样数量为 10 块，其中 5 块用于冻融试验，5 块用于未冻融强度对比试验。

3. 试验步骤

(1) 用毛刷清理试样表面，将试样放入鼓风干燥箱中在 105℃±5℃下干燥至恒质。在干燥过程中，前后两次称量相差不超过 0.2%，前后两次称量时间间隔为 2h，称其质量 m_0，并检查外观，将缺棱掉角和裂纹作标记；

(2) 将试样浸在 10～20℃的水中，24h 后取出，用湿布拭去表面水分，以大于 20mm 的间距大面侧向立放于预先降温至−15℃以下的冷冻箱中；

(3) 当箱内温度再降至−15℃时开始计时，在−15～−20℃下冰冻：烧结砖冻 3h；非烧结砖冻 5h。然后取出放入 10℃～20℃的水中融化：烧结砖为 2h；非烧结砖为 3h。如此为一次冻融循环；

(4) 每 5 次冻融循环，检查一次冻融过程中出现的破坏情况，如冻裂、缺棱、掉角、剥落等；

(5) 冻融循环后，检查并记录试样在冻融过程中的冻裂长度，缺棱掉角和剥落等破坏情况；

(6) 经冻融循环后的试样，放入鼓风干燥箱中，干燥至恒质，称其质量 m_1；

(7) 若试件在冻融过程中，发现试件呈明显破坏，应停止本组样品的冻融试验，并记录冻融次数，判定本组样品冻融试验不合格；

(8) 干燥后的试样和未经冻融的强度对比试样按规定进行抗压强度试验。

4. 结果计算与评定

(1) 外观结果：冻融循环结束后，检查并记录试样在冻融过程中的冻裂长度、缺棱掉角和剥落等破坏情况；

(2) 强度损失率（P_m）按下式计算；

$$P_m = \frac{P_0 - P_1}{P_0} \times 100$$

式中 P_m——强度损失率（%）；

P_0——试样冻融前强度，单位为兆帕（MPa）；

P_1——试样冻融后强度，单位为兆帕（MPa）。

(3) 质量损失率（G_m）按下式计算：

$$G_m = \frac{m_0 - m_1}{m_0} \times 100$$

式中 G_m——质量损失率；

m_0——试样冻融前干质量，单位为千克（kg）；

m_1——试样冻融后干质量，单位为千克（kg）。

试验结果以试样冻后抗压强度或抗压强度损失率、冻后外观质量或质量损失率表示与评定。

6.4.6 石灰爆裂试验

1. 仪器设备

（1）蒸煮箱。爆裂蒸煮箱（烧结普通砖、烧结多孔砖空心砖和空心砌块砖、烧结黏土砖、免烧砖、粉煤灰砖、炉渣砖和碳化砖等的爆裂、吸水率、安定性、水中加热拭验）；

（2）钢直尺：分度值不应大于1mm。

2. 试样数量

试样数量为5块，所取试样为未经雨淋或浸水，且近期生产的外观完整的试样。

3. 试验步骤

（1）试验前检查每块试样，将不属于石灰爆裂的外观缺陷作标记；

（2）将试样平行侧立于蒸煮箱内的篦子板上，试样间隔不得小于50mm，箱内水面应低于篦上板40mm；

（3）加盖蒸6h后取出；

（4）检查每块试样上因石灰爆裂（含试验前已出现的爆裂）而造成的外观缺陷，记录其尺寸。

4. 结果评定

以试样石灰爆裂区域的尺寸最大者表示。

6.4.7 泛霜试验

1. 仪器设备

（1）鼓风干燥箱：最高温度200℃；

（2）自控砖瓦泛霜箱；

（3）耐磨耐腐蚀的浅盘：容水深度25～35mm；

（4）透明材料：能完全覆盖浅盘，其中间部位开有大于试样宽度、高度或长度尺寸5～10mm的矩形孔；

（5）温、湿度计。

2. 试样数量

试样数量为5块。

3. 试验步骤

（1）清理试样表面，然后置于105℃±5℃鼓风干燥箱中干燥24h，取出冷却至常温；

（2）将试样顶面或有孔洞的面朝上丹别置于浅盘中，往浅盘中注入蒸馏水，水面高度不应低于20mm。用透明材料覆盖在浅盘上，并将试样暴露在外面，记录时间；

（3）试样浸在盘中的时间为7d，试验开始2d内经常加水以保持盘内水面高度，以后则保持浸在水中即可。试验过程中要求环境温度为16～32℃，相对湿度35%～60%；

（4）试验7d后取出试样，在同样的环境条件下放置4d。然后在105℃±5℃鼓风干燥箱中干燥至恒量。取出冷却至常温。记录干燥后的泛霜程度。

4. 结果评定

（1）泛霜程度根据记录以最严重者表示；

（2）泛霜程度划分如下：

无泛霜：试样表面的盐析几乎看不到；

轻微泛霜：试样表面出现一层细小明显的霜膜，但试样表面仍清晰；

中等泛霜：试样部分表面或棱角出现明显霜层；

严重泛霜：试样表面出现起砖粉、掉屑及脱皮现象。

6.4.8 吸水率和饱和系数试验

1. 仪器设备

（1）电热鼓风干燥箱：最高温度200℃；

（2）台秤：分度值不应大于5g。

（3）蒸煮箱。

2. 试样数量

吸水率试验为5块，饱和系数试验为5块（所取试样尽可能用整块试样，如需制取应为整块试样的1/2或1/4）。

3. 试验步骤

（1）清理试样表面，然后置于105±5℃电热鼓风干燥箱中干燥至恒重（在干燥过程中，前后两次称量相差不超过0.2%，前后两次称量时间间隔为2h），除去粉尘后，称其干质量m_0；

（2）将干燥试样浸入水中24h，水温10～30℃；

（3）取出试样，用湿毛巾拭去表面水分，立即称量。称量时试样表面毛细孔渗出于秤盘中水的质量也应计入吸水质量中，所得质量为浸泡24h的湿质量m_{24}；

（4）将浸泡24h后的湿试样侧立放入蒸煮箱的篦子板上，试样间距不得小于10mm，注入清水，箱内水面应高于试样表面50mm，加热至沸腾，沸煮3h，饱和系数试验沸煮5h，停止加热冷却至常温；

（5）按标准规定称量沸煮3h的湿质量m_3。饱和系数试验称量沸煮5h的湿质量m_5。

4. 结果计算与评定

（1）常温水浸泡24h试样吸水率（W_{24}）按下式计算：

$$W_{24}\frac{m_{24}-m_0}{m_0}\times 100$$

式中 W_{24}——常温水浸泡24h试样吸水率，%；

m_0——试样干质量，单位为千克（kg）；

m_{24}——试样浸水24h的湿质量，单位为千克（kg）。

（2）试样沸煮3h吸水率（W_3）按下式计算：

$$W_3\frac{m_3-m_0}{m_0}\times 100$$

式中 W_3——试样沸煮3h的吸水率，%；

m_0——试样干质量，单位为千克（kg）；

m_3——试样沸煮3h的湿质量，单位为千克（kg）。

（3）每块试样的饱和系数（K）按下式计算：

$$K = \frac{m_{24} - m_0}{m_5 - m_0}$$

式中 K——试样饱和系数；

m_{24}——常温水浸泡 24h 试样湿质量，单位为千克（kg）；

m_0——试样干质量，单位为千克（kg）；

m_5——试样沸煮 5h 的湿质量，单位为千克（kg）。

吸水率以试样的算术平均值表示；饱和系数以试样的算术平均值表示。

6.4.9 体积密度试验

1. 仪器设备

（1）鼓风干燥箱：最高温度 200℃；

（2）台秤：分度值不应大于 5g；

（3）钢直尺：分度不应大于 1mm；

（4）砖用卡尺：分度值为 0.5mm。

2. 试样数量

试样数量为 5 块，所取试样应外观完整。

3. 试验步骤

（1）清理试样表面，然后将试样置于 105℃±5℃鼓风干燥箱中干燥至恒质（在干燥过程中，前后两次称量相差不超过 0.2%，前后两次称量时间间隔为 2h），称其质量 m，并检查外观情况，不得有缺棱、掉角等破损。如有破损，须重新换取备用试样；

（2）按 6.4.1 规定测量干燥后的试样尺寸各两次，取其平均值计算体积 V。

4. 结果计算与评定

（1）每块试样的体积密度（ρ）计算；

$$\rho = V \times 109$$

式中 ρ——体积密度，单位为千克每立方米（kg/m^3）；

V——试样体积，单位为立方毫米（mm^3）。

（2）试验结果以试样体积密度的算术平均值表示。

6.4.10 孔洞率及孔洞结构测定

1. 设备

（1）台秤：分度值不应大于 5g；

（2）水池或水箱或水桶；

（3）吊架：见图 6-10；

（4）砖用卡尺：分度值为 0.5mm。

2. 试样数量

试样数量为 5 块。

3. 试验步骤

（1）按尺寸测量的规定测量试样的长度 L、宽度 B、高度 H 尺寸各 2 个，分别取其算术平均值，精确至 1mm；

（2）将试样浸人室温的水中，水面应高出试样 20mm

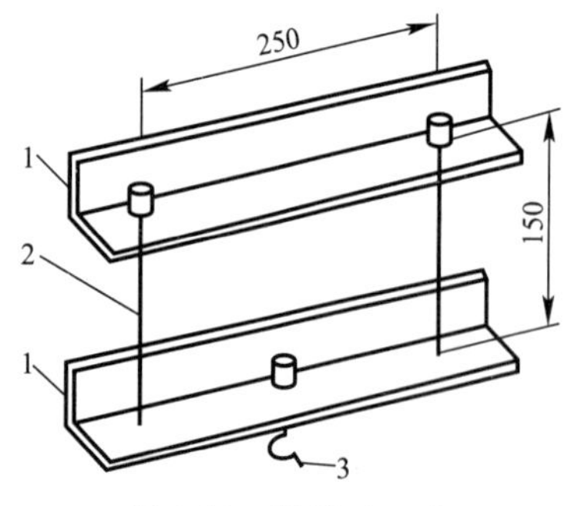

图 6-10 吊架（mm）

1—角钢；2—拉筋；3—钩子（与两端拉筋等距离）

以上，24h后将其分别移到水中，称出试样的悬浸质量 m_1；

（3）称取悬浸质量的方法如下：将秤置于平稳的支座上，在支座的下方与磅秤中线重合处放置水池或水箱或水桶。在秤底盘上放置吊架，用铁丝把试样悬挂在吊架上，此时试样应离开水桶的底面且全部浸泡在水中，将秤读数减去吊架和铁丝的质量，即为悬浸质量 m_1；

（4）盲孔砖称取悬浸质量时，有孔洞的面朝上，称重前晃动砖体排出孔中的空气，待静置后称量。通孔砖任意放置；

（5）将试样从水中取出，放在铁丝网架上滴水1min，再用拧干的湿布拭去内、外表面的水，立即称其面干潮湿状态的质量 m_2，精确至5g；

（6）测量试样最薄处的壁厚、肋厚尺寸，精确至1mm。

4. 结果计算与评定

（1）每个试样的孔洞率（Q）按下式计算：

$$Q=\frac{1-(m_2-m_1)}{D\times L\times B\times H}\times 100$$

式中 Q——试样的孔洞率（%）；

m_1——试样的悬浸质量，单位为千克（kg）；

m_2——试样面干潮湿状态的质量，单位为千克（kg）；

L——试样长度，单位为米（m）；

B——试样宽度，单位为米（m）；

H——试样高度，单位为米（m）；

D——水的密度，为1000kg/m^3。

（2）试样的孔洞率以试样孔洞率的算术平均值表示。

（3）孔洞结构以孔洞排数及壁、肋厚最小尺寸表系。

6.4.11 碳化试验

1. 仪器设备和试剂

（1）碳化箱：下部设有进气孔，上部设有排气孔，且有湿度观察装置，盖（门）应严密；

（2）二氧化碳钢瓶；

（3）流量计；

（4）气体分析仪；

（5）台秤：分度值不应大于5g；

（6）温、湿度计；

（7）二氧化碳气体：浓度大于80%（质量浓度）；

（8）1%（质量浓度）酚酞溶液：用浓度为70%（质量浓度）的乙醇配制；

抗压强度试验设备。

2. 试样数量

试样数量为12块，其中5块用于碳化试验，2块用于碳化深度检查，5块用于未碳化强度对比试验。

3. 试验条件

（1）湿度

碳化过程的相对湿度控制在90%以下；

(2) 二氧化碳浓度

1) 二氧化碳浓度的测定

二氧化碳浓度采用气体分析仪测定，第一、二天每隔 2h 测定一次，以后每隔 4h 测定一次，精确至 1%（体积浓度）。并根据测得的二氧化碳浓度，随时调节其流量。

2) 二氧化碳浓度的调节和控制

如图 6-11 装配人工碳化装置，调节二氧化碳钢瓶的针形阀，控制流量使二氧化碳浓度达 60%（体积浓度）以上。

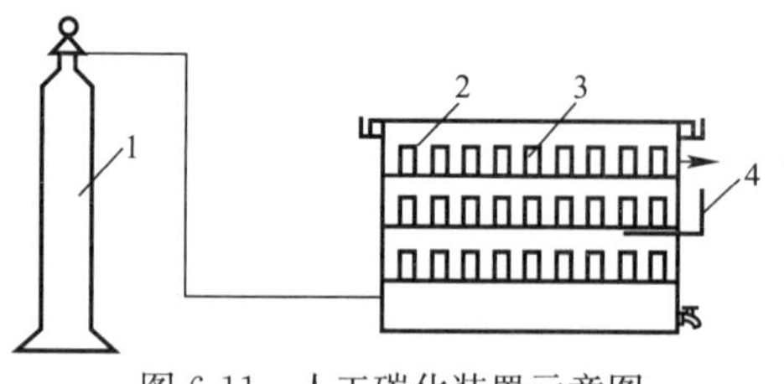

图 6-11 人工碳化装置示意图
1—二氧化碳钢瓶；2—碳化箱；
3—试样；4—湿温度计。

4. 试验步骤

(1) 将用于碳化试验的 7 块试样在室内放置 7d，然后放入碳化箱内进行碳化，试样间隔不得小于 20mm；

(2) 碳化开始 3d 后，每天将用于碳化深度检测试样局部劈开，用 1%酚酞乙醇溶液检查碳化程度，当试样中心不呈现红色时，则认为试样已全部碳化；

(3) 将已全部碳化或进行碳化 28d 后仍未完全碳化试样和对比试样于室内放置 24～36h 后，按标准规定进行抗压强度试验。

5. 结果计算与评定

碳化系数（K_c）按下式计算；

$$K_c = R_c / R_0$$

式中 K_c——碳化系数；

R_c——碳化后抗压强度平均值，单位为兆帕（MPa）；

R_0——对比试样的抗压强度平均值，单位为兆帕（MPa）。

试验结果以试样碳化系数或炭化后抗压强度表示。

6.5 常用砌墙砖的组批原则与试样数量

6.5.1 烧结普通砖

1. 检验分类

产品检验分出厂检验和型式检验。

(1) 出厂检验

出厂检验项目为：尺寸偏差、外观质量和强度等级。每批出厂产品必须进行出厂检验，外观质量检验在生产厂内进行。

(2) 型式检验

型式检验项目包括本标准技术要求的全部项目。有下列之一情况者，应进行型式检验。

1) 新厂生产试制定型检验；

2) 正式生产后，原材料、工艺等发生较大的改变，可能影响产品性能时；

3) 正常生产时，每半年进行一次（放射性物质一年进行一次）；

4) 出厂检验结果与上次型式检验结果有较大差异时；

5）国家质量监督机构提出进行型式检验时。

2. 批量

检验批的构成原则和批量大小按 JC/T466 规定。3.5～15 万块为一批，不足 3.5 万块按一批计。

3. 抽样

（1）外观质量检验的试样采用随机抽样法，在每一检验批的产品堆垛中抽取；

（2）尺寸偏差检验和其他检验项目的样品用随机抽样法从外观质量检验后的样品中抽取；

（3）抽样数量按表 6-13 进行。

抽样数量单位为块　　表 6-13

序号	检验项目	抽样数量
1	外观质量	$50(n_1=n_2=50)$
2	尺寸偏差	20
3	强度等级	10
4	泛霜	5
5	石灰爆裂	5
6	吸水率与饱和系数	5
7	冻融	5
8	放射性	4

6.5.2 烧结多孔砖和多孔砌块

1. 检验分类

产品检验分出厂检验和型式检验。

（1）出厂检验

1）产品经出厂检验合格并附合格证方可出厂；

2）出厂检验项目包括尺寸允许偏差、外观质量、孔型孔结构及孔洞率、密度等级和强度等级。

（2）型式检验

1）有下列之一情况者，应进行型式检验；

① 新厂生产试制定型检验；

② 正式生产后，原材料、工艺等发生较大的改变，可能影响产品性能时；

③ 正常生产时，每半年进行一次；

④ 出厂检验结果与上次型式检验结果有较大差异时。

2）型式检验项目包括本标准技术要求的全部项目。

2. 批量

检验批的构成原则和批量大小按 3.5～15 万块为一批，不足 3.5 万块按一批计。

3. 抽样

（1）外观质量检验的试样采用随机抽样法，在每一检验批的产品堆垛中抽取；

（2）其他检验项目的样品用随机抽样法从外观质量检验合格的样品中抽取；

（3）抽样数量按表 6-14 进行。

抽样数量 表 6-14

序号	检验项目	抽样数量/块
1	外观质量	50($n_1=n_2=50$)
2	尺寸允许偏差	20
3	密度等级	3
4	强度等级	10
5	孔型孔结构及孔洞率	3
6	泛霜	5
7	石灰爆裂	5
8	吸水率和饱和系数	5
9	冻融	5
10	放射性核素限量	3

6.5.3 烧结空心砖和空心砌块

1. 检查分类

产品检验分出厂检验和型式检验。

(1) 出厂检验

1) 产品经出厂检验合格并附合格证方可出厂；

2) 出厂检验项目包括尺寸允许偏差、外观质量、孔型孔结构及孔洞率、密度等级和强度等级。

(2) 型式检验

1) 有下列之一情况者，应进行型式检验；

① 新厂生产试制定型检验；

② 正式生产后，原材料、工艺等发生较大的改变，可能影响产品性能时；

③ 正常生产时，每半年进行一次；

④ 出厂检验结果与上次型式检验结果有较大差异时。

2) 型式检验项目包括本标准技术要求的全部项目。

2. 批量

检验批的构成原则和批量大小按 3.5～15 万块为一批，不足 3.5 万块按一批计。

3. 抽样

(1) 外观质量检验的试样采用随机抽样法，在每一检验批的产品堆垛中抽取；

(2) 其他检验项目的样品用随机抽样法从外观质量检验合格的样品中抽取；

(3) 抽样数量按表 6-15 进行。

抽样数量 表 6-15

序号	检验项目	抽样数量/块
1	外观质量	50($n_1=n_2=50$)
2	尺寸允许偏差	20
3	密度等级	3
4	强度等级	10
5	孔型孔结构及孔洞率	3

续表

序号	检验项目	抽样数量/块
6	泛霜	5
7	石灰爆裂	5
8	吸水率和饱和系数	5
9	冻融	5
10	放射性核素限量	3

6.5.4 蒸压灰砂砖

1. 检验分类

产品检验分出厂检验和型式检验。

（1）每批出厂产品必须进行出厂检验；

（2）当产品有下列情况之一时应进行型式检验：

1）新厂生产试制定型检验；

2）正式生产后，原材料、工艺等发生较大改变，可能影响产品性能时；

3）正常生产时，每半年应进行一次；

4）出厂检验结果与上次型式检验结果有较大差异时；

5）国家质量监督机构提出进行型式检验时。

2. 检验项目

（1）出厂检验项目包括尺寸偏差和外观质量、颜色、抗压强度和抗折强度；

（2）型式检验项目包括技术要求中全部项目。

3. 批量

同类型的灰砂砖每10万块为一批，不足10万块亦为一批。

4. 抽样

（1）尺寸偏差和外观质量检验的样品用随机抽样法从堆场中抽取。其他检验项目的样品用随机抽样法从尺寸偏差和外观质量检验合格的样品中抽取；

（2）抽样数量按表6-16进行。

抽样数量 **表6-16**

项目	抽样数量，块
尺寸偏差和外观质量	50($n_1=n_2=50$)
颜色	36
抗折强度	5
抗压强度	5
抗冻性	5

6.5.5 粉煤灰砖

1. 检验分类

检验分为出厂检验和型式检验。

（1）出厂检验项目包括：外观质量、尺寸偏差和强度等级；

（2）型式检验项目包括技术要求的所有项目。有下列情况之一时，产品需进行型式检验：

1）新厂生产试制定型鉴定；

2）正式生产后如原材料、工艺等发生较大改变，可能影响产品性能时；

3）正常生产时，每半年应进行一次；

4）停产3个月以上，恢复生产时；

5）出厂检验结果与上次型式检验有较大差异时；

6）国家质量监督机构提出进行型式检验时。

2. 组批规则

每10万块为一批，不足10万块按一批计。

3. 抽样规则

（1）外观质量和尺寸偏差的检验样品用随机抽样法从每一检验批的产品中抽取，其他项目的检验样品用随机抽样法从外观质量和尺寸偏差检验合格的样品中抽取；

（2）抽样数量按表6-17进行。

样品数量单位为块 **表6-17**

检验项目	样品数量
外观质量和尺寸偏差	100（$n_1=n_2=50$）
色差	36
强度等级	10
强度	10
抗冻性	10
干燥收缩	3
碳化性能	15

6.5.6 炉渣砖

1. 检验分类

产品检验分出厂检验和型式检验。

（1）出厂检验

每批出厂产品必须进行出厂检验。出厂检验项目包括尺寸偏差、外观质量和强度等级。每批产品经出厂检验合格后方可出厂；

（2）型式检验

型式检验应包括标准规定的技术要求的全部项目。当产品有下列情况之一时应进行型式检验：

1）新厂生产试制定型检验；

2）正式生产后，原材料、工艺等发生较大改变，可能影响产品性能时；

3）正常生产时，每半年应进行一次；

4）出厂检验结果与上次型式检验结果有较大差异时；

5）国家质量监督机构提出进行型式检验时。

2. 批量

检验批的构成原则和批量大小3.5～1.5万块为一批，当天产量不足1.5万块按一批计。

3. 抽样

（1）外观质量检验的样品用随机抽样法，在每一批的产品堆垛中抽取；

（2）尺寸偏差和其他检验项目的样品用随机抽样法从外观质量检验合格的样品中抽取；

（3）抽样数量按表 6-18 进行。

抽样数量 **表 6-18**

序号	项目	抽样数量，块
1	外观质量	50($n_1=n_2=50$) 抽 20
2	尺寸偏差	20
3	强度等级	10
4	干燥收缩	5
5	抗冻性	5
6	碳化性能	5
7	耐火极限	按 GB/T 9978 执行
8	抗渗性	3
9	放射性	4

6.6 常用砌墙砖结果判定规则

6.6.1 烧结普通砖

1. 尺寸偏差

尺寸偏差符合表 6-1 相应等级规定，判尺寸偏差为该等级，否则，判不合格。

2. 外观质量

外观质量采用 JC/T 466 二次抽样方案，根据表 6-2 规定的质量指标，检查出其中不合格品数 d_1，按下列规则判定：

$d_1 \leqslant 7$ 时，外观质量合格；

$d_1 \geqslant 11$ 时，外观质量不合格；

$d_1 > 7$，且 $d_1 < 11$ 时，需再次从该产品批中抽样 50 块检验，检查出其中不合格品数 d_2，按下列规则判定：

$(d_1+d_2) \leqslant 18$ 时，外观质量合格；

$(d_1+d_2) \geqslant 19$ 时，外观质量不合格。

3. 强度

强度的检验结果应符合表 6-3 的规定，低于 MU10 判不合格。

4. 总判定

（1）出厂检验质量等级的判定按出厂检验项目和在时效范围内最近一次型式检验中的抗风化性能、石灰爆裂及泛霜项目中最低质量等级进行判定，其中有一项不合格，则判为不合格；

（2）型式检验质量等级的判定中，强度、抗风化性能和放射性物质合格，按尺寸偏差、外观质量、泛霜、石灰爆裂检验中最低质量等级判定。其中有一项不合格则判该批产品质量不合格；

（3）外观检验中有欠火砖酥砖和螺纹砖则判该批产品不合格。

6.6.2 烧结多孔砖

1. 尺寸偏差

尺寸允许偏差符合表 6-5 相应等级规定。否则，判不合格。

2. 外观质量

外观质量采用二次抽样方案，根据表 6-6 规定的质量指标，检查出其中不合格品数 d_1，按下列规则判定：

$d_1 \leqslant 7$ 时，外观质量合格；

$d_1 \geqslant 11$ 时，外观质量不合格；

$d_1 > 7$，且 $d_1 < 11$ 时，需再次从该产品批中抽样 50 块检验，检查出其中不合格品数 d_2，按下列规则判定：

$(d_1 + d_2) \leqslant 18$ 时，外观质量合格；

$(d_1 + d_2) \geqslant 19$ 时，外观质量不合格。

3. 密度等级

密度的试验结果应符合表 6-7 的规定。否则，判不合格。

4. 强度等级

强度的试验结果应符合表 6-8 的规定。否则，判不合格。

5. 孔型孔结构及孔洞率

孔型孔结构及孔洞率应符合表 6-9 的规定。否则，判不合格。

6. 判定

(1) 外观检验的样品中有欠火砖（砌砖）、酥砖（砌块），则判该批产品不合格；

(2) 出厂检验的判定。按出厂检验项目和时效范围能最近一次型式检验中的石灰爆裂泛霜抗风化性能等项目的技术指标进行判定。其中有一项不合格，则判为不合格；

(3) 型式检验的判定。按本章节各项技术指标检验判定，其中有一项不合格则判该批产品不合格。

6.6.3 蒸压灰砂砖

1. 抗压强度和抗折强度

抗压强度和抗折强度级别由试验结果的平均值和最小值按表 6.10 判定；

2. 抗冻性

抗冻性如符合表 6-10 相应强度级别时判为符合该级别，否则判不合格。

6.6.4 粉煤灰砖

1. 强度等级

强度等级符合表 6-11 规定时判合格；否则，判不合格。

2. 抗冻性

抗冻性符合表 6-11 规定时判合格；否则，判不合格。

3. 总判定

各项检验结果均符合 JC 239 的技术要求时，判该批产品合格；否则，判不合格。

6.6.5 炉渣砖

1. 强度等级

强度的试验结果符合表 6-12 的规定，判强度合格，且定相应等级。否则，判不合格；

2. 抗冻性

抗冻性符合表 6-12 规定时判合格；否则，判不合格；

3. 总判定

按 JC/T 525 的规定：干燥收缩率、抗冻性、碳化性能、抗渗性、放射性、尺寸偏差、外观质量和颜色合格，按强度判定强度等级，其中有一项不合格判该批产品不合格。

6.7 砌墙砌块

6.7.1 概述

砌块是一种用于砌筑或铺砌的、且形体大于砌墙砖的人造板材，是一种新型墙体材料；多为六面直角体，具有适用性强，原料来源广，制作简单及施工方便等特点。砌块与砖的主要区别是，砌块的长度大于 365mm 或宽度大于 240mm 或高度大于 115mm。

砌块按规格可分为大型砌块、中型砌块和小型砌块；按用途可分为承重砌块和非承重砌块；按孔洞率分为实心砌块、空心砌块；按原料的不同可分为硅酸盐混凝土砌块、普通混凝土砌块、轻骨料混凝土砌块。常见的砌块有蒸压加气馄凝土砌块、粉煤灰砌块、混凝土小型空心砌块和混凝土中型空心砌块等。

6.7.2 主要技术指标

1. 规格尺寸

《蒸压加气混凝土砌块》GB/T 11968 规定，加气混凝土砌块一般有 a、b 两个系列，其公称尺寸见表 6-19。

蒸压加气混凝土砌块的规格尺寸　　表 6-19

长度 *L*	宽度 *B*	高度 *H*
600	100 120 125 150 180 200 240 250 300	200 240 250 300

注：如需要其他规格，可由供需双方协商解决。

2. 砌块的强度级别

砌块按抗压强度分为 A1.0、A2.0、A2.5、A3.5、A5.0、A7.5、A10.0 七个强度级别，各级别的立方体抗压强度值见表 6-20。

蒸压加气混凝土砌块的抗压强度　　表 6-20

		A1.0	A2.0	A2.5	A3.5	A5.0	A7.5	A10.0
立方体抗压强度	平均值≥	1.0	2.0	2.5	3.5	5.0	7.5	10.0
	最小值≥	0.8	1.6	2.0	2.8	4.0	6.0	8.0

3. 砌块的干密度级别

砌块按体积密度分为 B03、B04、B05、B06、B07、B08 六个干密度级别。各级别的干体积密度值见表 6-21。

蒸压加气混凝土砌块的干体积密度 **表 6-21**

		B03	B04	B05	B06	B07	B08
体积密度（kg/m³）	优等品（A）≤	300	400	500	600	700	800
	一等品（B）≤	330	430	530	630	730	830
	合格品（C）≤	350	450	550	650	750	850

4. 砌块的质量等级

砌块按尺寸偏差、外观质量、体积密度和抗压强度分为优等品（A）、一等品（B）和合格品（C）三个质量等级，其具体指标见表 6-22。

蒸压加气混凝土砌块的强度级别 **表 6-22**

体积密度等级		B03	B04	B05	B06	B07	B08
强度级别	优等品	A1.0	A2.0	A3.5	A5.0	A7.5	A10.0
	一等品			A3.5	A5.0	A7.5	A10.0
	合格品			A2.5	A3.5	A5.0	A7.5

5. 砌块的干燥收缩、抗冻性和导热系数

砌块的收缩性、抗冻性和导热系数（干态）应符合表 6-23 的规定。

砌块的干燥收缩、抗冻性和导热系数 **表 6-23**

体积密度级别			B03	B04	B05	B06	B07	B08
干燥收缩值	标准法	（mm/m）	0.50					
	快速法		0.80					
抗冻性	质量损失（%）		5.0					
	冻后强度（MPa）	优等品	0.8	1.6	2.8	4.0	6.0	8.0
		合格品			2.0	2.8	4.0	6.0
导热系数（干态）[W/(m·K)]≤			0.10	0.12	0.14	0.16	0.18	0.20

6.7.3 混凝土小型空心砌块

普通混凝土小型砌块是以水泥、矿物掺合料、砂、石、水等为原材料，经搅拌，振动成型、养护等工艺制成的小型砌块，包括空心砌块和实心砌块。普通混凝土小型砌块（代号 NHB，见图 6-12）是以水泥为胶结材料，砂、碎石或卵石为骨料，加水搅拌，振动加压成型，养护而成的小型砌块。砌块的主规格尺寸为 390mm × 190 mm × 190mm，辅助规格尺寸可由供需双方协商，即可组成墙用砌块基本系列。砌块按尺寸偏差和外观质量分为优等品（A）、一等品（B）和合格品（C）三个质量等级。砌块的主要技术要求包括外观质量、强度等级、相对含水率、抗渗性及抗冻性。按抗压强度分为 MU3.5、MU5.0、MU7.5、MU10.0、MU15.0、MU20.0 六个强度等级。

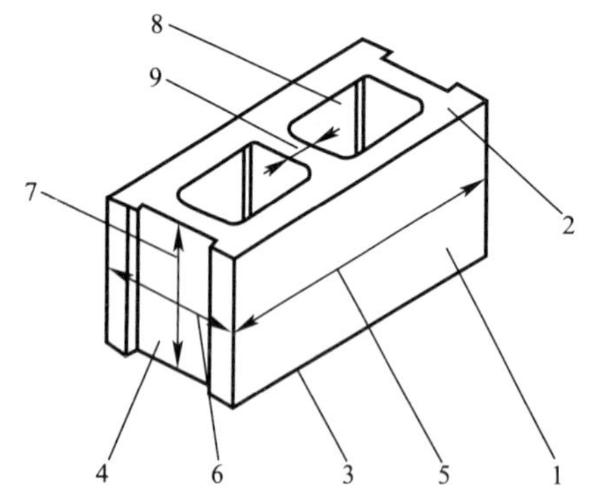

图 6-12 砌块各部位的名称

1—条面；2—坐浆面（肋厚较小的面）；3—铺浆面（肋厚较大的面）；4—顶面；5—长度；6—宽度；7—高度；8—壁；9—肋

混凝土小型空心砌块的主要技术指标如下：

(1) 砌块的外形

砌块的外形宜为六面体，常用块型的规格尺寸应符合表6-24的规定。

砌块的规格尺寸（mm） **表6-24**

长度	宽度	高度
390	90、120、140、190、240、290	90、140、190

注：其他规格尺寸可由供需双方协商确定。采用薄灰缝砌筑的块型，相关尺寸可作相应调整。

(2) 等级

按砌块的抗压强度分级，应符合表6-25的规定。

砌块的强度等级（MPa） **表6-25**

砌块种类	承重砌块（L）	非承重砌块（N）
空心砌块（H）	7.5、10.0、15.0、20.0、25.0	5.0、7.5、10.0
实心砌块（S）	15.0、20.0、25.0、30.0、35.0、40.0	10.0、15.0、20.0

(3) 尺寸偏差

砌块的尺寸允许偏差应符合表6-26的规定：对与薄灰缝砌块，其高度允许偏差应控制在+1mm、-2mm。

尺寸允许偏差（mm） **表6-26**

项目名称	技术指标
长度	±2
宽度	±2
高度	+3、-2

注：免浆砌块的尺寸允许偏差，应由企业根据块型特点自行给出，尺寸偏差不应影响垒砌和墙片性能。

(4) 外观质量

砌块的外观质量应符合表6-27的规定。

外观质量 **表6-27**

项目名称		技术指标
弯曲		2
缺棱掉角	个数（个）≤	1
	三个方向投影尺寸最小值（mm）≤	20
裂纹延伸的投影尺寸累计（mm）≤		30

(5) 空心率

空心砌块（H）应不小于25%；实心砌块（S）应小于25%.

(6) 外壁和肋厚

1) 承重空心砌块的最小外壁厚应不小于30 mm，最小肋厚应不小于25mm。

2) 非承承空心砌块的最小外壁厚和最小肋厚应不小于20mm。

(7) 强度等级

小型实心砌块的强度等级应符合表6-28的规定。

强度等级（MPa） 表 6-28

强度等级	抗压强度	
	平均值≥	单块最小值≥
MU5.0	5.0	4.0
MU7.5	7.5	6.0
MU10	10	8.0
MU15	15	12.0
MU20	20	16.0
MU25	25	20.0
MU30	30	24.0
MU35	35	28.0
MU40	40	32.0

（8）吸水率

L 类砌块的吸水率应不大于 10%；N 类砌块的吸水率应不大于 14%。

（9）线性干燥收缩值

L 类砌块的线性干燥收缩值应不大于 0.45mm/m；N 类砌块的线性干燥收缩值应不大于 0.65mm/m。

（10）抗冻性

砌块的抗冻性应符合表 6-29 的规定。

抗冻性 表 6-29

使用条件	抗冻指标	质量损失率	强度损失率
夏热冬暖地区	D15	平均值≤5% 单块最大值≤10%	平均值≤20% 单块最大值≤30%
夏热冬冷地区	D25		
寒冷地区	D35		
严寒地区	D50		

注：使用条件应符合 GB 50176 的规定。

（11）碳化系数

砌块的碳化系数应不小于 0.85。

（12）软化系数

砌块的软化系数应不小于 0.85。

（13）放射性核素限量

应符合 GB 6566 的规定。

6.7.4 粉煤灰小型空心砌块

粉煤灰混凝土小型空心砌块（代号为 FHB）是以粉煤灰、水泥、集料、水为主要组分（也可加入外加剂等）制成的混凝土小型空心砌块。粉煤灰用量在 20%～50%之间（占原材料干重量的百分比）。各种集料的最大粒径不宜大于 10mm。

粉煤灰混凝土小型空心砌块的主要技术指标如下：

（1）主要规格：390mm×190mm×190mm. 其他规格尺寸可由供需双方协商。

（2）强度等级：MU3.5、MU5.0、MU7.5、MU10、MU15、MU20。六个等级（以

5 块的平均值和单块最小值表示，精确到 0.1MPa）粉煤灰混凝土小型空心砌块的强度等级应符合表 6-30 要求。

强度等级（MPa） **表 6-30**

强度等级	砌块抗压强度	
	平均值不小于	单块最小值不小于
MU3.5	3.5	2.8
MU5.0	5.0	4.0
MU7.5	7.5	6.0
MU10	10.0	8.0
MU15	15.0	12.0
MU20	20.0	16.0

（3）密度等级：600、700、800、900、1000、1200、1400 七个等级（以 3 块的平均值表示）。具体指标见表 6-31 所示。

密度等级（kg/m^3） **表 6-31**

密度等级	砌块块体密度的范围
600	≤600
700	610～700
800	710～800
900	810～900
1000	910～1000
1200	1010～1200
1400	1210～1400

（4）粉煤灰混凝土小型空心砌块的干燥收缩率和相对含水率：干燥收缩率应不大于 0.060%，相对含水率应符合表 6-32 规定。

相对含水率（%） **表 6-32**

使用地区	潮湿	中等	干燥
相对含水率不大于	40	35	30

注：1. 相对含水率即砌块含水率与吸水率之比：

$$W=\frac{W_1}{W_2}\times 100\%$$

式中 W——砌块的相对含水率，用百分数表示（%）；

W_1——砌块的含水率，用百分数表示（%）；

W_2——砌块的吸水率，用百分数表示（%）。

2. 使用地区的湿度条件：

潮湿——系指年平均相对湿度大于 75%的地区；

中等——系指年平均相对湿度 50%～75%的地区；

干燥——系指年平均相对湿度小于 50%的地区。

（5）粉煤灰小型空心砌块的尺寸允许偏差和外观质量：尺寸允许偏差和外观质量差应符合表 6-33 规定。

尺寸允许偏差和外观质量（mm） 表 6-33

项目		指标
尺寸允许偏差（mm）	长度	±2
	宽度	±2
	高度	±2
最小外壁厚（mm）	用于承重墙体 ≥	30
	用于非承重墙体 ≥	20
肋厚（mm）	用于承重墙体 ≥	25
	用于非承重墙体 ≥	15
缺棱掉角	个数/块 ≤	2
	三个方向投影的最大值（mm）≤	20
裂缝延伸的累计尺寸（mm） ≤		20
弯曲（mm） ≤		2

（6）其他主要性能指标包括：干燥收缩率应不大于 0.060%，抗冻性质量损失率不大于 5%；强度失率不大于 25%（按地区冻融次数不同）；碳化系数和软化系数均不应不小于 0.8；还有放射性、相对含水率、尺寸偏差和外观质量等。

（7）组批数量：同一种粉煤灰、同一种集料与水泥、同一生产工艺制成的相同密度等级、强度等级的 1 万块为一批，每月生产不足 1 万块也按一批计。

（8）抽样数量：外观质量和尺寸偏差 32 块（型式 64 块），（不超过 7 块为合格，否则不合格），从合格样品中抽 8 块（强度等级 5、密度等级 3 和相对含水率检验）。

6.7.5 轻骨料混凝土小型空心砌块

以人造轻骨料（烧结粉煤灰、黏土、页岩陶粒和非烧结粉煤灰轻骨料）或天然轻骨料（浮石、火山岩、沸石）；以报废材料（炉渣、页岩渣、煤矸石）为轻粗骨料；以砂或轻细材料（陶砂、膨胀珍珠岩、炉渣）为细骨料；轻骨料的最大粒径不宜大于 10mm。水泥为胶结料，经加水混合、搅拌、成型、养护而成。其密度小于 1400kg/m^3，作为承重构造体系时，相对含水率应控制在 40%左右，干缩率应控制在 0.045%；非承重时干缩率可到 0.060%。

轻骨料混凝土小型空心砌块主要技术指标如下：

（1）规格：轻骨料混凝土小型空心砌块按其孔的排数分为单排孔、双排孔、三排孔和四排孔四类，其主规格尺寸为 390mm×190mm×190mm，其他规格尺寸可由供需双方商定。

（2）砌块密度等级分为八级：700、800、900、1000、1100、1200、1300、1400。（除自燃煤矸石掺量不小于砌块质量 35%的砌块外，其他砌块的最大密度等级为 1200）。轻骨料混凝土小型空心砌块的密度等级应符合表 6-34 要求。

密度等级（kg/m^3） 表 6-34

密度等级	干表观密度范围
700	≥610，≤700
800	≥710，≤800
900	≥810，≤900

续表

密度等级	干表观密度范围
1000	≥910，≤1000
1100	≥1010，≤1100
1200	≥1110，≤1200
1300	≥1210，≤1300
1400	≥1310，≤1400

（3）砌块强度等级分为五级：MU2.5、MU3.5、MU5.0、MU7.5、MU10.0。轻骨料混凝土小型空心砌块的强度等级应符合表6-35规定。

强度等级　　表6-35

强度等级	抗压强度（MPa）		密度等级范围（kg/m^3）
	平均值	最小值	
MU2.5	≥2.5	≥2.0	≤800
MU3.5	≥3.5	≥2.8	≤1000
MU5.0	≥5.0	≥4.0	≤1200
MU7.5	≥7.5	≥6.0	≤1200a ≤1300b
MU10	≥10	≥8.0	≤1200a ≤1400b

注：当砌块的抗压强度同时满足2个强度等级或2个以上强度等级要求时，应以满足要求的最高强度等级为准。
a　除自燃煤矸石掺量不小于砌块质量35%以外的其他砌块；
b　自燃煤矸石掺量不小于砌块质量35%的砌块。

（4）尺寸偏差和外观质量：轻骨料混凝土小型空心砌块的尺寸偏差和外观质量应符合表6-36规定。

尺寸偏差和外观质量　　表6-36

项目		指标
尺寸允许偏差（mm）	长度	±3
	宽度	±3
	高度	±3
最小外壁厚（mm）	用于承重墙体　≥	30
	用于非承重墙体　≥	20
肋厚（mm）	用于承重墙体　≥	25
	用于非承重墙体　≥	20
缺棱掉角	个数/块　≤	2
	三个方向投影的最大值（mm）　≤	20
裂缝延伸的累计尺寸（mm）　≤		30

（5）吸水率、干燥收缩率和相对含水率：吸水率应不大于18%，干燥收缩率应不大于0.065%。相对含水率应符合表6-37规定。

（6）碳化系数和软化系数：碳化系数应不小于0.8；轻骨料混凝土小型空心砌块的软化系数应不小于0.8。

相对含水率 **表 6-37**

干燥收缩率（%）	相对含水率（%）		
	潮湿地区	中等湿度地区	干燥地区
<0.03	≤45	≤40	≤35
≥0.03，≤0.045	≤40	≤35	≤30
>0.045，≤0.065	≤35	≤30	≤25

注：1. 相对含水率即砌块含水率与吸水率之比：

$$W=\frac{W_1}{W_2}\times 10\%$$

式中 W——砌块的相对含水率，用百分数表示（%）；

W_1——砌块的含水率，用百分数表示（%）；

W_2——砌块的吸水率，用百分数表示（%）。

2. 使用地区的湿度条件：

潮湿——系指年平均相对湿度大于 75%的地区；

中等——系指年平均相对湿度 50%～75%的地区；

干燥——系指年平均相对湿度小于 50%的地区。

（7）组批数量：同一品种轻骨料和水泥配按同一生产工艺制成的相同密度等级和强度等级 300m^3 砌块为一批，不足 300 也按一批计。

抽样数量：外观质量和尺寸偏差 32 块（不超过 7 块为合格，否则不合格）。

6.8 混凝土砌块和砖试验方法

6.8.1 尺寸偏差和外观质量

1. 量具

钢直尺或钢卷尺：分度值 1mm。

2. 尺寸测量

（1）外形为完整直角六面体的块材，长度在条面的中间、宽度在顶面的中间、高度在顶面的中间测量。每项在对应两面各测一次，取平均值，精确至 1mm；

（2）辅助砌块和异形砌块，长度、宽度和高度应测量块材相应位置的最大尺寸，精确至 1mm。特殊标注部位的尺寸也应测量，精确至 1mm；块材外形非完全对称时，至少应在块材对立面的两个位置上进行全面的尺寸测量，并草绘或拍下测量位置的图片；

（3）带孔块材的壁、肋厚应在最小部位测量，选两处各测一次，取平均值，精确至 1mm。在测量时不考虑凹槽、刻痕及其他类似结构。

3. 外观质量

（1）弯曲

将直尺贴靠坐浆面、铺浆面和条面，测量直尺与试件之间的最大间距（图 6-13），精确至 1mm。

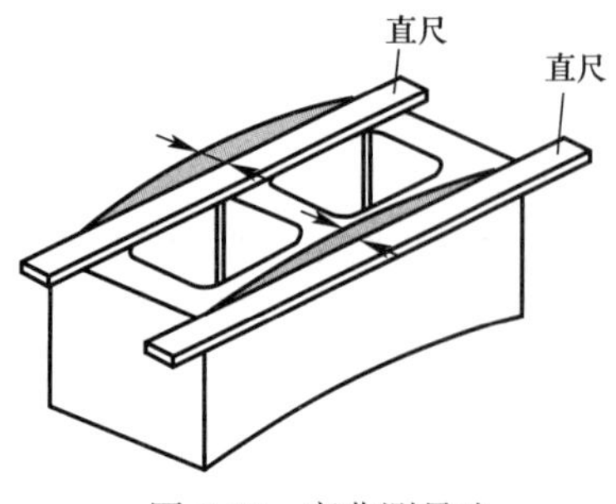

图 6-13 弯曲测量法

（2）缺棱掉角

将直尺贴靠棱边，测量缺棱掉角在长、宽、高三个方向的投影尺寸（图 6-14），精确至 1mm。

（3）裂纹

用钢直尺测量裂纹所在面上的最大投影尺寸（如图 6-15 中的 L_2 或 h_3），如裂纹由一个面延伸到另一个面时，则累计其延伸的投影尺寸（如图 6-15 中的 b_1 +

h_1），精确至 1mm。

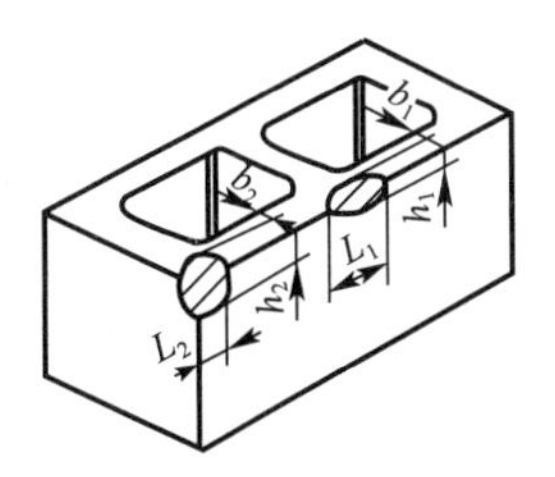

图 6-14 缺棱掉角尺寸测量法

L—缺棱掉角在长度方向的投影尺寸；
b—缺棱掉角在宽度方向的投影尺寸；
h—缺棱掉角在高度方向的投影尺寸

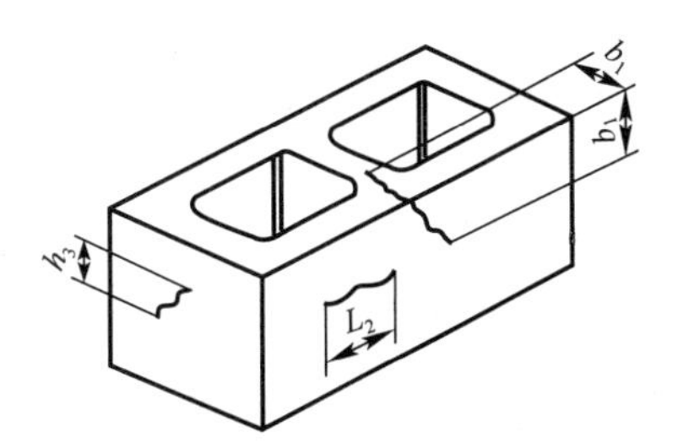

图 6-15 裂纹长度测量法

L—裂纹在长度方向的投影尺寸；
b—裂纹在宽度方向的投影尺寸；
h—裂纹在高度方向的投影尺寸

4. 测量结果

（1）尺寸偏差以实际测量值与规定尺寸的差值表示，精确至 1mm；

（2）弯曲、缺棱掉角和裂纹长度的测量结果以最大测量值表示，精确至 1mm。

6.8.2 抗压强度

6.8.2.1 标准法

外形为完整直角六面体的块材，可裁切出完整直角六面体的辅助砌块和异形砌块，其抗压强度按下列方法——“块材标准抗压强度试验方法”（标准法）进行。

1. 仪器设备

（1）材料试验机

材料试验机的示值相对误差不应超过±1%，其量程选择应能使试件的预期破坏荷载落在满量程的 20%～80%之间。试验机的上、下压板应有一端为球铰支座，可随意转动。

（2）辅助压板

当试验机的上压板或下压板支撑面不能完全覆盖试件的承压面时，应在试验机压板与试件之间放置一块钢板作为辅助压板。辅助压板的长度、宽度分别应至少比试件的长度、宽度大 6mm，厚度应不小于 20mm；辅助压板经热处理后的表面硬度应不小于 60HRC，平面度公差应小于 0.12mm。

（3）试件制备平台

试件制备平台应平整、水平，使用前要用水平仪检验找平，其长度方向范围内的平面度应不大于 0.1mm，可用金属或其他材料制作。

（4）玻璃平板

玻璃平板厚度不小于 6mm，面积应比试件承压面大。

（5）水平仪

水平仪规格为 250～500mm。

（6）直角靠尺

直角靠尺应有一端长度不小于 120mm，分度值为 1mm。

（7）钢直尺

分度值为 1mm。

2. 找平和粘结材料

(1) 总则

如需提前进行抗压强度试验，宜采用高强石膏粉或快硬水泥。有争议时应采用 42.5 级普通硅酸盐水泥砂浆。

(2) 水泥砂浆

1) 采用强度等级不低于 42.5 级的普通硅酸盐水泥和细砂制备的砂浆，用水量以砂浆稠度控制在 65～75mm 为宜，3d 抗压强度不低于 24.0MPa；

2) 普通硅酸盐水泥应符合 GB 175 规定的技术要求；

3) 细砂应采用天然河砂，最大粒径不大于 0.6mm，含泥量小于 1.0%，泥块含量为 0。

(3) 高强石膏

1) 按 GB/T 17669.3 的规定进行高强石膏抗压强度检验，2h 龄期的湿强度不应低于 24.0MPa；

2) 试验室购入的高强石膏，应在 3 个月内使用；若超出 3 个月储存期，应重新进行抗压强度检验，合格后方可继续使用；

3) 除缓凝剂外，高强石膏中不应掺加其他任何填料和外加剂。高强石膏的供应商需提供缓凝剂掺量及配合比要求。

(4) 快硬水泥

应符合 GB 20472 规定的技术要求。

3. 试件

(1) 试件数量

试件数量为 5 个。

(2) 制作试件用试样的处理

1) 用于制作试件的试样应尺寸完整。若侧面有突出或不规则的肋，需先做切除处理，以保证制作的抗压强度试件四周侧面平整；块体孔洞四周应混凝土壁或肋完全封闭。制作出来的抗压强度试件应是由一个或多个孔洞组成的直角六面体，并保证承压面 100%完整。对于混凝土小型空心砌块，当其端面（砌筑时的竖灰缝位置）带有深度不大于 8mm 的肋或槽时，可不做切除或磨平处理。试件的长度尺寸仍取砌块的实际长度尺寸；

2) 试样应在温度 20℃±5℃、相对湿度（50±15)%的环境下调至恒重后，方可进行抗压强度试件制作。试样散放在试验室时，可叠层码放，孔应平行于地面，试样之间的间隔应不小于 15mm。如需提前进行抗压强度试验，可使用电风扇以加快实验室内空气流动速度。当试样 2h 后的质量损失不超过前次质量的 0.2%，且在试样表面用肉眼观察见不到有水分或潮湿现象时，可认为试样已恒重。不允许采用烘干箱来干燥试样。

(3) 试件制备

1) 高宽比（H/B）的计算

计算试样在实际使用状态下的承压高度（H）与最小水平宽度（B）之比，即试样的高宽比（H/B）。若 $H/B \geqslant 0.6$ 时，可直接进行试件制备；若 $H/B < 0.6$ 时，则需采取叠块方法来进行试件制备；

2) $H/B \geqslant 0.6$ 时的试件制备

① 在试件制备平台上线薄薄地涂一层机油或铺一层湿纸，将搅拌好的找平材料均匀

摊铺在试件制备平台上，找平材料层的长度和宽度应略大于试件的长度和宽度；

② 选定试样的铺浆面作为承压面，把试样的承压面压入找平材料层，用直角靠尺来调控试样的垂直度；坐浆后的承压面至少与两个相邻侧面成 90°垂直关系；找平材料层厚度应不大于 3mm；

③ 当承压面的水泥砂浆找平材料终凝后 2h 或高强石膏找平材料终凝后 20min，将试样翻身，按上述方法进行另一面的坐浆；试样压入找平材料层后，除坐浆后的承压面至少与两个相邻侧面成 90°垂直关系外，需同时用水平仪调控上表面至水平；

④ 为节省试件制作时间，可在试样承压面处理后立即在向上的一面铺设找平材料，压上事先涂油的玻璃平板，边压边观察试样的上承压面的找平材料层，将气泡全部排除，并用直角靠尺使坐浆后的承压面至少与两个相邻侧面成 90°垂直关系、用水平尺将上承压面调至水平。上、下两层找平材料层的厚度均应不大于 3mm。

3）$H/B<0.6$ 时的试件制备

① 将同批次、同规格尺寸、开孔结构相同的两块试样，先用找平材料将它们重叠粘结在一起。粘结时，需用水平仪和直角靠尺进行调控，以保持试件的四个侧面中至少有两个相邻侧面是平整的。粘结后的试件应满足：

a. 粘结层厚度不大于 3mm；

b. 两块试样的开孔基本对齐；

c. 当试样的壁和肋厚度上下不一致时，重叠粘结应是壁和肋厚度薄的一端，与另一块壁和肋厚度厚的一端相对接；

② 当粘结两块试样的找平材料终凝 2h 后，再按“试样制备”要求进行试件两个承压面的找平。

（4）试件高度的测量

制作完成的试件，按第 4 节尺寸的测量方法测量试件的高度，若四个读数的极差大于 3mm，试件需重新制备。

（5）试件养护

将制备好的试件放置在 20±5℃、相对湿度（50±15）%的试验室内进行养护。找平和粘结材料采用快硬硫铝酸盐水泥砂浆制备的试件，1d 后方可进行抗压强度试验；找平和粘结材料采用高强石膏粉制备的试件，2h 后可进行抗压强度试验；找平和粘结材料采用普通水泥砂浆制备的试件，3d 后进行抗压强度试验。

4. 试验步骤

（1）按本章第 4 节尺寸的测量方法测量每个试件承压的长度（L）和宽度（B），分别求出各个方向的平均值，精确至 1mm。

（2）将试件放在试验机下压板上，要尽量保证试件的重心与试验机压板中心重合（见注）。除需特意将试件的开孔方向置于水平外，试验时块材的开孔方向应与试验机加压方向一致。实心块材测试时，摆放的方向需与实际使用时一致。

注：对于孔型分别对称于长（L）和宽（B）的中心线的试件，其重心和形心重合；对于不对称孔型的试件，可在试件承压面下垫一根直径 10mm、可自由滚动的圆钢条，分别找出长（L）和宽（B）的平衡轴（重心轴），两轴的交点即为重心。

（3）试验机加荷应均匀平稳，不应发生冲击或振动。加荷速度以 4～6kN/s 为宜，均匀加荷至试件破坏，记录最大破坏荷载 P。

5. 结果计算

试件的抗压强度 f 按下式计算，精确至 0.01MPa。

$$f=\frac{P}{LB}$$

式中 f——试件的抗压强度（MPa）；

P——最大破坏荷载（N）；

L——承压面长度（mm）；

B——承压面宽度（mm）。

6. 试验结果

以 5 个试件抗压强度的平均值和单个试件的最小值来表示，精确至 0.1MPa。试件的抗压强度试验值应视为试样的抗压强度值。

6.8.2.2　取芯法

无法裁切出完整直角六面体的异形砌块（水工护坡砌块、异形干垒挡土墙砌块可参照执行）的抗压强度，根据块型特点，其强度可按下列方法——“块材抗压强度试验方法”（取芯法）进行。

1. 仪器设备

（1）材料试验机

同“标准法”的要求。

混凝土钻芯机

可取直径为 100mm 圆柱体，但内径可有 70mm 和 100mm 两种。

（2）锯切机

有冷却系统和牢固夹紧芯样的装置；配套使用的人造金刚石圆锯片应有足够的刚度。

（3）补平装置或研磨机

除保证证芯样的端面平整外，尚应保证断面与轴线垂直。

（4）量具

钢直尺。分度值为 1mm；游标卡尺，分度值为 0.02mm；塞尺，分度值为 0.01mm；游标量角器，分度值为 0.1°。

找平和粘结材料同“标准法”的要求。

2. 试件制备

（1）试件数量为 5 个，试件直径为 70mm±1mm 或 100mm±1mm，高径比（高度与直径之比）以 1.00 为基准，亦可采用高径比 0.8～12 的试件。一组 5 个试件的取芯直径应一致；

（2）从待检的砌块中随机选择 5 块，在每块上各钻取一个芯样，共计 5 个。芯样钻取方向宜与砌块成型时的布料方向垂直。每个芯样试件取好后，测量其直径的实际值；编号备用；

（3）当试验采用 70mm±1mm 芯样试件，单个芯样厚度（试件的高度方向）小于 56mm；或试验采用 100mm±1mm 芯样试件，单个芯样厚度（试件的高度方向）小于 80mm 时。试件采用取自同一块砌块上的两块芯样，进行同心粘结。粘结材料应满足“外形为完整直角六面体的块材试验方法”的要求，厚度应小于 3mm；

(4) 试件的两个端面宜采用磨平机磨平；也可采用满足“外形为完整直角六面体的块材试验方法”要求的找平材料修补，其修补厚度不宜超过 1.5mm；

(5) 经修复的试件在进行抗压强度试验前，按“标准法”试件养护要求进行养护；

(6) 在进行抗压强度试验前，应对试件进行下列几何尺寸的检验：

1) 直径。用游标卡尺测量试件的中部，在相互垂直的两个位置分别测量，取其算数平均值，精确至 0.5mm，当沿试件高度的任一处直径与平均直径相差大于 2mm 时，该试件作废。

2) 高度。用钢直尺在试件由底至面相互垂直的两个位置分别测量，取其算术平均值，精确至 1mm。

3) 垂直度。用游标量角器测量两个端面与母线的夹角，精确至 0.1°，当试件端面与母线的不垂直度大于 1°时，该试件作废。

4) 平整度。用钢直尺紧靠在试件端面上转动，用塞尺量测钢直尺和试件端面之间的缝隙，取其最大值，当此缝隙大于 0.1mm 时，该试件作废。

3. 试验步骤

(1) 将试件放在试验机下压板上时，要尽量保证试件的圆心与试验机压板中心重合；

(2) 试验机加荷应均匀平稳，不得发生冲击或振动。70mm±1mm 芯样试件的加荷速度以 1～3kN/s，100mm±1mm 芯样试件的加荷速度以 2～4kN/s 为宜，直至试件破坏为止，记录极限破坏荷载。

4. 试验结果

(1) 100mm±1mm 芯样试件的单个试件抗压强度推定值（$f_{cucce100}$）直接按下式计算，精确至 0.1MPa；

$$f_{cucce100} = F_c/(\varphi/2)^2$$

式中 $f_{cucce100}$——单个试件的抗压强度推定值（MPa）；

F_c——极限破坏荷载（N）；

φ——试件直径（mm）。

(2) 70mm±1mm 芯样试件的单个试件抗压强度推定值（$f_{cucce70}$）按下式计算，精确至 0.1MPa。

$$f_{cucce70} = 1.273\frac{F_c}{\varphi^2 \times k_0} \times \eta_A \times \eta_k$$

式中 $f_{cucce70}$——单个试件的抗压强度推定值（MPa）；

F_c——极限破坏荷载（N）；

φ——试件直径（mm）；

η_A——不同高径比试件的换算系数，可按表 6-38 选用；

η_k——换算系数，换算成直径和高度均为 100mm 的抗压强度值，η_k=1.12；

k_0——换算系数，换算成边长 150mm 立方体试件的抗压强度的推定值，按表 6-39 选用。

η_A 值 **表 6-38**

高径比	0.8	0.9	1.0	1.1	1.2
η_A	0.90	0.95	1.00	1.04	1.07

k_0 值 表 6-39

高径比	≤C20	≤C25~C30	≤C35~C45
K_0	0.82	0.85	0.88

(3) 试验结果

以 5 块试件抗压强度推定值的平均值和单个试件的最小值来表示，精确至 0.1MPa。试件的抗压强度试验值应视为试样的抗压强度值。

6.8.3 抗折强度

1. 仪器设备

(1) 材料试验机

试验机加荷速度应在 100~1000N/s 内可调。试验机的示值误差应不大于 1%，量程选择应能使试件的预期破坏荷载落在满量程的 20%~80%之间；

(2) 支撑棒和加压棒

直径 35~40mm，长度应满足大于试件抗折断面长度的要求，材料为钢质，数量为 3 根；加压棒应有铰支座。在每次使用前，应在工作台上用水平尺和直角靠尺校正支撑棒和加压棒，满足直线性的要求时方可使用。

支撑棒由安放在底板上的两根钢棒组成，其中至少有一根是可以自由滚动（图 6-16）。

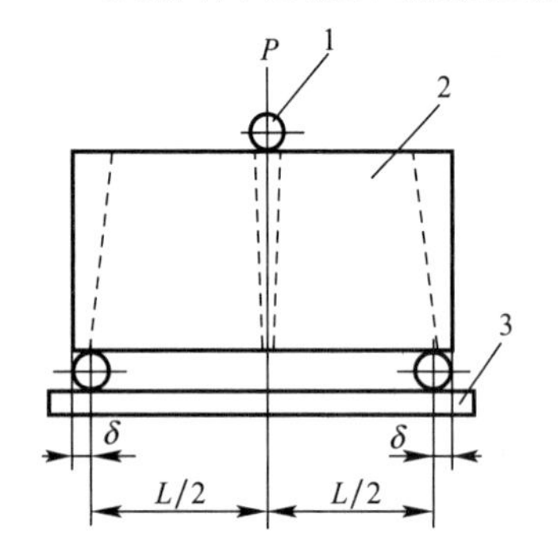

图 6-16 抗折强度实验方法示意
1—钢棒；2—试件；3—承压板。
取值：混凝土空心砌块取 1/2 肋厚；
混凝土多孔（空心）砖取 10mm

2. 试件

(1) 本方法只适用于外形为完整直角六面体的块材，可裁切出完整直角六面体的辅助砌块和异形砌块；

(2) 试件数量为 5 块；

(3) 试样处理、试件制备和养护，按规定进行；

(4) 按尺寸测量的方法测量每个试件的高度和宽度，分别求出各个方向的平均值。混凝土空心砌块试件还需测量块两侧端头的最小肋厚，取平均值，精确到 1mm。

3. 试验步骤

在块材试件的两大面上分别划出水平中心线，再在水平中心的中心点引垂线至上、下底部（试件抹浆面），分别连接试件上、下底部中心点形成抹浆面的中心线。沿抹浆面中心线与块材底部棱边向两边画出 $L/2$ 的位置（支座点），L 为公称长度减一个公称肋厚；将试件置于材料试验机承压板上，调整位置使试件的上部中心线与试验机中心线重合，在试件的上部中心线处放置一根钢棒。可以用试验机自带抗折压头直接替代加压棒使用。试件底部放上两钢棒分别对准试件的两个支座线，形成如图 6-16 的结构受力图，使其满足 δ 的取值要求；使加压棒的中线与试验机的压力中心重合，以 50N/s 的速度加荷至试验机开始显示读数就立即停止加荷。用量具在试件两侧测量图中的 L 值、两侧的 δ 值，以及加压棒居中程度。L 值取试件两侧面测量值的平均值，精确至 1mm。加压棒与试件长度方向中心线重叠误差应不大于 1mm、两侧的 δ 值相差应不大于 1mm，有一项超出要求，试验机需卸载、试件重新放置，直至满足要求；以（250±50）N/s 的速度加荷直至试件破坏。记录最大破坏荷载 P。

4. 结果计算

每个试件的抗折强度计算如下式，精确至 0.01MPa。抗折强度以五个试件抗折强度的算术平均值和单块最小值表示，精确至 0.1MPa。

$$f_z = \frac{2PL}{2BH^2}$$

式中 f_z——试件的抗折强度，单位为兆帕（MPa）；

P——破坏荷载，单位为牛顿（N）；

L——试件宽度，单位为毫米（mm）；

H——试件高度，单位为毫米（mm）。

6.8.4 含水率、吸水率和相对含水率

1. 设备

（1）电热鼓风干燥箱，温控精度±2℃；

（2）电子秤，感量精度 0.005kg；

（3）水池或水箱，最小容积应能放置一组试件。

2. 试件数量

试件数量为 3 个。取样后应立即用塑料袋包装密封。

3. 试验步骤

（1）试件取样后立即用毛刷清理试件表面及孔洞内粉尘，称取其质量 m_0。如试件用塑料袋密封运输，则在拆袋前先将试件连同包装袋一起称量，然后减去包装袋的质量（袋内如有试件中析出的水珠，应将水珠擦拭干或用暖风吹干后再称量包装袋的重量），即得试件在取样时的质量 m_0，精确至 0.005kg。

（2）将试件浸入 15～25℃的水中，水面应高出试件 20mm 以上。24h 后取出，按规定称量试件饱和面干状态的质量 m_2，精确至 0.005kg。

（3）将试件烘干至恒重，称取其绝干质量 m。

4. 结果计算

（1）每个试件的含水率按下式计算，精确至 0.1%。块材的含水率以三个试件含水率的算术平均值表示。精确至 1%。

$$W_1 = \frac{m_0 - m}{m} \times 100$$

式中 W_1——试件的含水率（%）；

m_0——试件在取样时的质量，单位为千克（kg）；

m——试件的绝干质量，单位为千克（kg）。

（2）每个试件的吸水率按下式计算，精确至 0.1%。块材的吸水率以三个试件吸水率的算术平均值表示。精确至 1%。

$$W_2 = \frac{m_2 - m}{m} \times 100$$

式中 W_2——试件的吸水率（%）；

m_2——试件饱和面干状态的质量，单位为千克（kg）；

m——试件的绝干质量，单位为千克（kg）。

块材的相对含水率按下式计算，精确至 1%。

$$W=\frac{\overline{W}_1}{\overline{W}_2}\times 100$$

式中 W——块材的相对含水率（%）；

$\overline{W}_1$——三个块材含水率的平均值（%）；

$\overline{W}_2$——三个块材吸水率的平均值（%）。

6.8.5 抗冻性

1. 设备

(1) 冷冻室、冻融试验箱或低温冰箱：最低温度可调至－30℃；

(2) 水池或水箱，最小容积应能放置一组试件；

(3) 毛刷；

(4) 抗压强度试验设备同“标准法”。

2. 试件

抗冻性试验的试件数量为两组十个。所需试样数，需根据产品采用的强度读验方法“标准法”或“取芯法”中的一种，够制作两组 10 个强度试件的需要。

3. 试验步骤

(1) 分别检查两组 10 个试件所需试样，用毛刷清除表面及孔洞内的粉尘，在缺棱掉角处涂上油漆，注明编号。将块材逐块放置在试验室内静置 48h，块与块之间间距不得小于 20mm。

(2) 将一组 5 个冻融试件所需块材，均浸入 15～25℃的水池或水箱中，水面应高出试样 20mm 以上，试样间距不得小于 20mm。另一组 5 个对比强度试样所需试样，放置在试验室，室温宜控制在 20℃±5℃。

(3) 浸泡 4d 后从水中取出试样，在支架上滴水 1min，再用拧干的湿布拭去内、外表面的水，在 2min 内立即称量每个块材饱和面干状态的质量 m_3，精确至 0.005kg。

(4) 将冻融试样放人预先降至－15℃的冷冻室或低温冰箱中，试样应放置在断面为 20mm×20mm 的格栅上，间距不小于 20mm。当温度再次降至－15℃时开始计时。冷冻 4h 后将试样取出，再置于水温为 15～25℃的水池或水箱中融化 2h。这样一个冷冻和融化的过程即为一个冻融循环。

(5) 每经 5 次冻融循环，检查一次试样的破坏情况，如开裂、缺棱、掉角、剥落等，并做出记录。

(6) 在完成规定次数的冻融循环后，将试样从水中取出，立即用毛刷清除表面及孔洞内已剥落的碎片，再按步骤 3 的方法称量每个试样冻融后饱和面干状态的质量 m_4。24h 后与在试验室内放置的对比试样一起，按试样不同的抗压强度试验方法进行抗压强度试件的制备，在温度 20℃±5℃、相对湿度（50±15)%的试验室内养护 24h 后，再按步骤 2 和步骤 3 方法进行饱水，然后进行试件的抗压强度试验。试件找平和粘结材料应采用水泥砂浆。

4. 结果计算

(1) 报告 5 个冻融试件所需试样的外观检查结果。

(2) 试件的单块抗压强度损失率计算，精确至 1%。

$$K_i=\frac{f_f-f_i}{f_i}\times 100$$

式中　K_i——试件的单块抗压强度损失率（%）；

f_f——5 个未冻融抗压强度试件的抗压强度平均值，单位为兆帕（MPa）；

f_i——单块冻融试件的抗压强度值，单位为兆帕（MPa）。

（3）试件的平均抗压强度损失率计算，精确至 1%。

$$K_R = \frac{f_f - f_R}{f_R} \times 100$$

式中　K_R——试件的平均抗压强度损失率（%）；

f_f——5 个未冻融试件的抗压强度平均值，单位为兆帕（MPa）；

f_R——5 个冻融试件的抗压强度平均值，单位为兆帕（MPa）。

（4）试样的单块质量损失率计算，精确至 0.1%。

$$K_m = \frac{m_3 - m_4}{m_3} \times 100$$

式中　K_m——试样的质量损失率（%）；

m_3——试样冻融前的质量，单位为千克（kg）；

m_4——试样冻融后的质量，单位为千克（kg）。

质量损失率以五个冻融试件所需试样质量损失率的平均值表示，精确至 0.1%。

6.8.6　抗渗性

1. 设备

（1）抗渗装置

抗渗装置见图 6-17。试件套应有足够的刚度和密封性，在安装试件时不宜破损或变形，材质宜为金属；上盖板宜用透明玻璃或有机玻璃制作，壁厚不小于 6mm。

（2）混凝土钻芯机

混凝土钻芯机，内径 100mm；应具有足够的刚度、操作灵活、并应有水冷却系统。钻芯机主轴的径向跳动不应超过 0.1mm，工作时噪声不应大于 90dB。钻取芯样时宜采用金刚石或人造金刚石薄壁钻头。钻头胎体不应有肉眼可见的裂缝、缺边、少角、倾斜及喇叭口变形。钻头对钢体的同心度偏差不应大于 0.3mm。钻头的径向跳动不应大于 1.5mm。

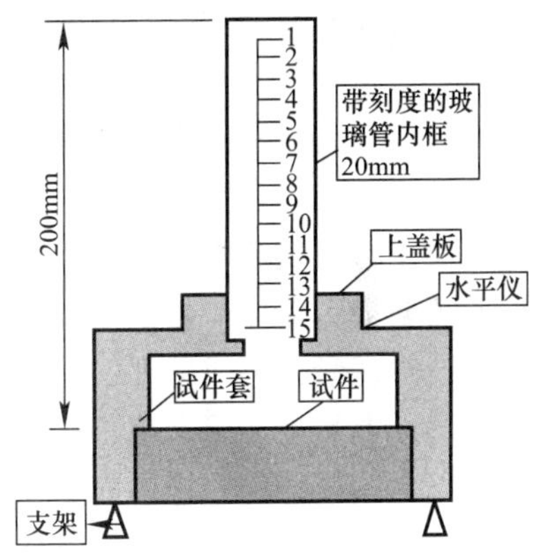

图 6-17　抗渗试验装置示意

（3）支架

支架材质宜为金属，应具有足够的刚度。

2. 试件

（1）试件数量

3 个直径为 100mm 的圆柱体试件。

（2）试件制备

在 3 个不同试样的条面上，采用直径为 100mm 的金刚石钻头直接取样；对于空心砌块应避开肋取样。将试件浸入 20℃±5℃的水中，水面应高出试件 20mm 以上，2h 后将试件从水中取出，放在钢丝网架上滴水 1min，再用拧干的湿布拭去内、外表面的水。

3. 试验步骤

(1) 试验在 20℃±5℃空气温度下进行。

(2) 将试件表面清理干净后晾干，然后在其侧面涂一层密封材料（如黄油），随即旋入或在其他加压装置上将试件压入试件套中，再与抗渗装置连接起来，使周边不漏水。

(3) 如图 6-17 所示，竖起已套入试件的试验装置，并用水平仪调平；在 30s 内往玻璃筒内加水，使水面高出试件上表面 200mm。

记录自加水时算起 2h 后测量玻璃筒内水面下降的高度，精确至 0.1mm。

4. 试验结果

按三个试件测试过程中，玻璃筒内水面下降的最大高度来评定，精确至 0.1mm。

6.8.7 试验报告

试验报告内容应包括：

(1) 受检单位；

(2) 试样名称、编号、数量及规格尺寸；

(3) 送（抽）样日期；

(4) 检验项目；

(5) 依据标准；

(6) 检验类别；

(7) 试验结果；

(8) 其他应记录的项目。

6.9 蒸压加气混凝土性能试验方法

6.9.1 主要力学性能试验方法

1. 仪器设备

(1) 材料试验机：精度（示值的相对误差）不应低于±2%，其量程的选择应能试试件的预期最大破坏荷载处在全量程的 20%～80%范围内；

(2) 托盘天平或磅秤：称量 2000g，感量 1g；

(3) 电热鼓风干燥箱：最高温度 200℃；

(4) 钢板直尺；规格为 300mm，分度值为 0.5mm；

(5) 劈裂抗拉钢垫条的直径为 75mm，如图 6-18 所示。钢垫条与试件之间应垫以木质三合板垫层垫层宽度应为 15～20mm，厚 3～4mm。长度不应短于试件边长，垫层不得重复使用；

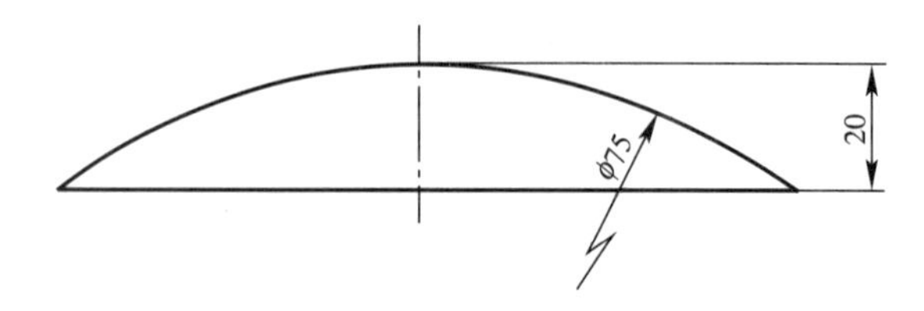

图 6-18 劈裂抗拉钢条的直径（mm）

(6) 变形测量仪表：精度不应低于 0.001mm，当使用镜式引伸仪时，允许精度不低于 0.002mm。

2. 试验步骤

(1) 抗压强度

1) 检查试件外观;

2) 测量试件的尺寸，精确至 1mm，并计算试件的受压面积 (A_1);

3) 将试件放在材料试验机的下压板的中心位置，试件的叠压方向应垂直于制品的膨胀方向;

4) 开动试验机，当上压板与试件接近时，调整球座，使接触均衡;

5) 以 (2.0±0.5)kN/s 的速度连续而均匀的加荷，直至试件破坏，记录破坏荷载 P_1;

6) 将试验后的试件全部或部分立即称质量，然后在 (105±5)℃下烘至恒质，计算其含水率。

(2) 劈裂抗拉强度(劈裂法)

1) 检查试件外观;

2) 在试件中部划线定出劈裂面的位置，劈裂面垂直于制品膨胀方向，测量尺寸，精确至 1mm，计算劈裂面面积 (A_2);

3) 将试件放在试验机下压板的中心位置，在上、下压板与试件之间垫以劈裂抗拉钢垫条及垫层各一条。钢垫条与试件中心线重合，如图 6-19 所示;

4) 开动试验机，当上压板与试件接近时，调整球座，使接触均衡;

5) 以 (0.20±0.05)kN/s 的速度连续而均匀地加荷，直至试件破坏，记录破坏荷载 P_2;

6) 将试验后的试件全部或部分称质量，然后在 (105±5)℃下烘至恒质，计算其含水率。

(3) 抗折强度

1) 检查试件外观;

2) 在试件中部测量其宽度和高度，精确至 1mm;

3) 将试件放在抗弯支座辊轮上，支点间距为 300mm，开动试验机，当加压辊轮与试件快接近时，调整加压辊轮及支座辊轮，使接触均衡，其所有间距的尺寸偏差不应大于±1mm。加荷方式如图 6-20 所示;

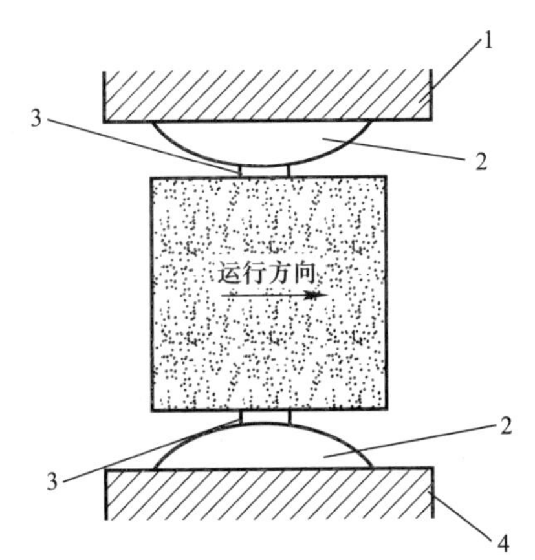

图 6-19 劈裂抗拉试验示意图

1—试验机上压板；2—劈裂抗拉钢垫条；3—垫层；4—试验机下压板

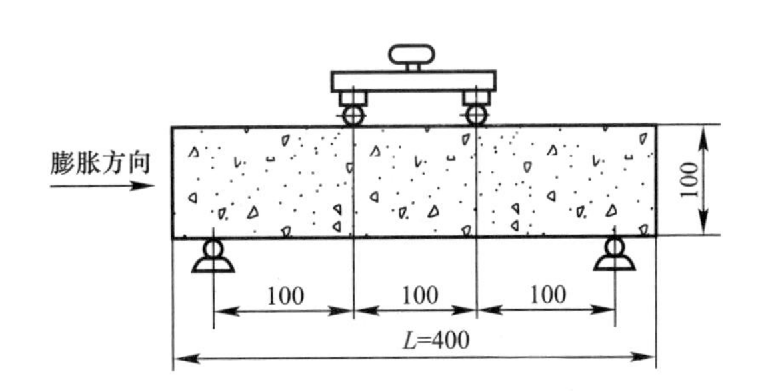

图 6-20 抗折强度试验示意图 (mm)

4）试验机与试件接触的两个支座辊轮和两个加压辊轮具有直径为 30mm 的弧形顶面，并应至少比试件的宽度长 10mm。其中 3 个（一个支座辊轮和两个加压辊轮）尽量做到能滚动并前后倾斜；

5）以（0.20±0.05）kN/s 连续而均匀的加荷，直至试件破坏，记录破坏荷载（P）及破坏位置；

6）将试验后的短半段试件，立即称质量，然后在 105±5℃下烘至恒质，计算其含水率。

（4）轴心抗压强度

1）检查试件外观；

2）在试件中部测量试件的边长精确至 1mm，并计算试件的受压面积（A_3）；

3）将试件直立放置在材料试验机的下压板上，试件的轴心与材料试验机下压板的中心对准；

4）开动材料试验机，当上压板与试件接近时，调整球座，使接触均衡；

5）以（2.0±0.5）kN/s 的速度连续而均匀地加荷；

当试件接近破坏而开始迅速变形时，停止调整材料试验机油门，直至试件破坏，记录破坏荷载（P_3）；取试验后的试件的一部分，立即称质量，然后在 105±5℃下烘至恒质，计算其含水率。

3. 结果计算与评定

结果计算

（1）抗压强度计算如下：

$$f_{cc}=\frac{P_1}{A_1}$$

式中 f_{cc}——试件的抗压强度（MPa）；

P_1——破坏荷载（N）；

A_1——试件受压面积（mm^2）。

（2）抗折强度计算如下：

$$f_f=\frac{P\times L}{b\times h^2}$$

式中 f_f——试件的抗折强度，MPa；

P——破坏荷载（N）；

b——试件宽度（mm）；

h——试件高度（mm）；

L——支座间距即跨度（mm），精确至 1mm。

（3）劈裂抗拉强度计算：

$$f_{ts}=\frac{2P_2}{\pi A_2}$$

式中 f_{ts}——试件的劈裂抗拉强度（MPa）；

P_2——破坏荷载（N）；

A_2——劈裂面面积（mm^2）。

（4）轴心抗压强度计算：

$$f_{cp} = \frac{P_s}{A_s}$$

式中 f_{cp}——轴心抗压强度（MPa）；

P_s——试件的破坏荷载（N）；

A_s——试件中部截面面积（mm^2）。

（5）结果评定

抗压强度和轴心抗压强度计算至 0.1MPa；抗拉强度和抗折强度的计算精确至 0.01MPa；取 3 块试件试验值的算术平均值，精确到 0.1MPa。

6.9.2 干密度、含水率吸水率试验方法

1. 仪器设备

（1）电热鼓风干燥箱：最高温度 200℃；

（2）托盘天平或磅秤：称量 2000g，感量 1g；

（3）钢板直尺：规格为 300mm，分度值为 0.5mm；

（4）恒温水槽：水温 15～25℃。

2. 试件

（1）试件的制备，采用机锯或刀锯，锯切时不得将试件弄湿；

（2）试件应沿制品发气方向中心部分上、中、下顺序锯取一组，“上”块上表面距离制品顶面 30mm，“中”块在制品正中处，“下”块下表面离制品底面 30mm。制品的高度不同，试件间隔略有不同，试件间隔略有不同，以高度 600mm 的制品为例，试件锯取部位如图 6-21 所示；

（3）试件表面必须平整，不得有裂隙或明显缺陷，尺寸允许偏差为±2mm；试件应逐块编号，表明锯取部位和发气法相；

（4）试件为 100mm×100mm×100mm 正方立体，共二组 6 块。

3. 吸水率试验步骤

（1）取另一组 3 块试件放入电热鼓风干燥箱内，在（60±5）℃下保温 24h，然后在（80±5）℃下保温 24h，再在（105±5）℃下烘至恒质（M_0）；

（2）试件冷却至室温后，放入水温为（20±5）℃的恒温水槽内，然后加水至试件高度 1/3，保持 24h，再加水至试件高度的 2/3，经 24h 后，加水高出试件 30mm 以上，保持 24h；

（3）将试件从水中取出，用湿布抹去表面水分，立即称取每块质量（M_g），精确至 1g。

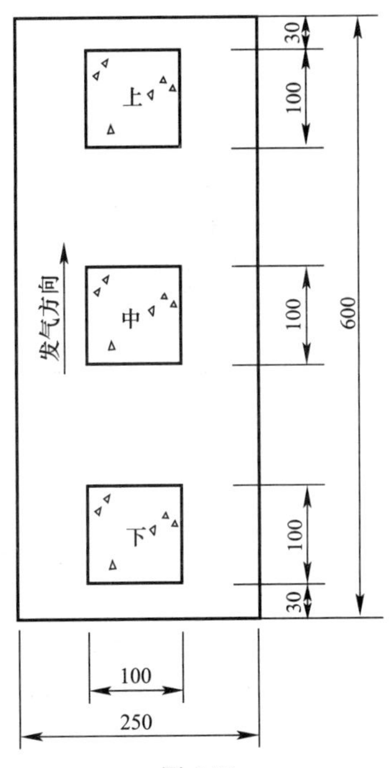

图 6-21

4. 干密度和含水率试验步骤

（1）取试件一组 3 块，逐块量取长、宽、高三个方向的轴线尺寸，精确至 1mm，计算试件的体积；并称取试件质量 M，精确至 1g；

（2）将试件放入电热鼓风干燥箱内，在（60±5）℃下保温 24h，然后在（80±5）℃下保温 24h，再在（105±5)℃下烘至恒质（M_0）。恒质指在烘干过程中间隔前后两次质量差不超过试件质量的 0.5%。

5. 结果计算与评定

（1）干密度按下式计算：

$$R_0 = \frac{M_0}{V} \times 10^6$$

式中 R_0——干密度，单位为千克每立方米（kg/m^3）；

M_0——试件烘干后质量，单位为克（g）；

V——试件体积，单位为立方毫米（mm^3）。

（2）含水率按下式计算：

$$W_s = \frac{M - M_0}{M_0} \times 100$$

式中 W_s——含水率（%）；

M_0——试件烘干后质量，单位为克（g）；

M——试件烘干前质量，单位为克（g）。

（3）吸水率按下式计算（以质量分数表示）：

$$W_R = \frac{M_g - M_0}{M_0} \times 100$$

式中 W_R——吸水率（%）；

M_0——试件烘干后质量，单位为克（g）；

M_g——试件吸水后质量，单位为克（g）。

（4）结果按 3 块试件试验的算术平均值进行评定，干密度的计算精确至 $1kg/m^3$，含水率和吸水率的计算精确至 0.1%。

6.9.3 抗冻性试验方法

1. 仪器设备

（1）低温箱或冷冻室：最低工作温度－30℃以下；

（2）恒温水槽：水温（20±5)℃；

（3）托盘天平或磅秤：称量 2000g，感量 1g；

（4）电热鼓风干燥箱：最高温度 200℃。

2. 试件

（1）试件按 6.9.2 的要求试件制备；

（2）试件尺寸和数量

100mm×100mm×100mm 立方体试件一组 3 块。

3. 试验步骤

（1）将冻融试件放在电热鼓风干燥箱内，在 60±5℃下保温 24h，然后在 80±5℃下保温 24h，再在 105±5℃下烘至恒质；

（2）试件冷却至室温后，立即称取质量，精确至 1g，然后侵入水温为 20±5℃恒温水槽中，水面应高出试件 30mm，保持 48h；

（3）取出试件，用湿布抹去表面水分，放入预先降温至－15℃以下的低温箱或冷冻室中，其间距不小于 20mm，当温度降至－18℃时记录时间。在－20±2℃下冻 6h 取出，放入水温为（20±5)℃的恒温水槽中，融化5h作为一次冻融循环，如此冻融循环15次为止；

（4）每隔5次循环检查并记录试件在冻融过程中的破坏情况；

（5）冻融过程中，发现试件呈明显的破坏，应取出试件，停止冻融试验，并记录冻融次数；

（6）将经15次冻融后的试件，放入电热鼓风干燥箱内烘至恒质；

（7）试件冷却至室温后，立即称取质量，精确至1g；

（8）将冻融后试件按“抗压强度试验”有关规定，进行抗压强度试验。

4. 结果计算与评定

（1）质量损失率按下式计算：

$$M_m = \frac{M_0 - M_s}{M_0} \times 100$$

式中 M_m——质量损失率（%）；

M_0——冻融试件试验前的干质量，单位为克（g）；

M_s——经冻融试验后试件的质量，单位为克（g）。

（2）冻后试件的抗压强度按规范公式计算；

（3）抗冻性按冻融试件的质量损失率平均值和冻后的抗压度平均值进行评定，质量损失率精确至0.01%。

6.9.4 碳化性能试验方法

1. 仪器设备和试剂

（1）碳化箱：下部没有进气孔，上部设有排气孔，且有湿度观察装置盖（门）必须严密。二氧化碳钢瓶；

（2）转子流量计；

（3）气体分析仪；

（4）电热鼓风干燥箱：最高温度200℃；

（5）托盘天平或磅秤：称量2000g，感量1g；

（6）干湿球温度计：最高湿度100℃；

（7）二氧化碳气体：浓度（质量分量）大于80%；

（8）钠石灰；

（9）工业用硝酸镁（保湿剂）；

（10）质量分数1%酚酞溶液：用浓度（质量分数）为70%的乙醇配制；

（11）质量分数30%氢氧化钾溶液。

2. 试件

（1）试件制备按本节第二条的要求进行；

（2）试件在同一块制品中心部分，沿制品发气方向中心部分的上、中、下顺序相邻部位锯取两组试件。相邻对应两组试件如图6-22所示。

（3）试件数量

100mm×100mm×100mm立方体试件五组共15块。一组3块对比试件，四组12块为碳化试件，其中三组9块用于碳化深度检查，一组3块用于测定碳化后强度。

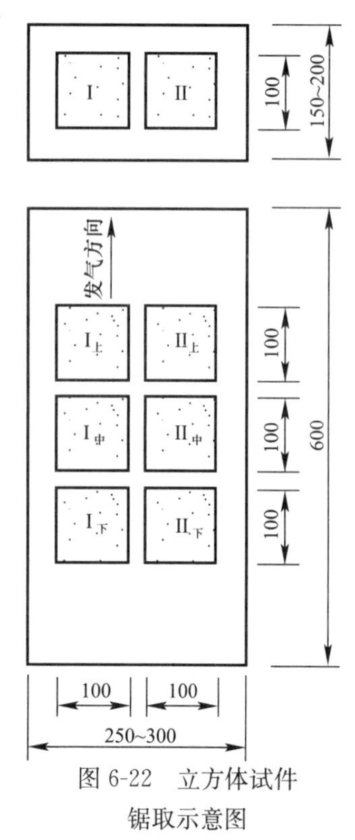

图 6-22 立方体试件锯取示意图

3. 试验条件

(1) 温度

碳化过程的相对温度为（55±5）%。

空气和二氧化碳分别通过盛有硝酸镁（保湿剂）过饱和溶液（以 1kg 工业纯硝酸镁，200ml 水的比例配制）的广口瓶，以控制介质湿度。应经常保持溶液中有硝酸镁固相存在。

(2) 二氧化碳浓度

1）二氧化碳浓度的测定

每隔一定时期对箱内的二氧化碳浓度作一次测定，一般在第一。二天每隔 2h 测定一次。以后每隔 4h 测定一次。并根据测得二氧化碳浓度，随时调节其流量，保湿剂也应经常予以更换。

二氧化碳浓度采用气体分析仪测定，精确至 1%（质量分数）

2）二氧化碳浓度的调节和控制

如图 6-23 所示，装配人工碳化装置，分别调节二氧化碳钢瓶和空气压缩机上的针型阀，通过流量计控制二氧化碳浓度为（20±3）%（质量分数）。

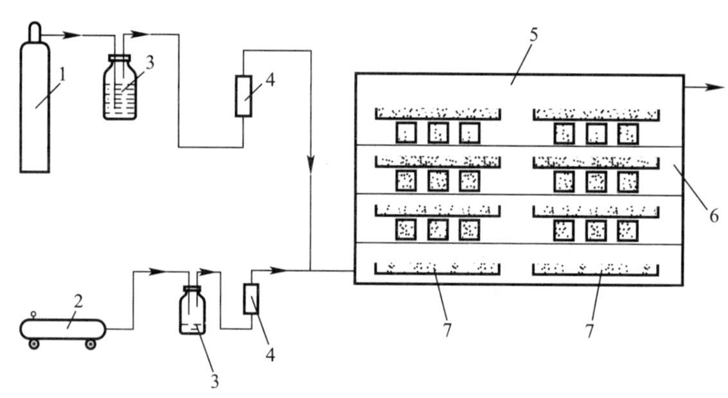

图 6-23 人工碳化装置示意图

1—二氧化碳钢瓶；2—空气压缩机；3—保湿剂瓶；4—转子流量计；5—碳化箱；6—干湿球温度计；7—内盛保湿剂的瓷盘

4. 试验步骤

(1) 试件放入温度（60±5)℃的电热鼓风干燥箱内，烘制恒质。电热鼓风干燥箱内需放入适量的钠石灰，以吸收箱内的二氧化碳；

(2) 取一组试件，测定抗压强度（f_{cc}）；

(3) 其余四组试件放入碳化箱进行碳化，试件间隔不得小于 20mm。4d 后，每天取出一块试件劈开，用 1%(m/m) 酚酞溶液测定碳化深度，直至试件中心不显红色，则认为试件已完全碳化。此时，取一组试件按抗压强度试验有关规定测定其碳化后的抗压强度（f_c）。

5. 结果计算与评定

(1) 碳化系数计算：

$$K_c = \frac{f_c}{f_{cc}}$$

式中 K_c——碳化系数；

f_c——碳化后试件抗压强度平均值，单位为兆帕（MPa）；

f_{cc}——对比试件抗压强度平均值，单位为兆帕（MPa）；

(2) 试验结果按3块试件试验的算术平均值进行评定，精确至0.01.

6.10 组批原则与试样数量

6.10.1 蒸压加气混凝土砌块

1. 检验分类

检验分出厂检验和型式检验。

(1) 检验项目

出厂检验的项目包括：尺寸偏差、外观质量、立方体抗压强度、干密度。

(2) 型式检验项目

型式检验项目包括：尺寸偏差、外观质量、干密度、强度等级、干燥收缩、抗冻性、导热系数。

有下列情况之一时，进行型式检验：

1) 新厂生产试制定型检验；

2) 正式生产后，原材料、工艺等发生较大改变，可能影响产品性能时；

3) 正常生产时，每半年应进行一次；出厂检验结果与上次型式检验结果有较大差异时；

4) 国家质量监督机构提出进行型式检验的要求时。

2. 批量

同品种、同规格、同等级的砌块，以10000块为一批，不足10000块亦为一批。

3. 抽样数量

(1) 出厂检验

随机抽取50块砌块，进行尺寸偏差、外观检验。从外观与尺寸偏差检验合格的砌块中，随机抽取6块制作试件，进行如下项目检验：

1) 干密度3组9块；

2) 强度等级3组9块。

(2) 型式检验

在受检验的一批产品中，随机抽取80块砌块，进行尺寸偏差和外观质量。从外观与尺寸偏差检验合格的砌块中，随机抽取n块砌块制作试件，进行如下项目检验：

1) 干密度　　3组9块；

2) 强度等级　　5组15块；

3) 干燥收缩　　3组9块；

4) 抗冻性　　3组9块；

5) 导热系数　　1组2块。

6.10.2 混凝土小型空心砌块

1. 检验分类

产品检验分为出厂检验和型式检验。

(1) 出厂检验

出厂检验项目为：外观质量、尺寸偏差、最小壁肋厚度、强度度级。

(2) 型式检验

型式检验项目：包含产品标准技术要求的全部项目，有下列情况之一者，应进行型式检验。

1) 新产品投产或产品定型鉴定时；

2) 正式生产后原材料、配比、生产工艺等发生改变时；

3) 正常生产时，每半年应进行一次；

4) 停产 3 个月以上，恢复生产时；

5) 出厂检验结果与上次型式检验有较大差异时。

2. 批量

砌块按规格、种类、龄期和强度等级分批验收。以同一种原材料配制成的相同规格、龄期、强度等级和相同生产工艺生产的 500m^3 且不超过 3 万块砌块为一批，每周生产不足 500m^3 且不超过 3 万块砌块按一批计。

3. 抽样规则

(1) 每批随机抽取 32 块做尺寸偏差和外观质量检验；

(2) 从尺寸偏差和外规质量合格的检验批中随机抽取，样品数量应符合表 6-40 的规定。

样品数量 **表 6-40**

检验项目	样品数量（块）	
	$(H/B)\geq 0.6$	$(H/B)<0.6$
空心率	3	3
外壁和肋厚	3	3
强度等级	5	10
吸水率	3	3
线性干燥收缩值	3	3
抗冻性	10	20
碳化系数	12	22
软化系数	10	20
放射性核素限量	3	3

注：H/B（高宽比），是指试样在实际使用状态下的承压高度（H）与最小水平尺寸（B）之比。

6.10.3 粉煤灰小型空心砌块

1. 检验分类

产品检验分为：出厂检验和型式检验。

(1) 出厂检验

出厂检验项目为：尺寸偏差、外观质量、密度等级、强度等级、相对含水率。

(2) 型式检验

型式检验项目为：产品标准技术要求的全部项目。有下列情况之一者，应进行型式检验。

1）新产品的试制定型鉴定；

2）正常生产后，原材料、配合比及生产工艺发生改变时；

3）正常生产时，每半年至少进行一次（碳化系数和放射性检验每年一次）；

4）产品停产 3 个月以上恢复生产时；

5）出厂检验结果与上次型式检验有较大差异时；

6）国家质量监督机构提出进行型式检验要求时。

2. 批量

以用同一种粉煤灰、同一种集料、同一生产工艺制成的相同等级、相同强度等级的 10000 块砌块为一批，每月生产的砌块数不足 10000 块者亦以一批计。

3. 抽样规则

（1）出厂检验时，每批随机抽取 32 块进行尺寸偏差和外观质量检验；再从尺寸偏差和外观质量检验合格的砌块中，随机抽取 8 块，5 块进行强度等级检验，3 块进行密度等级和相对含水率检验；

（2）型式检验时，每批随机抽取 64 块，其中 32 块进行尺寸偏差、外观质量检验；从尺寸偏差和外观质量检验合格的砌块中抽取如下数量进行其他项目检验：

1）强度等级：5 块；

2）密度等级和相对含水率：3 块；

3）干燥收缩率：3 块；

4）抗冻性：10 块；

5）软化系数：10 块；

6）碳化系数：12 块；

7）放射性：按 GB 6566。

6.10.4 轻骨料混凝土小型空心砌块

1. 检验分类

产品检验分为出厂检验和型式检验。

（1）出厂检验

出厂检验项目为：尺寸偏差、外观质量、密度、强度、吸水率和相对含水率。

（2）型式检验

型式检验项目为：产品标准中技术要求的全部项目，放射性核素限量在新产品投产和新产品定型时进行。有下列情况之一者，应进行型式检验。

1）新产品投产或产品定型鉴定时；

2）砌块的原材料、配合比及生产工艺发生较大变化时；

3）正常生产 6 个月时（干燥收缩率、碳化系数和抗冻性每年一次）；

4）产品停产 3 个月以上恢复生产时。

2. 组批规则

砌块按密度等级和强度等级分批验收。以同一品种轻骨料和水泥按同一生产工艺制成的相同密度等级的 300m³ 砌块为一批；不足 300m³ 者亦按一批计。

3. 抽样数量

（1）出厂检验时．每批随机抽取 32 块做尺寸偏差和外观质量检验；再从尺寸偏差和外观质量检验合格的砌块中。随机抽取如下数量进行以下项目的检验：

1）强度：5 块；

2）密度、吸水率和相对含水率：3 块。

（2）型式检验时，每批随机抽取 64 块，并在其中随机抽取 32 块进行尺寸偏差、外观质量检验；如尺寸偏差和外观质合格，则在 64 块中抽取尺寸偏差和外观质量合格的下述块数进行其他项目检验。

1）强度：5 块；

2）密度、吸水率、相对含水率：3 块；

3）干燥收缩率：3 块；

4）抗冻性：10 块；

5）软化系数：10 块；

6）碳化系数：10 块；

7）放射性：2 块。

6.11 现行标准

1.《砌墙砖试验方法》GB/T 2542—2012

2.《混凝土砌块和砖试验方法》GB/T 4111—2013

3.《蒸压加气混凝土性能试验方法》GB/T 11969—2008

4.《烧结普通砖》GB/T 5101—2003

5.《烧结多孔砖和多孔砌块》GB 13544—2011

6.《烧结空心砖和空心砌块》GB 13545—2003

7.《烧结保温砖和保温砌块》GB 26538—2011

8.《非烧结垃圾尾矿砖》JC/T 422—2007

9.《炉渣砖》JC/T 525—2007

10.《粉煤灰砖》JC 239—2001

11.《蒸压粉煤灰多孔砖》GB 26541—2011

12.《蒸压灰砂砖》GB 11945—1999

13.《蒸压灰砂多孔砖》JC/T 637—2009

14.《普通混凝土小型空心砌块》GB/T 8239—2014

15.《轻集料混凝土小型空心砌块》GB/T 15229—2011

16.《粉煤灰小型空心砌块》JC 862—2008

17.《装饰混凝土砌块》JC/T 641—2008

18.《自保温混凝土复合砌块》JG/T 407—2013

19.《复合保温砖和复合保温砌块》GB/T 29060—2012

20.《承重混凝土多孔砖》GB 25779—2010

21.《混凝土实心砖》GB/T 21144—2007

22.《非承重混凝土空心砖》GB/T 24492—2009

23.《蒸气加气砼砌块》GB/T 11968—2006

6.12 练习题

一、单选题

1. 实心砖：无孔洞或孔洞率小于（　　）的砖

A. 15%　　B. 20%　　C. 25%　　D. 30%

2. 用于基础或易受冻融和干湿交替作用的建筑部位必须使用（　　）及以上的砖

A. MU10　　B. MU15　　C. MU20　　D. MU25

3. 小型空心砌块各种骨料的最大粒径不宜大于（　　）mm。

A. 10　　B. 15　　C. 20　　D. 25

4. 在烧结砖的生产过程中，焙烧是关键，否则容易产生欠火砖和过火砖，因此温度控制在（　　）之间。

A. 750～850℃　　B. 950～1050℃

C. 850～1050℃　　D. 1050～1150℃

5. 下列属于过火砖性能的是（　　）

A. 孔隙率低、强度低、耐久性好，但变形大

B. 孔隙率低、强度高、耐久性好，但变形大

C. 孔隙率低、强度高、耐久性差，但变形大

D. 孔隙率高、强度高、耐久性好，但变形大

6. 烧结多孔砖根据抗压强度分为（　　）个强度等级。

A. 三　　B. 四　　C. 五　　D. 六

7. 烧结空心砖的体积密度分为（　　）

A. 三　　B. 四　　C. 五　　D. 六

8. 砌墙砖外观质量检查中杂质凸出高度采用（　　）测量

A. 钢直尺　　B. 游标卡尺　　C. 砖用卡尺的垂直尺　　D. 千分尺

9. 进行抗折强度试验试样处理时应将试样放在温度为（　　）℃的水中浸泡24h后取出，用湿布擦去其表面水分进行抗折强度试验。

A. 15±5　　B. 20±5　　C. 25±5　　D. 30±5

10. 按GB/T2542的规定：烧结普通砖、烧结空心砖的加荷速度为（　　）kN/s

A. 5±0.5　　B. 6±0.5　　C. 7±0.5　　D. 8±0.5

11. 按GB/T2542的规定：抗压强度试验时，成型制样的养护温度不低于（　　）℃

A. 5　　B. 10　　C. 15　　D. 20

12. 在进行混凝土砌块抗压强度试验时，应将试样在温度（　　）℃、相对湿度(50±15)%的环境下调至恒重后，方可进行抗压强度试件制作。

A. (10±2)　　B. (15±5)　　C. (25±5)　　D. (20±5)

13. 在进行混凝土砌块抗压强度试验时，应将制备好的试件放置在20℃±5℃、相对湿度（　　）%的试验室内进行养护。

A. 40±10　　B. 50±5　　C. 50±15　　D. 60±15

14. 在混凝土砌块抗压强度试验时，当找平和粘结材料采用普通水泥砂浆制备的试件，（　　）后进行抗压强度试验。

A. 1d　　B. 2d　　C. 3d　　D. 7d

15. 在进行混凝土砌块抗压强度试验时，加荷速度以（　　）为宜。

A. 2～4kN/s　　B. 4～6kN/s　　C. 6～8kN/s　　D. 8～10kN/s

16. 混凝土砌块抗压强度等级（　　）个试件抗压强度的平均值和单个试件的最小值来表示。

A. 5　　B. 10　　C. 15　　D. 20

17. 蒸压加气混凝土砌块的抗压强度的试验速度为（　　）kN/s

A. 2.0±0.5　　B. 3.0±0.5　　C. 4.0±0.5　　D. 5.0±0.5

18. 蒸压加气混凝土砌块抗压强度的试验结束后，将试验后的试件全部或部分立即称质量，然后在（　　）℃下烘至恒质，计算其含水率。

A. 100±5　　B. 110±5　　C. 115±5　　D. 105±5

19. 承重混凝土小型砌块其吸水率应不大于（　　）。

A. 10%　　B. 12%　　C. 14%　　D. 15%

20. 非承重混凝土小型砌块其吸水率应不大于（　　）。

A. 10%　　B. 12%　　C. 14%　　D. 15%

21. GB 13545—2014 的规定：烧结空心砖强度等级用（　　）

A. 抗压强度平均值和强度标准来表示

B. 抗压强度平均值和强度标准值或单块最小值来表示

C. 强度标准值来表示或单块最小值

D. 抗压强度平均值和单块最大值来表示

22. 按 GB 13544—2011 的规定：烧结多孔砖的强度等级用（　　）

A. 抗压强度平均值和强度标准值来表示

B. 抗压强度平均值来表示

C. 强度标准值来表示

D. 抗压强度平均值和单块最大值来表示

二、多选题

1. 混凝土砌块按原料的不同可分为（　　）

A. 硅酸盐混凝土砌块　　B. 普通混凝土砌块

C. 轻骨料混凝土砌块　　D. 蒸压加气混凝土砌块

E. 承重砌块

2. 烧结砖按烧结质量分为（　　）

A. 正火砖　　B. 欠火砖　　C. 过火砖　　D. 青砖

E. 黏土砖

3. 烧结普通砖的技术要求有（　　）

A. 尺寸允许偏差　　B. 外观质量　　C. 强度等级　　D. 抗风化性能

E. 泛霜

4. 非烧结砖根据所用原料不同可分为（　　）。

A. 蒸压灰砂砖　　B. 蒸压粉煤灰砖　　C. 正火砖　　D. 蒸压炉渣砖

E. 过火砖

5. 下列对于轻骨料混凝土小型空心砌块的说法正确的有（　　）

A. 轻质　　B. 高强　　C. 绝热性能差　　D. 抗震性能好

E. 抗渗

6. 砌墙砖试验内容包括（　　）

A. 体积密度试验　　B. 吸水率和饱和系数试验

C. 抗压强度、抗折强度　　D. 冻融实验

E. 泛霜试验

7. 砌墙砖外观质量检查测量方法的内容有（　　）

A. 碳化深度　　B. 裂纹　　C. 弯曲　　D. 杂质凸出高度

E. 色差

8. 砌墙砖抗压强度的测量中试样制备包括（　　）

A. 成型制样　　B. 一次成型制样

C. 二次成型制样　　D. 非成型制样

E. 三次成型制样

9. 泛霜程度可划分为（　　）

A、无泛霜　　B. 轻微泛霜　　C. 中等泛霜　　D. 严重泛霜

E. 较严重泛霜

10. 常见的砌块有（　　）

A. 蒸压加气混凝土砌块　　B. 粉煤灰砌块

C. 混凝土小型空心砌块　　D. 轻骨料混凝土小型空心砌块

E. 承重砌块

11. 下列对于混凝土砌块抗压强度试验说法正确的有（　　）

A. 测量每个试件承压的长度和宽度，分别求出各个方向的平均值，精确至 1mm

B. 将试件放在试验机下压板上，要尽量保证试件的重心与试验机压板中心重合

C. 实心块材测试时，摆放的方向需与实际使用时一致

D. 试验机加荷应均匀平稳，不应发生冲击或振动。加荷速度以 4～6kN/s 为宜，均匀加荷至试件破坏，记录最大破坏荷载 P

E. 试验机加荷应均匀平稳，不应发生冲击或振动。加荷速度以 6～8kN/s 为宜，均匀加荷至试件破坏，记录最大破坏荷载 P

12. 下列对于混凝土砌块抗压强度试件养护说法正确的有（　　）

A. 将制备好试件放置在 20±5℃、相对湿度（50±15）%的试验室内进行养护

B. 找平和粘结材料采用快硬硫铝酸盐水泥砂浆制备的试件，1d 后方可进行抗压强度试验

C. 找平和粘结材料采用高强石膏粉制备的试件，2h 后可进行抗压强度试验

D. 找平和粘结材料采用普通水泥砂浆制备的试件，3d 后进行抗压强度试验

E. 以上都对

三、问答题

1. 按砖的生产工艺不同可分哪几类砖？

2. 普通烧结砖的性能要求有哪些？强度等级是怎样划分的？

3. 多孔砖与空心砖有何异同点？
4. 简述烧结多孔砖和空心砖抗压强度的评定方法。
5. 非烧结砖砖有哪些常用品种？蒸养（压）砖与普通烧结砖相比具有什么特点？
6. 砌墙砖试验方法包括哪些内容？各参数的取样数量是多少？
7. 简述砌墙砖抗压强度的试验方法。
8. 按组成材料的不同砌块可分为哪些种类？
9. 什么是蒸压加气混凝土砌块？蒸压加气混凝土砌块的特点有哪些？
10. 蒸压加气混凝土砌块的主要技术指标有哪些？
11. 简述蒸压加气混凝土砌块抗压强度和密度的试验方法。
12. 混凝土小型空心砌块的主要性能指标有哪些？
13. 生产轻骨料混凝土小型空心砌块的原材料有哪些？有什么要求？
14. 轻骨料混凝土小型空心砌块常规检验项目有哪些？其相对含水率如何计算？
15. 简述砌块抗压强度试验方法。

答案：

一、单选题

1. C　2. B　3. A　4. B　5. B　6. C　7. B　8. C　9. B　10. A　11. B　12. D　13. C　14. C　15. B　16. A　17. A　18. D　19. A　20. C　21. B　22. A

二、多选题

1. ABC　2. ABC　3. ABCDE　4. ABD　5. ABD　6. ABCDE　7. BCD　8. BCD　9. ABCD　10. ABC　11. ABCD　12. ABCDE

第7章　建筑钢材

7.1　概述及相关术语

7.1.1　概述

建筑钢材主要是指用于钢结构中各种型材（如角钢、槽钢、工字钢、圆钢等）、钢板、钢管和用于钢筋混凝土结构中的各种钢筋、钢丝、钢绞线等。与非金属材料相比，钢材有以下几方面的优缺点。

钢材的主要优点：①强度高；②具有良好的塑性和韧性，能经受冲击和振动荷载的作用；③质量稳定，品质均匀，结构致密，可靠性高，是各向同性的弹塑性材料；④具有良好的加工性能，可以锻压、切割、焊接和铆接，便于装配。

钢材的主要缺点：①耐腐蚀性差，尤其是潮湿空气中，钢材容易锈蚀；②抗火性差，温度达到300℃以上时，钢材的强度明显下降；③传热快，耐火时间较短，建筑物局部火灾，可很快引起整个钢结构承载力下降，甚至垮塌；④自重较大，价格较贵。

7.1.2　工程常用钢材的分类

钢材可按冶炼方法、化学成分、品质和用途等多种方法分类。其中以化学成分和按用途分类较为广泛。

（1）按冶炼方法分类

按冶炼设备的不同，即冶炼方法的不同，可分为平炉钢、转炉钢和电炉钢三大类。

（2）按化学成分分类

按化学成分可以分为碳素钢和合金钢两大类。

① 碳素钢

按照含碳量不同，可分为：低碳素钢（C＜0.25％）、中碳素钢（C：0.25％～0.60％）和高碳素钢（C＞0.60％）。

② 合金钢

按照合金元素的含量不同，可分为：低合金钢（含量＜5％）、中合金钢（含量为5％～10％）和高合金钢（含量＞10％）。

（3）按有害杂质分类

按照有害杂质可分为普通钢、优质钢和高级优质钢三类。

① 普通钢

含硫量≤0.055％～0.065％，含磷量≤0.045％；

② 优质钢

含硫量≤0.03％～0.045％，含磷量≤0.035％；

③ 高级优质钢

含硫量≤0.02％～0.03％，含磷量≤0.027％。

(4) 按脱氧程度分类

按照脱氧程度可分为沸腾钢、镇静钢、半镇静钢和特殊镇静钢四类。

① 沸腾钢：炼钢时仅加入锰铁进行脱氧，则脱氧不完全。这种钢水浇入锭模时，会有大量的CO气体从钢水中外溢，引起钢水呈沸腾状，故称沸腾钢，代号为“F”。沸腾钢组织不够致密，成分不太均匀，硫、磷等杂质偏析较严重，故质量较差。但因其成本低、产量高，故被广泛用于一般建筑工程中。

② 镇静钢：炼钢时采用锰铁、硅铁等作脱氧剂，脱氧完全，且同时能起到去硫的作用。这种钢水浇入铸锭时能平静地充缚锭模并冷却凝固，故称镇静钢，代号为“Z”。镇静钢虽成本较高，但组织致密，成分均匀，性能稳定，故质量好。适用于预应力混凝土等重要的结构工程。

③ 半镇静钢：脱氧程度介于沸腾钢和镇静钢之间，为质量较好的钢，其代号为“b”。

④ 特殊镇静钢：比镇静钢脱氧程度还要充分彻底的钢，故其质量最好，适用于特别重要的结构工程，代号为“TZ”。

(5) 按用途分类

按用途可分为结构钢、工具钢和特殊钢三类。

① 结构钢：建筑工程用结构钢、机械制造用结构钢等；

② 工具钢：用于制作道具、量具、模具等；

③ 特殊钢：不锈钢、耐酸钢、耐热钢、耐磨钢、磁钢等。

(6) 按形状分类

按照钢材的形状主要分为型材、棒材（或线材）和异型材三类。

① 型材：主要包括型钢（工字钢、槽钢、角钢等）和钢板；

② 棒材：主要包括钢筋、盘条、钢丝、钢绞线等；

③ 异型材：是为特殊用途而制作的，如：锚具、夹具和异型钢梁等。

7.1.3 常用钢材的牌号

(1) 碳素结构钢

碳素结构钢钢号由四个部分按顺序组成，他们分别是：

① 代表屈服点的字母 Q；

② 屈服强度的数值（单位是 N/mm^2）；

③ 质量等级符号 A、B、C、D，表示钢材质量等级，其质量从前至后依次提高；

④ 脱氧方法符号 F、b、Z、TZ，表示沸腾钢、半镇定钢、镇定钢和特殊镇定钢（其中 Z 和 TZ 在钢号中可省略不写）。

碳素结构钢常用的五种牌号分别为：Q195、Q215、Q235、Q255 及 Q275。例如，Q235-B·F，表示屈服强度为 $235N/mm^2$ 的 B 级沸腾钢，Q235-C 表示屈服强度为 $235N/mm^2$ 的 C 级镇定钢。钢材质量等级中，A、B 级按脱氧方法分为沸腾钢、半镇定钢或镇定钢，C 级只有镇定钢，D 级只有特殊镇定钢。

(2) 低合金高强度结构钢

低合金结构钢是在冶炼碳素结构钢时加入一种或几种适量的合金元素而成的。其钢材牌号的表示方法与碳素结构钢相似，但质量等级分为 A、B、C、D、E 五级，且无脱氧方法符号，例如 Q235-B，Q390-D 等。低合金高强度钢有 Q295、Q345、Q390、Q420 和

Q460 等。

7.1.4 化学元素对钢材性能的影响

化学成分直接影响到钢的颗粒组织和结晶结构，从而影响钢材的力学性能。

1. 碳（C）：碳是钢材中除铁外的最主要元素。含碳量上升尽管能使钢材的强度上升，却会导致其塑性韧性焊接性的下降，并且冷弯性能及耐锈蚀性能也将明显恶化。故一般控制在 0.17%～0.22%以下，焊接结构用钢控制在 0.20%以下。

2. 硅（Si）：硅是一种较强脱氧剂，含适量的硅可使钢的强度大为提高，对其他性能影响不大，一般限定含量为：碳素钢 0.07%～0.3%；低合金高强钢不超过 0.55%。

3. 锰（Mn）：锰是较弱的脱氧剂，含适量的锰可使强度提高，并可降低有害元素硫氧的热脆影响，改善钢材热加工的性能及热脆倾向。

4. 硫（S）：硫一般以硫化铁的形式存在，高温时会熔化而导致钢材变脆，即热脆。故一般应严格控制含量。

5. 磷（P）：磷虽能提高钢材的强度及耐锈蚀性能，但会导致钢材的塑性、冲击韧性、焊接性能及冷弯性能严重降低，特别是在低温时会使钢材变脆，即冷脆。故含量也应严格控制；碳素钢：不超过 0.035%～0.045%，低合金高强度钢：不超过 0.025%～0.045%。

6. 氧（O）和氮（N）：氧和氮类似于硫和磷。氧易产生热脆，一般含量应控制在 0.05%以下；氮易导致冷脆，一般控制其含量不超过 0.008%。

7.1.5 相关术语

1. 屈服强度：屈服强度是指钢材在拉力作用下，开始产生塑性变形时的应力。当某些钢材的屈服强度不明显时，可按规定以产生残余应变为 0.2%时的应力作为屈服强度。

2. 抗拉极限强度：抗拉极限强度是指试件破坏前，应力-应变图上的最大应力值，亦称为抗拉强度。

3. 伸长率：伸长率是指钢材拉断后，试件标距长度伸长量与原标距长的比值。

4. 硬度：硬度是钢材抵抗其他较硬物体压入的能力，实际上硬度为钢材抵抗塑性变形的能力。测定钢材硬度常用的方法有布氏法、洛氏法和维氏法，硬度可用布氏硬度（HB）、洛氏硬度（HR）和维氏硬度（HV）来表示。

5. 冲击韧性：冲击韧性是钢材的冲击韧性是指钢材在冲击荷载作用下断裂时吸收能量的能力，它是衡量钢材抵抗脆性破坏的力学性能指标。

6. 耐疲劳性：钢材抵抗疲劳破坏的能力称为耐疲劳性。钢材若在交变应力（随时间作周期性交替变更的应力）的反复作用下，往往在工作应力远小于抗拉强度时发生骤然断裂，这种现象称为“疲劳破坏”。

7. 焊接性能：焊接性能是指钢材的连接部分焊接后力学性能不低于焊件本身，以防止产生硬化脆裂、退火和内应力过大等现象。

7.2 建筑钢材的主要性能

7.2.1 概述

钢材的主要性能包括力学性能和工艺性能。力学性能又称机械性能，是钢材最重要的使用性能，它包括拉伸性能、冲击性能、疲劳性能、硬度等。工艺性能表示钢材在各种加工过程中的行为，主要包括弯曲性能、焊接性能、铸造和锻造等。

7.2.2 力学性能

钢材在外力作用下所表现出来的性能叫力学性能（机械性能）。钢材的力学性能是钢材的最重要的性能指标，是设计和选材时的主要依据。

1. 拉伸性能

拉伸性能是建筑钢材最重要的性能。通过对钢材进行抗拉试验所测得弹性模量、屈服强度、抗拉强度和伸长率是钢材的四个重要技术性能指标。

低碳钢（软钢）应用十分广泛，它在拉伸试验中表现的力与变形的关系比较典型，本章着重介绍这种材料在拉伸时的力学性能。低碳钢受拉的应力-应变图见图 7-1 所示。

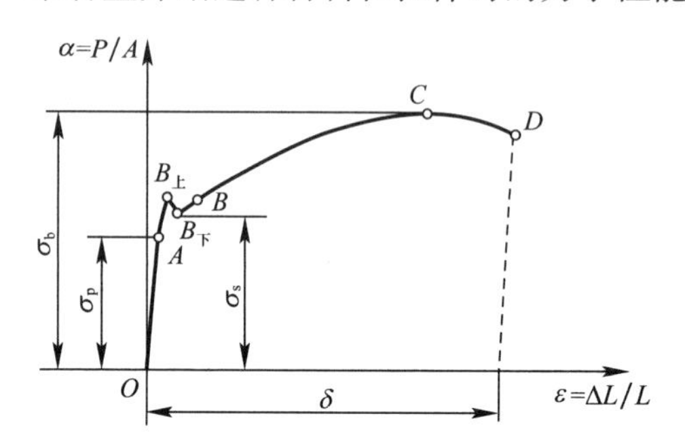

图 7-1 低碳钢受拉的应力-应变图

从低碳钢的应力-应变关系中可看出，低碳钢从受拉到拉断，经历了四个阶段：弹性阶段（*OA*）、屈服性阶段（*AB*）、强化阶段（*BC*）和颈缩阶段（*CD*）。

（1）弹性阶段（*OA*）

图形的特点：一条通过原点的直线，应力与应变成正比。

试件的特点：弹性。

计算的指标：弹性模量。

弹性模量：钢材受力初期，应力与应变成正比例增长，应力与应变之比是常数，称为弹性模量。

（2）屈服阶段（*AB*）

图形的特点：一条波动的曲线，应力增加很小，而应变增加很大。

试件的特点：所能承受的拉力增加很小，而塑性变形迅速增加，似乎钢材不能承受外力。

计算的指标：屈服强度（也叫屈服点）。

屈服强度：钢材开始丧失对变形的抵抗能力，并开始产生大量塑性变形时所对应的应力，称为屈服强度。

在屈服阶段，锯齿形的最高点所对应的应力称为屈服上限；锯齿形的最低点所对应的应力称为屈服下限。屈服上限与试验过程中的许多因素有关，稳定性较差；屈服下限比较稳定，容易测试，所以规范规定以屈服下限的应力值作为钢材屈服强度的代表值。

中碳钢和高碳钢没有明显的屈服现象（图 7-2），规范规定以 0.2%残余变形所对应的应力值作为条件屈服强度。

屈服强度对钢材使用意义重大，一方面，当构件的实际应力超过屈服强度时，将产生不可恢复的永久变形；另一方面，当应力超过屈服强度时，受力较高部位的应力不再提高，而自动将荷载重新分配给某些应力较低部位。因此，屈服强度是确定容许应力的主要依据。

屈屈比是屈服强度实测值与屈服强度标准值的比值，它能够在一定程度上反映钢材的塑性和变形能力。屈屈比应当大于 1.0，屈服强度才合格，但比值越大，塑性和变形能力就越差。

(3) 强化阶段 (BC)

图形的特点：一段上升的曲线。

试件的特点：抵抗塑性变形的能力又重新提高——强化。

计算的指标：抗拉强度

抗拉强度：当抗拉强度是钢材所能承受的最大拉应力，即当拉应力达到强度极限时，钢材完全丧失了对变形的抵抗能力而断裂。用 σ_b 表示，$\sigma_b=\dfrac{F_b}{A}$。

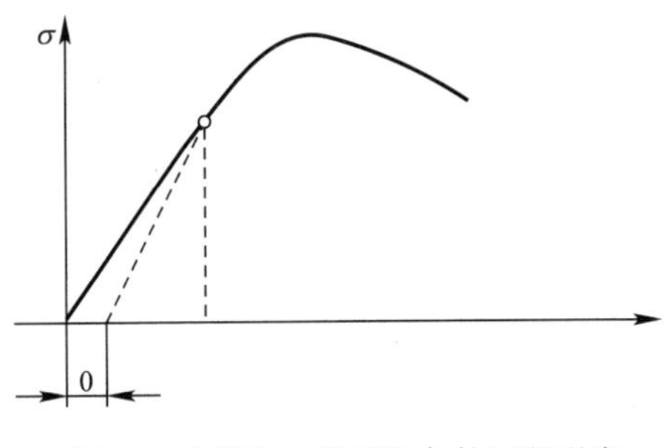

图 7-2 中碳钢和高碳钢条件屈服强度

抗拉强度虽然不能直接作为计算依据，但屈服强度与抗拉强度的比值，即“屈强比”(σ_s/σ_b) 对工程应用有较大意义，屈强比愈小，反映钢材在应力超过屈服强度工作时的可靠性愈大，即延缓结构损坏过程的潜力愈大，因而结构愈安全；但屈强比过小时，钢材强度的有效利用率低，造成浪费。常用碳素钢的屈强比为 0.58～0.63，合金钢的屈强比为 0.65～0.75，一、二级抗震框架结构，其纵向受力钢筋的强屈比不应小于 1.25。

(4) 颈缩阶段 (CD)

图形的特点：一段下降的曲线。

试件的特点：变形迅速发展，在有杂质或缺陷处，断面急剧缩小一颈缩，直到断裂。

计算的指标：伸长率和断面缩减率。

伸长率：伸长率反映钢材拉伸断裂时所能承受的塑性变形能力，是衡量钢材塑性的重要技术指标。伸长率是以试件拉断后标距长度的增量与原标距长度之比的百分率来表示。伸长率按下式计算：

$$\delta=\frac{l_1-l_0}{l_0}\times100\%$$

式中 l_1——试件拉断后标距部分的长度 (mm)；

l_0——试件的原标距长度 (mm)；

断面收缩率：断面收缩率是指试件拉断后缩颈处横断面积的最大缩减量占原横断面积的百分率。

断面收缩率按下式计算：

$$\psi=\frac{A_0-A_1}{A_0}$$

式中 A_0——试件原始截面积；

A_1——试件拉断后颈缩处的截面积。

伸长率和断面缩减率表示钢材断裂前经受塑性变形的能力。伸长率越大或断面缩减率越高，说明钢材塑性越大。钢材塑性大，不仅便于进行各种加工，而且能保证钢材在建筑上的安全使用。

2. 冲击韧性

冲击韧性是钢材的一种动力性能指标。它是指钢材在冲击荷载作用下断裂时吸收机械能的一种能力，是衡量钢材抵抗可能因低温、应力集中、冲击荷载作用等而致脆性断裂能力的一项机械性能。传统的评价材料冲击韧性的指标是采用一次摆锤冲击弯曲试验，以试件于刻槽处将其打断，试件单位截面积上所消耗的功，即为钢材的冲击韧性指标，用冲击

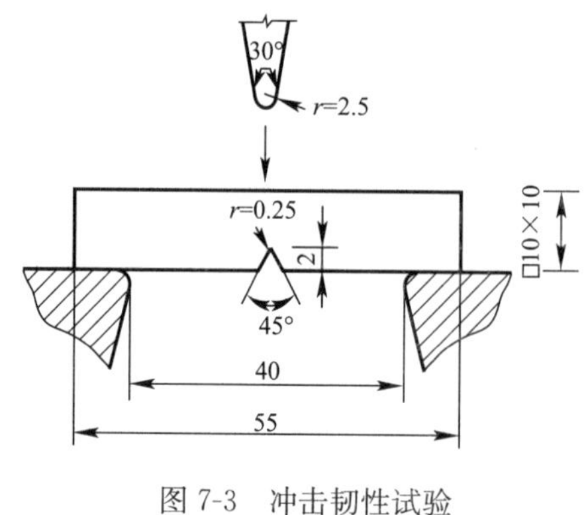

图 7-3 冲击韧性试验

韧性 a_k（J）表示。a_k 值愈大，冲击韧性愈好。冲击韧性试验见图 7-3。

它用材料在断裂时所吸收的总能量（包括弹性和非弹性能）来量度，其值为 $\sigma\varepsilon$ 关系曲线与横坐标所包围的总面积，总面积愈大韧性愈高，故韧性是钢材强度和塑性的综合指标。

钢材的冲击韧性越好，即其抵抗冲击作用的能力越强，脆性破坏的危险性越小。对于重要的结构物以及承受动荷载作用的结构，特别是处于低温条件下，为了防止钢材的脆性破坏，应保证钢材具有一定的冲击韧性。

影响冲击韧度的因素为：

① 钢中的 P、S 含量较高，会降低冲击韧度。

② 夹杂物以及焊接中形成的微裂纹会降低冲击韧度。

③ 钢的冲击韧度还受温度的影响。

④ 因时效作用，冲击性还将随时间的延长而下降。

3. 疲劳性能

在反复荷载作用下的结构构件，钢材往往在应力远小于抗拉强度时发生断裂，这种现象称为钢材的疲劳破坏。疲劳破坏的危险应力用疲劳极限来表示，它是指疲劳试验中，试件在交变应力作用下，于规定的周期基数内不发生断裂所能承受的最大应力。钢材承受的交变应力越大，钢材至断裂时经受的循环次数越少，反之越多。在进行疲劳实验时，采用的最小与最大应力之比称为疲劳特征值。钢材的疲劳破坏一般是由拉应力引起的，故一般情况下，钢材的抗拉强度越高，其疲劳极限也越高。

影响疲劳性能的因素为：

① 钢材的内部成分偏析。

② 内部夹杂物的多少。

③ 最大应力处的表面粗糙度、加工损伤等。

4. 硬度

硬度指钢材表面局部体积内抵抗外物压入产生塑性变形的能力。测定方法有布氏法（HBW）、洛氏法（HR）、维氏法（HV）、里氏法（HL）等，常用的有布氏法和洛氏法。材料的硬度是其弹性、塑性、变形强化率、强度和韧性的综合反映。

钢材的硬度常用压痕的深度或压痕单位面积上所受的压力作为衡量指标。硬度的大小，既可以判断钢材的软硬，有可以近似地估计钢材的抗拉强度，还可以检验热处理的效果。一般来说，硬度高，耐磨性较好，但脆性亦大。

7.2.3 工艺性能

1. 冷弯性能

冷弯性能：指钢材在常温下承受弯曲变形的能力，它是钢材的重要工艺性能。

冷弯试验的指标：弯心直径 d 与试件厚度（直径）a 的比值 d/a；弯曲角度 90°或 180°，试样弯曲外表面无肉眼可见裂纹则冷弯合格。冷弯性能试验见图 7-4 所示。

通过冷弯试验，更有助于暴露钢材的某些内在缺陷，它能揭示钢材是否存在内部组织不均匀、内应力和夹杂物等缺陷。钢材的冷弯性能与伸长率一样，也是反映钢材在静荷载作用下的塑性，而且冷弯是在更苛刻的条件下对钢材塑性的严格检验，它能反映钢材内部组织是否均匀、是否存在内应力及夹杂物等缺陷。在工程中，冷弯试验还被用作对钢材焊接质量进行严格检验的一种手段。

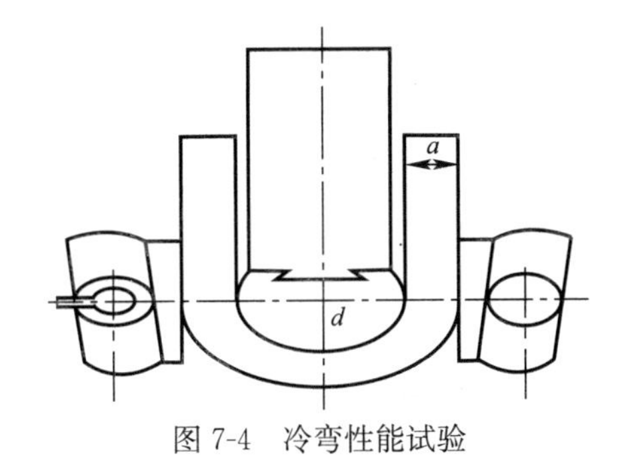

图 7-4 冷弯性能试验

2. 焊接性能

焊接是把两块金属局部加热并使其接缝处迅速呈熔融或半熔融状态，从而使之更牢固的连接起来。

焊接性能是指钢材在通常的焊接方法与工艺条件下获得良好焊接接头的性能。可焊性好的钢材易于用一般焊接方法和工艺施焊，焊接时不易形成裂纹、气孔、夹渣等缺陷，焊接接头牢固可靠，焊缝及其附近受热影响区的性能不低于母材的力学性能。

在建筑工程中，焊接结构应用广泛，如钢结构构件的连接、钢筋混凝土的钢筋骨架、接头及预埋件、连接件等，这就要求钢材要有良好的可焊性。一般情况下，低碳钢有优良的可焊接性，高碳钢的焊接性能较差。

（1）施工上的可焊性

施工上的可焊性是指焊缝金属产生裂纹的敏感性，以及由于焊接加热的影响，近缝区钢材硬化和产生裂纹的敏感性。可焊性好，是指在一定的焊接工艺条件下，焊缝金属和近缝区钢材均不产生裂纹。

（2）使用性能上的可焊性

使用性能上的可焊性是指焊接接头和焊缝的缺口韧性（冲击韧性）和热影响区的延伸性（塑性）。要求焊接构件在施焊后的机械性能（力学性能）不低于母材的机械性能。

（3）影响可焊性的因素

钢材焊接性能的好坏主要取决于它的化学组成。而其中影响最大的是碳元素，也就是说金属含碳量的多少决定了它的可焊性。钢中的其他合金元素大部分也不利用焊接，但其影响程度一般都比碳小得多。钢中含碳量增加，淬硬倾向就增大，塑性则下降，容易产生焊接裂纹。

（4）焊接过程的特点

短时间内温度很高，熔化体积小而冷却快、易变形，内应力、裂缝。

（5）焊接应注意的问题

① 冷拉前焊接；

② 焊接部位除锈、熔渣、油污；

③ 应避免不同国家，进口与国产之间钢筋的焊接。

7.3 主要建筑用钢材的品种及质量标准

7.3.1 热轧钢筋

热轧钢筋是经热轧成型并自然冷却的成品钢筋，具有良好的塑性，容易成型，且成型后应便于工序加工等。

1. 热轧光圆钢筋

热轧光圆钢筋（HPB—Hotrolled Plain Bars）经热轧成型，横截面通常为圆形，表面光滑的成品钢筋，称为热轧光圆钢筋。

按《钢筋混凝土用热轧光圆钢筋》GB 1499 规定：热轧光圆钢筋牌号由 HPB 和屈服强度特征值构成，分为 HPB235、HPB300 两个牌号，其中 H 代表热扎，P 代表光圆，B 代表钢筋。热轧光圆钢筋的力学和工艺性能标准见表 7-1。

热轧光圆有可筋的力学性能和工艺性能　　表 7-1

牌号	R_{el}(MPa)	R_m(MPa)	A(%)	A_{gt}(%)	冷弯试 180°　d—弯心直径 a—钢筋公称直径
	不小于				
HPB235	235	370	25.0	10.0	$d=a$
HPB300	300	420			

2. 热轧带肋钢筋

热轧带肋钢筋（HRB—Hotrolled Ribbed Bars）：经热乳成型并自然冷却的横截面为圆形的，且表面通常带有两条纵肋和沿长度方向均匀分布的横肋的钢筋。

热轧带肋钢筋包括普通热乳带肋钢筋和细晶粒热轧带肋钢筋。

按《混凝土用热轧带肋钢筋》GB 1499.2 规定：热轧钢筋根据屈服强度和抗拉强度分为四级，即：Ⅱ级、Ⅲ级、Ⅳ级。强度等级代号用 HRB335（HRBF335）、HRB400（HRBF400）、HRB500（HRBF500）表示，其中 H 代表热扎，R 代表带肋，B 代表钢筋、F 代表细晶粒，后面的数字代表钢筋的屈服强度。其力学和工艺性能见表 7-2。

钢筋混凝土用热轧带肋钢筋的力学和工艺性能　　表 7-2

品种	牌号	公称直径(mm)	屈服强度 R_{el}(MPa)	抗拉强度 R_m(MPa)	伸长率 A（%）	最大力总伸长率 A_{gt}（%）	弯曲试验 180° d=弯心直径 a=试样直径
			不小于				
热轧带肋钢筋	HRB335 HRBF335	6～25	335	455	17	7.5	$d=3a$
		28～40					$d=4a$
		>40～50					$d=5a$
	HRB400 HPBF400	6～25	400	540	16		$d=4a$
		28～40					$d=5a$
		>40～50					$d=6a$
	HRB500 HRBF500	6～25	500	630	15		$d=6a$
		28～40					$d=7a$
		>40～50					$d=8a$

3. 热轧钢筋的特点

（1）强度高、强屈比大、延伸率大，使钢筋的抗震能力大大地提高。

（2）焊接性能优良，适合多种焊接工艺（电渣压力焊、闪光对焊、搭焊等）。

（3）无时效敏感性：高强度是以微合金化（V、Ti、Nb），技术来实现的，原来影响钢中时效的［N］被微量元素 V 等有效吸收固溶，从而达到 HRB400、HRB500 时效为零。

（4）品种规格齐全，从 ϕ6.0 盘条到 ϕ50.0 棒材，外形为月牙形，公称直径不小于 10mm 时，按直条交货，一般为 9m、12m；公称直径不大于 12mm 时，盘圈交货，盘重为 1000～1400kg。

(5) 综合经济效益高：由于 HRB400、HRB500 钢筋强度高于 HRB335，因此在同等使用条件下仅 HRB400 就比 HRB335 节约用量 14%～16%，随着布筋量的相对减少，使得浇灌混凝土施工也更加便利。

7.3.2 冷加工钢筋

将钢锭先热轧，经冷却至室温后再进行冷轧的产品为冷乳钢材。在建筑中为了提高钢筋的强度，节约钢材，调直钢筋，以及为满足某些结构构造的需要，常常需要在常温下对钢筋进行冷加工，如冷拉、冷拔、冷轧、冷扭、刻痕等。经冷拉时效处理的钢材屈服点和抗拉强度进一步提高，塑性和韧性进一步降低。

1. 冷加工强化

定义：钢材在经冷加工产生一定的塑性变形后，其屈服强度、硬度会提高，而塑性会降低，这种现象称为冷加工强化。

冷加工强化的原理：钢材在塑性变形中晶格的缺陷增多，而缺陷的晶格严重畸变，对晶格的进一步滑移将起到阻碍作用，故钢材的屈服点提高，塑性和韧性降低。由于塑性变形中产生内应力，故钢材的弹性模量 E 降低。这类产品有冷拉钢筋、冷拔低碳钢丝、冷轧带肋钢筋和冷轧扭钢筋。

2. 冷拉钢筋

冷拉钢筋：将热轧钢筋，在常温下拉伸至超过屈服点的某一应力，然后卸荷，即制成了冷拉钢筋。冷拉可使屈服点提高 17%～27%，材料变脆、屈服阶段变短，伸长率降低，冷拉时效后强度略有提高。其力学和工艺性能见表 7-3。

预应力混凝土用冷拉钢筋的力学和工艺性能标准　　表 7-3

<table>
<tr><th rowspan="2">钢筋种类</th><th rowspan="2">直径
(mm)</th><th rowspan="2">屈服强度
$\sigma_{0.2}$ (MPa)</th><th rowspan="2">拉抗强度
σ_b (MPa)</th><th colspan="3">冷弯</th><th rowspan="2">备注</th></tr>
<tr><th>δ_{10}</th><th>弯心直径</th><th>弯曲角度</th></tr>
<tr><td>冷拉Ⅱ级钢筋</td><td>≤25
28～40</td><td>450
430</td><td>510
490</td><td>10</td><td>3d
4d</td><td>90 度</td><td>—</td></tr>
<tr><td>冷拉Ⅲ级钢筋</td><td>8～40</td><td>500</td><td>570</td><td>8</td><td>5d</td><td>90 度</td><td>—</td></tr>
<tr><td>冷拉Ⅳ级钢筋</td><td>10～28</td><td>700</td><td>835</td><td>6</td><td>5d</td><td>90 度</td><td>—</td></tr>
</table>

注：1. 表中 d 为钢筋直径，直径大于 25mm 的钢筋，弯心直径增加 1d。

3. 冷拔低碳钢丝

冷拔低碳钢丝（Cold-Drawn Wire）是将直径为 6.5～8mm 的 Q235（或 Q215）圆盘条通过截面小于钢筋截面的钨合金拔丝模而制成。冷拔低碳钢丝分为甲乙两级，甲级冷拔低碳钢丝适用于作预应力筋，乙级冷拔低碳钢丝适用于作焊接网、焊接骨架、箍筋和构造钢筋。其力学和工艺性能见表 7-4。

预应力混凝土用冷拔低碳钢丝的力学和工艺性能标准　　表 7-4

<table>
<tr><th colspan="2" rowspan="2">钢筋
种类</th><th rowspan="2">直径
(mm)</th><th rowspan="2">屈服强度
$\sigma_{0.2}$ (MPa)</th><th colspan="2" rowspan="2">抗拉强度
σ_b (MPa)</th><th colspan="2">冷弯</th><th rowspan="2">备注</th></tr>
<tr><th>δ_{10}</th><th>弯心直径弯曲角度</th></tr>
<tr><td rowspan="4">冷拔
低碳
钢丝</td><td rowspan="3">甲级</td><td rowspan="3">4
5</td><td rowspan="3">—</td><td>Ⅰ组</td><td>Ⅱ组</td><td rowspan="3">2.5
3.0</td><td rowspan="4">反复弯曲 180 度 4 次</td><td rowspan="3">—</td></tr>
<tr><td>700</td><td>650</td></tr>
<tr><td>650</td><td>600</td></tr>
<tr><td>乙级</td><td>3～5</td><td>—</td><td colspan="2">550</td><td>2.0</td><td>—</td></tr>
</table>

注：冷拔低碳钢丝经机械调直后，抗拉强度标准值应降低 50MPa。

4. 冷轧带肋钢筋

冷轧带肋钢筋：使用低碳钢热轧圆盘条经冷轧或冷拔减径后，在其表面冷轧成三面有肋的钢筋。冷轧带肋钢筋代号用 CRB 和钢筋的抗拉强度最小值表示，按照《冷轧带肋钢筋》GB 13788 的规定：冷轧带肋钢筋可分为 CRB550、CRB650、CRB800、CRB970 四个牌号，其直径为 4～12mm，推荐公称直径 5、6、7、8、10mm；CRB550 为普通钢筋混凝土用钢筋，其他牌号为预应力混凝土用钢筋。其力学和工艺性能见表 7-5。

冷轧带肋钢筋力学性能和工艺性能　　表 7-5

牌号	$R_p0.2$（MPa）不小于	R_m≥(MPa) 不小于	伸长率（%）不小于		弯曲试验	反复弯曲次数	应力松弛初始应力应相当于公称抗拉强度的 70%
			$A_{11.3}$	A_{100}			1000h 松弛率（%）不大于
CRB550	500	550	8.0	—	$D=3d$	—	—
CRB650	585	650	—	4.0	—	3	8
CRB800	720	800	—	4.0	—	3	8
CRB970	875	970	—	4.0	—	3	8

冷轧带肋钢筋在预应力混凝土构件中，是冷拔低碳钢丝换代产品，现浇混凝土结构中，可代换 I 级钢筋，以节约钢材，是同类冷加工钢材中较好的一种。

优点：

（1）钢材强度高，可节约建筑钢材和降低工程造价。CRB550 级冷轧带肋钢筋与热轧光圆钢筋相比，用于现浇结构（特别是楼屋盖中）可节约 35%～40%的钢材。

（2）冷轧带肋钢筋与混凝土之间的粘结锚固性能良好。因此用于构件中，从根本上杜绝了构件锚固区开裂、钢丝滑移而破坏的现象，且提高了构件端部的承载能力和抗裂能力；在钢筋混凝土结构中，裂缝宽度也比光圆钢筋，甚至比热轧螺纹钢筋还小。

（3）冷轧带肋钢筋伸长率较同类的冷加工钢材大。

在预制构件方面，CRB650 和 CRB800 级冷轧带肋钢筋可取代冷拔低碳钢丝作为预应力构件的主筋，在预应力电杆中亦可应用。CRB550 级冷轧带肋钢筋现浇楼板、屋面板的主筋和分布筋。钢筋直径一般为 5～10mm，剪力墙中的水平和竖向分布筋。梁柱中的箍筋圈梁、构造柱的配筋。

用 550MPa 级冷轧带肋钢筋为原料，用焊网机焊接成网片或箍筋笼等产品，即冷轧带肋钢筋焊接网。

5. 冷轧扭钢筋

冷轧扭钢筋是 20 世纪 80 年代我国独创的实用、新型、高效的冷加工钢筋，冷轧扭钢筋是以热轧 I 级盘圆为原料，先冷轧扁，再冷扭转，从而形成系列螺旋状直条钢筋。具有规定截面形状和节距的连续螺旋状钢筋，按形状分为 I 型（近似矩形截面）、II 级型（近似正方形截面）和 III 型（近似圆形截面），具体截面控制尺寸及节距见表 7-6 所示。冷轧扭钢筋按其强度等级不同分为二级，即 550 级和 650 级，其力学性能和工艺性能指标见表 7-7。

特点：

（1）具有良好的塑性（δ_{10}≥4.5%）和较高的抗拉强度（δ_b≥580MPa）。

冷轧扭钢筋截面控制尺寸、节距　　　　表 7-6

强度级别	型号	标志直径 d(mm)	截面控制尺寸（mm）不小于				节距 l_1（mm）不大于
			轧扁厚度（t_1）	正方形边长（a_1）	外圆直径（d_1）	内圆直径（d_2）	
CTB550	Ⅰ	6.5	3.7	—	—	—	75
		8	4.2	—	—	—	195
		10	5.3	—	—	—	110
		12	6.2	—	—	—	150
	Ⅱ	6.5	—	5.40	—	—	30
		8	—	6.50	—	—	40
		10	—	8.10	—	—	50
		12	—	9.60	—	—	80
	Ⅲ	6.5	—	—	6.17	5.67	40
		8	—	—	7.59	7.09	60
		10	—	—	9.49	8.59	70
CTB650	Ⅲ	6.5	—	—	6.00	5.50	30
		8	—	—	7.38	6.88	50
		10	—	—	9.22	3.67	70

冷轧扭钢筋力学性能和工艺性能指标　　　　表 7-7

强度级别	型号	抗拉强度 σ_b（N/mm²）	伸长率 A(%)	180°弯曲试验（弯心直径=3d）	应力松弛率（%）（当 $\sigma_{con}=0.7f_{ptk}$）	
					10h	1000h
CTB550	Ⅰ	≥550	$A_{11.3}\geqslant4.5$	受弯曲部位钢筋表面不得产生裂纹	—	—
	Ⅱ	≥550	$A\geqslant10$		—	—
	Ⅲ	≥550	$A\geqslant12$		—	—
CEB650	Ⅲ	≥650	$A_{1CD}\geqslant4$		≤5	≤8

注　1. d 为冷轧扭钢筋标志直径。

2. A、$A_{11.3}$分别表示以标距 $5.65\sqrt{S_0}$或 $11.3\sqrt{S_0}$（S_0 为试样原始截面面积）的试样拉断伸长率，A_{100}表示标距为 100mm 的试样拉断伸长率。

3. σ_{con}为预应力钢筋张拉控制应力；f_{ptk}为预应力冷轧扭钢筋抗拉强度标准值。

（2）螺旋状外形大大提高了与混凝土的握裹力，改善了构件受力性能，使混凝土构件具有承载力高、刚度好、破坏前有明显预兆等特点。

（3）冷轧扭钢筋可按工程需要定尺供料，使用中不需再做弯钩；钢筋的刚性好，绑扎后不易变形和移位，对保证工程质量极为有利，特别适用于现浇板类工程。

（4）冷轧扭钢筋的生产与加工合二为一，产品商品化、系列化，与用Ⅰ级钢筋相比，可节约钢材 30%～40%。

7.3.3　预应力混凝土用钢筋、钢丝和钢绞线技术性能与应用

1. 预应力混凝土用螺纹钢筋

预应力螺纹钢筋是一种热轧成带有不连续的外螺纹的直条钢筋，该钢筋在任意截面处

均可用匹配形状的内螺纹的连接器或锚具进行连接和锚固。预应力混凝土用螺纹钢筋以屈服强度划分级别，其代号为 PSB，加上规定屈服强度最小值表示，P、S、B 分别是 Prestressing、Screw、Bars 的英文首位字母，例如 PSB830 表示屈服强度最小值为 830MPa 的预应力混凝土用螺纹钢筋。其力学性能符合表 7-8 要求。

预应力混凝土用螺纹钢筋的力学性能　　表 7-8

<table>
<tr><th rowspan="2">级别</th><th>屈服强度（MPa）</th><th>抗拉强度（MPa）</th><th>断后伸长率（%）</th><th>最大力下总伸长率（%）</th><th colspan="2">应力松弛性能</th></tr>
<tr><th colspan="4">不小于</th><th>初始应力</th><th>1000h 后应力松弛率（%）</th></tr>
<tr><td>PSB785</td><td>785</td><td>980</td><td>7</td><td rowspan="4">3.5</td><td rowspan="4">0.8 倍屈服强度</td><td rowspan="4">≤3</td></tr>
<tr><td>PSB830</td><td>830</td><td>1030</td><td>6</td></tr>
<tr><td>PSB930</td><td>930</td><td>1080</td><td>6</td></tr>
<tr><td>PSB1080</td><td>1080</td><td>1230</td><td>6</td></tr>
</table>

注：无明显屈服时，用规定非比例延伸率强度代替。

2. 预应力混凝土用钢丝

预应力混凝土用钢丝是用优质碳素结构钢盘条为原料，经淬火奥氏体化、酸洗、冷拉制成的用作预应力混凝土骨架的钢丝。钢丝按加工状态分为冷拉钢丝和消除应力钢丝。消除应力钢丝按松弛性能又分为低松弛级钢丝和普通松弛级钢丝。钢丝按外形分为光圆、螺旋肋、刻痕钢丝。

消除应力钢丝：按下列一次性连续处理方法之一生产的钢丝。

① 钢丝在塑性变形（轴应变）下进行短时热处理得到的应是低松弛级钢丝；

② 钢丝通过矫直工序加工后在适当温度下进行短时热处理得到的应是普通松弛级钢丝。螺旋肋钢丝：钢丝表面沿着长度方向上具有规则间隔的肋系。

刻痕钢丝：钢丝表面沿着长度方向上具有规则间隔的刻痕。

（1）预应力混凝土用冷拉钢丝的力学性能标准见表 7-9。

冷拉钢丝的力学性能　　表 7-9

<table>
<tr><th>公称直径 d_n（mm）</th><th>抗拉强度 σ_b（MPa）</th><th>规定非比例伸长应力 $\sigma_{p0.2}$（MPa）不小于</th><th>最大力下总伸长率 δ_{gt}=200mm（%）不小于</th><th>弯曲次数（次/180°）不小于</th><th>弯曲半径 R(mm)</th><th>断面收缩率 ϕ(%) 不小于</th><th>次数（180°）</th><th>1000h 后的应力松弛率 γ(%) 不大于</th></tr>
<tr><td>3.00</td><td>1470</td><td>1100</td><td rowspan="2">1.5</td><td>4</td><td>7.5</td><td>—</td><td>—</td><td rowspan="8">8</td></tr>
<tr><td>4.00</td><td>1570</td><td>1180</td><td>4</td><td>7</td><td rowspan="3">35</td><td>4</td></tr>
<tr><td rowspan="2">5.00</td><td>1670</td><td>1250</td><td rowspan="2"></td><td rowspan="2">4</td><td rowspan="2">15</td><td rowspan="2">4</td></tr>
<tr><td>1770</td><td>1330</td></tr>
<tr><td>6.00</td><td>1470</td><td>1100</td><td rowspan="4"></td><td>5</td><td>15</td><td rowspan="4">30</td><td>5</td></tr>
<tr><td>7.00</td><td>1570</td><td>1180</td><td>5</td><td>20</td><td>5</td></tr>
<tr><td rowspan="2">8.00</td><td>1670</td><td>1250</td><td rowspan="2">5</td><td rowspan="2">20</td><td rowspan="2">5</td></tr>
<tr><td>1770</td><td>1330</td></tr>
</table>

（2）预应力混凝土用消除应力的光圆及螺旋肋钢丝的力学性能标准见表 7-10。

消除应力的光圆及螺旋肋钢丝的力学性能　　　　表 7-10

公称直径 d_n(mm)	抗拉强度 σ_b(MPa)	规定非比例伸长应力 $\sigma_{p0.2}$(MPa) 不小于		最大力下总伸长率 δ_{gt}(=200mm)(%) 不小于	弯曲次数(次/180°) 不小于	弯曲半径 R(mm)	应力松弛性能		
							初始应力相当于公称抗拉强度的百分数(%)	700h 后的应力松弛率(%) 不大于	
		WLR	WNR					WLR	WNR
							对所有规格		
4.00	1470	1290	1250	3.5	3	10	60	1.0	4.5
4.80	1570	1380	1330		4	15			
5.00	1670	1470	1470		4	15			
	1770	1560	1500						
	1860	1640	1580						
6.00	1470	1290	1250		4	15	70	2.0	8
6.25	1570	1380	1330		4	20			
7.00	1670	1470	1470		4	20			
	1770	1560	1500						
8.00	1470	1290	1250		4	20	80	3.0	12
9.00	1570	1380	1330		4	25			
7.00	1470	1290	1250		4	25			
12.00					4	30			

注：1. Ⅰ级松弛即普通松弛，Ⅱ级松弛即低松弛，它们分别适用所有钢丝。

2. 屈服强度 σ_p0.2 值不小于公称抗拉强度的 85%。

3. 除非生产厂家另有规定，弹性模量取为 205GPa，但不作为交货条件。

（3）预应力混凝土用消除应力的刻痕钢丝的力学性能标准见表 7-11。

消除应力的刻痕钢丝的力学性能　　　　表 7-11

公称直径 d_n(mm)	抗拉强度 σ_b(MPa)	规定非比例伸长应力 $\sigma_{p0.2}$(MPa) 不小于		最大力下总伸长率 δ_{gt}(=200mm)(%) 不小于	弯曲次数(次/180°) 不小于	弯曲半径 R(mm)	应力松弛性能		
							初始应力相当于公称抗拉强度的百分数(%)	1000h 后的应力松弛率(%) 不大于	
		WLR	WNR					WLR	WNR
							对所有规格		
≤5.0	1470	1290	1250	3.5	3	15	60 70 80	1.5 2.5 4.5	4.5 8 12
	1570	1380	1330						
	1670	1470	1470						
	1770	1560	1500						
	1860	1640	1580						
>5.0	1470	1290	1250			20			
	1570	1380	1330						
	1670	1470	1470						
	1770	1560	1500						

注：规定非比例伸长应力值不小于公称抗拉强度的 85%。

3. 预应力混凝土用钢绞线

预应力混凝土用钢绞线是以数根优质碳素结构钢钢丝经绞捻和消除应力的热处理而制

成的。主要用于预应力混凝土配筋。与混凝土中的其他配筋相比，预应力钢绞线具有强度高、柔性好、质量稳定、成盘供应无须接头等优点。

预应力混凝土用钢绞线按结构分为5类，其代号为：

用两根钢丝捻制的钢绞线 1×2

用三根钢丝捻制的钢绞线 1×3

用三根刻痕钢丝捻制的钢绞线 1×3 I

用七根钢丝捻制的标准钢绞线 1×7，

用七根钢丝捻制的又经模拔钢绞线 (1×7)C

7.3.4 碳素结构钢的技术性能与应用

根据国家标准GB 700—2006《碳素结构钢》，随着牌号的增大，对钢材屈服强度和抗拉强度的要求增大，对伸长率的要求降低。

碳素结构钢弯曲性能、力学性能见表7-12和表7-13。

碳素结构钢弯曲试验标准　　表7-12

牌号	试样方向	冷弯试验180°　$B=2a$	
		钢材厚度（直径）b(mm)	
		≤60	>60～100
		弯心直径 d	
Q195	纵	0	—
	横	0.5a	
Q215	纵	0.5a	1.5a
	横	a	2a
Q235	纵	a	2a
	横	1.5a	2.5a
Q275	纵	1.5a	2.5a
	横	2a	3a

注：1. B为试样宽度，a为钢材厚度（或直径）。
2. 钢材厚度（或直径）大于70mm时，弯曲试验由双方协商确定。

碳素结构钢拉伸和冲击试验标准　　表7-13

牌号	等级	屈服强度 $N R_{eH}$/(N/mm²) 不小于						抗拉强度 R_m/(N/mm²)	断后伸长率A(%)，不小于					冲击试验（V型缺口）	
		厚度（或直径）(mm)							厚度（或直径）(mm)					温度(℃)	冲击吸收功（纵向）J不小于
		≤16	>16～40	>40～60	>60～70	>70～150	>150～200		≤40	>40～60	>60～70	>70～150	>150～200	—	—
Q195	—	95	85	—	—	—	—	315～430	33	—	—	—	—	—	—
Q215	A	215	205	195	185	175	165	335～450	31	30	29	27	26	+20	27
	B														
Q235	A	235	225	215	215	195	185	370～500	26	25	24	22	21	—	—
	B													+20	27
	C													0	
	D													−20	

续表

牌号	等级	屈服强度 $N R_{eH}$/(N/mm^2)不小于						抗拉强度 R_m/(N/mm^2)	断后伸长率 A（%），不小于					冲击试验（V型缺口）	
		厚度（或直径）(mm)							厚度（或直径）(mm)					温度（℃）	冲击吸收功（纵向）J不小于
		≤16	＞16～40	＞40～60	＞60～70	＞70～150	＞150～200		≤40	＞40～60	＞60～70	＞70～150	＞150～200	—	—
Q275	A	275	265	255	245	225	215	470～540	22	21	20	18	17	—	—
	B													+20	27
	C													0	
	D													−20	

注：1. Q195的屈服强度值仅供参考，不作交货条件。
2. 厚度大于70mm的钢材，抗拉强度下限允许降低20N/mm^2。宽带钢（包括剪切钢板）抗拉强度上限不作交货条件。
3. 厚度小于25mm的Q235B级钢材，如供方能保证冲击吸收功值合格，经需方同意，可不作检验。

从表中可以看出随着牌号的增大，抗拉强度逐渐提高，而伸长率和冷弯性能则随牌号的增加而降低。

7.4 钢材主要力学和机械性能试验方法

7.4.1 取样及样品制备

1. 钢筋

（1）组批原则

热轧钢筋应按批进行检查和验收，每批由同一牌号、同一炉罐号、同一规格的钢筋组成。每批重量不大于60t。超过60t的部分，每增加40t（或不足40t的余数），增加一个拉伸试验试样和一个弯曲试验试样。

冷轧带肋钢筋应按批进行检查和验收，每批由同一牌号、同一外形、同一规格、同一生产工艺和同一交货状态的钢筋组成，每批重量不大于60t。

冷轧扭钢筋应按批进行检查和验收，每批由同一型号、同一强度等级、同一规格尺寸、同一台（套）轧机生产的钢筋组成，每批重量不大于20t，不足20t按一批计。

（2）试件数量

每批钢筋取试件一组，试件数量符合表7-14的规定。

钢筋取样频率表 **表7-14**

序号	钢筋种类	每组试件数量		
		拉伸试验	弯曲试验	重量（质量）偏差
1	热轧带肋钢筋	2根	2根	5支
2	热轧光圆钢筋			
3	冷轧带肋钢筋	每盘1个	每批2个	每盘1个
4	冷轧扭钢筋	每批2个	每批1个	每批3个

(3) 取样方法

凡是拉伸和冷弯均取两个试件的，应从任意两根钢筋中截取，每根钢筋取一根拉伸试件和一根弯曲试件。冷轧带肋钢筋冷弯试件应取自不同盘。

2. 钢丝

(1) 组批原则

钢丝应成批检查和验收，每批钢丝由同一牌号、同一规格、同一加工状态的钢丝组成，每批质量不大于 60t。

(2) 试件数量

每批钢筋取试件一组。每组试件：

用于拉伸（抗拉强度、断后伸长率、断面收缩率）、弯曲、扭转试验每盘各 1 根。用于规定非比例伸长应力、最大力下总伸长率试验每批 3 根。

用于应力松弛性能试验每合同批不少于 1 根。

(3) 取样方法

试件在每（任一）盘中的任意一端截取。

3. 钢绞线

(1) 组批原则

钢绞线应成批验收，每批钢绞线由同一牌号、同一规格、同一生产工艺捻制的钢绞线组成。每批质量不大于 60t。

(2) 试件数量

每批钢绞线取试件一组，从中任取 3 盘，每盘取试件 1 根。如每批少于 3 盘，则应逐盘进行检验。

(3) 取样方法

从每捆钢绞线的任一端切取样品。

4. 碳素结构钢

(1) 组批原则

钢材应成批验收，每批由同一牌号、同一炉号、同一质量等级、同一品种、同一尺寸、同一交货状态的钢材组成。每批重量应不大于 60t。

公称容量比较小的炼钢炉冶炼的钢轧成的钢材，同一冶炼、烧注和脱氧方法、不同炉号、同一牌号的 A 级钢或 B 级钢，允许组成混合批，但每批各炉号含碳量之差不得大于 0.02%，含锰量之差不得大于 0.15%。

(2) 试件数量

每批钢材取试件一组，每组拉伸和冷弯试验试件各 1 个，冲击试验试件 3 个。

(3) 取样方法

按照《钢及钢产品力学性能试验取样位置及试样制备》GB/T 2975 规定执行。

7.4.2 拉伸试验

1. 试验准备工作

(1) 检测人员上岗资格准备

从事建筑钢材试验的人员应经过培训考核合格，持有相应上岗证件。

（2）试验样品准备

组批方法、抽样方法和试件数量应符合7.4.1的规定，并具有代表性。

样品应有抽样单（或委托单），送抵试验室后应检查验收，复核样品的长度、直径（厚度），检查外观、标识进行样品描述，并做好记录。

在试验检测开始前将样品提前放入检测室内，使试样温度与检测室温度保持一致。

按照7.2各建筑钢材质量标准中伸长率的规定对试件标记原始标距L_o，准确到±1%。

（3）试验仪器设备准备

选择拉力机或万能试验机，测量精度为Ⅰ级或优于Ⅰ级，并经计量检定合格。预估试样的屈服荷载和极限荷载，选择度盘并加砣，使试验荷载在度盘示值范围的20%～80%之间。

试验开始前，应记录所使用的试验机的规格型号、精度、分度值、管理编号和设备性能状况并关闭送油阀和回油阀，初步调整指针至零。

（4）检测环境条件准备

试验一般在10～35℃范围内进行，对温度要求严格的试验，检测室温度应为23±5℃。试验开始前，应检查检测量温度，并做好记录。

（5）检测方法标准准备

试验工作开始前应当核对委托方所要求采用的检测方法标准和检测结果评定标准，将其备齐，交检测人员作为进行检测和评定的依据。

（6）检测记录表格准备

检测记录是试验工作的最原始的资料。检测记录应当有统一的格式，并具有足够的信息，以保证检测结果能够再现。

2. 试验操作方法

（1）试样夹持和调零。启动试验机，活动夹头部分升起到适当位置，将试样夹持在活动夹头之中。然后关闭送油阀和回油阀，调整试验机指针至零。再调整试验机两个夹头之间的距离，把试样的另一端夹持在试验机的固定夹头之中。夹持好的试样应确保承受轴向拉力的作用。

（2）上屈服强度（R_{eH}）和下屈服强度（R_{eL}）的测定。

①试验速率的规定（方法B）：测定上屈服强度在弹性范围内及直至上屈服强度，试验机夹头的分离速率应尽可能保持恒定并在表7-15规定的应力速率的范围内。

应力速率 **表7-15**

材料弹性模量（MPa）	应力速率（MPa/s）	
	最小	最大
＜150000	2	20
≥150000	6	60

测定下屈服强度时，在试样平行长度的屈服期间应变速率应在0.00025/s～0.0025/s之间。平行长度内的应变速率应尽可能保持恒定。在任何情况下，弹性范围内的应力速率不得超过表7-15规定的最大速率。

注：方法A可按GB/T 228—2010中10.3测定抗拉强度R_m，断后伸长率A，最大力总延伸率A_{gt}，最大力塑性近伸率A_g和断面收缩率乙的速率：测定屈服强度或塑性延伸强度后，试验速率可以增加到

不大于 $0.008s^{-1}$ 的应变速率（计等效的横梁分离速率）。如果仅仅需要测定材料的抗拉强度，在整个试验过程中可以选取不超过 $0.008s^{-1}$ 的单一试验速率的规定执行。

② 图解方法测定上（下）屈服强度：试验时记录力-延伸曲线或力-位移曲线。从曲线图读取力首次下降前的最大力和不计初始瞬时效应时屈服阶段中的最小力或屈服平台的恒定力（图 7-5）。将其分别除以试样原始面积（S_0）得到上屈服强度和下屈服强度。仲裁试验采用图解方法。

③ 指针方法测定上（下）屈服强度：试验时，读取测力度盘指针首次回转前指示的最大力和不计初始瞬时效应时屈服阶段中指示的最小为或首次停止转动指示的恒定力。将其分别除以试样原始面积（S_0）得到上屈服强度和下屈服强度。

④ 可以使用自动装置（例如微处理机等）或自动测试系统测定上屈服强度和下屈服强度，可以不绘制拉伸曲线图。

（3）抗拉强度（R_m）的测定。

① 试验速率的规定：在塑性范围内，平行长度的应变速率不应超过 0.008/s。如果试验不包括屈服强度的测定，在弹性范围内，试验的速率可以达到塑性范围内允许的最大速率。

② 抗拉强度可以采用图解法或指针法测定。对于有明显屈服现象的金属材料，从记录的力-延伸曲线或力-位移曲线图，或从测力度盘读取过了屈服阶段后的最大力；对于没有明显屈服现象的金属材料，从记录的力-延伸或力-位移曲线图，或从测力度盘读取试验过程中的最大力（图 7-6）。最大力除以试样原始面积（S_0）得到抗拉强度。

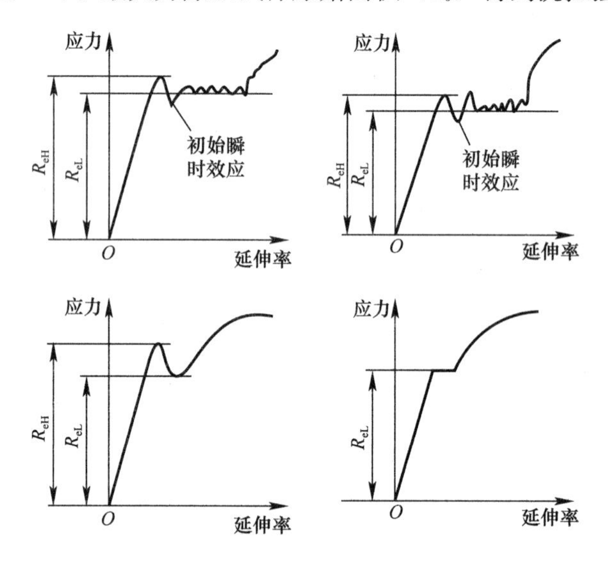

图 7-5 不同类型曲线的上屈服强度和下屈服强度

③ 可以使用自动装置（例如微处理机等）或自动测试系统测定抗拉强度，可以不绘制拉伸曲线图。

（4）断后伸长率（A）的测定

为了测定断后伸长率，应将试样断裂的部分仔细地配接在一起使其轴线处于同一直线上，并采取特别措施确保试样断裂部分适当接触后测量试样断后标距。这对小横截面试样和低伸长率试样尤为重要。

按下式计算断后伸长率A：

$$A=\frac{L_u-L_0}{L_0}$$

式中 L_0——原始标距；

L_u——断后标距。

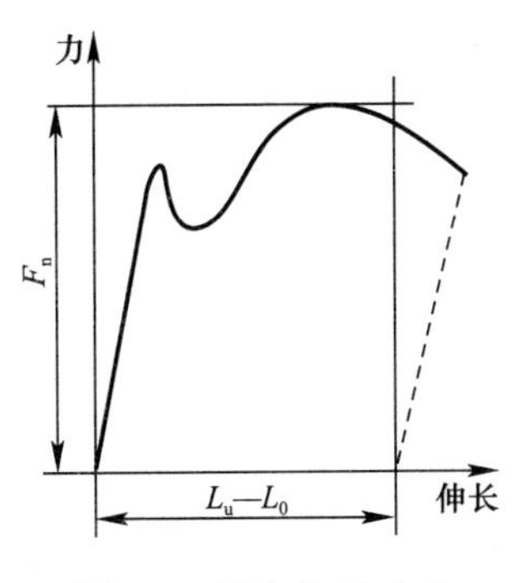

图 7-6 最大力 F（m）

应使用分辨率足够的量具或测量装置测定断后伸长量（L_u-L_0），并准确到±0.25mm。如规定的最小断后伸长率小于5%，建议采取特殊方法进行测定（GB/T 228—2010 附录G）。原则上只有断裂处与最接近的标距标记的距离不小于原始标距的三分之一情况方为有效。但断后伸长率大于或等于规定值，不管断裂位置处于何处测量均为有效。如断裂处与最接近的标距标记的距离小于原始标距的1/3时，可采用（GB/T 228—2010）附录H规定的移位法测定断后伸长率。

能用引伸计测定断裂延伸时，引伸计标距应等于试样原始标距，无需标出试样原始标距的标记。以断裂时的总延伸作为伸长测量时，为了得到断后伸长率，应从总延伸中扣除弹性延伸部分。为了得到与手工方法可比的结果，有一些额外的要求（例如：引伸计高的动态响应和频带宽度）。

原则上，断裂发生在引伸计标距以内方为有效，但断后伸长率等于或大于规定值，不管断裂位置处于何处测量均为有效。

3. 试验数据处理

（1）试样原始横截面积（S_0）的确定。

1）按标准要求采用公称直径（mm）或公称横截面面积作为原始横截面积

① 计算钢筋、钢丝屈服强度或抗拉强度时，其原始截面积采用表7-16给定的公称横截面面积。

钢筋、钢丝的公称横截面面积与理论重量（GB 13788） **表 7-16**

公称直径（mm）	公称横截面面积（mm²）	理论重量（kg/m）	公称直径（mm）	公称横截面面积（mm²）	理论重量（kg/m）
3.0	7.07	0.055	11.0	95.03	0.746
4.0	12.57	0.099	11.5	103.9	0.815
4.5	15.90	0.125	12	113.1	0.888
5.0	19.63	0.154	14	153.9	1.21
5.5	23.76	0.186	16	201.1	1.58
6.0	28.27	0.222	18	254.5	2.00
6.5	33.18	0.261	20	314.2	2.47
7.0	38.48	0.302	22	380.1	2.98
7.5	44.18	0.347	25	490.9	3.85
8.0	50.27	0.395	28	615.8	4.83
8.5	56.75	0.445	32	804.2	6.31
9	63.62	0.499	36	1018	7.99
9.5	70.88	0.556	40	1257	9.87
10.0	78.54	0.617	50	1964	15.42
10.5	86.59	0.679			

注：冷轧带肋钢筋公称直径为4～12mm，按GB 13788—2008规定其公称横截面面积取3位有效数字。

② 计算钢绞线抗拉强度时，其原始截面积采用表 7-17 给定的参考面积。

钢绞线参考截面积与每米参考质量　　表 7-17

钢绞线结构	公称直径		钢绞线参考截面积 S_0(mm²)	每米钢绞线参考质量（g/m）
	钢绞线直径 D_0(mm)	钢丝直径 d(mm)		
1×2	5.00	2.50	9.82	7.71
	5.80	2.90	13.2	104
	8.00	4.00	25.1	197
	10.00	5.00	39.3	309
	12.00	6.00	56.5	444
1×3	6.20	2.90	19.8	155
	6.50	3.00	21.2	166
	8.60	4.00	37.7	296
	8.74	4.05	38.6	303
	10.8	5.00	58.9	462
	12.9	6.00	84.8	666
1×3I	8.74	4.05	38.6	303
1×7	9.50	—	54.8	430
	11.10	—	74.2	582
	12.70	—	98.7	775
	15.20	—	140	1101
	15.70	—	150	1178
	17.80	—	191	1500
1×7c	12.70	—	112	1890
	15.20	—	165	1295
	18.00	—	223	1750

③ 计算冷乳扭钢筋强度时，其原始截面积采用表 7-18 给定的公称横截面面积。

冷轧扭钢筋公称横截面面积和理论质量　　表 7-18

强度级别	型号	标志直径 d(mm)	公称横截面面积 A_s(mm²)	理论质量（kg/m）
CTB550	Ⅰ	6.5	29.50	0.232
		8	45.30	0.350
		20	68.30	0.536
		12	98.14	0.755
	Ⅱ	6.5	29.20	0.229
		8	42.30	0.332
		10	66.10	0.519
		12	92.74	0.728
	Ⅲ	6.5	29.86	0.234
		8	45.24	0.355
		10	70.69	0.555
CTB650	Ⅲ	6.5	28.20	0.221
		8	42.73	0.335
		10	66.76	0.524

2）型钢试样原始横截面积，采用GB/T228-2010规定的方法进行测量。

① 直径或厚度小于4mm型材原始横截面积的测定

对于圆形横截面的产品，应在两个相互垂直方向测量试样的直径，取其算术平均值计算横截面积。原始横截面积的测定应准确到±1%。

② 大于4mm型材原始横截面积的测定

对于圆形横截面和四面机加工的矩形横截面试样，如果试样的尺寸公差和形状公差均满足表7-19的要求，可以用名义尺寸计算原始横截面积。一对于所有其他类型的试样，应根据测量的原始试样尺寸计算原始横截面积 S_o，测量每个尺寸应准确到±5%。

试样横向尺寸公差 **表7-19**

名称	名义横向尺寸	尺寸公差	形状公差
机加工的圆形横截面直径和四面机加工的矩形横截面试样横向尺寸	≥3 ≤6	±0.02	0.03
	>6 ≤10	±0.03	0.04
	>10 ≤18	±0.05	0.04
	>18 ≤30	±0.10	0.05
相对商面机加工的矩形横截面试样横向尺寸	≥3 ≤6	±0.02	0.03
	>6 ≤10	±0.03	0.04
	>10 ≤18	±0.05	0.06
	>18 ≤30	±0.10	0.12
	>30 ≤60	±0.15	0.15

注：如果试样的公差满足要求，原始横截面积可以用名义值，而不必通过实际测量再计算。如果试样的公差不满足要求，就很有必要对每个试样的尺寸进行实际测量。沿着试样整个平行长度，规定横向尺寸测量值的最大最小之差。

3）对于恒定横截面的产品，也可以根据测量的试样长度、试样质量和材料密度方法，计算横截面积按如下确定其原始横截面积：

$$S_0 = \frac{1000m}{\rho \cdot L_t}$$

式中 m——试样质量，单位为克（g）；

L_t——试样的总长度，单位为毫米（mm）；

ρ——试样材料密度，单位为克每立方厘米（$g \cdot cm^3$）。

注：原始横截面积至少保留 4 位有效数字。

（2）试样原始标距（L_0）的确定

1）比例试样

标距与原始横截面积的平方根的比值 k 为常数的拉伸试样称为比例试样。

k=5.65 的试样称为短比例试样，其断后伸长率为 A：k=11.3 的试样称为长比例试样，其断后伸长率用 $A_{11.3}$ 表示。

2）非比例试样

非比例试样：标距与试样截面不存在比例关系的试样称为非比例试样。

对于截面较小的薄带试样以及某些异型截面试样，由于其标距短或界面不用测量，可以采用为 50mm、80mm、100mm、200mm 的定标距试样。

试验时，一般优先选用短比例试样，但要保证原始标距不小 15mm，否则，建议选用长比例试样或其他类型试样。

对于圆形截面的短比例试样的原始标距取 $5d_0$，长比例试样的原始标距取 $10d_0$。

（3）数据处理

1）数据修约规定

试验测定的强度数值应按照相关产品标准或评定标准的要求进行修约。如没有具体规定，应按照方法标准要求进行修约，即选定如下要求进行修约。

① 强度值修约规定：

强度值修约至 1MPa；

② 延伸率修约规定：

屈服点延伸率修约至 0.1%，其他延伸率和断后伸长率修约至 0.5%；

③断面收缩率修约规定：

断面收缩率修约至 1%。

2）测量精度要求

① 量具或尺寸测量仪器的选择

测量尺寸不同，要求的使用的测量仪器精度也不同，具体要求见表 7-20 所示。

尺寸测量仪器的分辨率要求 **表 7-20**

尺寸（mm）	分辨率不大于
0.1～0.5	0.001
≥0.5～2.0	0.005
≥2.0～10	0.01
≥10	0.05

注：量具和尺寸测量装置应经检验合格方能使用

② 测定误差要求

A. 原始横截面积测定误差要求：

a. 圆形横截面试样：原始直径测量允许误差不超过±0.5%。

b. 矩形横截面试样：原始横截面积测量误差不超过±2%，宽度的测量误差不超过±

0.2%；为了减小试验结果的测量不确定度，建议原始横截面积应准确至或优于±1%。

c. 对于薄片材料，需要采用特殊的测量技术。宽度和厚度测量误差各允许±0.5%。

d. 弧形试样：附录E规定原始横截面积测量误差不超过±1%。

e. 管段试样：附录E规定原始横截面积测量误差不超过±1%。

f. 其他横截面形状的试样：原始横截面积测量误差不超过±1%。

B. 其他相关尺寸测量要求：

a. 原始标距的测量精度到±1%。

b. 断后标距：±0.25mm。

c. 断后最小横截面积：±2%。

4. 判定原则

（1）如果一组（1根或若干根）拉伸试样中，每根试样的所有试验结果都符合产品标准的规定时，则判定该组试样拉伸试验合格。.

（2）如果有一根试样的某一项指标（屈服强度、抗拉强度或伸长率）试验结果不符各评定标准的规定，则应加倍取样，重新检测全部拉伸试验指标。如果仍有一根试样的某一项指标不符合规定，则判定该组试样拉伸试验不合格。

（3）当试样断在标距外或断在机械刻划的标距标记上，而且断后伸长率小于规定最小值，或者试验期间设备发生故障，影响了试验结果，则试验结果无效，应重做同样数量试样的试验。

（4）试验后试样出现两个或两个以上的缩颈以及显示出肉眼可见的冶金缺陷（例如分层、气泡、夹渣、缩孔等），应在试验记录和报告中注明，并建议材质分析。

7.4.3 弯曲试验

1. 试验准备工作

（1）试验设备：支辊式、V形模具、虎钳式、翻板式。

（2）试样：不得有划痕和损伤，试样长度 $L=(d+3a)\pm0.5a$（d 为弯心直径）a 为试样直径或厚度）确定两支辊间的距离，并安装牢固。

（3）试验条件：

① 试验应在10～35℃下进行，在控制条件下（对温度要求严格的试验），试验在23℃±5℃下进行。

② 应在平衡压力作用下，缓慢施加试验力。

③ 弯心直径必须符合有关标准，弯心宽度必须大于试样的宽度或直径。两支辊间距不允许有变化。

2. 试验操作方法

（1）冷弯试验

① 弯曲试验可在配备弯曲装置的压力机或万能试验机上进行。

② 使用最多的弯曲装置是支辊式。要求支辊长度应大于试样的宽度或直径，支辊半径应为1～10倍试样厚度。

③ 支辊应具有足够的强度。

④ 试验时先确定弯头直径，再确定弯头角度。

⑤ 试验时将试样放在满足以上条件的设备上缓慢加力，弯曲至规定的弯曲角度。

⑥ 试验完毕，要关闭电源，擦拭仪器。按照试验室管理规定保管或处理检验后的样品，记录仪器设备的使用时间和用后仪器设备的性能状况。

（2）反复弯曲试验

① 反复弯曲试验在反复弯曲试验机上进行。

② 试验时按线材尺寸选择弯曲半径、弯曲圆弧项部至拨杆底面的距离以及拨杆孔径。

③ 使弯曲臂处于垂直位置，将圆柱形试样的较大尺寸平行或近似平行于夹持面，插入并夹紧其下端，使试样垂直于两弯曲圆柱轴线所在的平面。为确保试样与弯曲圆弧在试验时能良好接触，可施加某种形式的拉紧力，这种拉紧力不得超过公称抗拉强度相应拉力负荷的 2%。

④ 弯曲试验是将试样从起始位置向右（左）弯曲 90°后返回起始位置，作为第一次弯曲，再由起始位置向左（右）弯曲 90°，试样再返回起始位置作为第二次弯曲，依此连续反复弯曲，试样折断时的最后一次弯曲不计。

⑤ 弯曲试验应连续进行到有关标准中所规定的弯曲次数或试样折断为止。

⑥ 试验完毕，要关闭电源，擦拭仪器。按照试验室管理规定保管或处理检验后的样品，记录仪器设备的使用时间和用后仪器设备的性能状况。

3. 试验结果处理

冷弯试验结果评定：

（1）冷弯试验后，弯曲外侧表面无裂纹、断裂或起层、收缩，即判为合格。

（2）做冷弯的两根试件中，如有一根试件不合格，可取双倍数量试件重新做冷弯试验；

（3）第二次冷弯试验中，如仍有一根不合格，即判该批钢筋为不合格品。

反复弯曲试验评定：

反复弯曲次数达到或超过规定判为合格。

7.5 钢筋焊接接头试验

7.5.1 钢筋焊接概述

1. 常见的焊接方式

（1）钢筋电阻点焊

将两钢筋安放成交叉叠接形式，压紧于两电极之间，利用电阻热熔化母材金属，加压形成焊点的一种压焊方法。

（2）钢筋闪光对焊

将两钢筋安放成对接形式，利用电阻热使接触点金属熔化，产生强烈飞溅，形成闪光，迅速施加顶锻力完成的一种压焊方法。

（3）钢筋电弧焊

以焊条作为一极，钢筋为另 1 极，利用焊接电流通过产生的电弧热进行焊接的一种熔焊方法。

(4) 钢筋窄间隙电弧焊

将两钢筋安放成水平对接形式，并置于铜模内，中伺留有少量间隙，用焊条从接头根部引弧，连续向上焊接完成的一种电弧焊方法。

(5) 钢筋电渣压力焊

将两钢筋安放成竖向对接形式，利用焊接电流通过两钢筋端面间隙，在焊剂层下形成电弧过程和电渣过程，产生电弧热和电阻热，熔化钢筋，加压完成的一种压焊方法。

(6) 钢筋气压焊

采用氧乙炔火焰或其他火焰对两钢筋对接处加热，使其达到塑性状态（固态）或熔化状态（熔态）后，加压完成的一种压焊方法。

(7) 预埋件钢筋埋弧压力焊

将钢筋与钢板安放成T形接头形式，利用焊接电流通过，在焊剂层下产生电弧，形成熔池，加压完成的一种压焊方法。

(8) 热影响区

焊接或热切割过程中，钢筋母材因受热的影响（但未熔化），使金属组织和力学性能发生变化的区域。

(9) 延性断裂

伴随明显塑性变形而形成延性断口（断裂面与拉应力垂直或倾斜，其上具有细小的凹凸，成纤维状）的断裂。

(10) 脆性断裂

几乎不伴随塑性变形而形成脆性断口（断裂面通常与拉应力垂直，宏观上由具有光泽的亮面组成）的断裂。

2. 常用的焊条与焊剂

(1) 焊条

电弧焊所采用焊条，应符合现行国家标准《碳钢焊条》GB/T 5117 或《低合金钢焊条》GB/T 5118 的规定，其型号应根据设计确定；若设计无规定时，可按表 7-21 选用。

钢筋电弧焊焊条型号 **表 7-21**

钢筋牌号	电弧焊接头形式			
	帮条焊 搭接焊	坡口焊熔槽帮条焊 预埋件穿孔塞焊	窄间隙焊	钢筋与钢板搭接焊预埋件T形角焊
HPB235	GB 5117 E43××	GB 5117 E43××	GB 5117 E43××	GB 5117 E43××
HRB335	GB 5117 E43××	GB 5117 E43××	GB 5117 E43××	GB 5117 E43××
HRB400	GB 5117 E43×× E50×× GB 5118 E50××-×	GB 5117 E50×× GB 5118 E50××-×	GB 5117 E5015、16 GB 5118 E5015、16-×	GB 5117 E43××E50×× GB 5118 E50××-×
HRB400	GB 5117 E50×× GB 5118 E50××-×	GB 5118 E55××-×	GB 5118 E5515、16-×	GB 5117 E50×× GB 5118 E50××-×

(2) 焊剂

在电渣压力焊和预埋件埋弧压力焊中，可采用 ILt431 焊剂。

3. 钢筋焊接方法的适用范围

钢筋焊接时，各种焊接方法的适用范围应符合表 7-22 的规定：

钢筋焊接方法的适用范围　　表 7-22

焊接方法			适用范围	
			焊接方法	适用范围（mm）
电阻点焊			HPB300 HRB（F）335 HRB（F）400 CRB550	6～16 6～16 6～16 5～12
闪光对焊			HPB300 HRB CF）335 HRB（F）400 HRB（F）500 RRB400	8～22 8～32 8～32 10～32 10～40
电弧焊	帮条焊	双面焊	HPB300 HRB（F）335 HRB（F）400 HRB（F）500	6～22 6～40 6～40 6～40
电弧焊	帮条焊	单面焊	HPB300 HRB（F）335 HRB（F）400 HRB（F）500	6～22 6～40 6～40 6～40
电弧焊	搭接焊	双面焊	HPB300 HRB（F）335 HRB（F）400 HRB（F）500	6～22 6～40 6～40 6～40
电弧焊	搭接焊	单面焊	HPB300 HRB（F）335 HRB（F）400 HRB（F）500	6～22 6～40 6～40 6～40
电弧焊	熔槽帮条焊		HPB300 HRB（F）335 HRB（F）400 HRB（F）500	20～22 20～40 20～40 20～40

焊接方法			适用范围	
			焊接方法	适用范围（mm）
电弧焊	坡焊	平焊	HPB300 HRB（F）335 HRB CF）400 HRB（F）500	18～40 18～40 18～40 18～40
电弧焊	坡焊	立焊	HPB300 HRB（F）335 HRB（F）400 HRB（F）500	18～40 18～40 18～40 18～40
电弧焊	钢筋与钢板搭接焊		HPB300 HRB（F）335 HRB（F）400 HRB（F）500	8～40 8～40 8～40 8～40
电弧焊	窄间隙焊		HPB300 HRB（F）335 HRB（F）400	16～40 16～40 16～40
电弧焊	预埋件电弧焊	角焊	HPB300 HRB（F）335 HRB（F）400 HRB（F）500	6～25 6～25 6～25 6～25
电弧焊	预埋件电弧焊	穿孔塞焊	HPB300 HRB（F）335 HRB（F）400 HRB（F）500	20～25 20～25 20～25 20～25
电渣压力焊			HPB300 HRB（F）335 HRB CF）400 HRB（F）500	12～32 12～32 12～32 12～32
气压焊	固态 液态		HPB300 HRB CF）335 HRB（F）400 HRB（F）500	12～40 12～40 12～40 12～40
预埋件钢筋埋孤压力焊			HPB300 HRB（F）335 HRB CF）400 HRB（F）500	6～25 6～25 6～25 6～25

注：电渣压力焊适用于柱、墙、构筑物等现浇混凝土结构中竖向受力钢筋的连接；不得在竖向焊接后横置于梁、板等构件中作水平钢筋用。

7.5.2 焊接质量检查与验收

1. 一般规定

（1）质量检验与检收应包括外观质量检查和力学性能检验，并划分为主控项目和一般项目两类。

（2）纵向受力钢筋焊接接头验收中，闪光对焊接头、箍筋闪光对焊接头、电弧焊接头、电渣压力焊接头、气压焊接头、预埋件钢筋T形接头的连接方式检查和接头力学性能检验应为主控项目，焊接接头的外观质量检查应为一般项目。主控项目的质量应符合本规程的有关规定。

（3）非纵向受力钢筋焊接接头的质量检验与验收，包括焊接骨架、焊接网交叉钢筋电阻点焊焊点、钢筋与钢板电弧搭接焊接头为一般项目。

（4）纵向受力钢筋焊接接头的连接方式应符合设计要求，并应全数检查，检验方法为目视观察。纵向受力钢筋焊接接头的外观质量检查应符合下列规定：

① 每一检验批中应随机抽取10%的焊接接头；箍筋闪光对焊接头应随机抽取5%。检查结果，当外观质量各小项不合格数均小于或等于抽检数的10%，则该批焊接接头外观质量评为合格。

② 当某一小项不合格数超过抽检数的10%时，应对该批焊接接头该小项逐个进行复检，并剔出不合格接头：对外观检查不合格接头采取修整或焊补措施后，可提交二次验收。注：焊接接头外观检查时，首先应由焊工对所焊接头或制品进行自检；然后由施工单位专业质量检查员检验；监理（建设）单位进行验收记录。

（5）焊接接头外观检查时，首先应由焊工对所焊接头或制品进行自检；然后由施工单位专业质量检查员检验；监理（建设）单位进行验收记录。

（6）施工单位专业检查员应检查焊接材料产品合格证和焊接工艺试验时的接头力学性能试验报告。

（7）钢筋焊接接头力学性能检验时，应在接头外观检查合格后随机抽取试件进行试验。试验方法应按现行行业标准《钢筋焊接接头试验方法标准》JGJ/T27 有关规定执行。试验报告应包括下列内容：

① 工程名称、取样部位；

② 批号、批量；

③ 钢筋生产厂家和钢筋批号，钢筋牌号、规格；

④ 焊接方法；

⑤ 焊工姓名及考试合格证编号；

⑥ 施工单位；

⑦ 力学性能试验结果。

2. 拉抻与弯曲结果判定原则

钢筋闪光对焊接头、电弧焊接头、电渣压力焊接头、气压焊接头、箍筋闪光对焊接头、预埋件钢筋T形接头的拉伸试验结果评定如下。

（1）符合下列条件之一，评定为合格。

1）3个试件均断于钢筋母材，延性断裂，抗拉强度大于等于钢筋母材抗拉强度标准值。

2）2个试件断于钢筋母材，延性断裂，抗拉强度大于等于钢筋母材抗拉强度标准值；1个试件断于焊缝，或热影响区，脆性断裂，或延性断裂，抗拉强度大于等于钢筋母材抗拉强度标准值。

（2）符合下列条件之一，评定为复验。

1）2个试件断于钢筋母材，延性断裂，抗拉强度大于等于钢筋母材抗拉强度标准值；

1个试件断于焊缝，或热影响区，呈脆性断裂，或延性断裂，抗拉强度小于钢筋母材抗拉强度标准值。

2）1个试件断于钢筋母材，延性断裂，抗拉强度大于等于钢筋母材抗拉强度标准值；2个试件断于焊缝，或热影响区，呈脆性断裂，抗拉强度大于等于钢筋母材抗拉强度标准值。

3）3个试件全部断于焊缝，或热影响区，呈脆性断裂，抗拉强度均大于等于钢筋母材抗拉强度标准值。

（3）复验时，应再切取6个试件。复验结果，当仍有1个试件的抗拉强度小于钢筋母材的抗拉强度标准值；或有3个试件断于焊缝或热影响区，呈脆性断裂，均应判定该批接头为不合格品。

（4）凡不符合上述复验条件的检验批接头，均评为不合格品。

（5）当拉伸试验中，有试件断于钢筋母材，却呈脆性断裂；或者断于热影响区，呈延性断裂，其抗拉强度却小于钢筋母材抗拉强度标准值。以土两种情况均属异常现象，应视该项试验无效，并检查钢斱的材质性能。

钢筋闪光对焊接头、气压焊接头进行弯曲试验时，焊缝应处于弯曲中心点，弯心直径和弯曲角度应符合表7-23的规定。

接头弯曲试验指标　　表7-23

钢筋牌号	弯曲直径	弯曲角度（°）
HPB235、HPB300	$2d$	90I
HRB335、HRBF335	$4d$	90
HRB400、HRBF400、RRB400	$5d$	90
HRB500、HRBF500	$7d$	90

注：1. d 为钢筋直径（mm）；
2. 直径大于25mm的钢筋焊接接头，弯心直径应增加1倍钢筋直径。

（1）当试验结果，弯至90°，有2个或3个试件外侧（含焊缝和热影响区）未发生破裂，应评定该批接头弯曲试验合格。

（2）当有2个试件发生破裂，应进行复验。

（3）当有3个试件发生破裂，则一次判定该批接头为不合格品。

（4）复验时，应再加取6个试件。复验结果，当仅有1～2个试件发生破裂时，应评定该批接头为合格品。

注：当试件外侧横向裂纹宽度达到0.5mm时，应认定已经破裂。

3. 钢筋焊接骨架和焊接网

焊接骨架和焊接网的质量检验应包括外观检查和力学性能检验，并应按下列规定抽取。

（1）试样：

1）凡钢筋牌号、直径及尺寸相同的焊接骨架和焊接网应视为同一类型制品，且每300件作为一批，一周内不足300件的亦应按一批计算；

2）外观检查应按同一类型制品分批检查，每批抽查5%，且不得少于10件；

3）力学性能检验的试样，应从每批成品中切取；切取过试样的制品，应补焊同牌号、同直径的钢筋，其每边的搭接长度不应小于 2 个孔格的长度；当焊接骨架所切取试样的尺寸小于规定的试样尺寸，或受力钢筋直径大于 8mm 时，可在生产过程中制作模拟焊接试验网片，从中切取试样。

4）由几种直径钢筋组合的焊接骨架或焊接网，应对每种组合的焊点作力学性能检验；

5）热轧钢筋的焊点应作剪切试验，试样数量为 3 个；对冷轧带肋钢筋还应沿钢筋焊接两个方向各截取一个试样进行拉伸试验。

（2）拉伸试验：拉伸试样至少有一个交叉点。试样长度应保证夹具之间的距离不小于 20 倍试样直径或 180mm（取两者中较大值）。对于并筋，非受拉钢筋应在离交叉焊点约 20mm 处切断。拉伸试样如图 7-7（*b*）所示。拉伸试样上的横向钢筋宜距交叉点约 25mm 处切断。

（3）剪切试验：应沿同一横向钢筋随机截取 3 个试样。钢筋网两个方向均为单根钢筋时，较粗钢筋为受拉钢筋；对于并筋，其中之一为受拉钢筋，另一支非受拉钢筋应在交叉焊点处切断，但不应损伤受拉钢筋焊点。剪切试样如图 7-7（*c*）。剪切试样上的横向钢筋应距交叉点不小于 25mm 处切断。

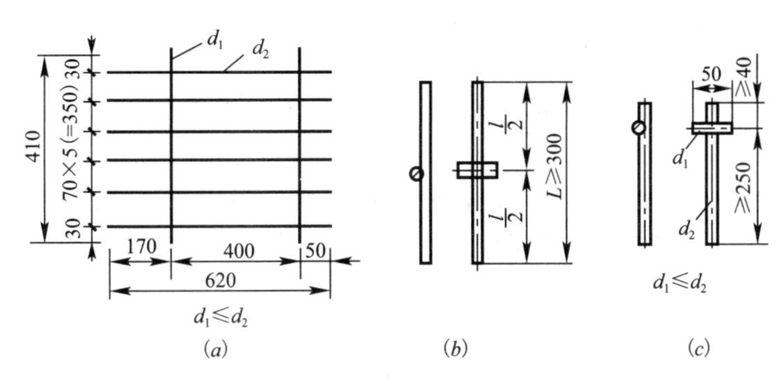

图 7-7　拉伸试样、剪切试样

焊接骨架外观质量检查结果，应符合下列要求：

（1）每件制品的焊点脱落、漏焊数量不得超过焊点总数的 4%，且相邻两焊点不得有漏焊及脱落；

（2）应量测焊接骨架的长度和宽度，并应抽查纵、横方向 3～5 个网格的尺寸，其允许偏差应符合表 7-24 的规定。

当外观检查结果不符合上述要求时，应逐件检查，并剔出不合格品。对不合格品经整修后，可提交二次验收。

焊接骨架的允许偏差（mm）　　**表 7-24**

项目		允许偏差
焊接骨架	长度	±10
	宽度	±5
	高度	±5
骨架箍筋间距		±10
受力主筋	间距	±15
	排距	±5

焊接网外形尺寸检查和外观质量检查结果，应符合下列要求：

(1) 钢筋焊接网间距的允许偏差取±10mm和规定间距的±5%的较大值。网片长度和宽度的允许偏差取±25mm和规定长度的±0.5%的较大值。网片两对角线之差不得大于10mm；网格数量应符合设计规定；

(2) 钢筋焊接网焊点开焊数量不应超过整张网片交叉点总数的1%，并且任一根钢筋上开焊点不得超过该支钢筋上交叉点总数的一半。焊接网最外边钢筋上的交叉点不得开焊；

(3) 钢筋焊接网表面不应有影响使用的缺陷。当性能符合要求时，允许钢筋表面存在浮锈和因矫直造成的钢筋表面轻微损伤。

钢筋焊接骨架、焊接网焊点剪切试验结果，3个试样抗剪力平均值应符合下式要求：

$$F \geqslant 0.3A_0R_{eL}$$

式中 F——抗剪力；

A_0——受拉钢筋的公称横截面积（mm^2）；

R_{eL}——受拉钢筋规定屈服强度（MPa）。

注：冷轧带肋钢筋的屈服强度按440N/mm。

4. 钢筋闪光对焊接头

(1) 闪光对焊接头的质量检验，应分批进行外观检查和力学性能检验，按下列规定作为一个检验批次：

1) 在同一台班内，由同一个焊工完成的300个同牌号、同直径钢筋焊接接头应作为一批。当同一台班内焊接的接头数量较少，可在一周之内累计计算；累计仍不足300个接头时，应按一批计算；

2) 力学性能检验时，应从每批接头中随机切取6个接头，其中3个做拉伸试验，3个做弯曲试验；

3) 异径接头可只做拉伸试验。

(2) 闪光对焊接头外观检查结果，应符合下列要求：

1) 接头处不得有横向裂纹；

2) 与电极接触处的钢筋表面不得有明显烧伤；

3) 接头处的弯折角度不得大于3°；

4) 接头处的轴线偏移不得大于钢筋直径的0.1倍，且不得大于2mm。

5. 箍筋闪光对焊接头

(1) 箍筋闪光对焊接头应分批进行外观质量检查和力学性能检验：

当钢筋直径为10mm及以下，1200个接头为一批；钢筋直径为12mm及以上的，600个接头为一批。应按同一焊工完成的不超过上述数量同钢筋牌号、同直径的箍筋闪光对焊接头作为一个检验批。当同一台班内焊接的接头数量较少时，可累计计算；当超过规定数量时，其超出部分，亦可累计计算。每个检验批随机抽取5%个箍筋闪光对焊接头作外观检查；随机切取3个对焊接头做拉伸试验。

(2) 箍筋闪光对焊接头外观质量检查结果，应符合下列规定：

1) 对焊接头表面应呈圆滑状，不得有横向裂纹；

2) 轴线偏移不大于钢筋直径0.1倍；

3）弯折角度不得大于 3°；

4）对焊接头所在直线边凹凸不得大于 5mm；

5）对焊箍筋内净空尺寸的允许偏差在±5mm 之内；

6）与电极接触无明显烧伤。

6. 钢筋电弧焊接头

（1）电弧焊接头的质量检验，应分批进行外观检查和力学性能检验，并应按下列规定作为一个检验批：

1）在现浇混凝土结构中，应以 300 个同牌号钢筋、同型式接头作为一批；在房屋结构中，应在不超过二楼层中 300 个同牌号钢筋、同型式接头作为一批。每批随机切取 3 个接头，做拉伸试验。

2）在装配式结构中，可按生产条件制作模拟试件，每批 3 个，做拉伸试验。

3）钢筋与钢板电弧搭接焊接头可只进行外观检查。

注：在同一批中若有几种不同直径的钢筋焊接接头，应在最大直径钢筋接头和最小直径钢筋接头中分别切取 3 个试件进行拉伸试验。

（2）电弧焊接头外观检查结果，应符合下列要求：

1）焊缝表面应平整，不得有凹陷或焊瘤；

2）焊接接头区域不得有肉眼可见的裂纹；

3）咬边深度、气孔、夹渣等缺陷允许值及接头尺寸的允许偏差，应符合表 7-25 的规定；

4）坡口焊、熔槽帮条焊和窄间隙焊接头的焊缝余高应为 2～4mm。

钢筋电弧焊接头尺寸偏差及缺陷允许值　　表 7-25

名称		单位	接头形式		
			帮条焊	搭接焊 钢筋与钢板搭接焊	坡口焊、窄间隙 焊熔槽帮条焊
帮条沿接头中心线的纵向偏移		mm	0.3d	—	—
接头处弯折角		°	3	3	3
接头处的钢筋轴线的偏移		mm	0.1d	0.1d	0.1d
焊缝宽度		mm	+0.1d	+0.1d	—
焊缝长度		mm	−0.3d	−0.3d	—
横向咬边深度		mm	0.5	0.5	0.5
在长 2d 焊缝表面上的气孔及夹渣	数量	个	2	2	—
	面积	mm^2	6	6	—
在全部焊缝表面上的气孔及夹渣	数量	个	—	—	2
	面积	mm^2	—	—	6

注：d 为钢筋直径（mm）。

（3）当模拟试件试验结果不符合要赛时，应进行复验。复验应从现场焊接接头中切取，其数量和要求与初始试验时相同。

7. 钢筋电渣压力焊接头

（1）电渣压力焊接头的质量检验，应分批进行外观检查和力学性能检验，并应按下列规定作为一个检验批：

1）在现浇钢筋混凝土结构中，应以 300 个同牌号钢筋接头作为一批；

2）在房屋结构中，应在不超过二楼层中 300 个同牌号钢筋接头作为一批；

3）当不足 300 个接头时，仍应作为一批。每批随机切取 3 个接头试件做拉伸试验。

（2）电渣压力焊接头外观检查结果，应符合下列要求：

1）四周焊包凸出钢筋表面的高度，当钢筋直径为 25mm 及以下时，不得小于 4mm；当钢筋直径为 28mm 及以上时，不得小于 6mm；

2）钢筋与电极接触处，应无烧伤缺陷；

3）接头处的弯折角度不得大于 3°

4）接头处的轴线偏移不得大于钢筋直径的 0.1 倍，且不得大于 2mm。

8. 钢筋气压焊接头

（1）气压焊接头的质量检验，应分批进行外观检查和力学性能检验，并应按下列规定作为一个检验批：

1）在现浇钢筋混凝土结构中，应以 300 个同牌号钢筋接头作为一批；

2）在房屋结构中，应将不超过二楼层中 300 个同牌号钢筋接头作为一批；当不足 300 个接头时，仍应作为一批。

3）在柱、墙的竖向钢筋连接中，应从每批接头中随机切取 3 个接头做拉伸试验；

4）在梁、板的水平钢筋连接中，应另切取 3 个接头做弯曲试验。

5）异径气压焊接头可只做拉伸试验。在同一批中，若有几种不同直径的钢筋焊接接头，应在最大直径钢筋的焊接接头和最小直径钢筋的焊接接头中分别切取 3 个接头进行拉伸、弯曲试验。

（2）固态或熔态气压焊接头外观检查结果，应符合下列要求；

1）接头处的轴线偏移 e 不得大于钢筋直径的 0.15 倍，且不得大于 4mm（图 7-8*a*）；当不同直径钢筋焊接时，应按较小钢筋直径计算当大于上述规定值，但在钢筋直径的 0.30 倍以下时，可加热矫正；当大于 0.30 倍时，应切除重焊；

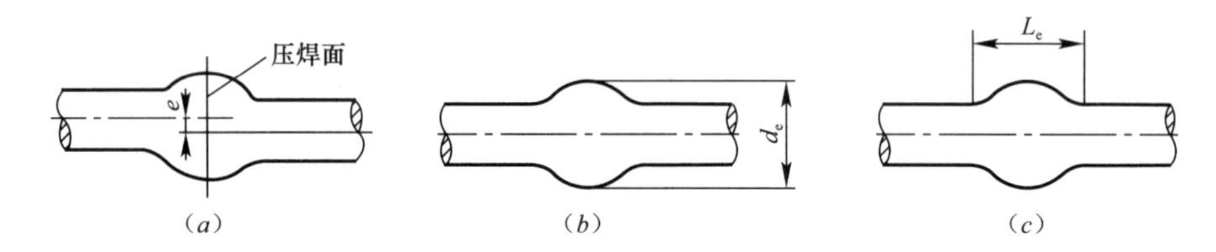

图 7-8 钢筋气压焊接外观质量

（*a*）轴线偏移；（*b*）镦粗直径；（*c*）镦粗长度

2）接头处的弯折角度不得大于 3°；当大于规定值时，应重新加热矫正；

3）固态气压焊接头镦粗直径 d_c 不得小于钢筋直径的 1.4 倍，熔态气压焊接头镦粗直径 d_c 不得小于钢筋直径的 1.2 倍（图 7-8*b*）；当小于上述规定值时，应重新加热镦粗；

4）镦粗长度 L_c 不得小于钢筋直径的 1.0 倍，且凸起部分平缓圆滑（图 7-8*c*）；当小于上述规定值时，应重新加热镦长。

9. 预埋件钢筋 T 形接头

预埋件钢筋 T 形接头的外观检查，应从同一台班内完成的同类型预埋件中抽查 5%，且不得少于10件；当进行力学性能检验时，应以300件同类型预埋件作为一批。一周内连续焊接时，可累计计算。当不足300件时，亦应按一批计算；应从每批预埋件中随机切取3个接头做拉伸试验，试件的钢筋长度应大于或等于200mm，钢板的长度和宽度均应大于或等于60mm，并视钢筋直径而定。见图7-9。

(1) 预埋件钢筋焊条电弧焊条接头外观检查结果，应符合下列要求：

1) 焊条电弧焊时，角焊缝焊脚尺寸（k）应符合相应的规定；

2) 焊缝表面不得有气孔、夹渣和肉眼可见裂纹；

3) 钢筋咬边深度不得超过0.5mm；

4) 钢筋相对钢板的直角偏差不得大于3°。

(2) 预埋件外观检查结果，当有2个接头不符合上述要求时，应对全数接头的这一项目进行检查，并剔出不合格品，不合格接头经补焊后可提交二次验收。

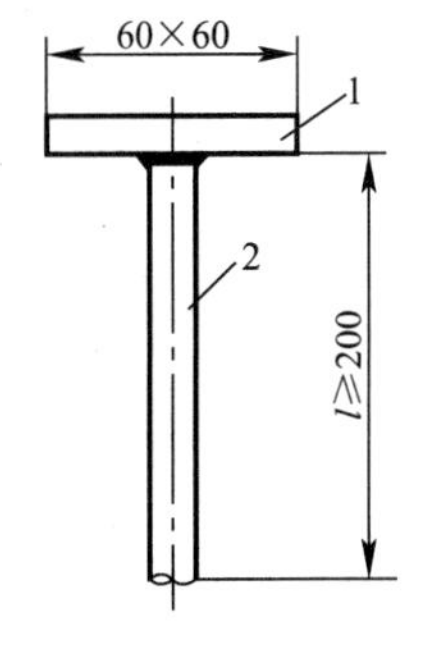

图7-9 预埋件钢筋拉伸试件

(3) 预埋件钢筋T形接头拉伸试验结果，3个试件的抗拉强度均应符合下列要求：

1) HPB300钢筋接头不得小于400MPa；

2) HRB335、HRBF335钢筋接头不得小于435MPa；

3) HRB400、HRBF400钢筋接头不得小于520MPa；

4) HRB500、HRBF500钢筋接头不得小于610MPa。

当试验结果若有一个试件接头强度小于规定值时，应进行复验。复验时，应再取6个试件。复验结果，其抗拉强度均达到上述要术时，应评定该批接头为合格品。

10. 钢筋焊接接头试验方法

(1) 试件制备

1) 拉伸试样的尺寸按表7-26取用。夹持长度可接试样直径确定。钢的直径不大于20mm时，夹持长度宜为70～90mm；钢的直径大于20mm时，夹持长度宜为90～120mm。

钢筋焊接接头拉伸试样的尺寸 **表7-26**

焊接方法		试样尺寸 l_s	试样尺寸 $L\geqslant$	焊接方法		试样尺寸 l_s	试样尺寸 $L\geqslant$
电阻点焊		≥20d且≥180	l_s+2l_j	电弧焊	熔槽帮条焊	$8d+l_h$	l_s+2l_j
闪光对焊		$8d$	l_s+2l_j	电弧焊	坡口焊	$8d$	l_s+2l_j
电弧焊	双面帮条焊	$8d+l_h$	l_s+2l_j	电弧焊	窄间隙焊	$8d$	l_s+2l_j
电弧焊	单面帮条焊	$5d+l_h$	l_s+2l_j	电渣压力焊		$8d$	l_s+2l_j
电弧焊	双面搭接焊	$8d+l_h$	l_s+2l_j	气压焊		$8d$	l_s+2l_j
电弧焊	单面搭接焊	$5d+l_h$	l_s+2l_j	预埋件电弧焊和埋弧压力焊		—	200

注：l_s：受试长度；l_h：焊缝（或镦粗）长度；l_j：夹持长度；d：钢筋直径

2) 弯曲试样长度可以采用式 $L=(d+3d)\pm a/2+150$mm 计算，也可以从表7-27查得。压头弯心直径弯曲角度的规定见表7-28。

钢筋焊接接头弯曲试验参数 **表 7-27**

钢筋公称直径（d）（mm）	钢筋级别	弯心直径（a）mm	支辊内侧距（$d+2.5d$）（mm）	试样长度（mm）	钢筋公称直径（d）（mm）	钢筋级别	弯心直径（a）（mm）	支辊内侧距（$d+2.5d$）（mm）	试样长度（mm）
12	Ⅰ	24	54	200	25	Ⅰ	50	113	260
	Ⅱ	48	78	230		Ⅱ	100	163	310
	Ⅲ	60	90	240		Ⅲ	125	188	340
	Ⅳ	84	114	260		Ⅳ	175	237	390
14	Ⅰ	28	63	210	28	Ⅰ	80	154	300
	Ⅱ	56	91	240		Ⅱ	140	210	360
	Ⅲ	70	105	250		Ⅲ	168	238	390
	Ⅳ	98	133	280		Ⅳ	224	294	440
16	Ⅰ	32	72	220	32	Ⅰ	96	176	330
	Ⅱ	64	104	250		Ⅱ	160	240	398
	Ⅲ	80	120	270		Ⅲ	192	259	410
	Ⅳ	112	152	300					
18	Ⅰ	36	81	236	36	Ⅰ	108	198	350
	Ⅱ	72	117	270		Ⅱ	180	270	420
	Ⅲ	90	135	280		Ⅲ	214	306	460
	Ⅳ	126	171	320		Ⅳ			
20	Ⅰ	40	90	240	40	Ⅰ	120	220	370
	Ⅱ	80	130	280		Ⅱ	200	300	450
	Ⅲ	100	150	300		Ⅲ	240	340	490
		140	190	340					
22	Ⅰ	44	99	250					
	Ⅱ	88	143	290					
	Ⅲ	110	165	310					
	Ⅳ	154	209	360					

注：试样长度根据（$d+2.5d$）+15mm 修约而得；
a 为弯心直径。

钢筋焊接接头弯心直径角度规定 **表 7-28**

序号	弯心直径（D）		弯曲角度（°）
	$D\leqslant 25$	$D>25$	
HPB235	$2d$	$3d$	90
HRB335	$4d$	$5d$	90
HRB400　RRB400	$5d$	$6d$	90
HRB500	$7d$	$8d$	90

（2）拉伸试验相关规定

1）根据钢筋的级别和直径，应选用适配的拉力试验机或万能试验机。试验机应符合现行国家标准《金属材料拉伸试验》GB 228.1 中的有关规定。

2）夹紧装置应根据试样规格选用，在拉伸过程中不得与钢筋产生相对滑移。

3）在使用预埋件 T 形接头拉伸试验吊架时，应将拉杆夹紧于试验机的上钳口内试样的钢筋应穿过垫板放入吊架的槽孔中心，钢筋下端应夹紧于试验机的下钳口内。

4）试验前应采用游标卡尺复核钢筋的直径和钢板厚度。

5）用静拉伸力对试样轴向拉伸时应连续而平稳，加载速率宜为 10～30MPa/s，将试样拉至断裂（或出现缩颈），可从测力盘上读取最大力或从拉伸曲线图上确定试验过程中的最大力。

6）试验中，当试验设备发生故障或操作不当而影响试验数据时，试验结果应视为无效。

7）当在试样断口上发现气孔、夹渣、未焊透、烧伤等焊接缺陷时，应在试验记录中注明。

8）抗拉强度按下式计算，数据修约到 5MPa，修约的方法应按现行国家标准．《数值修约规则》GB 817 的规定进行。

$$R_m = \frac{F_m}{S_0}$$

式中 R_m——抗拉强度（MPa）；

S_0——试样公称横截面面积（mm^2）；

F_m——最大力（N）。

9）试验记录应包括下列内容：

——试验编号；

——试验条件（试验设备、试验速率等）；.

——原始试样的钢筋焊号，公称直径及实测直径；

——焊接方法；

——试样拉断（或缩颈）过程中的最大力；

——断裂（或缩颈）位置及离焊缝口距离；

——断口特征。

（3）弯曲试验相关规定

1）试样的长度宜为两支辊内侧距离另加 150mm。

2）应将试样受压面的金属毛刺和墩粗变形部分去除至与母材外表齐平。

3）弯曲试验可在压力机或万能试验机上进行。

4）进行弯曲试验时，试样应放在两支点上，并应使焊缝中心与压头中心线一致，应缓慢地对试样施加弯曲力，直至达到规定的弯曲角度或出现裂纹、破断为止。

5）接头弯心直径和弯曲角度应按表 7-28 的规定确定。

6）在试验过程中，应采取安全措施，防止试样突然断裂伤人。

7）试验记录应包括下列内容：

——试验编号；

——试验条件（试验设备、试验速率等）；

——试样标识；

——原始试样的钢筋焊号及公称直径；

——焊接方法；

——弯曲后试样受拉面有无裂纹及裂纹宽度；

——断裂时的弯曲角度；
——断口位置及特征；
——有无焊接缺陷。

（4）剪切试验相关规定

1）试样的形式和尺寸应符合图 7-10、图 7-11 的规定。

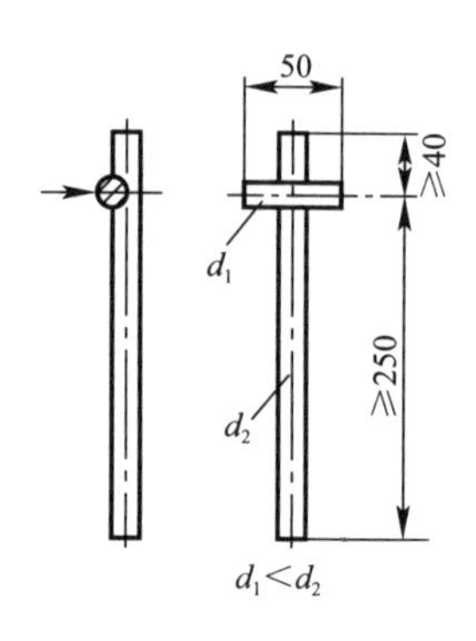

图 7-10 钢筋焊接骨架试样

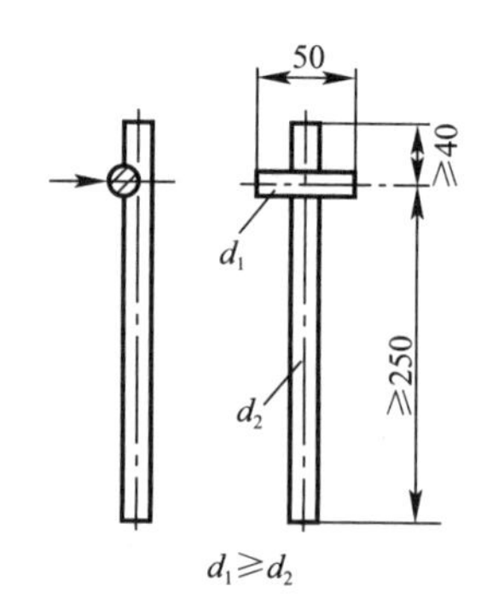

图 7-11 钢筋焊接网试样

2）剪切试验宜采用量程不大于 300kN 的万能试验机。

3）剪切夹真可分为悬挂式夹具和吊架式锥形夹具两种；试验时，应根据试样尺寸和设备条件选用合适的夹具。

4）夹具应安装于万能试验机的上钳口内，并应夹紧。试样横筋应夹紧于夹具的横槽内，不得转动。纵筋应通过纵槽夹紧于万能试验机的下钳口内，纵筋受拉的力应与试验机的加载轴线相重合。

5）加载应连续而平稳，加载速率宜为 10～30MPa/s，直至试件破坏为止。从测力度盘上读取最大力，即为该试样的抗剪载荷。

6）试验中，当试验设备发生故障或操作不当而影响试验数据时，试验结果应视为无效。

7）试验记录应包括下列内容：

——试样编号、组合与组数；
——钢筋级别和公称直径；
——试样的抗剪力；
——断裂位置和特征。

其他性能试验方法按 JGJ 18 和 JGJ A27 的规定执行。

7.6 钢筋机械连接试验

7.6.1 一般规定

1. 适用范围

钢筋机械连接接头适用于房屋与一般构筑物中受力钢筋的连接，其中一般构筑物包括电视塔、烟囱等高耸结构及容器等，对于桥梁、大坝等其他工程可参照应用。

2. 连接钢筋

用于机械连接的钢筋应符合现行国家标准《钢筋混凝土用热轧带肋钢筋》GB 1499 及

《钢筋混凝土用余热处理钢筋》GB 13014 的规定。

3. 接头分级与应用

（1）接头分级

接头应根据抗拉强度残余变形以及高应力和大变形条件下反复抗压性能的差异，分为下列三个性能等级。

Ⅰ级：接头抗拉强度不小于被连接钢筋实际抗拉强度或不小于 1.10 倍钢筋抗拉强度标准值，残余变形小并具有高延性及反复拉压性能。

Ⅱ级：接头抗拉强度不小于被连接钢筋抗拉强度标准值，残余变形小并具有高延性及反复拉压性能。

Ⅲ级：接头抗拉强度不小于被连接钢筋屈服强度标准值的 1.25 倍，残余变形小并具有一定的延性及反复拉压性能。

各等级接头的抗拉强度和变形性能应符合表 7-29 的规定。

机械连接接头的抗拉强度和变形性能 **表 7-29**

接头等级		Ⅰ级	Ⅱ级	Ⅲ级
抗拉强度		$f_{mst} \geqslant f_{stk}$断于钢筋 $f_{mst}^0 \geqslant 1.10 f_{stk}$断于接头	$f_{mst}^0 \geqslant f_{stk}$	$f_{mst}^0 \geqslant 1.25 f_{yk}$
单向拉伸	残余变形（mm）	$u_0 \leqslant 0.10(d \leqslant 32)$ $u_0 \leqslant 0.14(d \geqslant 32)$	$u_0 \leqslant 0.14(d \leqslant 32)$ $u_0 \leqslant 0.16(d \geqslant 32)$	$u_0 \leqslant 0.14(d \leqslant 32)$ $u_0 \leqslant 0.16(d \geqslant 32)$
	最大力总伸长率（%）	$A_{sgt} \geqslant 6.0$	$A_{sgt} \geqslant 6.0$	$A_{sgt} \geqslant 3.0$
高应力反复拉压	残余变形（mm）	$u_{20} \leqslant 0.3$	$u_{20} \leqslant 0.3$	$u_{20} \leqslant 0.3$
大变形反复拉压	残余变形（mm）	$u_{20} \leqslant 0.3$ 且 $u_4 \leqslant 0.6$	$u_{20} \leqslant 0.3$ 且 $u_4 \leqslant 0.6$	$u_4 \leqslant 0.6$

注：频遇荷载组合下构件中钢筋应力明显高于 $0.6 f_{yk}$时，设计部门可对单向拉伸残余变形的加载峰值提出调整要求。

（2）接头选用原则

混凝土结构中要求充分了发挥钢筋强度高或对延性要求高的部位应优先选用Ⅱ级接头。当在同一连接区域段内必须实施 100%钢筋接头的连接时，应采用Ⅰ级接头。

混凝土结构中对钢筋应力要求较高但对延性要求不高的部位可采用Ⅲ级接头。

7.6.2 接头单向拉伸试验

1. 组批规则

同一施工条件下采用同一批材料的同等级、同型式、同规格接头，以 500 个为一个验收批进行检验与验收，不足 500 个也作为一个验收批。

2. 试件数量、检测项目和取样方法

接头试件必须在工程结构中随机截取，每一验收批，取试件一组（3 个），作抗拉强度试验。

3. 合格评定标准

（1）按设计要求的接头等级进行评定。

（2）当 3 个接头试件的抗拉强度均符合表 7-29 中相应等级的要求时，该验收批评为合格。

（3）如有1个试件的强度不符合要求，应再取6个试件进行复验。复验中如仍有1个试件的强度不符合要求，则该验收批评为不合格。

（4）现场检验连续10个验收批抽样试件抗拉强度试验1次合格率为100%时，验收批接头数量可以扩大一倍。

7.6.3 接头型式检验

1. 在下列情况时应进行型式检验

（1）确定接头性能等级时。

（2）材料、工艺、规格进行改动时。

（3）型式检验报告超过4年时。

2. 型式检验的钢筋、试件及送样要求

（1）用于型式检验的钢筋应符合有关钢筋标准的规定。

（2）试件要求：

1）对每种型式、级别、规格、材料、工艺的钢筋机械连接接头型式检验的试件不应少于9个（单项拉伸试件不应少于3个、高应力反复拉压试件不应少于3个、大变形复拉压试件不应少于3个）；

2）应另取3根钢筋试件作抗拉强度试验；

3）全部试件均应在同一根钢筋上截取。

（3）用于型式检验的直螺纹或锥螺纹接头构件应散件送达检验单位，由型式检验单位或在其监督下由接头技术提供单位按规定的拧紧扭矩进行装配，扭紧扭矩值应记录在检验报告中，型式检验试件必须采用未经过预拉的试件。

3. 型式检验方法

型式检验试件的仪表布置和变形测量标距应符合下列规定：

（1）单向拉伸和反复拉压试验时的变形测量仪表应在钢筋两侧对称布置（图7-12），取钢筋两处仪表读数的平均值计算残余变形值。

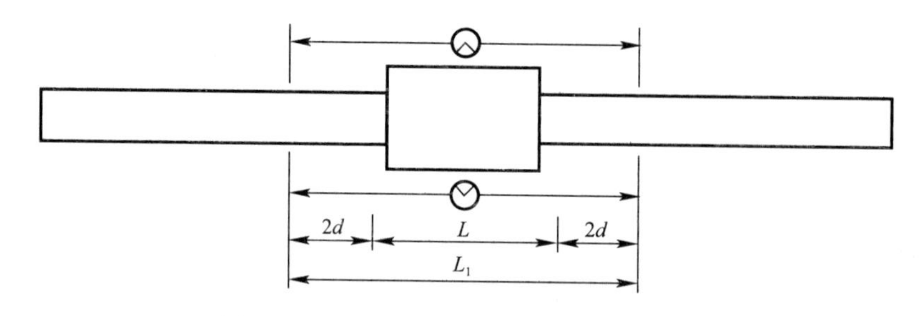

图7-12 接头试件变形测量标距和仪表布置

（2）变形测量标距按下式计算：

$$L_i = L + 4d$$

式中 L_i——变形测量标距；

L——机械接头长度；

d——钢筋公称直径。

型式检验试件最大力总伸长率的测量应符合下列要求：

试件加载前，应在其套筒两侧的钢筋表面分别用细划线 AB 和 CD 标测量测标距为的标记线，不应小于 100mm，标距长度应用最小刻度值不大于 0.1mm 的量具测量（图 7-13）。试件应按单向拉伸加载制度加载并卸载，再次量测 AB 和 CD 间标距长度为。并应按下式计算试件最大伸长率。

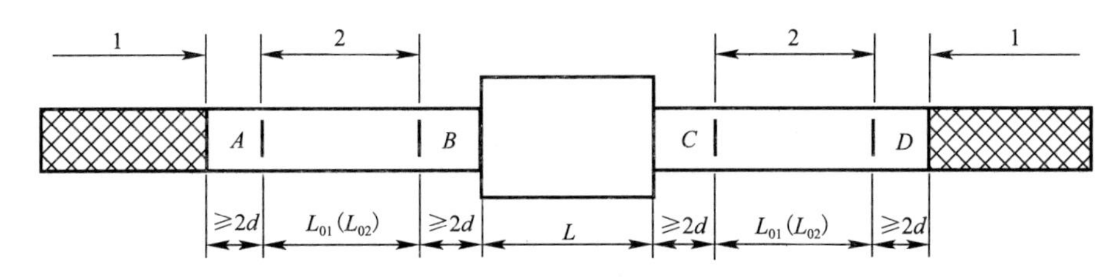

图 7-13 最大力总伸长率

$$A_{sgt}=\left(\frac{L_{02}-L_{01}}{L_{01}}+\frac{f_{mst}^{0}}{E}\right)\times 100$$

式中 f_{mst}^{0}、E——分别是试件达到最大力时的钢筋应力钢筋理论弹性模量；

L_{01}——加载前 A、B 或 C、D 间的实测长度；

L_{02}——卸载后 A、B 或 C、D 间的实测长度。

钢筋机械连接接头在拉伸和反复拉压时会产生附加的塑性变形，卸载后形成不可恢复的残余变形（国外也称滑移）对混凝土结构的裂缝宽度有不利影响，因此有必要控制接头变形性能。统一用残余变形作为控制指标。

4. 接头型式试验加载制度（表 7-30）

接头型式试验加载制度 **表 7-30**

试验项目		加载制度
单向拉伸		0→0.6f_{yk}→0(测量残余变形)→最大拉力(记录抗拉强度)→0(测定最大力总伸长率)
高应力反复拉压		0→(0.9f_{yk}→0.5f_{yk})→破坏（反复 20 次）
大变形反复拉压	Ⅰ级 Ⅱ级	0→(2ε_{yk}→0.5f_{yk})→(5ε_{yk}→0.5f_{yk})→破坏（反复 4 次）
	Ⅲ级	0→(2ε_{yk}→0.5f_{yk})→破坏（反复 4 次）

5. 判定原则

型式检验的试验方法应按进行，当实验结果符合下列规定时评为合格。

(1) 强度检验：每个接头试件的强度实测值均应符合表 7-29 中相应接头等级的强度要求。

(2) 变形检验：对残余变形和最大力总伸长率，3 个试件实测值均应符合表 7-29 的规定。

7.7 现行标准

1.《钢筋混凝土用钢第 1 部分：热轧光圆钢筋》(KGB 1499.1—2008)

2.《钢筋混凝土用钢第2部分：热轧带肋钢筋》(GB 1499.2—2007)
3.《钢筋混凝土用余热处理钢筋》(GB 13014—2013)
4.《冷轧带肋钢筋》(GB 13788—2008)
5.《预应力混凝土用热处理钢筋》(GB 4463—1984)
6.《预应力混凝土用钢丝》(GB/T 5223—2002)
7.《预应力混凝土用钢绞线》(GB/T 5224—2003)
8.《碳素结构钢》(GB/T 700—2006)
9.《金属材料室温拉伸试验方法》(GB/T 228—2010)
10.《金属材料弯曲试验方结》(GB/T 232—2010)
11.《金属线材反复弯曲试验方法》(GB/T 238—2002)
12.《金属洛氏硬度试验方法》(GB/T 230.1—2004)
13.《钢筋焊接及验收规程》(JGJ 18—2012)
14.《钢筋焊接接头试验方法标准》(JGJ/T 27—2014)
15.《钢筋气压焊》(GB 12219—1989)
16.《钢筋机械连接通用技术规程》(JGJ 107—2010)
17.《冷拔低碳钢丝预应力混凝土构件设计与施工》(JGJ 19—2010)

7.8 练习题

一、单选题

1. 按（ ）这两种杂质含量将钢材分为普通钢、优质钢和高级优质钢。

A. 碳、硫　　B. 磷、硫　　C. 碳、磷　　D. 硫、氧

2. 易使钢材发生冷脆现象的化学元素是（ ）。

A. 氧、硫　　B. 磷、氮　　C. 氧、磷　　D. 氮、氧

3.（ ）无明显的屈服现象。

A. 低碳钢和中碳钢　　B. 低碳钢和高碳钢
C. 中碳钢和高碳钢　　D. 高碳钢

4. 钢材中的有害元素为（ ）。

A. 碳　　B. 硫　　C. 铁　　D. 锰

5. 屈屈比是（ ）。

A. 屈服强度实测值与抗拉强度实测值之比
B. 屈服强度实测值与抗拉强度标准值之比
C. 屈服强度标准值与抗拉强度标准值之比
D. 屈服强度实测值与屈服强度标准值之比

6. 热轧带肋钢筋牌号中R代表（ ）

A. 带肋　　B. 热轧　　C. 细晶粒　　D. 钢筋

7. 经冷拉时效的钢材，具有（ ）的特点

A. 塑性和韧性提高　　B. 塑性和韧性降低
C. 塑性提高，韧性降低　　D. 塑性降低，韧性提高

8. 冷轧带肋钢筋代号用（ ）

A. HRB和钢筋屈服强度值表示　　　　B. HRB和钢筋抗拉强度最小值表示

C. CRB和钢筋屈服强度值表示　　　　D. CRB和钢筋抗拉强度最小值表示

9. 冷轧带肋钢筋应按批进行检查和验收，每批重量不大于（　　）

A. 40t　　B. 50t　　C. 60t　　D. 70t

10. 热轧带肋钢筋、热轧光圆钢筋及余热处理钢筋的拉伸试验和弯曲试验取样时每组分别（　　）根钢筋。

A. 1，2　　B. 2，3　　C. 1，3　　D. 2，2

11. 钢材拉伸试验时，应预估试样的屈服荷载和极限荷载，选择度盘并加砣，使试验荷载在度盘示值在（　　）范围之间。

A. 30%～70%　　B. 20%～80%　　C. 30%～80%　　D. 20%～70%

12. 拉伸试验时，一般情况下室温控制在15～35℃范围内进行，对温度要求严格的试验，温度控制在（　　）范围内。

A. 20±5℃　　B. 25±5℃　　C. 22±5℃　　D. 23±5℃

13. 当材料弹性模量<150000MPa，测定上屈服度时，最大、最小应力速率分别为（　　）MPa/s

A. 15，5　　B. 15，2　　C. 20，5　　D. 20，2

14. 原则上只有断裂处与最接近的标距标记的距离不小于原始标距的（　　）的情况方为有效。

A. 1/4　　B. 1/3　　C. 1/2　　D. 1/5

15. 钢材试验测定的性能结果按GB/T 228—2010要求进行修约，强度值修约至（　　）MPa。

A. 0.5　　B. 2　　C. 1　　D. 5

16. 钢筋电弧焊接头拉伸试验时，3个试件均断于钢筋母材，延性断裂，抗拉强度大于等于钢筋母材抗拉强度标准值，评为（　　）。

A. 合格　　B. 不合格　　C. 复检　　D. 异常

17. 电渣压力焊接头应分批进行外观质量检查和力学性能检验，在房屋结构中，应在不超过二楼层中（　　）同牌号钢筋接头作为一批。

A. 100个　　B. 300个　　C. 200个　　D. 400个

18. 工艺检验中每种规格钢筋接头试件（　　）

A. 不应少于3根　　　　B. 不应少于5根

C. 不应多于3根　　　　D. 不应多于5根

19. 闪光对焊接头应分批进行外观质量检查和力学性能检验，同一台班内，由同一焊工完成的（　　）同牌号、同直径钢筋焊接接头应作为一批。

A. 500个　　B. 400个　　C. 600个　　D. 300个

20. 如果有一根试样的某一项指标（屈服强度、抗拉强度或伸长率）试验结果不符合标准的规定，则（　　）

A. 取同样数量试件，重新检测全部拉伸试验指标

B. 应加倍取样，重新检测全部拉伸试验指标

C. 应取1.5倍试样，重新检测全部拉伸试验指标

D. 应取 3 倍样，重新检测全部拉伸试验指标

二、多选题

1. 钢材的主要优点有（　　）。

A. 强度高，比强度也高　　B. 具有良好的塑性和韧性

C. 质量稳定，品质均匀，结构致密　　D. 是各向异性的弹塑性材料

E. 具有良好的加工性能

2. 钢材按有害杂质可分为（　　）。

A. 普通钢　　B. 优质钢　　C. 镇定钢　　D. 特镇定钢

E. 碳素钢

3. 钢材的力学性能包括（　　）。

A. 拉伸性能　　B. 冲击性能　　C. 疲劳性能　　D. 弯曲性能

E. 焊接性能

4. 钢材的工艺性能包括（　　）。

A. 焊接性能　　B. 冲击性能　　C. 疲劳性能　　D. 弯曲性能

E. 以上都是

5. 低碳钢和高碳钢（　　）。

A. 前者可焊性能优良　　B. 前者可焊性较差

C. 后者焊接性优良　　D. 后者可焊性较差

E. 前者与后者可焊性一样

6. 冷轧带肋钢筋包括（　　）。

A. CRB600　　B. CRB650　　C. CRB800　　D. CRB970

E. CRB500

7. 纵向受力钢筋焊接接头试验中，（　　）接头力学性能检验应为主控项目。

A. 箍筋闪光对焊接头　　B. 电弧焊接头

C. 电渣压力焊接头　　D. 预埋件钢筋 T 形接头

E. 电阻焊

8. 钢材在经冷加工产生一定的塑性变形后，其性能会（　　）

A. 屈服强度降低　　B. 屈服强度提高　　C. 硬度提高　　D. 塑性会降低

E. 屈服点降低

9. 热轧光圆钢筋和带肋钢筋的检验批，按每批重量超过 60t 计。超过 60t 的部分，每增加 40t（或不足 40t 的余数）增加（　　）

A. 一个拉伸试验试样　　B. 两个拉伸试验试样

C. 一个弯曲试验试样　　D. 两个弯曲试验试样

E. 两个拉伸试验试样与两个弯曲试验试样

10. 冷轧带肋钢筋，钢筋取样每组试件数（　　）

A. 拉伸试验每盘 2 个　　B. 拉伸试验每盘 1 个

C. 弯曲试验每批 2 个　　D. 弯曲试验每批 1 个

E. 以上各 2 个

三、思考题

1. 钢材的优缺点分别有哪些？工程常用钢材的分类有哪些？

2. 低碳钢拉伸时的应力-应变曲线分为哪几个阶段？每个阶段的特征和测试指标有哪些？

3. 什么是钢材的冲击韧性及疲劳性？影响因素有哪些？

4. 什么是钢材的冷弯性能及焊接性能？

5. 简述热轧钢筋的分类及其牌号的表示方法。

6. 经冷加工的钢材有哪些特性？

7. 什么是金属材料的抗拉强度？

8. 什么是金属材料的伸长率和断后伸长率？

9. 怎样测定钢材的屈服强度、抗拉强度和断后伸长率？其结果处理应遵循什么的修约规则？

10. 什么是焊接质量检查与验收的主控项目？主控项目应符合什么规定？

11. 钢筋焊接接头的取样原则是什么？

12. 如何判定钢筋闪光对焊接头、电弧焊接头、电渣压力焊接头、气压焊接头、箍筋闪光对焊接头、预埋件钢筋 T 形接头的拉伸试验结果？

13. 如何判定钢筋闪光对焊接头和气压焊接头冷弯试验结果？

14. 什么是钢筋机械连接？钢筋机械连接接头的检验分为哪几形式？

15. 钢筋机械连接接头试验取样有哪些规定？

答案：

一、单选题

1. B　2. B　3. C　4. B　5. D　6. A　7. B　8. D　9. C　10. D　11. B　12. D　13. D　14. B　15. C　16. A　17. B　18. A　19. D　20. B

二、多选题

1. ABCE　2. AB　3. ABC　4. AD　5. AD　6. BCD　7. ABCD　8. BD　9. AC　10. BC

第 8 章　防水材料

8.1　概述

建筑防水是建筑工程中一个十分重要的部分，也是在建筑工程中受到顾客投诉最多的问题之一，对施工单位而言，其质量保修年限不少于 5 年。如何做好建筑防水，保证工程的整体质量，这就关系到防水材料的质量问题和构造处理。随着防水功能要求的提高和住宅商品化，建筑防水材料正朝着多元化、多功能、环保型方向发展。

建筑防水材料是阻止水侵害建筑物和构筑物的功能性基础材料，防水工程的质量在很大程度上取决于防水材料的性能和质量。防水技术的不断更新也加快了防水材料的多样化发展，总体来说防止雨水、地下水、工业和民用的给排水、腐蚀性液体以及空气中的湿气、蒸汽等侵入建筑物的材料基本上都统称为防水材料。

我国建筑防水材料的品种繁多，性能各异。通常分为五大类。即：防水卷材、防水涂料、密封材料、刚性防水及堵漏止水材料。实际上用于水泥砂浆和混凝土的许多外加剂，例如：高效减水剂、普通减水剂、缓凝减水剂、皂角类微沫剂、硬脂酸类防水剂、硅酸钠类防水剂、有机硅类防水剂、混凝土防护剂等都具有显著防水功能和作用。尤其是近年来研制的渗透结晶型、毛细孔填充型、遇水膨胀型、界面离子反应型等有机小分子结构的化学建材产品，对我国建筑防水行业做出了突出贡献，可作为防水化学外加剂另外一个大类考虑。

8.2　沥青

沥青作为一种憎水性的有机胶凝材料，是由高分子碳氢化合物及其衍生物组成的混合物。沥青不溶于水而溶于二硫化碳、四氯化碳、苯及其他有机溶剂，在常温下呈粘稠状的液体、半固体或固体，颜色呈辉亮褐色、黑色或深褐色。沥青具有良好的不透水性、粘结性、塑性和抗冲击性及耐化学腐蚀性，并能抵抗大气的风化作用，是电绝缘体。在建筑工程上主要用于屋面及地下室防水、工厂耐腐蚀地面及道路路面等。另外，还可用来制造防水卷材、防水涂料、防水油膏、胶粘剂及防锈防腐涂料等，它是建筑防水材料的主体材料之一。

8.2.1　沥青的类别

沥青一般分为地沥青和焦油沥青两大类，地沥青按产源又分为天然沥青和石油沥青。天然沥青是存在于自然界（如沥青湖）或含有沥青的砂岩和砂中，经加工而成的产品；石油沥青是石油原油经蒸馏等提炼出汽油、煤油、柴油及润滑油后的残留物再经加工而成。两者性质基本相同。

焦油沥青又称煤焦沥青、柏油，按产源分为煤沥青、木沥青、泥炭沥青和页岩沥青。煤沥青是煤焦油蒸馏后的残余物，木沥青是木焦油蒸馏后的残余物，页岩沥青是油页岩残渣经加工处理而得。

通常按用途又将石油沥青分成建筑石油沥青、道路石油沥青、防水防潮石油沥青和普通石油沥青四种，建筑上主要使用建筑石油沥青制成各种防水材料制品或现场直接使用。

8.2.2 沥青的主要性能

1. 黏滞性（黏性）

黏性是指沥青在外力作用下，抵抗变形的能力。同时粘性也是沥青软硬、稀稠程度的反映；石油中地沥青质含量较多时，黏性较大；温度下降时，黏性较大。

对黏稠（半固体或固体）石油沥青用针入度表示。针入度是在规定温度（25℃）条件下，以规定质量（100g）的标准针，在规定时间（5s）内贯入试样中的深度来表示，单位以 1/10mm 计，表示沥青抵抗剪切变形的能力，反映在一定条件下的相对黏度。

对液体石油沥青则用黏滞度表示。黏滞度是将一定量的液体沥青，在某温度下经一定直径的小孔流出 $50cm^3$ 所需的时间，以秒表示，反映沥青材料内部阻碍其相对流动的一种特性，以绝对黏度表示。常用符号“Cdt T”表示黏滞度，其中 d 为小孔直径（mm），t 为试样温度，T 为流出 $50cm^3$ 沥青的时间。d 有 10、5、3mm 三种，t 通常为 25℃或 60℃。

2. 塑性

塑性指石油沥青在外力作用下产生变形而不破坏，除去外力后，仍能保持变形后的形状的性质，又称延展性。石油沥青中树脂含量较多时，塑性较大；温度升高时，塑性较大。

沥青的塑性对冲击振动荷载有一定吸收能力，并能减少摩擦时的噪声，故沥青是一种优良的道路路面材料。石油沥青的塑性用延度表示。延度愈大，塑性愈好。

延度测定是把沥青制成“8”字形标准试件，置于延度仪内 25℃水中，以 5cm/min 的速度拉伸，用拉断时的伸长度来表示，单位用 cm 计。

3. 温度敏感性

沥青的粘性和塑性的大小都与温度高低有很大关系，随着温度的升高，粘性降低，塑性增加。因此，我们把沥青的粘性和塑性随温度的变化而变化的性能称为温度敏感性。

石油沥青中地沥青质含量较多时，其温度敏感性较小。沥青中含蜡量较多时，则会产生温度较高（60℃左右）时就发生流淌，在温度较低时又易变硬开裂。在工程中使用时往往加入石灰石粉等矿物填料，以减小其温度敏感性。

在沥青的常规试验方法中，软化点试验可作为反映沥青温度敏感性的方法。沥青软化点一般采用环球法测定。它是把沥青试样装入规定尺寸（直径 15.88mm，高 6mm）的铜环内，试样上放置一标准钢球（直径 9.53mm，质量 3.5g），浸入水或甘油中，以规定的速度升温（5℃/min），当沥青软化下垂至规定距离（25.4mm）时的温度即为其软化点，以摄氏度（℃）计。

4. 大气稳定性（亦称抗老化性）

大气稳定性是指沥青长期在阳光、空气、温度等综合作用下，性能稳定的程度。

沥青的老化：是指沥青在阳光、空气和温度的长期综合作用下，渐渐失去粘性、塑性，而变硬变脆的现象。大气稳定性的好坏，反映了沥青使用寿命的长短和耐久性的好坏。

防止办法：

1）增加石油中地沥青质的含量；

2）降低沥青中石蜡杂质的含量；

3）设计中尽量选择小牌号的沥青；

4）加入石灰石粉等矿物填料进行改性处理。

大气稳定性是以沥青试样在加热蒸发前后的蒸发损失百分率和蒸发后针入度比来评定。将沥青置于烘箱中，在160℃下加热5h，待冷却后再测定其重量和针入度。计算加热蒸发前后的蒸发损失百分率和蒸发后针入度比。蒸发损失百分率愈小，蒸发后针入度比愈大，则表示沥青大气稳定性愈好或称抗老化作用、耐久性好。

5. 沥青的其他性能

（1）溶解度

溶解度指石油沥青在三氯乙烯、四氯化碳或苯中溶解的百分率。用以限制有害的不溶物（如沥青碳或似碳物）含量。不溶物会降低沥青的粘结性。

（2）闪点和燃点

沥青材料在使用时必须加热，当加热至一定温度时，沥青材料中挥发的油分蒸汽与周围空气组成混合气体，此混合气体遇火焰则易发生闪火。若继续加热，油分蒸汽的饱和度增加，由于此种蒸汽与空气组成的混合气体遇火焰极易燃烧而引起火灾。为此，必须测定沥青加热闪火和燃烧的温度，即所谓闪点和燃点。闪点和燃点是保证沥青加热质量和施工安全的一项重要指标。

（3）防水性

防水性是指沥青本身结构致密，不溶于水，且能紧密粘附于洁净的矿物材料表面，而具有的防水性能。

8.2.3 石油沥青的组分与其性质的关系

根据我国现行标准《公路工程浙青及沥青混合料试验规程》的三组分分析法，沥青可分为三个组分：油分、树脂和地沥青质。油分是淡黄色至红褐色的黏性液体，它是决定沥青流动性的组分；树脂为黄色至黑褐色的黏稠状半固体，它是决定沥青塑性和黏结性的组分；地沥青质是深褐色至黑褐色无定形固体粉末，它是决定沥青黏性和温度敏感性的组分。

8.2.4 技术指标检测

1. 建筑石油沥青（GB/T 494—2010）

适用于建筑屋面和地下防水的胶结料、制造涂料、油毡和防腐材料等产品。

建筑石油沥青按针入度不同分为10号、30号、40号三个牌号。

石油沥青的牌号主要根据针入度指标划分，并以针入度值表示。同一品种的石油沥青材料，牌号越高，则黏性越小，针入度越大，塑性越好，延度越大，温度敏感性越大，软化点越低。

2. 沥青的试验方法

取样方法及数量：按GB/T 11147取得有代表性样品，固体或半固体样品取样量为1～1.5kg，液体沥青为1L。

（1）针入度试验（表8-1、表8-2）

沥青的针入度以标准针在一定的载荷、时间及温度条件下垂直穿入沥青试样的深度表示，单位为1/10mm。一般情况下，标准针、针连杆与附加砝码的总重量为（100±0.05）g，温度为（25±0.1）℃，时间为5s。

针入度试验 **表8-1**

项目		质量指标			试验方法
		10号	30号	40号	
针入度（25℃，100g，5s）/(1/10mm)		10～25	26～35	36～50	GB/T 4509
针入度（46℃，100g，5s）/(1/10mm)		报告[a]	报告[a]	报告[a]	
针入度（0℃，200g，5s）/(1/10mm)	不小于	3	6	6	
延度（25℃，5 cm/min）/cm	不小于	1.5	2.5	3.5	GB/T 4508
软化点（环球法）(℃)	不低于	95	75	60	GB/T 4507
溶解度（三氯乙烯）(%)	不小于	99.0			GB/T 11148
蒸发后质量变化（163℃，5h）(%)	不大于	1			GB/T 11964
蒸发后25℃针入度比[b]（%）	不小于	65			GB/T 4509
闪点（开口杯法）(℃)	不低于	260			GB/T 267

注：a. 报告应为实测值。
　　b. 测定蒸发损失后样品的25℃针入度与原25℃针入度之比乘以100后，所得的百分比，称为蒸发后针入度比。

① 仪器设备：
针入度仪：符合GB/T 4509规定
标准针：符合GB/T 4509规定
试样皿：金属或玻璃的圆柱形平底皿

针入度范围 **表8-2**

针入度范围（mm）	直径（mm）	深度（mm）
小于40	33～55	8～16
小于200	55	35
200～350	55～75	45～70
350～500	55	70

恒温水浴：容量不少于10L，能保持温度在试验温度下控制在0.1℃范围内，距水底部50mm处有一个带孔的支架，这一支架离水面至少有100mm。

平底玻璃皿：容量不小于350mL，深度要没过最大的样品皿，内设一个不锈钢三角支架，以保证试样皿稳定。

计时器：刻度为0.1s或小于0.1s，60s内的准确度达到±0.1s的计时装置。

液体玻璃温度计：刻度范围为－8～55℃，分度值为0.1℃。

② 样品制备：

a. 小心加热样品，不断搅拌以防局部过热，加热到使样品能够流动。加热时焦油沥青的加热温度不超过软化点的60℃，石油沥青不超过软化点的90℃。加热时间在保证样品充分流动的基础上尽量少。加热、搅拌过程中避免试样中进入气泡。

b. 将试样倒入预先选好的试样皿中，试样深度应至少是预计锥入深度的120%。同时将试样倒入两个试样皿。松松地盖住试样皿以防灰尘落入。在15～30℃的室温下冷却0.75～1.5h（小试样皿ϕ33×16）或1～1.5h（中等试样皿ϕ55×35）或1.5～2.0h（大试样皿），冷却结束后将试样皿和平底玻璃皿一起放入恒温水浴中，水面应没过试样表面10mm以上。在规定的试验温度下恒温，小试样皿0.75～1.5h，中等试样皿1～1.5h，大试样皿1.5～2.0h。

③ 操作步骤：

a. 调节针入度仪的水平，检查针连杆和导轨，确保上面没有水和其他物质。先用合适的溶剂将针擦干净，再用干净的布擦干，然后将针插入针连杆中固定，按试验条件放好砝码。

b. 慢慢放下针连杆，使针尖刚刚接触到试样的表面，必要时用放置在合适位置的光源反射来观察。拉下活杆，使其与针连杆顶端相接触，调节针入度仪上的表盘读数指零。

c. 在规定时间内快速释放针连杆，同时启动秒表，使标准针自由下落穿入沥青试样，到规定时间使标准针停止移动。

d. 拉下活杆，再使其与针连杆顶端相接触，此时表盘指针的读数即为试样的针入度，用1/10mm表示。

e. 同一试样至少重复测定三次。每一试验点的距离和试验点与试样皿边缘的距离都不得小于10mm。每次试验前都应将试样和平底玻璃皿放入恒温水浴中，每次测定都要用干净的针。针入度小于200时可将针取下用合适的溶剂擦净后继续使用。当针入度超过200时，每个试样皿中扎一针，三个试样皿得到三个数据。或者每个试样至少用三根针，每次试验用的针留在试样中，直到三根针扎完时再将针从试样中取出。但是这样测得的最大值与最小值之差不得超过平均值的4%。

④ 数据处理与结果判定：

三次测定针入度的平均值，取至整数，作为试验结果，三次测定的针入度相差不应大于表8-3数值。

表8-3

针入度（mm）	0～49	50～149	150～249	250～350	350～500
最大差值（mm）	2	4	6	8	20

否则，另备试样重复试验，如果结果再次超过允许值，则取消所有的试验结果，重新进行试验。

（2）软化点试验

软化点用于沥青材料分类，是沥青产品标准中的重要技术指标。

沥青的软化点是试样在测定条件下，因受热而下坠达25mm时的温度，以℃表示。沥青是没有严格熔点的黏性物质，随着温度升高，它们逐渐变软，黏度降低。因此软化点应严格按照试验方法来测定，才能使结果有较好的重复性。

① 仪器设备

软化点测定仪：符合GB/T 4507规定；

全浸式温度计：符合GBAT 514规定，测温范围在30～180℃，最小分度值为0.5℃；

加热介质：新煮沸过的蒸馏水、甘油；

隔离剂：以重量计，两份甘油和一份滑石粉调制而成，适合30～157℃的沥青材料；

刀：切沥青用。

② 样品制备

a. 样品的加热时间在不影响样品性质和在保证样品充分流动的基础上尽量短。石油沥青、改性沥青、天然沥青以及乳化沥青残留物加热温度不应超过预计沥青软化点 110℃。煤焦油沥青样品加热温度不应超过预计沥青软化点 55℃。

b. 样品为乳化沥青残留物或高聚物改性乳化沥青残留物时，可将其热残留物搅拌均匀后直接注入试模中。

c. 如果重复试验，不能重新加热样品，应在干净的容器中用新鲜样品制备试样。

d. 若估计软化点在 120～157℃之间，应将黄铜环与支撑板预热至 80～100℃，然后将铜环放到涂有隔离剂的支撑板上。否则会出现沥青试样从铜环中完全脱落的现象。向每个环中倒入略过量的沥青试样，让试件在室温下至少冷却 30min。对于在室温下较软的样品，应将试件在低于预计软化点 10℃以上的环境中冷却 30min。从开始倒试样时起至完成试验的时间不得超过 240min。当试样冷却后，用稍加热的小刀或刮刀干净地刮去多余的沥青，使得每一个圆片饱满且和环的顶部齐平。

③ 试验步骤

a. 选择一种加热介质。新煮沸过的蒸馏水适于软化点为 30～80℃的沥青，起始加热介质温度应为 5℃±1℃。甘油适于软化点为 80～157℃的沥青，起始加热介质的温度应为 30℃±1℃。

为了进行仲裁，所有软化点低于 80℃的沥青应在水浴中测定，而高于 80℃的在甘油浴中测定。

b. 把仪器放在通风橱内并配置两个样品环、钢球定位器，并将温度计插入合适的位置，浴槽装满加热介质，并使各仪器处于适当位置。用镊子将钢球置于浴槽底部，使其同支架的其他部位达到相同的起始温度。

c. 如果有必要，将浴槽置于冰水中，或小心加热并维持适当的起始浴温达 15min，并使仪器处于适当位置，注意不要玷污浴液。

d. 再次用镊子从浴槽底部将钢球夹住并置于定位器中。

e. 从浴槽底部加热使温度以恒定的速率 5℃/min 上升。为防止通风的影响有必要时可用保护装置。试验期间不能取加热速率的平均值，但在 3min 后，升温速度应达到 5℃/min±0.5℃/min，若温度上升速率超过此限定范围，则此次试验失败。

f. 当包着沥青的钢球触及下支撑板时，分别记录温度计所显示的温度。无需对温度计的浸没部分进行校正。取两个温度的平均值作为沥青材料的软化点试验结果。软化点在 30～157℃时，如果两个温度的差值超过 1℃，则重新试验。

④ 数据处理与结果判定

取两个结果的平均值作为试验结果。报告试验结果时需同时报告浴槽中所使用加热介质的种类。

a. 因为软化点的测定时条件性的试验方法，对于给定的沥青试样，当软化点略高于 80℃时，水浴中测定的软化点低于甘油浴中测定的软化点。

b. 软化点高于 80℃时，从水浴变成甘油浴时的变化是不连续的。在甘油浴中所报告的沥青软化点最低可能为 84.5℃，而煤焦油沥青的软化点最低可能为 82℃。当甘油浴中软化点低于这些值时，应转变为水浴中的软化点为 80℃或更低，并在报告中注明。

将甘油浴中略高于80℃的软化点转化成水浴中的软化点时，石油沥青的校正值为−4.5℃，煤焦油沥青的校正值为−2.0℃。采用此校正值只能粗略地表示出软化点的高低，欲得到准确的软化点应在水浴中重复试验。

无论在任何情况下，如果甘油浴中所测得的石油沥青软化点的平均值为80℃或更低，煤焦油沥青软化点的平均值为77.5℃或更低，则应在水浴中重复试验。

c. 将水浴中略高于80℃的软化点转化成甘油浴中的软化点时，石油沥青的校正值为4.5℃，煤焦油沥青的校正值为2.0℃。采用此校正值只能粗略地表示出软化点的高低，欲得到准确的软化点应在甘油浴中重复试验。

在任何情况下，如果水浴中两次测定温度的平均值为85℃或更高，则应在甘油浴中重复试验。

(3) 延度试验

沥青延度一般指沥青试件在25±0.5℃温度下，以5cm/min±0.25cm/min速度拉伸至断裂时的长度，以cm计。

① 仪器设备：

模具：符合GB/T 45P8规定。

水浴：能保持试验温度变化不大于0.1℃，容量至少为10L，试件浸入水中深度不得小于10cm，水浴中设置带孔搁架以支撑试件，搁架距浴底部不得小于5cm。

延度仪：符合GB/T 4508规定；

温度计：0～50℃，分度为0.1℃和0.5℃各一支；

隔离剂：以重量计，由两份甘油和一份滑石粉调制而成；

支撑板：金属板或玻璃板，一面必须磨光至表面粗糙度为Ra0.63。

② 样品制备：

a. 将模具组装在支撑板上，将隔离剂涂于支撑板表面及侧模的内表面，以防沥青沾在模具上。板上的模具要水平放好，以便模具的底部能够充分与板接触。

b. 小心加热样品，以防局部过热，直到完全变成液体能够倾倒。石油沥青流热温度不超过预计沥青软化点90℃。煤焦油沥青不超过预计沥青软化点60℃。样品的加热时间在不影响样品性质和在保证样品充分流动的基础上尽量短。将熔化了的样品充分搅拌之后，把样品倒入模具中，在组装模具时要小心，不要弄乱了配件。在倒样时使试样呈细流状，自模的一端至另一端往返倒入，使试样略高出模具，将试件在空气中冷却30～40min，然后放在规定温度的水浴中保持30min取出，用热的直刀或铲将高出模具的沥青刮出，使试样与模具齐平。

c. 恒温：将支撑板、模具和试件一起放入水浴中，并在试验温度下保持85～95min，然后从板上取下试件，拆掉侧模，立即进行拉伸试验。

③ 试验步骤：

a. 将模具两端的孔分别套在延度仪的柱上，然后以一定的速度拉伸，直到试件拉伸断裂。拉伸速度允许误差±5%，测量试件从拉伸到断裂所经过的距离，以厘米表示。试验时，试件距水面和水底的距离不小于2.5cm，并且要使温度保持在规定温度的±0.5℃的范围内。

b. 如果沥青浮于水面或沉入槽底时，则试验不正常。应使用乙醇或氯化钠调整水的密度，使沥青材料既不浮于水面，又不沉入槽底。

c. 正常的试验应将试样拉成锥形，直至在断裂时实际横断面面积接近于零。如果三次试验得不到正常结果，则报告在该条件下延度无法测定。

④ 数据处理与结果判定：

若三个试件测定值在其平均值的5%内，取平行测定三个结果的平均值作为测定结果。若三个试件测定值不在其平均值的5%以内，但其中两个较高值在平均值的5%之内，则弃去最低测定值，取两个较高值的平均值作为测定结果，否则重新测定。

8.3 防水卷材

用特制的纸胎或其他纤维纸胎及纺织物，浸透石油沥青、煤沥青及高聚物改性沥青制成的或以合成高分子材料为基料加入助剂及填充料经过多种工艺加工而成的长条形片状成卷供应并起防水作用的产品称为防水卷材。防水卷材广泛应用于建筑墙体、屋面、隧道、公路、垃圾填埋场等处。

8.3.1 防水卷材的分类

常用的防水材料根据其主要组成材料可分为沥青防水卷材、高聚物改性沥青防水卷材和合成高分子防水卷材三大类。

沥青防水卷材是在基胎（如原纸、纤维织物）上浸涂沥青后，再在表面撒布粉状或片状的隔离材料而制成的可卷曲片状防水材料。如普通沥青、纸胎油毡、氧化沥青、氧化沥青油毡等防水卷材。

高聚物改性沥青防水卷材是以合成高分子聚合物改性沥青为涂盖层，纤织物或纤维毡为胎体，粉状、粒状、片状或薄膜材料为覆面材料制成。它克服了普通沥青油毡的不足，具有高温不流淌、低温不脆裂、拉伸强度高、延伸率较大等优异性能。目前，我国生产的高聚物改性沥青防水卷材有SBS改性沥青防水卷材、APP改性沥青防水卷材、APAO改性沥青防水卷材、再生胶改性沥青防水卷材、废胶粉改性沥青防水卷材等几类。

合成高分子防水卷材是以合成橡胶、合成树脂或它们两者的共混体为基料，加入适量的化学助剂和填充料等，经混炼、压延或挤出等工序加工而制成，是新型高档防水卷材。如三元乙丙橡胶防水卷材（EPDM）、热塑性聚烯烃防水卷材（TPO）、聚氯乙烯防水卷材（PVC）；氯化聚乙烯防水卷材（CPE）、氯化聚乙烯橡塑共混防水卷材（CPBR）、聚乙烯丙纶卷材FS2、EVA卷材、高密度聚乙烯卷材（HDPE）、EVA自粘卷材、高分子预铺湿铺防水卷材等等。

8.3.2 防水卷材的性能

耐水性：在水的作用和被水浸润后其性能基本不变，在压力水作用下具有不透水性。常用不透水性、吸水性等指标表示。

温度稳定性：在高温下不流淌、不起泡、不滑动，低温下不脆裂的性能。亦可认为是在一定温度变化下保持原有性能的能力。常用耐热度、耐热性等指标表示。

机械强度、延伸性和抗断裂性：在承受建筑结构允许范围内荷载应力和变形条件下不断裂的性能。常用拉力、拉伸强度、断裂伸长率、撕裂强度等指标表示。

柔韧性：在低温条件下保持柔韧性的性能，保证易于施工、不脆裂。常用低温柔性，低温弯折性等指标表示。

大气稳定性：在阳光、热、氧气及其他化学侵蚀介质微生物侵蚀介质等因素的长期综合作用下抵抗老化抵抗侵蚀的能力。常用耐老化性、热老化保持率等指标表示。

8.3.3 技术指标

防水卷材品种众多，这里仅选取常见、有代表性的三个品种（沥青防水卷材、高聚物改性沥青防水卷材、合成高分子防水卷材）列出，其余可参照各产品标准。

1. 根据《石油沥青纸胎油毡》GB 326，石油沥青纸胎油毡分为Ⅰ、Ⅱ、Ⅲ三种型号，其物理性能应符合表 8-4 的要求。

表 8-4

项目		指标		
		Ⅰ型	Ⅱ型	Ⅲ型
单位面积浸涂材料总量（g/m^2）≥		600	750	1000
不透水性	压力（MPa）≥	0.02	0.02	0.10
	保持时间（min）≥	20	30	30
吸水率 ≤		3.0	2.0	1.0
耐热度		85±2℃，2h 涂盖层无滑动、流淌和集中性气泡		
拉力（纵向）N/50mm ≥		240	270	340
柔度		18±2℃，绕 φ20mm 圆棒或弯板无裂纹		

注：Ⅲ型产品物理性能指标是强制性的，其余为推荐性的。

2. 根据《弹性体改性沥青防水卷材》GB 18242，弹性体改性沥青防水卷材按胎基分为玻纤毡（G）、聚酯毡（PY）或玻纤增强聚酯毡（PYG），按上表面隔离材料分为聚乙烯膜（PE）、细砂（S）、矿物粒料（M），按下表面隔离材料分为细砂（S）、矿物粒料（M），按材料性能分为Ⅰ型、Ⅱ型。材料规格：卷材公称宽度 1000mm，玻纤毡卷材公称厚度 3mm、4mm；聚酯毡卷材公称厚度 3mm、4mm、5mm；玻纤增强聚酯毡卷材公称厚度 5mm；每卷卷材公称面积 7.5m^2、10m^2、15m^2。

产品按名称、型号、胎基、上表面材料、下表面材料、厚度、面积和本标准编号顺序编号。如标记为 SBS Ⅱ G M PE 4 7.5 GB 18242—2008 的材料表示面积 7.5m^2、4mm 厚上表面材料为矿物粒料、下表面材料为聚乙烯膜，玻纤毡Ⅱ型弹性体改性沥青防水卷材。按型号其物理性能应符合表 8-5 的规定。

表 8-5

序号	项目		指标				
			Ⅰ		Ⅱ		
			PV	G	PY	G	PYG
1	可溶物含量（g/mm^2）≥	3mm	2100				—
		4mm	2900				—
		5mm	3500				
		试验现象	—	胎基不燃	—	胎基不燃	—
2	耐热性	℃	90		105		
		≤mm	2				
		试验现象	无流淌、滴落				

续表

序号	项目			指标				
				I		II		
				PV	G	PY	G	PYG
3	低温柔性（℃）			−20			−25	
				无裂缝				
4	不透水性 30min			0.3MPa	0.2MPa	0.3MPa		
5	拉力	最大峰拉力（N/50mm）≥		500	350	800	500	900
		次高峰拉力（N/50mm）≥		—	—	—	—	800
		试验现象		拉伸过程中，试件中部无沥青涂盖层开裂或胎基分离现象				
6	延伸率	最大峰时延伸率（%）≤		30	—	40	—	—
		第二峰时延伸率（%）≥		—		—		15
7	浸水后质量增加（%）≤		FE，S	1.0				
			M	2.0				
8	热老化	拉力保持率(%)≥		90				
		延伸率保持率(%) ≥		80				
		低温柔性(℃)		−15		−20		
				无裂缝				
		尺寸变化率(%)≤		0.7	—	0.74	—	0.3
		质量损失(%)≤		1.0				
9	渗油性		张数≤	2				
10	接缝剥离强度（N/mm）≥			1.5				
11	(a)钉杆撕裂强度≥			—				300
12	(b)矿物粒料粘附性(g)≤			2.0				
13	(c)卷材下表面沥青涂盖层厚度（mm）			1.0				
14	人工气候加速老化	外观		无滑动、流淌、滴落				
		拉力保持率（%）		80				
		低温柔性（℃）		−15		−20		
				无裂缝				

(a) 仅适用于单层机械固定施工方式卷材；
(b) 仅适用于矿物粒料表面的卷材；
(c) 仅适用于热熔施工的卷材。

3. 根据《高分子防水材料（第一部分片材）》GB 18173.1—2012，产品分类见表 8-6。

表 8-6

分类		代号	主要原材料
自粘片	硫化橡胶类	ZFL	（三元乙丙、丁基、氯丁橡胶、氯磺化聚乙烯等）/织物/自粘料
	非硫化橡胶类	ZJF1	三元乙丙/自粘料
		ZJF2	橡塑共混/自粘料
		ZJF3	氧化聚乙烯/自粘料
		ZFF	（氯化聚乙烯、三元乙丙、丁基、氯丁橡胶、氯磺化聚乙烯等）/织物/自粘料
	树脂类	ZJS1	聚氯乙烯/自粘料
		ZIS2	（乙烯醋酸乙烯共聚物、聚乙烯等）/自粘料

续表

分类		代号	主要原材料
自粘片	树脂类	ZJS3	乙烯醋酸乙烯共聚物与改性沥青共混等/自粘料
		2FS1	聚氯乙烯/织物/自粘料
		ZFS2	(聚乙烯、乙烯醋酸乙烯共聚物等)/织物/自粘料
异形片	树脂类（防排水保护板）	YS	离密度聚乙烯、改性聚丙烯，高抗冲聚苯乙烯等
点（条）粘片	树脂类	DS1/TS1	聚氯乙烯/织物
		DS2/TS2	(乙烯醋酸乙烯共聚物、聚乙烯等＞/织物
		DS3/TS3	乙烯醋酸乙烯共聚物与改性沥青共混等/织物
均质片	硫化橡胶类	JL1	三元乙丙橡胶
		JL2	橡塑共混
		JL3	氯丁橡胶、氯璜化聚乙烯、氯化聚乙烯
	非硫化橡胶类	IF1	三元乙丙橡胶
		JF2	橡塑共混
		JF3	氯化聚乙烯
	树蜡类	JS1	聚氯乙烯等
		JS2	乙烯醋酸乙烯共聚物、聚乙烯等
		JS3	乙烯醋酸乙烯共聚物与改性沥青共混等
复合片	硫化橡胶类	FL	(三元乙丙、丁基、氯丁橡胶、氯磺化聚乙烯等)/织物
	非硫化橡胶类	FF	(氯化聚乙烯、三元乙丙、丁基，氯丁橡胶、氯磺化聚乙烯等)/织物
	树蜡类	FS1	聚氯乙烯/织物
		FS2	(聚乙烯，乙烯醋酸乙烯共聚物等)/织物
自粘片	硫化橡胶类	ZJL1	三元乙丙/自粘料
		ZJL2	橡塑共混/自粘料
		ZJL3	(氯丁橡胶，氯磺化聚乙烯、氯化聚乙烯等)/自粘料

复合片高分子防水卷材其物理性能应符合表 8-7 的规定。

表 8-7

项目		指标				适用试验条目
		硫化橡胶类	非硫化橡胶类	树脂类		
		FL	FF	FS1	FS2	
拉伸强度（N/cm）	常温（23℃）	80	60	100	60	6.3.2
	高温（60℃）	30	20	40	30	
拉断伸长率（%）	常温（23℃）	300	250	150	400	
	低温（−20℃）	150	50	—	300	
撕裂强度（N）		40	20	20	50	6.3.3
不透水性（0.3MPa，30min）		无渗漏	无渗漏	无渗漏	无渗漏	6.3.4
低温弯折		−35℃无裂纹	−20℃无裂纹	−30℃无裂纹	−20℃无裂纹	6.3.5
加热伸缩量/mm	延伸	2	2	2	2	6.3.6
	收缩	4	4	2	4	

续表

项目		指标				适用试验条目
		硫化橡胶类	非硫化橡胶类	树脂类		
		FL	FF	FS1	FS2	
热空气老化（80℃×168h）	拉伸强度保持率（%）	80	80	80	80	6.3.7
	拉断伸长率保持率（%）	70	70	70	70	
耐碱性［饱和 Ca（OH）₂ 溶液 23℃×168h］	拉伸强度保持率（%）	80	60	80	80	6.3.8
	拉断伸长率保持率（%）	80	60	80	80	
臭氧老化（40℃×168h，）200×10⁻⁸，伸长率 20%		无裂纹	无裂纹	—	—	6.3.9
人工气候老化	拉伸强度保持率（%）	80	70	80	80	6.3.10
	拉断伸长率保持率（%）	70	70	70	70	
粘结剥离强度（片材与片材）	标准试验条件（N/mm）	1.5	1.5	1.5	1.5	6.3.11
	浸水保持率（23℃×168h）(%)	70			70	
复合强度（FS2 型表层与芯层）(MPa)		—			0.8	6.3.12

注 1. 人工气候老化和粘合性能项目为推荐项目。
2. 非外露使用可以不考核臭氧老化、人工气候老化、加热伸缩量、高温（60℃）拉伸强度性能。

对于聚酯胎上涂覆三元乙丙橡胶的 FF 类片材，拉断伸长率（纵/横）不得小于 100%，其他性能指标应符合上表的规定；

对于总厚度小于 1.0mm 的 FS2 类复合片材，拉伸强度（纵/横）指标常温（23℃）不得小于 50N/cm，高温（60℃）时不得小于 30N/cm；拉断伸长率（纵/横）指标常温（23℃）不得小于 100%，低温（−20℃）时不得小于 80%，其他性能不变。

8.3.4 防水卷材的试验方法

防水卷材种类众多，检测参数各异，同一参数试验方法也不尽相同，本教材仅选取有代表性的方法予以介绍，具体试验中严格按产品标准要求进行。

取样方法及数量：

按 GB 50208—2011、GB 50207—2012 规定，现场抽样复验：大于 1000 卷抽 5 卷，每 500～1000 卷抽 4 卷，100～499 卷抽 3 卷，100 卷以下抽 2 卷，先进行规格尺寸和外观质量检验，在外观质量检验合格的卷材中，任取一卷作物理性能检验。

试件制备：将取样的卷材切除距外层卷头一定长度后，按要求裁取试验所需的足够长度试样两块，一块用作物理性能检测用，另一块备用。试件尺寸、形状、数量及制备具体见表 8-8 各产品标准。试样在试验前，应在规定状态下静置一定时间。

表 8-8

名称	温度要求	湿度要求
石油沥青纸胎油毡	(23±2)℃	—
石油沥青玻璃纤维胎油毡	(23±2)℃	(30～70)%RH
铝箔面油毡	(23±2)℃	(30～70)%RH
弹性体改性沥青防水卷材	(23±2)℃	—
塑性体改性沥青防水卷材	(23±2)℃	—
沥青复合胎柔性防水卷材	(23±2)℃	—

续表

名称	温度要求	湿度要求
改性沥青聚乙烯胎防水卷材	23±2℃	—
自粘聚合物改性沥青防水卷材	23±2℃	—
带自粘层的防水卷材	23±2℃	—
高分子防水材料	23±2℃	—
聚氯乙烯防水卷材	23±2℃	(60±15)%RH
氯化聚乙烯-橡胶共混防水卷材	23±2℃	(60±15)%RH
三元丁橡胶防水卷材	23±2℃	(45～55)%RH

1. 厚度检测

(1) 依据标准

沥青防水卷材 GB/T 328.4

高分子防水卷材 GB/T 328.5

(2) 仪器设备

测量面平整，测足直径 10mm，施加压力 20kPa，测量精确度 0.01mm。

光学装置：用于表面结构或背衬卷材，测量精确度 0.01mm。

(3) 试样制备

沥青防水卷材：在试样上沿卷材整个宽度方向裁取一条至少 100mm 宽的试样。

高分子防水卷材：试件为正方形或圆形，面积 10000±100mm^2。从试样上整个宽度方向裁取 x 个试件，最外边的试件距卷材边缘 100±10mm（x 至少为 3 个试件，x 个试件在卷材宽度方向相互间隔不超过 500mm）

(4) 试验条件

保证卷材和测量装置的测量面没有污染。

沥青防水卷材：通常情况常温下测量。有争议时，在 23±2℃下放置 20h 以上检测。

高分子防水卷材：测量前试件在 23±2℃、相对湿度 50±5%条件下至少放置 2h，试验在 23±2℃进行。

(5) 试验步骤

在开始测量前检查检测装置的零点，所有测量结束后再检查一次。在测量厚度时，测量装置下足缓慢落下避免使卷材变形。

沥青防水卷材：卷材宽度方向均布 10 点测量，最边测量点距卷材边缘 100mm。记录厚度测量值。

高分子防水卷材：记录每个试件的相关厚度测量值，精确至 0.01mm。任何有表面结构或背衬卷材用光学法测量厚度。

(6) 结果计算表示

沥青防水卷材：10 个厚度的平均值，修约至 0.1mm

高分子防水卷材：卷材的全厚度取所有试件的平均值；卷材有效厚度取所有试件去除表面结构或背衬后的厚度平均值；记录所有卷材厚度的结果和标准偏差，精确至 0.01mm。

注：对于高分子片材，测足直径 6mm，施加压力 22±5kPa，测量方法按产品标准执行。

2. 拉伸性能检测

（1）依据标准：

沥青防水卷材 GB/T 328.8

高分子防水卷材 GB/T 328.9

（2）仪器设备：

1）电子拉力试验机：有足够的量程（至少 2000N），夹具移动速度可调，精度±2%。

2）切片机。

3）裁刀。

（3）试件制备

1）试件数量：应制备两组试件，一组纵向 5 个试件，一组横向 5 个试件。

2）试件裁取位置：试件在试样上距边缘 100mm 以上任意裁取，保证与卷材展开后法线方向平行或垂直。试件中的网格布、织物层，衬垫或层合增强层在长度或宽度方向裁一样的经纬数，以免切断筋。去除表面的非持力层。

3）试件尺寸：

沥青防水卷材：矩形试件宽为（50±0.5)mm，长为（200＋2×夹持长度）。

高分子防水卷材：方法 A 矩形试件为（50±0.5)mm×200mm；

方法 B 哑铃型试件为（6±0.4)mm×115mm

4）试验前至少放置 20h：

沥青防水卷材：温度 23±2℃相对湿度（50±20)%

高分子防水卷材：温度 23±2℃相对湿度（50±5)%

（4）试验步骤

试验时温度：23±2℃

① 设置夹具间距离

沥青防水卷材：(200±2)mm

高分子防水卷材：方法 A120mm；方法 B（80±5)mm

② 设置标距间距离

沥青防水卷材：(180±2)mm

高分子防水卷材：方法 A(100±5)mm；方法 B(25±0.25)mm

③ 将试件紧紧地夹在拉伸试验机的夹具中，注意试件长度方向的中线与试验机夹具中心在一条线上。为防止试件产生任何松弛，推荐加载不超过 5N 的力。

④ 选定加荷速度：夹具移动的恒定速度

沥青防水卷材：(100±10)mm/min。

高分子防水卷材：方法 A(100±10)mm/min；

方法 B(500±50)mm/min

⑤ 连续记录拉力和对应的标距（或引伸计）间距离。试件的破坏形式应记录。对于复合增强的卷材在应力应变图上有两个或更多的峰值，拉力和延伸率应记录两个最大峰值的拉力和延伸率及断裂延伸率。

（5）试验结果表示与计算

① 记录得到的拉力（N）和距离（mm)，或数据记录，最大的拉力和对应的由夹具

（标距或引伸计）间距离与起始距离的百分率计算的延伸率。

② 去除任何距夹具 10mm 以内断裂或在试验机夹具中滑移距离超过极限值的试件的试验结果，用备用试件重测。

③ 计算公式：$TS=F/W$　$TS=F/Wt$　$E=100(L-L_0)/L_0$

式中　TS——拉伸强度；

F——拉力（N）；

W——试样宽度（mm）；

t——试样厚度（mm）；

E——延伸率（%）；

L_0——初始标距或夹具间距；

L——试件断裂时最大拉力时标距或夹具间距。

④ 分别计算每个方向 5 个试件的拉力值和延伸率，计算平均值。作为试件同一方向（纵向或横向）的结果。

⑤ 数值修约：

沥青防水卷材：拉力的平均值修约到 5N，延伸率的平均值修约到 1%。

高分子防水卷材：拉伸强度方法 A　0.1N/cm 或 1N/50mm；

方法 B　0.1MPa（N/mm^2）；

延伸率两位有效数据（如 32%、8.5%）。

常用卷材拉伸速度见表 8-9。

常用卷材拉伸速度　　**表 8-9**

材料名称		mm/min
APP/SBS		100±10′
高分子片材	橡胶类	500±50
	树脂类	250±50
	FS2	100±10
自粘聚合物卷材	N 类	100±10
	PY 类	100±10
湿铺预铺防水卷材	P 类	100±10
	PY 类	100±10
石油沥青纸油毡	Ⅰ型	100±10
沥青复合胎柔性防水卷材		50

3. 耐热性检测

（1）依据标准：GB/T 328.11 适用于沥青防水卷材

（2）试验原理：

方法 A：在规定的温度分别垂直悬挂在烘箱中。在规定的时间后测量试件两面涂盖层相对于胎体的位移。平均位移超过 2.0mm 为不合格。

方法 B：从试样裁取的试件，在规定的温度分别垂直悬挂在烘箱中。在规定的时间后测量试件两面涂盖层相对于胎体是否有位移及滑动、流淌。

(3) 仪器设备：

鼓风烘箱（不提供新鲜空气）。

热电偶：连接到外面的电子温度计，测量精度±1℃。

悬挂装置（如夹子）：至少100mm宽，能夹住试件的整个宽度在一条线，并被悬挂在试验区域。

光学测量装置（如读数放大镜）：刻度至少0.1mm。

金属圆插销的插入装置：内径约4mm。

画线装置：画直的标记线。

墨水记号：线的宽度不超过0.5mm，白色耐水墨水。

硅纸。

方法A试件悬挂装置、标记装置。

(4) 试件制备

① 试件裁取

试件均匀的在试样宽度方向裁取，长边是卷材的纵向。试件应距卷材边缘150mm以上，试件从卷材的一边开始连续编号，卷材上表面和下表面应标记。

方法A矩形试件尺寸 (115±1)mm×(100±1)mm。

方法B矩形试件尺寸 (100±1)mm×(50±1)mm。

② 试件处理去除任何非持久保护层

方法A在试件纵向的横断面一边，上表面和下表面的大约15mm一条的涂盖层去除直到胎体，若卷材有超过一层的胎体，去除涂盖料直到另外一层胎体。在试件的中间区域的涂盖层也从上表面和下表面的两个接近处去除，直至胎体。两个内径约4mm的插销在裸露区域穿过胎体。任何表面浮着的矿物料或表面材料通过轻轻敲打试件去除。然后标记装置放在试件两边插入插销定位于中心位置，在试件表面整个宽度方向沿着直边用记号笔垂直划一条线（宽度约0.5mm），操作时试件平放。一组三个试件露出的胎体处用悬挂装置夹住，涂盖层不要夹到。

方法B一组三个试件，分别在距试件短边一端10mm出的中心打一小孔，用细铁丝或回形针穿过。

试件试验前至少放置在23±2℃的平面上2h，相互之间不要接触或粘住，有必要时，将试件分别放在硅纸上防止粘结。

③ 规定温度下耐热性的测定步骤

制备好的试件垂直悬挂在烘箱的相同高度，间隔至少30mm。此时烘箱的温度不能下降太多，开关烘箱门放入试件的时间不超过30s。放入试件后加热时间为120±2min。

加热周期一结束，试件和悬挂装置一起从烘箱中取出，相互间不要接触。

方法A在23±2℃自由悬挂冷却至少2h。然后除去悬挂装置，在试件两面画第二个标记。用光学测量装置在每个试件的两面测量两个标记底部间最大距离，精确到0.1mm。计算每个面三个试件的滑动值的平均值，精确到0.1mm。上表面和下表面的滑动平均值作为该组试件的结果。

方法B目测观察并记录试件表面的涂盖层有无滑动、流淌、滴落、集中性气泡。集中性气泡指破坏涂盖层原形的密集气泡。

④ 耐热性极限的测定（方法 A）

耐热性极限对应的涂盖层位移正好 2mm，通过对卷材上表面和下表面在间隔 5℃的不同温度段的每个试件的初步处理试验的平均值测定，其温度段总是 5℃的倍数。这样试验的目的是找到位移尺寸＝2mm 在其中的两个温度段 T 和 T＋5℃。

卷材的两个面一组三个试件初步测定耐热性能后，上表面和下表面部要测定两个温度 T 和 T＋5℃，在每一个温度用一组新的试件。

在卷材涂盖层在两个温度段间完全流动将产生的情况下，ΔL＝2mm 时的精确耐热性不能测定，此时滑动不超过 2.0mm 的最高温度可作为耐热性极限。

⑤ 检测结果计算表示

方法 A

平均值计算：

计算卷材每个面三个试件的滑动值的平均值，精确到 0.1mm。

耐热性：

在规定温度卷材上表面和下表面的滑动平均值不超过 2.0mm 认为合格。常用卷材耐热性见表 8-10。

耐热性极限：

耐热性极限通过线性图或计算每个试件上表面和下表面的两个结果测定，每个面修约到 1℃。

方法 B

试件任一端涂盖层不应与胎基发生位移，试件下端的涂盖层不应超过胎基，无流淌、滴落、集中性气泡，为规定温度下耐热性符合要求。一组三个试件都应符合要求。

常用卷材耐热性 **表 8-10**

材料名称		温度（℃）	保持时间（h）	结果
APP	Ⅰ型	110	2	滑动在 2mm
	Ⅱ型	130	2	无流淌、滴落
SBS	Ⅰ型	90	2	滑动<2mm
	Ⅱ型	105	2	无流淌、滴落
改性沥青聚乙烯胎防水卷材	热熔型	90	2	无流淌、无起泡
	自粘型	70	2	无流淌、无起泡
自粘聚合物改性沥青防水卷材	N类	70	2	滑动<2mm
	PY类	70	2	无滑动、流淌、滴落
湿铺、预铺防水卷材	P类	70	2	无滑动、流淌、滴落
	PY类	70	2	
石油沥青纸胎油毡		85±2	2	涂盖层无滑动、流淌、集中性气泡
沥青复合胎柔性防水卷材		90	2	无滑动、流淌、滴落

4. 低温柔度检测

（1）依据标准：GB/T 328.14 适用于沥青防水卷材。

（2）试验原理：

从试样裁取的试件，上表面和下表面分别绕浸在冷冻液中的机械弯曲装置上弯曲 180

度。弯曲后，检查试件涂盖层存在的裂纹。

（3）仪器设备：

低温箱：有空气循环的低温空间，可调节温度至－45℃，精度±2℃。

冷冻液：不与卷材反应的液体，如低于－20℃的乙醇/水混合物（体积比2∶1），低于－25℃ 的丙烯乙二醇/水溶液（体积比1∶1）等。

半导体温度计：精度0.5℃。

试验装置如图8-1。

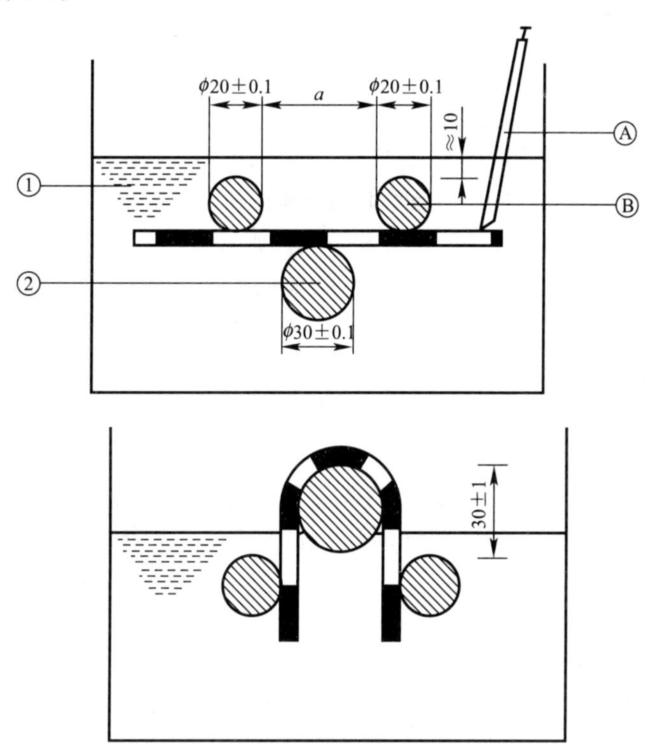

图8-1　试验装置示意图

（4）试件制备：

① 矩形试件尺寸（150±1）mm×（25±1）mm，试件从试样宽度方向上均匀的裁取，长边在卷材的纵向，试件裁取时应距卷材边缘不少于150mm，试件应从卷材的一边开始做连续的记号，同时标记卷材的上表面和下表面。

② 去除表面的任何保护膜。适宜的方法是常温下用胶带粘在上面，冷却到接近假设的冷弯温度，然后从试件上撕去胶带，另一方法是用压缩空气吹（压力约0.5MPa，喷嘴直径约0.5mm），假若上面的方法不能除去保护膜，用火焰烤，用最少的时间破坏膜而不损伤试件。

③ 试件试验前应在（23±2）℃的平板上放置至少4h，并且相互之间不能接触，也不能粘在板上。可以用硅纸垫，表面的松散颗粒用手轻轻敲打除去。

（5）试验步骤：

① 仪器准备

在开始所有试验前，两个圆筒间的距离应按试件厚度调节，即弯曲轴直径＋2mm＋两倍试件的厚度。然后装置放入已冷却的液体中，圆筒的上端在冷冻液面下约 10mm，弯曲轴在下面的位置。

② 试件条件

冷冻液达到规定的试验温度，误差不超过 0.5℃，试件放于支撑装置上，且在圆筒的上端，保证冷冻液完全浸没试件。试件放入冷冻液达到规定温度后，开始保持在该温度 1h±5mm。

③ 规定温度下的低温柔性测定

两组各 5 个试件，全部试件在规定温度处理后，一组是上表面试验，另一组下表面试验，试验按下述进行。

试件放置在圆筒和弯曲轴之间，试验面朝上，然后设置弯曲轴以（360±40)mm/min 速度顶着试件向上移动，试件同时绕轴弯曲。轴移动的终点在圆筒上面（30±1)mm 处。试件的表面明显露出冷冻液，同时液面也因此下降。

在完成弯曲过程 10s 内，在适宜的光源下用肉眼检查试件有无裂纹，必要时，用辅助光学装置帮助。假若有一条或更多的裂纹从涂盖层深入到胎体层，或完全贯穿无增强卷材，即存在裂缝。

④ 冷弯温度的测定

冷弯温度的范围（未知）最初测定，从期望的冷弯温度开始，每隔 6℃试验每个试件，因此每个试验温度都是 6℃的倍数（如－12℃、－18℃、－24℃等）。从开始导致破坏的最低温度开始，每隔 2℃分别试验每组五个试件的上表面和下表面，连续的每次 2℃的改变温度，直到每组 5 个试件分别试验后至少有 4 个无裂缝，这个温度记录为试件的冷弯温度。

⑤ 试验结果记录、计算

规定温度的柔度结果

试验中，一个试验面 5 个试件在规定温度至少 4 个无裂缝为通过，上表面和下表面的试验结果要分别记录。

冷弯温度测定的结果

测定冷弯温度时，试验得到的温度应 5 个试件中至少 4 个通过，这冷弯温度是该卷材试验面的，上表面和下表面的结果应分别记录（卷材的上表面和下表面可能有不同的冷弯温度)。

5. 低温弯折性检测

(1) 依据标准：GB/T 328.15 适用于高分子防水卷材。

(2) 试验原理：

放置已弯曲的试件在合适的弯折装置上，将弯曲试件在规定的低温温度下放置 1h，在 1s 内压下弯曲装置，保持在该位置 1s，取出试件在室温下用 6 倍放大镜检查弯折区域。

(3) 仪器设备：

低温试验箱：有空气循环的低温空间，可调节温度至－45℃，精度±2℃。

检查工具：6 倍玻璃放大镜。

弯折板：由金属制成的上下平板间距离可任意调节。

试验装置示意图见图 8-2。

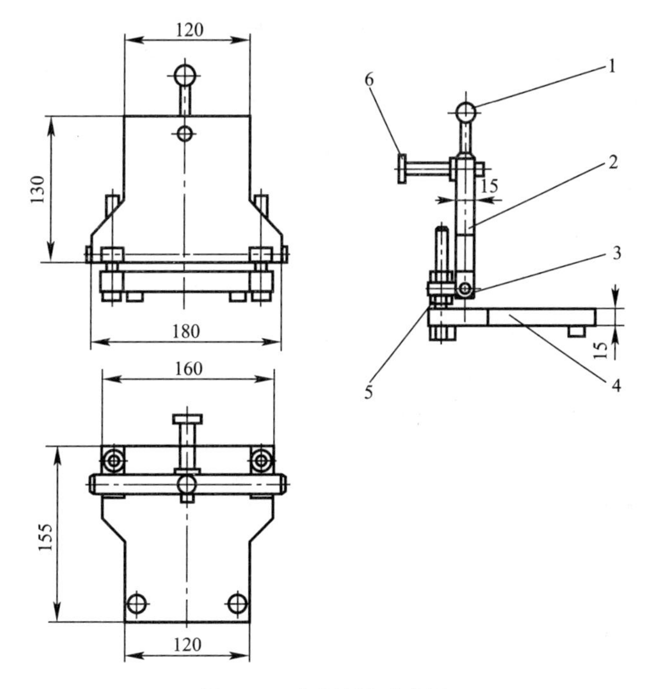

图 8-2 试验装置示意图

1—手柄；2—上行板；3—转轴；4—下行板；5、6—调距螺丝

（4）规定温度下的低温弯折性的测定：

① 除了低温箱，试验步骤中所有操作在（23±5)℃进行。

② 测量每个试件的全厚度（GB/T 328.5）

③ 试验前试件应在（23±2)℃和相对湿度（50±5)％的条件下放置至少 20h。沿长度方向弯曲试件，将端部固定在一起，例如用胶粘带。卷材的上表面弯曲朝外，如此弯曲固定一个纵向、一个横向试件，再卷材的上表面弯曲朝内，如此弯曲另外一个纵向和横向试件。

④ 调节弯折试验机的两个平板间的距离为试件全厚度的 3 倍。检测平板间 4 点的距离。

⑤ 放置弯曲试件在试验机上，胶带端对着平行于弯板的转轴。放置翻开的弯折试验机和试件于调好规定温度的低温箱中。

⑥ 放置 1h 后，弯折试验机从超过 90°的垂直位置到水平位置，1s 内合上，保持该位置 1s，整个操作过程在低温箱中进行。

⑦ 从试验机中取出试件，恢复到（23±5)℃。用 6 倍放大镜检查试件弯折区域的裂纹或断裂。

（5）临界低温弯折温度：弯折程序每 5℃重复一次，范围为：－40℃、－35℃、－30℃、－25℃、－20℃等，直至按以上步骤，试件无裂纹和断裂。

（6）结果表示：

按照标准规定温度下，试件均无裂纹出现即可判定为该项符合要求。

卷材的低温弯折温度，为任何试件不出现裂纹和断裂的最低的 5℃间隔。

常用卷材低温性能见表 8-11。

常见卷材低温性能 表 8-11

材料名称		温度（℃）	保持时间（h）	结果
APP	Ⅰ型	−7	1	无裂缝
	Ⅱ型	−15	1	
SBS	Ⅰ型	−20	1	无裂缝
	Ⅱ型	−25	1	
自粘聚合物改性筋青防水卷材	Ⅰ型、D类	−20	1	无裂纹
	Ⅱ型	−30	1	
预铺防水卷材		−25	1	无裂纹
湿铺防水卷材	Ⅰ型	−15	1	无裂纹
	Ⅱ型	−20	1	
石油沥青纸胎油毡		18±2		无裂缝
沥青复合胎柔性防水卷材	Ⅰ型	−5	1	无裂纹
	Ⅱ型	−10	1	无裂纹

6. 不透水性检测

（1）依据标准 GB/T 328.10。

（2）试验原理：

方法 A　高差水压透水性，试件满足直到 60kPa 压力 24h。试验适用于卷材低压力的使用场合，如：屋面、基层、隔汽层。

方法 B　采用有四个规定形状尺寸狭缝的圆盘保持规定水压 24h，或采用 7 孔圆盘保持规定水压 30min，观测试件是否保持不渗水。试验适用于卷材高压力的使用场合，如：特殊屋面、隧道、水池。

（3）仪器设备：

方法 A　一个带法兰盘的金属圆柱体箱体，孔径 150mm，并连接到开放管子末端或容器，其间高差不低于 1m。

（4）试件制备：

试件在卷材宽度方向均匀裁取，最外一个距试件边缘 100mm。试件的纵向与产品的纵向平行并标记。在相关的产品标准中应规定试件数量，最少 3 个。

试件尺寸：方法 A　圆形试件直径 200±2mm。

方法 B　直径不小于盘外径约 130mm。

试验条件：试验前试件应在（23±5)℃放置至少 6h。试验在（23±5)℃进行，产生争议时，在（23±2)℃、相对湿度（50±5)％的条件下进行。

（5）方法 A 步骤：

① 放试件在设备上，旋转翼形螺母固定夹环，打开进水阀让水进入，同时打开排气阀排出空气，直至水出来关闭排气阀，说明设备已水满。

② 调整试件上表面所要求的压力。

③ 保持压力（24±1）h。

④ 检查试件，观察上面滤纸有无变色。试件有明显的水渗到上面的滤纸产生变色，认为试验不符合。所有试件通过认为卷材不透水。

（6）方法 B 步骤：

① 装置中充水直到满出，彻底排出水管中空气。

② 试件的上表面朝下放置在透水盘上，盖上十字开缝盘（或7孔圆盘），其中一个缝的方向与卷材纵向平行。放上封盖，慢慢夹紧直到试件夹紧在盘上，用布或压缩空气干燥试件的非迎水面，慢慢加压到规定的压力。

③ 达到规定压力后，保持压力（24±1)h [7孔盘压力（30±2)min]。

④ 试验时观察试件的不透水性（水压突然下降或试件非迎水面有水）。所有试件在规定的时间不透水认为不透水性试验通过。

常见卷材不透水性能见表8-12。

常见卷材不透水性能 **表8-12**

材料名称		压板类型	压力（MPa）	保持时间（h）
APP/SBS	PY、PYG类	7孔压板	0.3	30
	G类	7孔压板	0.2	30
高分子片材		十字型压板	0.3	30
自粘聚合物卷材	N类	十字型压板	0.2	120
	PY类	7孔压板	0.3	120
湿铺防水卷材	P类	十字型压板	0.2	120
	PY类	7孔压板	0.3	120
石油沥青纸油毡	Ⅰ型	7孔压板	0.02	20
	Ⅱ型	7孔压板	0.02	30
	m型	7孔压板	0.1	30
沥青复合胎柔性防水卷材		7孔压板	0.2	30

7. 可溶物含量（浸涂材料含量）检测

（1）依据标准：GB/T 328.26适用于沥青防水卷材。

（2）试验原理：试件在选定的溶剂中萃取直至完成后，取出让溶剂挥发，然后烘干得到可溶物量，将烘干后的剩余部分通过规定的筛子，筛余的为隔离材料质量，清除胎基上的粉末后得到胎基质量。

（3）仪器设备：

① 分析天平：称量范围大于100g，精度0.001g；

② 萃取器：500ml索氏萃取器；

③ 电热恒温干燥箱：带有热风循环装置，在试验范围内最大温度波动±2℃，当门打开30s后，恢复温度到工作温度的时间不超过5min。箱内带有可悬挂的平板；

④ 试样筛：筛孔为315μm或其他规定孔径的筛网；

⑤ 滤纸：直径不小于150mm。

（4）试件制备：

试件在试样上距边缘100mm以上任意裁取正方形试件尺寸（100±1)×(100±1)mm^2三个。试件在试验前至少在（23×2)℃相对湿度（50±20)%的条件下放置20h。

（5）试验步骤：

① 每个试件先进行称量（M_0），对于表面隔离材料为粉状的沥青防水卷材，试件先用软毛刷刷除表面的隔离材料，然后称量试件（M_1）。将试件用干燥好的滤纸包好，用线扎

好，称量其质量（M_2）。

② 将包扎好的试件放入萃取器中，溶剂量为烧瓶容量的1/2～2/3，进行加热萃取，萃取至回流的溶剂第一次变成浅色为止，小心取出滤纸包，不要破裂，在空气中放置30min以上使溶剂挥发。再放入（105±2)℃的电热恒温干燥箱中干燥2h，然后取出放入干燥器中冷却至室温。

③ 将滤纸包从干燥器中取出称量（M_3），然后将滤纸包在试样筛上打开，下面放一容器接着，将滤纸包中的胎基表面的粉末都刷除下来，称量胎基（M_4）。敲打震动试样筛直至其中没有材料落下，扔掉滤纸和扎线，称量留在筛网上的材料质量（M_5），称量筛下的材料质量（M_6）。对于表面疏松的胎基，将称量后的胎基（M_4）放入超声清洗池中清洗，取出在（105±2)℃烘干1h，然后放入干燥器中冷却至室温，称量其质量（M_7）。

（6）数据处理：

① 可溶物含量按下式计算：

$$A=(M_2-M_3)\times 100$$

② 表面隔离材料非粉状产品浸涂材料含量按下式计算：

$$B=(M_0-M_5)\times 100-E$$

表面隔离材料为粉状产品浸涂材料含量按下式计算：

$$B=M_1\times 100-E$$

③ 表面隔离材料为粉状的产品表面隔离材料单位面积质量按下式计算：

$$C=(M_0-M_1)\times 100$$

其他产品的表面隔离材料单位面积质量按下式计算：

$$C=M_5\times 100$$

④ 胎基表面疏松的产品填充料含量按下式计算：

$$D=(M_6+M_4-M_7)\times 100$$

其他产品填充料含量按下式计算：

$$D=M_6\times 100$$

⑤ 胎基表面疏松的产品胎基单位面积质量按下式计算：

$$E=M_7\times 100$$

其他产品胎基单位面积质量按下式计算：

$$E=M_4\times 100$$

按要求计算每个试件的结果，最终结果取三个试件的平均值。试件的算术平均值达到标准规定的指标判为该项合格。

8.4 防水涂料

防水涂料是在常温下呈无固定形状的黏稠状液态高分子合成材料，经涂布后，通过溶剂的挥发或水分的蒸发或反应固化后，在基层表面形成坚韧的防水膜的材料的总称。

防水涂料广泛适用于工业与民用建筑的屋面防水工程，地下室防水工程和地面防潮、防渗等。

8.4.1 防水涂料的基本特点

1. 防水涂料在常温下呈黏稠状液体，经涂布固化后，能形成无接缝的防水涂膜。

2. 防水涂料特别适宜在立面、阴阳角、穿结构层管道、凸起物、狭窄场所等细部构造处进行防水施工，固化后，能在这些复杂部件表面形成完整的防水膜。

3. 防水涂料施工属冷作业，操作简便，劳动强度低。

4. 涂膜防水层的拉伸强度可以通过加贴胎体增强材料来得到加强，对于基层裂缝、结构缝、管道根等一些容易造成渗漏的部位，极易进行增强、补强、维修等处理。

5. 固化后形成的涂膜防水层自重轻，具有良好的耐水、耐候、耐酸碱特性和优异的延伸性能，能适应基层局部变形的需要。

6. 可在结构层上直接采用涂膜防水，渗漏水的部位与防水涂膜破坏点基本相对应，维修起来比较方便。

7. 防水涂漠一般依靠人工涂布，其厚度很难做到均匀一致，所以施工时，要严格按照操作方法进行重复多遍地涂刷，以保证单位面积内的最低使用量，确保涂漠防水层的施工质量。

8.4.2 防水涂料的分类

1. 防水涂料按涂料的液态类型可分为溶剂型、水乳型、反应型三种。

溶剂型防水涂料在这类涂料中，作为主要成膜物质的高分子材料溶解于有机溶剂中，成为溶液。高分子材料以分子状态存于溶液（涂料）中。

该类涂料具有以下特特点：通过溶剂挥发，经过高分子物质分子链接触、搭接等过程而结膜；涂料干燥快，结膜较薄而致密；生产工艺较简易，涂料贮存稳定性较好；易燃、易爆、有毒，生产、贮存及使用时要注意安全；由于溶剂挥发快，施工时对环境有污染。

2. 水乳型防水涂料这类防水涂料作为主要成膜物质的高分子材料以极微小的颗粒（而不是呈分子状态）稳定悬浮（而不是溶解）在水中，成为乳液状涂料。

这类涂料具有以下特性：通过水分蒸发，经过固体微粒接近、接触、变形等过程而结膜；涂料干燥较慢，一次成膜的致密性较溶剂型涂料低，一般不宜任 5℃以下施工；贮存期一般不超过半年；可在稍为潮湿的基层上施工；无毒，不燃，生产、贮运、使用比较安全；操作简便，不污染环境；生产成本较低。

3. 反应型防水涂料

在这类涂料中，作为主要成膜物质的高分子材料系以预聚物液态形状存在，多以双组分或单组分构成涂料，几乎不含溶剂。

此类涂料具有以下特性：通过液态的高分子预聚物与相应物质发生化学反应，变成固态物；结膜可一次结成较厚的涂膜，无收缩，涂膜致密；双组分涂料需现场配料准确、搅拌均匀，才能确保质量；价格较贵。

防水涂料按涂料的成膜物质的主要成分可分为沥青类防水涂料、高聚物改性沥青类防水涂料、合成高分子类防水涂料三种。

（1）沥青基防水涂料。以沥青为基料配制成的水乳型或溶剂型防水涂料。这类涂料对沥青基本没有改性或改性作用不大。如石灰乳化沥青防水涂料、石棉乳化沥青防水涂料、膨润土乳化沥青防水涂料等。

（2）高聚物改性沥青防水涂料。这类涂料在柔韧性、抗裂性、拉伸强度、耐高低温性能、使用寿命等方面比沥青基涂料有很大改善。如水乳型氯丁橡胶沥青防水涂料、水乳型再生橡胶沥青防水涂料、溶剂型氯丁橡胶沥青防水涂料、溶剂型再生橡胶沥青防水涂料等。

（3）合成高分子防水涂料。这类涂料具有高弹性、高耐久性及优良的耐高低温性能。如SBS改性浙青防水涂料、非焦油聚氨酯防水涂料、丙烯酸酯防水涂料、有机硅防水涂料等。

8.4.3 防水涂料的技术性能

防水涂料品种众多，这里仅选取常见、有代表性的四个品种列出，其余可参各产品标准。

1. 水乳型沥青防水涂料（表 8-13）

表 8-13

<table>
<tr><td colspan="2">项目</td><td>L</td><td>H</td></tr>
<tr><td colspan="2">固体含量（%）≥</td><td colspan="2">45</td></tr>
<tr><td colspan="2" rowspan="2">耐热度（℃）</td><td>80±2</td><td>110±2</td></tr>
<tr><td colspan="2">无流淌、滑动、滴落</td></tr>
<tr><td colspan="2">不透水性</td><td colspan="2">0.10MPa，30min 无涂水</td></tr>
<tr><td colspan="2">粘结强度（MPa）≥</td><td colspan="2">0.30</td></tr>
<tr><td colspan="2">表干时间（h）≤</td><td colspan="2">8</td></tr>
<tr><td colspan="2">实干时间（h）≤</td><td colspan="2">24</td></tr>
<tr><td colspan="2">项目</td><td>L</td><td>H</td></tr>
<tr><td rowspan="4">低温柔度（℃）</td><td>标准条件</td><td>−15</td><td>0</td></tr>
<tr><td>碱处理</td><td rowspan="3">−10</td><td rowspan="3">5</td></tr>
<tr><td>热处理</td></tr>
<tr><td>紫外线处理</td></tr>
<tr><td rowspan="4">断裂伸长率（%）≥</td><td>标准条件</td><td colspan="2" rowspan="4">600</td></tr>
<tr><td>碱处理</td></tr>
<tr><td>热处理</td></tr>
<tr><td>紫外线处理</td></tr>
</table>

注 供需双方可以商定温度更低的低温柔度指标。

2. 溶剂型橡胶沥青防水涂料（表 8-14）

表 8-14

<table>
<tr><td colspan="2" rowspan="2">项目</td><td colspan="2">技术指标</td></tr>
<tr><td>一等品</td><td>合格品</td></tr>
<tr><td colspan="2">固体含量（%）≥</td><td colspan="2">48</td></tr>
<tr><td rowspan="4">抗裂性</td><td>基层裂缝（mm）</td><td>0.3</td><td>0.2</td></tr>
<tr><td>涂膜状态</td><td colspan="2">无裂纹</td></tr>
<tr><td rowspan="2">低温导性（ϕ10mm，2h）</td><td>−15℃</td><td>−10℃</td></tr>
<tr><td colspan="2">无裂纹</td></tr>
<tr><td colspan="2">粘结性（MPa） ≥</td><td colspan="2">0.20</td></tr>
<tr><td colspan="2">耐热性（80℃，5h）</td><td colspan="2">无流淌、鼓泡、滑动</td></tr>
<tr><td colspan="2">不透水性（0.2MPa，30min）</td><td colspan="2">不渗水</td></tr>
</table>

3. 聚合物水泥防水涂料（表 8-15）

表 8-15

序号	试验项目		技术指标		
			Ⅰ型	Ⅱ型	Ⅲ型
1	固体含量（%）		70	70	70
2	拉伸	无处理（MPa）	1.2	1.8	1.8
		加热处理后保持率（%）	80	80	80
		碱处理后保持率（%）	60	70	70
		浸水处理后保持率（%）	60	70	70
		紫外线处理后保持率（%）	80	—	—
3	断裂伸长	无处理（%）	200	80	30
		加热处理（%）	150	65	20
		碱处理（%）	150	65	20
		浸水处理（%）	150	65	20
		紫外线处理（%）	150	—	—
4	低温柔性（ϕ10mm，2h）		−10℃ 无裂纹	—	—
5	粘结强度	无处理（MPa） ≥	0.5	0.7	1.0
		潮湿基层（MPa） ≥	0.5	0.7	1.0
		碱处理（%）	0.5	0.7	1.0
		浸水处理（MPa） ≥	0.5	0.7	1.0
6	不透水性（0.3MPa，30min） >		不透水	不透水	不透水
7	抗渗性（砂浆背水面（MPa） ≥		—	0.6	0.8

4. 聚氨酯防水涂料（表 8-16）

表 8-16

序号	项目		技术指标		
			Ⅰ	Ⅱ	Ⅲ
1	固体含量（%）	单组分	85.0		
		多组分	92.0		
2	表干时间（h） ≤		12		
3	实干时间（h） ≤		24		
4	流平性[a]		20min 时，无明显齿痕		
5	拉伸强度（MPa） ≥		2.00	6.00	2.0
6	断裂伸长率（%） ≥		500	450	50
7	撕裂强度（N/mm） ≥		15	30	0
8	低温弯折性		−35℃，无裂纹		
9	不透水性		0.3MPa，120min，不透水		
10	加热伸缩率（%）		−4.0～+1.0		
11	粘结强度（MPa） ≥		1.0		
12	吸水率（%） ≤		5.0		
13	定伸时老化	加热老化	无裂纹及变形		
		人工气候老化[b]	无裂纹及变形		

续表

序号	项目		技术指标		
			Ⅰ	Ⅱ	Ⅲ
14	热处理（80℃，168h）	拉伸强度保持率（%）	80～150		
		断裂伸长率（%） ≥	450	400	200
		低温弯折性	－30℃，无裂纹		
15	碱处理［0.1%NaOH+饱和 $Ca(OH)_2$ 溶液，168h］	拉伸强度保持率（%）	80～150		
		断裂伸长率（%） ≥	450	400	200
		低温弯折性	－30℃，无裂纹		
16	酸处理（2%H. SO，溶液，168h）	拉伸强度保持率（%）	80～150		
		断裂伸长率（%） ≥	450	400	200
		低温弯折性	－30℃，无裂纹		
17	人工气候老化[b]（1000h）	拉伸强度保持率	80～150		
		断裂伸长率（%） ≥	450	400	200
		低温弯折性	－30℃，无裂纹		
18	燃烧性能[b]		B_2-E（点火15s，燃烧20s，Fs≤150mm，无燃烧滴落物引燃滤纸）		

注：a 该项性能不适用于单组分和喷涂施工的产品，流平性时间也可根据工程要求和施工环境由供需双方商定并在订货合同与产品包装上明示。
b 仅外露产品要求测定。

8.4.4 防水涂料检测

防水涂料种类众多，检测参数各异，同一参数试验方法也不尽相同，本教材仅选取《建筑防水涂料试验方法》标准 GB 16777 中有代表性的方法予以介绍，具体试验中严格按产品标准要求进行。

1. 取样方法及数量

按 GB 50208—2011、GB 50207—2012、JGJ/T 235—2011、JGJ 298—2013 规定：

屋面工程：10t 一批，不足 10t 按一批抽样。

地下、外墙工程：每 5t 一批，不足 5t 按一批抽样。

住宅室内工程：聚合物水泥防水涂料每 10t 一批，不足 10t 按一批抽样。

其他涂料：5t 一批，不足 5t 按一批抽样。

2. 试验室标准试验条件

温度：(23±2)℃、相对湿度：(50±10)%

严格条件可选：

温度：(23±2)℃、相对湿度：(50±5)%

常用防水涂料标准试验条件见表 8-17。

常用防水涂料标准试验条件　　表 8-17

	温度（℃）	相对湿度（%）
聚氨酯防水涂料	(23±2)	(60±15)
聚合物水泥防水涂料	(23±2)	(50±10)

续表

	温度（℃）	相对湿度（%）
聚合物乳液防水涂料	(23±2)	(50±10)
水乳型沥青防水涂料	(23±2)	(60±15)

3. 试样制备

（1）试验准备：试验前模框、工具、涂料应在标准试验条件下放置24h以上。

（2）称取所需的试验样品量，保证最终涂膜厚度（1.5±0.2）mm。

（3）单组分防水涂料应将其混合均匀作为试料，多组分防水涂料按配比精确称量后，将其混合均匀作为试料。将产品混合后充分搅拌5min，在不混入气泡的情况下倒入模框中。模框不得翘曲且表面平滑，为便于脱模，涂覆前可用脱模剂处理。样品按要求一次或多次涂覆（最多三次，每次间隔不超过24h），最后一次将表面刮平，然后进行养护。脱模后将涂膜翻面养护，脱模过程中应避免损伤涂膜。

常用防水涂料产品涂膜要求见表8-18。

常用防水涂料产品涂膜要求 **表8-18**

	涂膜次数次	两次涂覆间隔（h）	成膜厚度（mm）
聚氨酯防水涂料	1～3	24	1.5±0.2
聚合物水泥防水涂料	2～3	12～24	1.5±0.2
聚合物乳液防水涂料	2	24	1.2～1.5
水乳型沥青防水涂料	3～5	8～24	1.5±0.2

搅拌问题：现行标准规定，在标准试验条件下放置后的样品按指定的比例分别称取液体和固体组分，混合后机械搅拌5min，静置1～3min，以减少气泡，但实际检测工作中，经过机械搅拌后，搅拌过程会引入大量气泡，这些气泡在标准规定的静置时间1～3min内，很难完全排出。这些气泡的产生，主要是由于机械搅拌速度过快造成的，由于高速搅拌引入的过多气泡，在黏稠的半固态涂料中短时间内无法排出。在高速搅拌后，不待气泡排出就倒入模具涂覆成型，将对样品成型质量产生不利影响。所以，搅拌过程中应采用低速搅拌，以减少在搅拌过程中引入的气泡。而采用人工搅拌的方式成型时，会出现两种不同的情况：当测试样品的含固量较低时，人工搅拌与机械搅拌的差异不大；当样品的含固量较高时，人工搅拌难以将粉料与液料均匀混合，因此还是应当采用机械搅拌方式。

涂膜问题：涂膜过程，是防水涂料样品制备过程中的难点，也是样品制备的关键环节，涂膜质量的不同，将直接影响拉伸测试结果。现行标准中规定，试样制备时可分1～3次涂膜，最终使试样厚度达到（1.5±0.2）mm。

对涂膜裁片的横截面观察，发现涂覆1遍的涂膜截面有针孔，气泡相对较大，但涂层表面看起来很密实，而涂覆3遍的涂膜截面几乎无针孔，气泡很少，涂膜密实。

原因：一次成膜时，当试件表干后，试件内部剩余水分没有多次成膜容易蒸发，故分次成膜的质量要好于单次成膜的质量。

养护问题：养护龄期对试验结果影响较大。为了适应施工进度的要求，规范规定为7d。防水涂料强度随龄期的增大而增加，延伸率减小。到一定时间后，拉伸强度就平稳发展。因此在试验过程中，一定要有7d的养护龄期且保证养护条件。养护过程中温度、湿度不能严格控制，就很容易导致试验结果出现较大差异。

聚合物水泥防水涂料中水泥水化是一个渐进的过程，成膜后涂膜中残存的成膜助剂、增塑剂等助剂随时间的延长而缓慢挥发，利于涂膜拉伸强度的提高、断裂延伸率降低。继续延长养护时间，由于水泥已基本充分水化，且体系中残存的助剂已基本挥发完，因此，涂膜的拉伸性能趋于平缓，变化不明显。

在其他条件不变时，随着温度的升高，聚氨酯防水涂料涂膜表干、实干速度加大，溶剂大部分挥发即可达到表干。但湿度加大反而不利于溶剂挥发，且表面容易吸湿，表干进度降低。因此在养护过程中应严格按标准温、湿度进行。

常用防水涂料产品养护条件见表 8-19。

常用防水涂料产品养护条件 **表 8-19**

	脱模前的养护条件	脱模后的养护条件
聚氨酯防水涂料	在标准条件养护 96h	翻过来标准条件下继续养护 72h
聚合物水泥防水涂料	在标准条件养护 96h	(40±2)℃48h 后，干燥器中冷却至室温
聚合物乳液防水涂料	在标准条件养护 96h	(40±2)℃48h 后，标准条件放置 4h 以上
水乳型沥青防水涂料	在标准条件养护 120h	翻过来 (40±2)℃48h 后，标准条件放置 4h

4. 固体含量检测

(1) 仪器设备

天平：感量 0.001g。

电热鼓风烘箱：控温精度±2℃。

干燥器：内放变色硅胶或无水氯化钙。

培养皿：直径 60～75mm。(注意产品标准中培养皿直径的变化，底面积的大小对固体含量数据影响较大)。

(2) 试验步骤

① 将洁净的培养皿放在干燥箱内于 105±2℃下干燥 30min，取出放入干燥器中，冷却至室温后称量 m_0。

② 将样品（对于固体含量试验不能添加稀剂）搅匀后，取 (6±1)g 的样品倒入已干燥称量的培养皿中并铺平底部，立即称量 m_1。(对于反应型涂料，应在称量后在标准试验条件下放置 24h，再放入烘箱)。

③ 再放入到加热至规定温度的烘箱中，恒温 3h。(水性涂料如水乳型沥青防水涂料 105±2℃，溶剂型、反应型涂料如聚氨酯防水涂料 120±2℃)。

④ 取出放入干燥器中，在标准试验条件下冷却 2h，然后称量 m_2。

(3) 结果计算：

固体含量按下式计算：

$$X=\frac{m_2-m_0}{m_1-m_0}\times 100$$

式中 X——固体含量（质量分数）(%)；

m_0——培养皿质量，单位为克 (g)；

m_1——干燥前试样和培养皿质量，单位为克 (g)；

m_2——干燥后试样和培养皿质量，单位为克 (g)。

试验结果取两次平行试验的平均值，结果计算精确到1%。

5. 耐热性检测

(1) 仪器设备

电热鼓风烘箱：控温精度±2℃。

铝板：厚度不小于2mm，面积大于100mm×50mm，中间上部有一小孔，便于悬挂。

(2) 试验步骤

① 将样品搅匀后，分2～3次涂覆（每次间隔不超过24h）在已清洁干净的铝板上，涂覆面积为100mm×50mm，总厚度1.5mm，最后一次将表面刮平，养护至规定时间，不需要脱模。共试验3个试件。

② 然后将铝板垂直悬挂在已调节到规定温度的电热鼓风干燥箱内，试件与干燥箱壁间的距离不小于50mm，试件的中心宜与温度计的探头在同一位置，在规定温度下放置5h后取出，观察表面现象。

(3) 结果评定

试验后所有试件都不应产生流淌、滑动、滴落，试件表面无密集气泡。

6. 拉伸性能检测

(1) 仪器设备

拉伸试验机：测量值在量程的15%～85%之间，示值精度不低于1%，伸长范围大于500mm。

电热鼓风干燥箱：控温精度±2℃。

冲片机及符合GB/T 528要求的哑铃Ⅰ型裁刀。

厚度计：接触面直径6mm，单位面积压力0.02MPa，分度值0.01mm。

(2) 试验步骤

① 将涂料进行涂膜成型，养护到规定龄期后，裁取六个（120×25)mm矩形试件裁取哑铃Ⅰ型试件。

② 在哑铃Ⅰ型试件划好间距25mm的平行标线，用厚度计测量试件标线中间和两端三点的厚度，取其算术平均值作为试件厚度。

③ 调整拉伸试验机夹具间距约70mm，将试件夹在试验机上，保持试件长度方向的中线与试验机夹具中心在一条线上，按高延伸率涂料500mm/min、低延伸率涂料200mm/min拉伸速度进行拉伸至断裂，记录试件断裂时的最大荷载（P），断裂时标线间距离（L_1），精确到0.1mm，测试五个试件。

(3) 数据处理、结果评定

试件的拉伸强度按下式计算：

$$T_L = P/(B \times D)$$

式中 T_L——拉伸强度，单位为兆帕（MPa）；

P——最大拉力，单位为牛顿（N）；

B——试件中间部位宽度，单位为毫米（mm）；

D——试件厚度，单位为毫米（mm）。

取五个试件的算术平均值作为试验结果，结果精确到0.01MPa。

试件的断裂伸长率按下式计算：

$$E=(L_1-L_0)/L_0\times 100$$

式中 E——断裂伸长率（%）；

L_0——试件起始标线间距离 25mm；

L_1——试件断裂时标线间距离，单位为毫米（mm）。

取五个试件的算术平均值作为试验结果，结果精确到 1%。

7. 低温柔性检测

（1）仪器设备

低温冰柜：控温精度±2℃。

圆棒或弯板：直径 10mm、20mm、30mm。

（2）试验步骤

① 裁取（100×25)mm 试件三块。

② 将试件和弯板或圆棒放入已调节到规定温度的低温冰柜的冷冻液中，温度计控头应与试件在同一水平位置，在规定温度下保持 1h。

③ 然后在冷冻液中将试件绕圆棒或弯板在 3s 内弯曲 180°，弯曲三个试件（无上、下表面区分），立即用肉眼观察试件表面有无裂纹、断裂。

（3）结果评定所有试件应无裂纹。

8. 低温弯折性检测

（1）仪器设备

低温冰柜：控温精度±2℃。弯折仪 6 倍放大镜。

（2）试验步骤

① 裁取（100×25)mm 试件三块

② 沿长度方向弯曲试件，将端部固定在一起，例如用胶粘带，如此弯曲三个试件。

③ 调节弯折仪的两个平板间的距离为试件厚度的 3 倍。检测平板间 4 点的距离。

④ 放置弯曲试件在试验机上，胶带端对着平行于弯板的转轴。放置翻开的弯折试验机和试件于调好规定温度的低温箱中：

⑤ 在规定温度放置 1h 后，在规定温度弯折试验机从超过 90°的垂直位置到水平位置，1s 内合上，保持该位置 1s，整个操作过程在低温箱中进行。

⑥ 从试验机中取出试件，恢复到（23±5)℃，用 6 倍放大镜检查试件弯折区域的裂纹或断裂。

（3）结果评定

所有试件应无裂纹。

9. 不透水性检测

（1）仪器设备

不透水仪。

金属网：孔径为 0.2mm。

（2）试验步骤

① 裁取三个约（150×150)mm 的试件，在标准试验条件下放置 2h，试验在（23±5)℃进行，将装置中充水直到满出，彻底排出装置中空气。

② 将试件放置在透水盘上，再在试件中加一相同尺寸的金属网，盖上 7 孔圆盘，慢慢夹

紧直到试件夹紧在盘上，用布或压缩空气干燥试件的非迎水面，慢慢加压到规定的压力。

③ 达到规定压力后，保持压力（30±2)min。试验时观察试件的透水情况（水压突然下降或试件的非迎水面有水）。

（3）结果评定

所有试件在规定时间应无透水现象。

常用防水涂料产品不透水性能见表 8-20。

常用防水涂料产品不透水性 **表 8-20**

	金属网孔径（mm）	压板类型	试验压力（MPa）	保持时间（min）
聚氨酯防水涂料	0.5±0.1	7孔圆盘	0.3	30
聚合物水泥防水涂料	0.2	7孔圆盘	0.3	30
聚合物乳液防水涂料	0.2	7孔圆盘	0.3	30
水乳型沥青防水涂料	0.2	7孔圆盘	0.1	30

10. 干燥时间

（1）仪器设备

计时器：分度至少 1min。

铝板：规格［120×50×(1～3)］mm。

线棒涂布器：200μm。

（2）表干时间试验步骤

① 试验前铝板、工具、涂料应在标准试验条件下放置 24h 以上。

② 在标准试验条件下，用线棒涂布器按生产厂家要求混合搅拌均匀的样品涂布在铝板上制备涂膜。

③ 涂布面积为（100×50)mm，记录涂布结束时间，对于多组分涂料从混合开始记录时间。

④ 静置一段时间后，用无水乙醇擦净手指，在距试件边缘不小于 10mm 范围内用手指轻触涂膜表面，若无涂料粘附在手指上即为表干，记录时间，试验开始到结束的时间即为表干时间。

（3）实干时间试验步骤

用刀片在距试件边缘不小于 10mm 范围内切除涂膜，若底层及膜内均无粘附手指现象，则为实干，记录时间，试验开始到结束的时间即为实干时间。

（4）结果评定

平行试验两次，以两次结果的平均值作为最终结果，有效数字应精确到实际时间的10%。

11. 粘结强度检测

（1）仪器设备

拉伸试验机：测量值在量程的 15%～85%之间，示值精度不低于 1%，拉伸速度(5±1)mm/min。

电热鼓风干燥箱：控温精度±2℃。

拉伸专用金属夹具。

"8"字形金属模具。

（2）A法试验步骤

① 试验前制备好的砂浆块、工具、涂料应在标准试验条件下放置24h以上。

② 取五块（70×70)mm砂浆块，用2号砂纸清除表面浮浆。按生产厂要求的比例将样品混合后搅拌5min，涂抹在成型面上，涂膜的厚度0.5～1.0mm（可分两次涂覆，间隔不超过24h)。然后将制得的试件按标准要求养护，不需要脱模，制备五个试件。

③ 将养护后的试件用高强度胶粘剂将拉伸用上夹具与涂料面粘贴在一起，小心的除去周围溢出的胶粘剂，在标准试验条件下水平放置养护24h。然后沿上夹具边缘一圈用刀切割涂膜至基层，使试验面积为（40×40)mm。

④ 将试件安装在试验机上，保持试件表面垂直方向的中线与试验机夹具中心在一条线上，以（5±1)mm/min的速度拉伸至试件破坏，记录试件的最大拉力。

（3）B法试验步骤

① 试验前制备好的砂浆块、工具、涂料应在标准试验条件下放置24h以上。

② 取五对砂浆块用2号砂纸清除表面浮浆，必要时先将涂料稀释后在砂浆块的断面上打底，干燥后按生产厂要求的比例将样品混合后搅拌5min（单组份防水涂料样品直接使用）涂抹在成型面上，将两个砂浆块断面对接，压紧，砂浆块间涂料的厚度不超过0.5mm。然后将制得的试件按标准要求养护，不需要脱模，制备五个试件。断面尺寸22.5×22.2(mm^2)。

③ 将试件安装在试验机上，保持试件表面垂直方向的中线与试验机夹具中心在一条线上，以（5±1)mm/min的速度拉伸至试件破坏，记录试件的最大拉力。试验温度为(23±2)℃。

（4）结果计算：

粘结强度按下式计算：

$$\sigma = F/(a \times b)$$

去除表面未被粘住面积超过20%的试件，粘结强度以剩下的不少于3个试件的算术平均值表示，不足三个试件应重新试验，结果精确到0.01MPa。

12. 涂层抗渗性检测

（1）仪器设备

砂浆抗渗仪。

（2）试验步骤

① 砂浆试件制备：按标准规定确定砂浆的配比和用量，并以砂浆试件在0.3～0.4MPa压力下透水为准，确定水灰比。脱模后放入（20±2)℃水中养护7d。取出待表面干燥后，用密封材料密封装入渗透仪中进行砂浆试件的抗渗试验。水压从0.2MPa开始，恒压2h后增至0.3MPa，以后每隔1h增加0.1MPa，直至试件透水。每组选取三个在0.3～0.4MPa压力下透水的试件。

②涂膜抗渗试件制备：从渗透仪上取下已透水的砂浆试件，擦干试件上口表面水渍，并清除试件上口和下口表面密封材料的污染。将待测涂料样品按生产厂指定的比例分别称取适量液体和固体组分，混合后机械搅拌5min。在三个试件的上口表面（背水面）均匀涂抹混合好的试样，第一道0.5～0.6mm厚。待涂膜表面干燥后再涂第二道，使涂膜总厚

度为1.0～1.2mm。待第二道涂膜表干后，将制备好的抗渗试件放入水泥标准养护箱中放置168h，养护条件为：温度（20±1)℃，相对湿度不小于90%。

③ 将涂膜抗渗试件从养护箱中取出，在标准条件放置2h，待表面干燥后装入渗透仪，按砂浆试件制备加压程序进行抗渗试验，当三个试件中有两个试件上表面出现透水现象时，应停止试验，记录当时水压。

（3）结果表示

以三个试件中两个试件未透水的最大水压力表示抗渗试验结果。

8.5 现行标准

1.《弹性体改性沥青防水卷材》GB 18242—2008
2.《塑性体改性沥青防水卷材》GB 18243—2008
3.《预铺/湿铺防水卷材》GB/T 23457—2009
4.《自粘聚合物改性沥青防水卷材》GB 23441—2009
5.《高分子防水材料第一部分片材》GB 18173.1—2012
6.《高分子防水材料第二部分止水带》GB 18173.2—2000
7.《高分子防水材料第三部分遇水膨胀橡胶》GB 18173.3—2002
8.《高分子防水材料第四部分盾构法隧道管片用橡胶密封垫》GB 18173.4—2010
9.《沥青复合胎柔性防水卷材》JC/T 690—2008
10.《胶粉改性沥青玻纤毡与玻纤网格布增强防水卷材》JC/T 1076—2008
11.《胶粉改性沥青玻纤毡与聚乙烯膜增强防水卷材》JC/T 1077—2008
12.《胶粉改性沥青聚酯毡与玻纤网格布增强防水卷材》JC/T 1078—2008
13.《聚氯乙烯防水卷材》GB 12952—2011
14.《氯化聚乙烯防水卷材》GB 12953—2003
15.《石油沥青玻璃纤维胎防水卷材》GB/T 14686—2008
16.《带自粘层的防水卷材》GB/T 23260—2009
17.《改性沥青聚乙烯胎防水卷材》GB 18967—2009
18.《种植屋面用耐根穿刺防水卷材》JC/T 1075—2008
19.《坡屋面用防水材料聚合物改性沥青防水垫层》JC/T 1067—2008
20.《坡屋面用防水材料自粘聚合物沥青防水垫层》JC/T 1068—2008
21.《三元丁橡胶防水卷材》JC/T 645—1996
22.《氯化聚乙烯橡塑共混防水卷》JC/T 684—1997
23.《承载防水卷材》GB/T 21897—2008
24.《热塑性聚烯烃（TPO）防水卷材》GB 27789—2011
25.《道桥用改性沥青防水卷材》JC/T 974—2005
26.《路桥用塑性体（APP）沥青防水卷材》JT/T 535—2004
27.《铝箔面石油沥青防水卷材》JC/T 504—2007
28.《建筑防水卷材试验方法第1部分沥青和高分子防水卷材抽样规则》GB/T 328.1—2007

29.《建筑防水卷材试验方法第 2 部分：沥青防水卷材外观》GB/T 328.2—2007

30.《建筑防水卷材试验方法第 3 部分：高分子防水卷材外观》GB/T 328.3—2007

31.《建筑防水卷材试验方法第 4 部分：沥青防水卷材厚度、单位面积质量》GB/T 328.4—2007

32.《建筑防水卷材试验方法第 5 部分：高分子防水卷材厚度、单位面积质量》GB/T 328.5—2007

33.《建筑防水卷材试验方法第 6 部分：沥青防水卷材长度、宽度和平直度》GB/T 328.6—2007

34.《建筑防水卷材试验方法第 7 部分：高分子防水卷材长度、宽度、平直度和平整度》GB/T 328.7—2007

35.《建筑防水卷材试验方法第 8 部分：沥青防水卷材拉伸性能》GB/T 328.8—2007

36.《建筑防水卷材试验方法第 9 部分：高分子防水卷材拉伸性能》GB/T 328.9—2007

37.《建筑防水卷材试验方法第 10 部分：沥青和高分子防水卷材不透水性》GB/T 328.10—2007

38.《建筑防水卷材试验方法第 11 部分：沥青防水卷材耐热性》GB/T 328.11—2007

39.《建筑防水卷材试验方法第 12 部分：沥青防水卷材尺寸稳定性》GB/T 328.12—2007

40.《建筑防水卷材试验方法第 13 部分：高分子防水卷材尺寸稳定性》GB/T 328.13—2007

41.《建筑防水卷材试验方法第 14 部分：沥青防水卷材低温柔性》GB/T 328.14—2007

42.《建筑防水卷材试验方法第 15 部分：高分子防水卷材低温弯折性》GB/T 328.15—2007

43.《建筑防水卷材试验方法第 16 部分：高分子防水卷材耐化学液体（包括水）》GB/T 328.16—2007

44.《建筑防水卷材试验方法第 17 部分：沥青防水卷材矿物料粘附性》GB/T 328.17—2007

45.《建筑防水卷材试验方法第 18 部分：沥青防水卷材撕裂性能（钉杆法）》GB/T 328.18—2007

46.《建筑防水卷材试验方法第 19 部分·高分子防水卷材撕裂性能》GB/T 328.19—2007

47.《建筑防水卷材试验方法第 20 部分：沥青防水卷材接缝剥离性能》GB/T 328.20—2007

48.《建筑防水卷材试验方法第 21 部分：高分子防水卷材接缝剥离性能》GB/T 328.21—2007

49.《建筑防水卷材试验方法第 22 部分：沥青防水卷材接缝剪切性能》GB/T 328.22—2007

50.《建筑防水卷材试验方法第 23 部分：高分子防水卷材接缝剪切性能》GB/T

328.23—2007

51.《建筑防水卷材试验方法第 24 部分：沥青和高分子防水卷材抗冲击性能》GB/T 328.24—2007

52.《建筑防水卷材试验方法第 25 部分：沥青和高分子防水卷材抗静态荷载》GB/T 328.25—2007

53.《建筑防水卷材试验方法第 26 部分：沥青防水卷材可溶物含量（浸涂材料含量）》GB/T 328.26—2007

54.《建筑防水卷材试验方法第 27 部分沥青和高分子防水卷材吸水性》GB/T 328.27—2007

55.《石油沥青取样法》GB 11147—2010

56.《建筑石油沥青》GB/T 494—2010

57.《沥青针入度测定法》GB/T 4509—2010

58.《沥青延度测定法》GB/T 4508—2010

59.《沥青软化点测定法（环球法）》GB/T 4507—2014

60.《石油沥青蒸发损失测定法》GB 11964—2008

61.《石油沥青溶解度测定法》GB 11148—2008

62.《聚氨酯防水涂料》GB/T 19250—2003

63.《聚合物水泥防水涂料》GB/T 23445—2009

64.《聚合物乳液防水涂料》JC/T 864—2008

65.《溶剂型橡胶沥青防水涂料》JC/T 852—1999

66.《水乳型沥青防水涂料》JC/T 408—2005

67.《聚氯乙烯弹性防水涂料》JC/T 674—1997

68.《道桥用防水涂料》JC/T 975—2005

69.《路桥用水性沥青基防水涂料》JT/T 535—2004

70.《硅改性丙烯酸渗透性防水涂料》JG/T 349—2011

71.《金属屋面丙烯酸高弹防水涂料》JG/T 375—2012

72.《建筑防水涂料试验方法》GB/T 16777—2008

8.6 练习题

一、单选题

1. 标记为 SBSI PY S PE4 10 GB18242—2008 的材料做低温柔性试验时，弯曲直径为（　　）mm。

A. 15　　B. 25　　C. 30　　D. 50

2. 塑性体改性沥青防水卷材拉伸试验时，拉力试验机的上下夹具间距离为（　　）。

A. 25　　B. 70　　C. 180　　D. 200

3. 石油沥青的牌号是按（　　）划分的。

A. 针入度　　B. 溶解度　　C. 闪点　　D. 蒸发损失量

4. 下列不属于针入度试验条件的是（　　）。

A. 标准针及附件总质量 100g　　B. 试验温度 25℃

C. 试验时间 5S　　　　D. 流出 $50cm^3$

5. 防水卷材厚度测量仪应测量面平整，测足直径（　　）mm，施加压力（　　）kPa，测量精确度 0.01mm。

A. 6，10　　B. 6，20　　C. 10，20　　D. 10，10

6. 防水卷材厚度检测时，单卷材料单个值精确至 0.01mm，取（　　）个单个值的平均值修约至（　　）mm。

A. 5；0.01　　B. 5；0.1　　C. 10；0.01　　D. 10；0.1

7. SBS 防水卷材耐热性检测时，测量试件两面涂盖层相对于胎体的位移，精确到（　　）mm。计算每个面三个试件的滑动值的平均值，精确到 0.1mm。平均位移超过（　　）mm 为不合格。

A. 0.01；2.0　　B. 0.01；3.0　　C. 0.1；2.0　　D. 0.1；3.0

8. 延度试验时，如果沥青沉入槽底，应使用（　　）调整，使沥青材料不浮于水面，又不沉入槽底。

A. 甘油　　　　B. 乙醇

C. 氯化钠　　　　D. 新煮沸过的蒸馏水

9. 针入度试验中，下列各组试验中结果无效，应另备试样重复试验的是（　　）。

A. 40、43、41　　　　B. 82、85、86

C. 152、158、153　　　　D. 105、109、108

10. 软化点试验中，甘油适于软化点为（　　）℃的沥青，起始加热介质的温度应为（　　）℃。

A. 80－157 30±1　　B. 30－80 5±1　　C. 57－8010±1　　D. 30－575±1

11. 下列指标中不属于防水卷材性能的是（　　）。

A. 不透水性　　B. 耐老化性　　C. 拉伸性能　　D. 对比率

12. 标记为 SBSI G MPE3 10 GB 18242—2008 的材料不透水性按 GB/T 328.10 进行，试验条件为（　　），卷材（　　）作为迎水面。

A. 0.3MPa，30min；上表面　　　　B. 0.2MPa，30min；上表面

C. 0.3MPa，30min；下表面　　　　D. 0.2MPa，30min；下表面

二、多选题

1. 可用（　　）指标表征沥青材料的使用安全性。

A. 闪点　　B. 软化点　　C. 脆点　　D. 燃点

E. 以上都对

2. 下列代号中，属于弹性体改性沥青防水卷材胎基的是（　　）。

A. PY　　B. PE　　C. PYG　　D. G

E. PP

3. 沥青的主要性能包括（　　）。

A. 塑性　　B. 抗老化性　　C. 黏性　　D. 温度敏感性

E. 脆性

4. 根据标准 GB/T 494—2010，建筑石油沥青按针入度不同分为哪些牌号。（　　）

A. 10 号　　B. 20 号　　C. 30 号　　D. 40 号

E. 60号

5. 关于标记为SBSII G M PE 4 7.5 GB 18242—2008的材料，下列说法正确的是（　　）。

A. 该材料为弹性体改性沥青防水卷材

B. 该材料胎基为聚酯胎

C. 下表面材料为聚乙烯膜

D. 上表面材料为矿物粒料

E. 以上都对

6. 下列代号中属于合成高分子防水卷材的是（　　）。

A. SBS　　B. PVC　　C. TPO　　D. FS2

E. APP

三、思考题

1. 针入度试验中，测得沥青针入度值在0～49之间，当三次测定的数值相差大于多少时，结果无效?

2. 延度试验过程中出现沥青浮于水面或沉于槽底的现象，该如何处理?

3. 简述防水卷材试件制备中的注意要点。

4. 防水卷材拉伸强度试验中，如何测量哑铃型试件的厚度?

5. 防水卷材延伸率试验中对试验温、湿度有何要求?

6. 弹性体改性沥青低温柔度试验中，若有一个试件未达到标准要求，该如何判定?

7. 防水卷材的耐热度如何检测?

8. 哪些品种的防水卷材不透水性试验中用十字形金属槽盘?

9. 防水涂料检测的环境条件要求?

10. 防水涂料的固体含量如何检测?

11. 防水涂料进行耐热性检测时，若有1块试件表面有流淌现象，如何判定?

12. 防水涂料进行低温柔性检测时，若有1块试件表面出现裂纹，如何判定?

13. 防水涂料的干燥时间如何检测?

14. 防水涂料进行粘结强度检测时，结果取几位有效数字?

15. 如何制作8字砂浆块? 如何进行粘结强度的检测?

答案:

一、单选题

1. D　2. D　3. A　4. D　5. C　6. D　7. C　8. C　9. A　10. A　11. D　12. D

二、多选题

1. AD　2. ACD　3. ABCD　4. ACD　5. ACD　6. BCD

第9章　建筑装饰材料

9.1　概论

随着科学技术的不断发展及人民生活水平的不断提高，建筑装饰越来越成为各国极其重视的行业之一，因为它是各国集中体现精神与物质文明的载体，因此，从事建筑装饰工程设计、施工、检测等专业的技术人员就必须具备了解、掌握并能合理选择、应用建筑装饰材料的基本业务素质。

9.1.1　建筑装饰材料的定义及其分类

建筑装饰材料是指用于建筑物（墙、柱、顶棚、地、台等）表面起装饰作用的建筑材料。它是指主体建筑完成之后，对建筑物的室内空间和室外环境进行功能和美化处理而形成不同装饰效果所需用的材料。它是建筑材料的一个组成部分，是建筑物不可或缺的部分。建筑装饰材料对建筑的形象、特点、风格及总体功能等内容的体现起到了举足轻重的影响作用。

建筑装饰材料按其在建筑物中的使用部位可分为外墙装饰材料、内墙装饰材料、地面装饰材料、顶棚装饰材料等；按材质可分为塑料、金属、陶瓷，玻璃、木材、无机矿物、涂料、纺织品、石材等种类；而按功能可分为吸声、隔热、防水、防潮、防火、防霉、耐酸碱、耐污染等种类。

9.1.2　建筑装饰材料的功能及选择

建筑装饰材料的主要功能是：铺设在建筑表面，以美化建筑与环境，调节人们的心灵，并起到保护建筑物的作用。现代建筑要求建筑装饰要遵循美学的原则，创造出具有提高生命意义的优良空间环境，使人的身心得到平衡，情绪得到调节，智慧得到更好的发挥。在为实现以上目的的过程中，建筑装饰材料起着重要的作用。

装饰功能：建筑物的内外墙面装饰是通过装饰材料的质感、线条、色彩来表现的。质感是指材料质地的感觉；色彩可以影响建筑物的外观和城市面貌，也可以影响人们的心理。

保护功能：适当的建筑装饰材料对建筑物表面进行装饰，不仅能起到良好的装饰作用，而且能有效地提高建筑物的耐久性，降低维修费用。

室内环境改善功能：如内墙和顶棚使用的石膏装饰板，能起到调节室内空气的相对湿度，改善环境的作用；又如木地板、地毯等能起到保温、隔声、隔热的作用，使人感到温暖舒适，改善了室内的生活环境。

9.1.3　建筑装饰材料的选择

装饰建筑物的类型和档次：所装饰的建筑类型不同，选择的建筑装饰材料不应当相同。所装饰的建筑档次不同，选择的建筑装饰材料应当有区别。

建筑装饰材料对装饰效果的影响：建筑装饰材料的质感、尺度、线型、纹理、色彩等，对装饰效果都将产生一定的影响。

建筑装饰材料的耐久性：根据装饰工程的实践经验，对装饰材料的耐久性要求，包括力学性能、物理性能、化学性能三个方面。

建筑装饰材料的经济性：从经济角度考虑装饰材料的选择，应有一个总体的观念，既要考虑到工程装饰一次投资的多少，也要考虑到日后的维修费用，还要考虑到装饰材料的发展趋势。有时在关键性的问题上，适当增大一些投资，减少使用中的维修费用，不使装饰材料在短期内落后，这是保证总体上经济性的重要措施。

建筑装饰材料的环保性：不会散发有害气体，不会产生有害辐射，不会发生霉变锈蚀，遇火不会产生有害气体；对人体具有保健作用。

9.2 建筑涂料

9.2.1 建筑涂料的定义

涂料是指涂敷于物体表面，能与物体表面粘接在一起，并能形成连续性涂膜，从而对物体起到装饰、保护，或使物体具有某种特殊功能的材料。

由于涂料最早是以天然植物油脂、天然树脂，如亚麻子油、桐油、松香、生漆等为主要原料，因而涂料在过去被称为油漆。随着石油化学工业的发展，合成树脂的产量不断增加，且其性能优良，已大量替代了天然植物油和天然树脂，并以人工合成有机溶剂为稀释剂，甚至以水为稀释剂，继续称为油漆已不确切，因而改称涂料。但有时习惯上还将溶剂型涂料称为油漆，而将乳液型涂料称为乳胶漆。

建筑涂料是指用于建筑物表面的涂料，主要起装饰作用的，并起到一定的保护作用或使建筑物具有某些特殊功能。建筑装饰涂料具有色彩鲜艳、造型丰富、质感与装饰效果好，品种多样，可满足各种不同要求。此外，建筑装饰涂料还具有施工方便、易于维修、造价较低、自身重量小、施工效率高，可在各种复杂的墙面上施工等优点，因而是一种很有发展前途的装饰材料。

9.2.2 建筑涂料的组成及分类

一般涂料的组成中包含基料、颜料与填料、溶剂、助剂共四类成分。

1. 基料又称主要成膜物、胶粘剂或固着剂，是涂料中的主要成膜物质，在涂料中主要起到成膜及粘接填料和颜料的作用，使涂料在干燥或固化后能形成连续的涂层（又称涂膜）。建筑涂料对基料的基本要求

基料的性质直接决定着涂膜的硬度、柔性、耐水性、耐候性、耐腐蚀性等，并决定着涂料的施工性质及涂料的使用范围。因而基料应满足施工工艺与使用环境对涂料的要求。

用于建筑涂料的基料应具备以下性质：

（1）较好的耐碱性

建筑涂料经常用于水泥砂浆或水泥混凝土的表面，而这些材料的表面一般为碱性（含有氢氧化钙等碱性物质因而基料应具有较好的耐碱性）。

（2）常温下良好的成膜性

基料应能在常温下成膜，即基料应能在常温下干燥硬化或交联固化，以保证建筑涂料能在常温 5～35℃下正常施工并及时成膜。

(3) 较好的耐水性

用于建筑物屋面、外墙面、地面以及厨房、卫生间内墙面等的涂料，经常遇到雨水或水蒸气的作用，因而基料在硬化或固化后应具有良好的耐水性。

(4) 良好的耐候性

由于涂膜，特别是外墙面和屋面上的涂膜，直接受大气、阳光、雨水及一些有害物质的作用，因而基料应具有良好的耐候性，以保证涂膜具有一定的耐久性。

(5) 经济性

由于建筑涂料的用量很大，因而基料还应具有来源广、价格低廉或适中等特点。

2. 颜料和填料也是构成涂膜的组成部分，因而也称为次要成膜物质，但它不能脱离主要成膜物而单独成膜。

(1) 颜料

颜料的主要作用是使涂料具有所需的各种颜色，并使涂膜具有一定的遮盖力和对比率(两者均指涂料对基层材料颜色的遮盖能力。遮盖力通常采用黑白格法，以基层材料颜色不再呈现时涂料的最小用量来表示，以 g/m^2 计。对比率是采用光反射法，以黑板和白板上的规定厚度的涂膜对光的反射比之比来表示)，同时也可提高涂膜的机械强度，减少涂膜的收缩。此外颜料还能防止紫外线的穿透作用，提高涂膜的耐候性。

建筑涂料中使用的颜料应具有良好的耐碱性、耐候性，并且资源丰富、价格较低。建筑涂料中使用的颜料分为无机矿物颜料、有机颜料和金属颜料。由于有机颜料的耐久性较差，故较少使常用无机矿物颜料的主蒌品种有：氧化铁红（Fe_2O_3）、氧化铁黄[FeO（OH）· nHzCb]、氧化铬绿（Cr_2O_3）、氧化铁棕（Fe_2O_3）、钛白（TiO_2）、锌白（ZnO）、锌钡白（ZnS · $BaSO_4$ 又称立德粉）、硅灰石粉（$CaSiO_3$）、群青蓝（$Na_6Al_4Si_6S_4O_{20}$）、炭黑（C）、石墨（C）、氧化铁黑（Fe_3O_4）用。常用的金属颜料有：铝粉（Al）、铜粉（Cu）。

(2) 填料

填料又称体质颜料，主要起到改善涂膜的机械性能，增加涂膜的厚度，减少涂膜收缩，增强涂膜的机械性能和耐久性，降低涂料的成本等作用。填料大部分为白色或无色，一般不具有遮盖力和着色力。填料一般为天然材料或工业副产品，价格便宜。常用填料品种有滑石粉、碳酸钙、硫酸钡、二氧化硅等。

3. 溶剂主要起到溶解或分散基料，改善涂料的施工性能，增加涂料的渗透能力，改善涂料与基层材料的粘接力，保证涂料的施工质量等作用。施工结束后，溶剂逐渐挥发或蒸发，最终形成连续均匀的涂膜，因而将溶剂也称为辅助成膜物质。水也是一种溶剂，用于水溶性涂料和乳液型涂料。

溶剂虽然不是构成涂膜的材料，但它与涂膜质量与涂料的成本有很大的关系，选用溶剂时一般需考虑以下几个问题。

(1) 溶剂的溶解能力

某些基料只能被某些类型的溶剂所溶解。当基料为极性分子时，易被极性溶剂溶解，当基料为非极性分子时，易被非极性溶剂所溶解。此外，当溶剂带有与基料相同的官能团时，溶剂的溶解能力最大。由溶解能力高的溶剂配制而成的涂料粘度低、浓度大、施工性好，并能获得机械强度高的厚涂膜。涂料中常用的溶剂主要为松香水、酒精、苯、二甲苯、丙酮、醋酸乙酯、醋酸丁酯等。建筑涂料中常用的溶剂主要为二甲苯、醋酸丁酯等。

(2) 溶剂的挥发率

溶剂的挥发速率对涂膜的干燥快慢、涂膜的外观及涂膜质量有很大的关系。溶剂挥发率太小，则涂膜干燥慢，影响施工进度，同时涂膜在未干燥硬化前易被雨水冲刷掉或被玷污。溶剂挥发率太快，则涂料干燥过快，影响涂膜的流平性、光泽等性能，且会因溶剂挥发太快在涂膜周围产生冷凝水，而使涂膜产生橘皮状泛白。

一般以使用中等挥发率的溶剂为好，常用的溶剂为酒精、二甲苯或几种不同挥发率的溶剂的混合物。

(3) 溶剂的易燃性

有机溶剂几乎都是易燃液体，它们的燃点一般为25～55℃，同时当它们的蒸汽在空气中达到一定浓度时遇到明火或火花即产生爆炸。因此，溶剂型涂料在使用时应特别注意防火、防爆，施工环境的通风应良好。

(4) 溶剂的毒性

有些有机溶剂的蒸汽对人体有害，如苯类或含有苯环的溶剂均有较大的毒性。在生产和使用溶剂型涂料时，应尽量使用毒性小的溶剂。同时，在施工时工作人员也应采取必要的劳动保护。

(5) 水是水溶性涂料和乳液型涂料的溶剂或分散剂，生产涂料时应使用去离子水、蒸馏水或自来水，以避免水中杂质与涂料中的成分发生化学反应，影响涂料的质量和使用。

溶剂在涂料中所占比重大多在50%以上。溶剂的主要作用是溶解和稀释成膜物，使涂料在施工时易于形成比较完美的漆膜。溶剂在涂料施工结束后，一般都挥发至大气中，很少残留在漆膜里。从这个意义上来说，涂料中的溶剂既是对环境的极大污染，也是对资源的很大浪费。所以，现代涂料行业正在努力减少溶剂的使用量，开发出了高固体分涂料、水性涂料、乳胶涂料、无溶剂涂料等环保型涂料。

4. 助剂是为进一步改善或增加涂料的某些性能，而加入的少量物质，掺量一般为百分之几至万分之几，但效果显著。助剂也属于辅助成膜物质。

现代涂料助剂主要有四大类的产品：

(1) 对涂料生产过程发生作用的助剂，如消泡剂、润湿剂、分散剂、乳化剂等。

(2) 对涂料储存过程发生作用的助剂，如防沉剂、稳定剂，防结皮剂等。

(3) 对涂料施工过程起作用的助剂，如流平剂、消泡剂、催干剂、防流挂剂等。

(4) 对涂膜性能产生作用的助剂，如增塑剂、消光剂、阻燃剂、防霉剂等。

9.3 建筑涂料分类

9.3.1 按基料的类别分类

1. 有机涂料

有机涂料分为溶剂型涂料、水溶性涂料、乳液型涂料。

溶剂型涂料溶剂型涂料又称溶液型涂料，是以合成树脂为基料，有机溶剂为稀释剂，加入适量的颜料、填料、助剂等经研磨、分散等而成的涂料。

溶剂型涂料形成的涂膜细腻、光洁、坚韧，有较高的硬度、光泽、耐水性、耐洗刷性、耐候性、耐酸碱性和气密性，对建筑物有较高的装饰性和保护性，且施工方便。溶剂型涂料的使用范围广，适用于建筑物的内外墙及地面等。但涂膜的透气性差，可燃或具有一定的燃烧性。此外，溶剂型涂料本身易燃，挥发出的溶剂对人体有害，施工时要求基层材料干燥，而且价格较高。

水溶性涂料水溶性涂料是以水溶性合成树脂为基料，加入水、颜料、填料、助剂等，经研磨、分散等而成的涂料。

水溶性涂料的价格低，无毒无味，施工方便，但涂膜的耐水性、耐候性、耐洗刷性差，一般用于建筑内墙面。

乳液型涂料乳液型涂料又称乳胶涂料、乳胶漆，是以合成树脂乳液为基料，加入颜料、填料、助剂等经研磨、分散等而成的涂料。合成树脂乳液是粒径为 0.1～0.5μm 的合成树脂分散在含有乳化剂的水中所形成的乳状液。

乳液型涂料无毒、不燃，对人体无害，价格较低，具有一定的透气性，其他性能接近于或略低于溶剂型涂料，特别是光泽度较低。乳液型涂料施工时不需要基层材料很干燥，但施工时温度宜在 10℃以上，用于潮湿部位的乳液型涂料需加入防霉剂。乳液型涂料是目前大力发展的涂料。

水溶性涂料和乳液型涂料统称水性涂料。

2. 无机涂料

无机涂料是以水玻璃、硅溶胶、水泥等为基料，加入颜料、填料、助剂等经研磨、分散而成的涂料。

无机涂料的价格低、无毒、不燃，具有良好的遮盖力，对基层材料的处理要求不高，可在较低温度下施工，涂膜具有良好的耐热性、保色性、耐久性，且涂膜不燃。无机涂料可用于建筑内外墙面等。

3. 无机-有机复合涂料

无机-有机复合涂料是既使用无机基料又使用有机基料的涂料。按复合方式的不同分为无机基料与有机基料通过物理方式混合而成，无机基料与有机基料通过化学反应进行接枝或镶嵌的方式而成。

无机-有机复合涂料既具有无机涂料的优点，又具有有机涂料的优点，且涂料的成本较低，适用于建筑物内外墙面等。

9.3.2 按在建筑物上的使用部位分类

分为外墙涂料、内墙涂料、顶棚涂料、地面涂料、屋面防水涂料等。

9.3.3 按涂膜厚度、形状与质感分类

可分为薄质涂料和厚质涂料，前者的厚度一般为 50～100μm，，后者的厚度一般为 1～6mm。按涂膜的形状和质感可分为平壁状涂层涂料、砂壁状涂层涂料、凹凸立体花纹涂料。

9.3.4 按装饰涂料的特殊功能分类

可分为防火涂料、防水涂料、防腐涂料、保温涂料、防霉涂料、弹性涂料等。

建筑涂料分类时，常将两种分类结合在一起，如合成树脂乳液内（外）墙涂料、溶剂型外墙涂料、水溶性内墙涂料、合成树脂乳液砂壁状涂料等。

9.4　建筑涂料的性能及检测

9.4.1　取样及制备要求

1. 取样产品按 GB3186 的规定进行取样。取样量根据检验需要而定。

2. 试验的一般条件：

（1）试验的温度及湿度

标准环境条件（凡有可能均应采用）温度 23±2℃，相对湿度 50%±5℃。

标准温度 23±2℃，相对湿度为环境湿度。

注：对于某些试验，温度的控制范围更为严格。例如：在测试粘度或稠度时，推荐的控制范围最大为±0.5℃。

（2）状态调节

状态调节时间应以所考虑的特定试验方法加以规定。

试样试板及仪器的相关部分应置于状态调节环境中，使它们尽快地与环境达到平衡，试样应避免受日光直接照射，环境应保持清洁。试样应彼此分开，也应和状态调节箱的箱壁分开，其距离至少为 20mm。

3. 试验样板的制备：

（1）所检产品未明示稀释比例时，搅拌均匀后制板。

（2）所检产品明示了稀释比例时，除对比率外，其余需要制板进行检验的项目，均应按规定的稀释比例加水搅匀后制板，若所检产品规定了稀释比例的范围时，应取其中间值。

（3）检验用试板的底材除对比率使用聚酯膜（或卡片纸）外，其余均为符合 JC/T 412—1991 表 2 中 1 类板（加压板，厚度为 4～6mm）技术要求的石棉水泥平板，其表面处理按 GB/T 9271—1988 中 7.3 的规定进行。

（4）制板：

1）合成树脂乳液内墙涂料，合成树脂乳液外墙涂料

采用由不锈钢材料制成的线棒涂布器制板。线棒涂布器是由几种不同直径的不锈钢丝分别紧密缠绕在不锈钢棒上制成，其规格为 80、100、120 三种。各检验项目的试板尺寸、采用的涂布器规格、涂布道数和养护时间应符合表 9-1 的规定。涂布两道时，两道间隔 6h。

表 9-1

检验项目	制板要求			
	尺寸（mm×mm×mm）	线棒涂布器规格		养护期（d）
		第一道	第二道	
干燥时间	150×70×(4～6)	100		
耐水性、耐碱性、耐人工气候老化性、耐沾污性、涂层耐温变性	150×70×(4～6)	120	80	7
耐洗刷性	430×150×(4～6)	120	80	7
施工性、涂膜外观	430×150×(4～6)			
对比率		100		1[1)]

注：1）根据涂料干燥性能不同，干燥条件和养护时间可以商定，但仲裁检验时为 1d。

2）溶剂型外墙涂料

除对比率采用刮涂制板外，其他均采用刷涂制板。刷涂两道间隔时间应不小于24h。各检验项目（除对比率）的试板尺寸，刷涂量和养护时间应符合表9-2的规定。

表9-2

检验项目	制板要求			
	尺寸（mm×mm×mm）	线棒涂布器规格		养护期（d）
		第一道	第二道	
干燥时间	150×70×(4～6)	1.6±0.1	1.0±0.1	
耐水性、耐碱性、耐人工气候老化性、耐沾污性、涂层耐温变性	150×70×(4～6)	1.6±0.1	1.0±0.1	7
耐洗刷性	430×150×(4～6)	9.7±0.1	6.4±0.1	7
施工性、涂膜外观	430×150×(4～6)			

注：1）刷涂量以第一道1.5g/dm^2、第二道1.0g/dm^{2}计。

3）合成树脂乳液砂壁状建筑涂料试板的表面处理、试板尺寸、数量及涂布量（厚度）除黏结强度一项外，其余所用试板均为石棉水泥板，试板表面按JG/T23的规定进行处理。试板尺寸、数量及涂布量（厚度）按表9-3规定进行。

表9-3

项目	试扳尺寸 mm×mm×mm	合成树脂乳液砂壁状建筑涂料（主涂料湿膜厚度）（<3mm）	试板数量/块
干燥时间	150×70×3	一道	1
耐水性	150×70×3	一道	3
耐碱性	150×70×3	一道	3
耐沾污性	150×70×3	一道	3
耐人工老化性	150×70×3	一道	3
耐冲击性	430×150×3	一道	1
初期干燥抗裂性	200×150×3	一道	2
涂层耐温变性	200×150×3	一道	3
黏结强度	70×70×20（砂浆块）	1mm	10

除黏结强度外，应在要求规格的石棉水泥板上，按产品说明书的要求涂布底涂料，用喷枪喷涂主涂料试样一道。需涂布面涂料的试板，在主涂料喷涂24h后按产品说明书要求进行。

除干燥时间、初期干燥抗裂性所用试板外，其余试板在标准试验环境中养护14d。

9.4.2 容器中状态的检测

打开包装容器，用搅棒搅拌时无硬块，易于混合均匀，则认为合格。

9.4.3 施工性的检测

1. 合成树脂乳液外墙涂料、内墙涂料、溶剂型外墙涂料

用刷子在试板平滑面上刷涂试样，涂布量为湿膜厚约100mm，使试板的长边呈水平方向，短边与水平面成约85°角竖放。放置6h（溶剂型外墙涂料放置24h后再用同样方法涂刷第二道试样，在第二道涂刷时，刷子运行无困难，则可视为刷涂二道无障碍。

2. 合成树脂乳液砂壁状建筑涂料

主涂料喷涂应顺畅无困难。

9.4.4 涂膜外观的检测

将施工性检测结束后的试板放置 24h。目视观察涂膜，若无针孔和流挂，涂膜均匀，则认为正常。

9.4.5 低温稳定性检测

1. 仪器设备

低温箱：控温精度±1℃。

涂料养护箱：控制温度 23±2℃，湿度 50±5％。

带盖塑料或玻璃容器：高约 130mm，直径约 112mm，壁厚约 0.23～0.27mm。

搅棒。

2. 合成树脂乳液外（内）墙涂料低温稳定性的检测

（1）操作步骤：将试样装入约 1L 的塑料或玻璃容器内，大致装满，密封，放入(－5±2)℃的低温箱中，18h 后取出容器，再于涂料养护箱内放置 6h，如此反复三次后，打开容器，充分搅拌试样，观察有无硬块、凝聚及分离现象。

（2）数据处理与结果判定：如无硬块、凝聚及分离现象则认为一不变质。

3. 合成树脂乳液砂壁状建筑涂料低温稳定性的检测

（1）操作步骤：将主涂料试样装入约 1L 的塑料或玻璃容器内至约 110mm 高度处，密封后放入（－5±1)℃的低温箱内 18h，取出后在（23±2)℃的条件下放置 6h。如此循环操作 3 次后，打开容器盖，轻轻搅拌内部试样。

（2）数据处理及结果判定试样无结块、无凝聚及组成物的变化，则判为合格。

9.4.6 干燥时间的检测

1. 仪器设备

石棉水泥平板。

线棒涂布器 ϕ100

其他：毛刷、喷枪等。

2. 操作步骤

按规定进行制板，置于标准环境条件中。到达产品标准规定时间（合成树脂乳液外(内）墙涂料、溶剂型外墙涂料）或每间隔 1h（合成树脂乳液砂壁状建筑涂料），在距膜面边缘不小于 1cm 的范围内，以手指轻触漆膜表面。

3. 数据处理与结果判定

以手指轻触漆膜表面，如感到有些发粘，但无漆粘在手指上，则认为表面干燥。

9.4.7 对比率的检测

1. 仪器设备

涂料养护箱；

反射率仪；

其他：无色透明聚酯薄膜（厚度约为 30～50μm)、200 号溶剂油。

2. 操作步骤

（1）在无色透明的聚酯薄膜上按规定均匀地涂布被测涂料，在规定的标准条件下至少放置24h。

（2）将涂漆聚酯膜贴在滴有几滴200号溶剂油（或其他适合的溶剂）的仪器所附的黑、白工作板上，使之保证无气隙，然后在至少四个位置上测量每张涂漆聚酯膜的反射率，并分别计算平均反射率R_b(黑板上）和R_w(白板上）。

3. 数据处理与结果判定

对比率$=R_b/R_w$

平行测定两次，如两次测定结果之差不大于0.02，则取两次测定结果的平均值。

注：黑白工作板的反射率为：黑色：不大于1%；白色：(80±2)%。

9.4.8 耐水性的检测

1. 仪器设备

石棉水泥平板；

玻璃水槽；

软毛刷、线棒涂布器、喷枪；

其他：蒸馏水或去离子水、石蜡、松香。

2. 操作步骤

（1）按要求进行制板，置于标准环境条件中，按产品规定的时间进行养护。

（2）用1∶1的石蜡和松香混合物封边、封背，封边宽度2～3mm。

（3）在玻璃水槽中加入蒸馏水或去离子水。除另有规定外，调节水温为23±2℃，并在整个试验过程中保持该温度。

（4）在产品标准规定的浸泡时间结束时，将试板从槽中取出，用滤纸吸干，立即或按产品标准规定的时间状态调节后以目视检查试板。

3. 数据处理与结果判定

（1）合成树脂乳液内（外）墙涂料、溶剂型外墙涂料如三块试板中有二块未出现起泡、掉粉、明显变色等涂膜病态现象，可评定为无异常，如出现以上涂膜病态现象，按GB/T 1766进行描述。

（2）合成树脂乳液砂壁状建筑涂料试验结束后，取出试板，用滤纸轻轻吸干附着板面上的水，在标准环境中放置3h后，观察表面状态。三块试板中应有二块试板无发现起鼓、开裂、剥落，与未浸泡部分相比，允许颜色轻微变化。

9.4.9 耐碱性检测

1. 仪器设备：

天平：感量0.001g；

石棉水泥平板；

线棒涂布器

软毛刷（宽度为25～50mm）

喷枪；

其他：pH试纸（1～14)、蒸馏水或去离子水、氢氧化钙（化学纯）

石蜡、松香（工业品）。

2. 操作步骤：

（1）碱溶液（饱和氢氧化钙）的配制于23±2℃条件下，以100mL蒸馏水中加入

0.12g 氢氧化钙的比例配制碱溶液并进行充分搅拌，该溶液的 pH 值应达到 12～13。

（2）试板的制备：按要求进行制板，按产品标准规定的时间置于标准环境条件中进行养护。

（3）试板的浸泡：取三块制备好的试板，用石蜡和松香混合物（质量比为 1∶1）将试板四周边缘和背面封闭，然后将试板面积的 2/3 浸入温度为 23±2℃的氢氧化钙饱和溶液中，直到规定时间。

3. 数据处理与结果评定

（1）合成树脂乳液外（内）墙涂料、溶剂型外墙涂料：浸泡结束后，取出试板用水冲洗干净，甩掉板面上的水珠，再用滤纸吸干。立即观察涂层表面是否出现起泡、裂痕、剥落、粉化、软化和溶出等现象，如三块试板中有二块未出现起泡、掉粉、明显变色等涂膜病态现象，可评定为一无异常，如出现以上涂膜病态现象，按 GB/T 1766 进行描述（以两块以上试板涂层现象一致作为试验结果，对试板边缘约 5mm 和液面以下约 10mm 内的涂层区域，评定时不计）。

（2）合成树脂乳液砂壁状建筑涂料：浸泡结束后，取出试板，用水小心清洗板面，用滤纸轻轻吸干附着板面上的水，在标准环境中放置 3h 后，观察表面状态。三块试板中应有两块试板无发现起鼓、开裂、剥落，与未浸泡部分相比，允许颜色轻微变化。

9.4.10 耐洗刷性的测定

1. 仪器设备涂料养护箱

涂料耐洗刷性测定仪；

石棉水泥平板；

其他：C06-1 铁红醇酸底漆、洗刷介质：将洗衣粉溶于蒸馏水中，配成 0.5%（按质量计）的溶液，其 pH 值为 9.5～10.0。

2. 操作步骤

（1）试验样板的制备

a. 涂底漆在已处理过的石棉水泥平板上，单面喷涂一道 C06-1 铁红醇酸底漆，使其于 105±2℃下烘烤 30min，干漆膜厚度为 30±3um。注：若建筑涂料的深色漆，则可用 C04-83白色醇酸无光磁漆（ZBG51037）作为底漆。

b. 涂面漆在涂有底漆的二块板上，按规定施涂待测试的建筑涂料，并按产品规定的时间，置于标准环境条件下养护。

（2）耐洗刷性测定

a. 将试验样板涂漆面向上，水平地固定在洗刷试验机的试验台板上。

b. 将预处理过的刷子置于试验样板的涂漆面上，试板承受约 450g 的负荷（刷子及夹具的总重），往复摩擦涂膜，同时滴加（速度为每秒钟滴加约 0.04g）洗刷介质，使洗刷面保持润湿。

c. 视产品要求，洗刷至规定次数（或洗刷至样板长度的中间 100mm 区域露出底漆颜色）后，从试验机上取下试验样板，用自来水清洗。

3. 数据处理与结果评定

在散射日光下检查试验样板被洗刷过的中间长度 100mm 区域的涂膜。观察其是否破损露出底漆颜色，若二块试板中有一块试板的涂膜无破损，不露出底漆颜色，则认为其耐洗刷性合格。

9.4.11 涂层耐温变性的检测

1. 仪器设备

低温箱：能使温度控制在（－20±2）℃范围以内；

恒温箱：能使温度控制在（50±2）℃范围以内；

温水槽：能使温度控制在（23±2）℃范围以内；

称量天平：称量500g，感量0.5g；

涂料养护箱：能使温度控制在（23±2）V，相对湿度（50±5）%范围内；

其他：石棉水泥平板、线棒涂布器。

2. 操作步骤

（1）试板的制备按规定要求进行制备，并在标准条件下进行养护。

（2）试板的处理

a. 称量甲基硅树脂酒精溶液或环氧树脂，加入相应的固化剂。

b. 用a款规定的材料密封试件的背面及四边。在标准条件下放置24h。

（3）将试板置于水温为（23±2）℃的恒温水槽中，浸泡18h。浸泡时试板间距不小于10mm。

（4）取出试板，侧放于试架上，试板间距不小于10mm。然后，将装有试件的试架放入预先降温至（－20±2）℃的低温箱中，自箱内温度达到－18℃时起，冷冻3h。

（5）从低温箱中取出试板，立即放入（50±2）℃的烘箱中，恒温3h。

（6）取出试板，再按照③规定的条件，将试件立即放入水中浸泡18h。

（7）按照④、⑤、⑥的规定，每冷冻3h、热烘3h、水中浸泡18h，为一个循环。循环次数按照产品标准的规定进行。

（8）取出试板，在标准条件下放置2h。然后，检查试板涂层有无粉化、开裂、剥落、起泡等现象，并与留样试板对比颜色变化及光泽下降的程度。

3. 结果判定

三块试板中至少有二块未出现粉化、开裂、起泡、剥落、明显变色等涂膜病态现象，可评定为无异常，如出现以上涂膜病态现象，按GB/T 1766进行描述。

9.4.12 耐冲击性的检测

1. 仪器设备

涂料养护箱；

球形砝码：直径（50±2）mm，重量为530g±10g；

标准砂：符合GB/T 17671要求；石棉水泥平板：430×150×3mm。

2. 操作步骤

依次按产品说明书规定用量的底涂料、主涂料和面涂料涂布于试板表面，在标准环境中养护14d。将试件紧贴于厚度为20mm的标准砂GB/T 17671上面，然后把直径（50±2）mm，重量为530g±10g的球形砝码从高度300mm处自由落下，在一块试板上选择各相距50mm的三个位置进行，用肉眼观察试板表面。

3. 结果判定

试板表面无裂纹、剥落及明显变形，则判为合格。

9.4.13 粘结强度的检测

1. 仪器设备

拉力试验机：精度±1%；

涂料养护箱：控制温度23±2℃、相对湿度50±5%；

硬聚氯乙烯或金属型框；

钢质上夹具；

钢质下夹具。

2. 操作步骤

（1）标准状态下粘结强度试验

a. 将硬聚氯乙烯或金属型框置于70mm×70mm×20mm砂浆块上，将主涂料填满型框（面积40mm×400mm），用刮刀平整表面，立即除去型框，即为试板，在标准环境中养护14d。此项试验做5个试板为一组。

b. 在养护期第十天将试板置于水平状态，用双组分环氧树脂或其他高强度黏结剂均匀涂布于试样表面，并在其上面放如图所示的钢质上夹具，加约1kg砝码；除去周围溢出的黏结剂，放置72h，除去砝码；养护14d后，在拉力试验机上，按GB/T 9779的方法，沿试件表面垂直方向以的拉伸速度测定最大抗拉强度，即黏结强度。

（2）浸水后粘结强度试验

将硬聚氯乙烯或金属型框置于70mm×70mm×20mm砂将块上，将主涂料填满型框（面积40mm×40mm），用刮刀平整表面，立即除去型框，即为试板，此项试验做5个试板为一组，养护14d。

将试件水平置于水槽底部标准砂GB/T 17671上面，然后注水到水面距离砂浆块表面约5mm处，静置10d后取出，试件侧面朝下，在（50±2)℃恒温箱内干燥24h，再置于标准环境中24h。

9.5 石材

建筑中使用的石材主要包括天然石材和人造石材。天然石材是对自然界的岩石山体经开采、加工而得到的石材；人造石材（也称人工石）是指利用天然石材碎料、渣、粉等为原料经胶结或烧结而形成的石材。天然石材是人类较早使用的天然材料之一，其多具有坚固、耐久、装饰效果丰富等优点，尽管其也具有自重、硬度较大，开采、加工、运输困难，部分存在放射性危险等缺点，但是，由于人类对其的偏爱而使其成为人类应用历史较长的天然材料之一。人造石材的真正发展历史并不长，但其由于具有质轻、经济、色彩与花纹仿真性强、性能可设计性强等优势而很快为人类所接受。

9.5.1 天然石材

天然石材可大致分为三类。

火成岩岩石是由地幔或地壳的岩石经熔融或部分熔融的物质如岩浆冷却固结形成的，花岗岩就是火成岩的一种；

沉积岩是在地表不太深的地方，将其他岩石的风化产物和一些火山喷发物，经过水流或冰川的搬运、沉积、成岩作用形成的岩石，和砂岩属于这一类；

变质岩是在高温高压和矿物质的混合作用下由一种石头自然变质成的另一种石头，大理石，板岩，石英岩，玉石都是属于变质岩。

1. 石材分类、命名及编号

（1）天然石材按商业用途主要分为：花岗石、大理石、石灰石、砂岩、板石。

（2）中文名称依据产地名称、花纹色调、石材种类等可区分的特征确定，英文名称采用习惯用法或外贸名称。

（3）编号原则：

天然石材统一编号由一个英文字母、两位数字和两位数字或英文字母：

第一部分：由一位英文字母组成，代表石材的种类。

a. 花岗石（granite）—“G”

b. 大理石（marble）—“M”；

c. 石灰石（limestone）—“L”；

d. 砂岩（sandstone）—“Q”；

e. 板石（slate）—“S”。

第二部分：由两位数字组成，代表国产石材产地的省市名称，两位数字为 GB/T 2260—2002 规定的各省、自治区、直辖市行政区划代码。

第三部分：由两位数字或英文字母组成，各省、自治区、直辖市产区所属的石材品种序号，由数字 0-9 和大写英文字母 A-F 组成。

例如：中文名称：长沙黑白花，统一编号 G4396，英文名称：Changsha Black-White Flower。

2. 天然石材性质与技术要求

（1）物理性质与要求

一般主要对天然石材的体积密度、吸水率和耐水性等有要求。一般石材体积密度大、吸水率低，其强度与耐久性高，如饰面大理石和花岗石的体积密度多在 2500kg/m^3 以上，吸水率须分别小于 0.75%和 1.0%。大多数天然石材具有较高的耐水性，但如岩石中含有较多粘土时，其耐水性较差。

（2）力学性质与要求

由于天然石材属于脆性材料，其抗压强度值明显高于其他强度值，因此，抗压强度是天然石材的主要力学性能指标。砌筑用石材的强度等级由边长为 70mm 的立方体试件抗压强度划分为 MU100、MU80、MU60、MU50、MU40、MU30、MU20、MU15、MU10 九个等级。装饰用石材的抗压强度采用边长为 50mm 的试件测试。石材根据实际应用情况，也常要评价其抗折强度、硬度、耐磨、抗冲击等力学性质。

（3）耐久性

石材耐久性主要包括抗冻性、抗风化性、耐火性与耐酸性等。岩石在水、冰、化学介质等因数作用下出现开裂或剥落的现象称为风化。一般孔隙率大或含有较多黄铁矿、云母的岩石容易风化。

（4）放射性

由于一些来源于地壳的岩石中含有某些天然放射性元素，如铀系、钍系元素的衰变产物和钾－40 等，其对人体健康和环境保护非常不利，因此，应用时要对天然石材的放射性进行选择。天然石材产品放射保护分类控制标准（JC 518—93）按镭的当量浓度，将石材分为A类（使用范围不限）、B类（不可用于居室室内，可用于其他建筑内、外装饰）和C类（可用于一切建筑外装饰）。

一般情况下，花岗岩的放射性大于大理石的放射性。从石材的颜色来考虑放射性从低到高依次为黑色、灰白色、肉红色、绿色、红色。

（5）天然石材建筑板材技术指标要求

① 天然花岗石建筑板材物理性能（表 9-4）

表 9-4

项目		技术指标	
		一般用途	功能用途
体积密度(g/cm³)≥		2.56	2.56
吸水率（%）≤		0.60	0.40
压缩强度（MPa）≥	干燥水饱和	100	131
弯曲强度（MPa）≥	干燥水饱和	8.0	8.3
耐磨性[a](1/cm³)≥		25	25

注：a 使用在地面、楼梯踏步、台面等严重踩踏或磨损部位的花岗石石材应检验此项。

② 天然大理石建筑板材物理性能（表 9-5）

表 9-5

项目		指标
体积密度(g/cm³)	≥	2.30
吸水率（%）	≤	0.50
干燥压缩强度/MPa	≥	50.0
干燥	弯曲强度(MPa)≥	7.0
水饱和		
耐磨度[a]（1/cm³）	≥	10

注：a 为了颜色和设计效果，以两块或多块大理石组合拼接时，耐磨度差异应不大于5，建议适用于经受严重踩踏的阶梯，地面和月台使用的石材耐磨度最小为12。

9.5.2 人造石材

人造石材是一种人工合成的装饰材料。人造石材是在20世纪中期出现是以模仿天然石材的外观，改善天然石材的缺陷为目标而设计、生产的人造材料。随着生产技术水平的不断提高，人造石材制品的品质也越来越得到建筑装饰行业的认可。

人造石材按原料及生产工艺划分主要有四类：水泥基人造石材是以水泥为胶结料将天然石渣、粉胶结而成的，其主要优势是价廉，且挥发物少；树脂基人造石材是以有机树脂为胶结料将天然石渣、粉胶结而成的，其主要优势是质轻、色彩鲜艳、光泽效果好等，因此，成为目前国内外主要生产、应用的人造石材品种；复合型人造石材是既用有机胶结料，也用无机胶结料生产的人造石材，其特点是有机与无机材料的优势可以互补、发挥；烧结型人造石材是采用烧结的生产技术，用优质黏土等原料生产的人造石材，其优势是可像陶瓷一样的坚固、耐久，装饰效果丰富。人造石材可根据模仿的天然石材品种分为人造大理石，人造花岗石，人造玛瑙和人造玉石等，广泛地应用于建筑室内外的墙面、地面、台面、卫生洁具及其他装饰部位。

9.5.3 天然饰面石材检测

1. 压缩强度的测定

(1) 设备及量具

试验机：具有球形支座并能满足试验要求，示值相对误差不大于±1%，试验破坏荷载在20%～90%量程范围内；

干燥箱：温度可控制在105±2℃范围内；

冷冻箱：温度可控制在－20±2℃范围内；

游标卡尺：读数值为0.10mm；

万能角度尺：精度为2′。

(2) 试样要求

尺寸：边长50mm的立方体或ϕ50×50的圆柱体，尺寸偏差0.5mm；

数量：每种试验条件下5个为一组；

试样应标明层理方向（裂理方向、纹理方向、粒源方向）；

试验两个受力面应平行、光滑，相邻面夹角应为90±0.5°；

试样上不得有裂纹、缺棱、掉角。

(3) 试验步骤

① 状态处理

干燥状态：将试样在105℃±2℃的干燥箱内干燥24h，放入干燥器中冷却至室温。水保和状态：将试样放置于20℃±2℃的清水中浸泡48h，取出用拧干的湿毛巾擦去表面水分。

冻融循环状态：将试样放置于20℃±2℃的清水中浸泡48h，取出后立即放入－20℃±2℃的冷冻箱中冷冻4h，再将其放入流动的清水中融化4h，25次循环后用拧干的湿毛巾擦去表面水分。

② 尺寸测量

用游标卡尺测量两受力面的边长或直径精确至0.5mm，以两个受力面面积的平均值作为试样的受力面积。

③ 将试样放置在试验机下压板的中心部位，施加荷载至试样破坏，记录破坏荷载精确至500N。加荷速度为1500±100N/s或压板移动速率不大于1.3mm/min。

(4) 结果计算

压缩强度按下式计算：

$$P = F/S$$

式中 P——压缩强度（MPa）；

F——破坏荷载（N）；

S——试样受力面积（mm^2）。

以每组试样压缩强度的算术平均值作为该条件下的压缩强度，数值修约至1MPa。

2. 弯曲强度

(1) 设备及量具

试验机：示值相对误差不超±1%，试样破坏的载荷在设备示值的20%～90%的范围内游标卡尺：读数值为0.10mm。

万能角度尺：精度为2′。

干燥箱：湿度可控制在105℃±2℃范围内。

（2）试样要求

尺寸：试样厚度（H）可按实际情况确定。

当试样厚度（H）≤68mm时宽度为100mm；当试样厚度>68mm时宽度为1.5H。

试样长度为10×H+50mm

长度尺寸偏差±1mm，宽度、厚度尺寸偏差±0.3mm。

示例：试样厚度为30mm时，试样长度为10×30mm+50mm=350mm：宽度为100mm。试样上试样两个受力面应平整且平行。正面与侧面夹角应为90°±0.5°。

数量：每种试验条件下的试样取五个为一组。标明层理方向。

试样不得有裂纹、缺棱和缺角。

（3）试验步骤

① 状态处理：

干燥状态：在105±2℃的干燥箱内将试样干燥24h后，放入干燥器中冷却至室温。水饱和状态：将试样放在20±2℃的清水中浸泡48h后取出，用拧干的湿毛巾擦去试样表面水分，立即进行试验。

② 在试样上下两面分别标记出支点的位置。调节支架下支座之间的距离（$L=10H$）和上支座之间的距离（$L/2$），误差在±1.0mm内。按照试样上标记的支点位置将其放在上下支架之间。一般情况下应使试样装饰面处于弯曲拉伸状态，即装饰面朝下放在下支架支座上。

③ 以每分钟1800N±50N的速率对试样施加载荷至试样破坏。记录试样破坏载荷值（F）。精确至10N。

④ 用游标卡尺测量试样断裂面的宽度（K）和厚度（H），精确至0.1mm。

（4）结果计算

弯曲强度按下式计算

$$P_W = \frac{3FL}{4KH^2}$$

式中 P_W——弯曲强度（MPa）；

F——试样破坏载荷（N）；

L——支点间距离（mm）；

K——试样宽度（mm）；

H——试样厚度（mm）。

以每组试样弯曲强度的算术平均值作为弯曲强度，数值修约到0.1MPa。

3. 体积密度、吸水率

（1）设备用量具

干燥箱：温度可控制在105℃±2℃范围内。

天平：最大称量1000g，感量10mg；最大称量200g，感量1mg。

比重瓶：容积25～30mL。

（2）试样要求

尺寸：试样为边长50mm的正方体或直径、高度均为50mm的圆柱体，尺寸偏差±0.5mm。

数量：每组五块。

试样不允许有裂纹。

（3）试验步骤

将试样置于105℃±2℃的干燥箱内干燥至恒重，连续两次质量之差小于0.02%，放入干燥器中冷却至室温。称其质量m_0，精确至0.02g。

将试样放在20℃±2℃的蒸馏水中浸泡48h后取出，用拧干的湿毛巾擦去试样表面水分。立即称其质量m_1，精确至0.02g。

立即将水饱和的试样置于网篮与试样一起浸入20℃±2℃的蒸馏水中，称其试样在水中质量m_2（在称量时须先小心除去附着在网篮和试样上的气泡），精确至0.02g。

（4）结果计算

体积密度ρ_b(g/cm³）按下式计算：

$$\rho_b = \frac{m_0 \rho_w}{m_1 - m_2}$$

吸水率W_a(%）按下式计算：

$$W_a = \frac{m_1 - m_0}{m_0} \times 100$$

式中 m_0——干燥试样在空气中的质量（g）；

m_1——水饱和试样在空气中的质量（g）；

m_2——水饱和试样在水中的质量（g）；

ρ_w——室温下蒸馏水的密度（g/cm³）。

4. 耐磨性检测

方法一：

（1）试验设备

道瑞式耐磨试验机：

标准砂：

天平：最大称量200g，感量20mg。

游标卡尺：读数值为0.10mm。

（2）试样要求

尺寸：直径为25mm±0.5mm，高度为60mm±1mm的圆柱体

数量：每组试样为四个。有层理的石材，垂直和平行层理方向各取一组。试样应标明层理方向。

试样上不得有裂纹、缺棱或缺角。

（3）试验方法

试样测试前应置于温度在105℃±2℃的电热恒温干烘箱中干燥24h，将试样放置于干燥器中冷却至室温。称重m_0精确至0.01g。

将试样安装在耐磨试验机上，单个卡具质量为1250g，对其进行旋转研磨试验1000转完成一次试验。

将试样取下，刷清粉尘，称量磨削后的质量精确至0.01g。

用游标卡尺测量试样受磨端相互垂直的两个直径，精确至0.1cm，用两个直径的平均

值计算受磨面积 A。

（4）结果计算

耐磨性按下式计算：

$$M=(m_0-m_1)A$$

式中 M——耐磨性（g/cm^2）；

m_0——试验前试样质量（g）；

m_1——试验后试样质量（g）；

A——试样受磨面积（cm^2）。

以每组试样耐磨性的算术平均值作为该条件下的试样耐磨性。

方法二：

（1）试验设备

耐磨试验机，包括：动力驱动磨盘，直径254mm，转速45r/min；四个放置试样的样品夹，在试样上可以增加载重；旋转试样的齿轮；可以在磨盘上等速添加研磨料的磨料漏斗。由样品夹、垂直轴及旋转试样齿轮和载重调节装置合计总重为2000g，加于试样上。垂直轴在垂直方向可以自由调整高度，可容纳不同厚度的试样。

（2）制样

取样：选取足以代表石材种类或等级的平均品质，所采样品大小应可制作四个50mm±0.5mm的试样，样品必须有一面为镜面或细面。

试样：每组试样为四个。长度、宽度尺寸为50±0.5mm，厚度为15～55mm，试样被磨损面的棱应磨圆至半径约为0.8mm弧度。

试样处理：试样测试前应置于温度在105℃±2℃的电热恒温干烘箱中干燥24h，将试样放置于干燥器中冷却至室温后进行试验。

（3）试验方法

称干燥试样的质量准确至0.02g，然后放入耐磨试验机中，以符合GB/T 2479—1996标准要求粒度为0.25mm白刚玉做研磨料，在磨盘上研磨255转后，取出试样刷清粉尘，称其质量准确至0.02g。

将试样放在水中1h，取出后用湿布擦干表面进行称重。按GB/T 9966.3—2001的规定计算体积密度。由于湿度会影响研磨效果，例如湿度较高时试样具较高之研磨率，因此建议本试验应在相对湿度（30%～40%）间进行。

（4）结果计算

按下式计算每一试样的耐磨度：

$$H_a=10G(2000+W_s)/2000W_a$$

式中 H_a——耐磨度（$1/cm^3$）；

G——样品的体积密度（g/cm^3）；

W_s——试样的平均质量（原质量加磨后质量除以2），（g）；

W_a——研磨后质量损失（g）。

说明：耐磨度 H_a 之数值为磨损物质体积倒数乘以10的值。试样所负载重为2000g加上试样本身质量在内；

试样质量校正已包含于计算式内。根据耐磨度与质量成正比的事实，对体积密度变化较大的材料以体积作为计算耐磨度的方法比以质量为耐磨度计算的方法更为合适。

5. 镜向光泽度

(1) 仪器设备：光泽度计、工作标准板和钢板尺最小刻度为1.0mm的钢板尺。

(2) 试样要求：

试样规格为300mm×300mm

试样数量为5块。

试样表面应平整、光滑，无翘曲、波纹、突起、弯曲、砂眼等外观缺陷。

(3) 试验步骤

① 仪器校正：

采用的光泽度计必须经有关部门检定、认可，按生产厂的使用说明书操作。仪器预备热达到稳定后，用高光泽工作标准板进行校正，然后用中光泽或低光泽工作标准板进行核定。如仪器示值与原标定值之差在1光泽单位内，则仪器可以进行测试。

② 测点布置

板材中心与四角定4个测点，共测定5个点。

③ 试验：

各种建筑饰面材料测定镜向光泽的发射器入射角均采用60°。

当材料测定的镜向光泽度大于70光泽单位时，为提高其分辨程度，入射角可采用20°。当材料测定的镜向光泽度小于70光泽单位时，为提高其分辨程度，入射角可采用85°。

(4) 结果计算

测定大理石、花岗石、水磨石等建筑面板材取5点的算术平均值；测定塑料地板与玻璃纤维增强塑料板材光泽度时，取其10点的算术平均值作为该试样的光泽度值，计算精确至0.1光泽单位。如最高值与最低值超过平均值10%的数值应在其后的括弧内注明。

以3块或5块试样测定值的平均值作为被测建筑饰面材料镜向光泽度值。小数点后余数采用值修约规则修约，结果取整数。

精度：在同一试样表面重复测定所测得的平均值相差在实验室内应不超过1光泽单位；在生产现场应不超过2光泽单位。

9.6 陶瓷砖

9.6.1 概念

1. 陶瓷砖：是指由黏土或其他无机非金属原料制造的用于覆盖墙面和地面的薄板制品，陶瓷砖是在室温下通过挤压或干压或其他方法成型，干燥后在满足性能要求的温度下烧制而成。砖是有釉或无釉的，而且不可燃、不怕光的。

2. 釉：不透水的玻化覆盖层。

3. 抛光面：无釉陶瓷砖最后工序经机械研磨、抛光使砖所具有的光泽表面。

4. 挤压砖：将可塑性坯料经过挤压机挤出成型，再将所成型的泥条按砖的预定尺寸进行切割。一般指劈离砖和方砖。根据性能分为精细和普通。

5. 干压砖：将混合好的粉料置于模具中于一定压力下压制成型的。

6. 名义尺寸：用来统称产品规格的尺寸。不包括厚度。

7. 工作尺寸：按制造结果而确定的尺寸，实际尺寸与其之间的差应在规定的允许偏差之内。包括长、宽、厚。

8. 实际尺寸：按标准规定的方法测得的尺寸。

9. 配合尺寸：工作尺寸加上连接宽度。

10. 模数尺寸：模数尺寸包括了尺寸为 M(1M=100mm)、2M、3M 和 5M 以及它们的倍数或分数为级数的砖，不包括表面积小于 9000mm^2 的砖。

11. 非模数尺寸：不以模数 M 为基数的尺寸。

9.6.2 陶瓷砖的分类

1. 按成型方法分类：

A 挤压砖；B 干压砖；C 其他方法成型的砖。

2. 按吸水率分类：

(1) 低吸水率砖（Ⅰ)E≤3%；

其中Ⅰ类干压砖还可分为：E≤0.5%（BⅠa 类)；0.5%<E≤3%（BⅠb 类)；

(2) 中吸水率砖（Ⅱ)3%<E≤10%；

其中Ⅱ类挤压砖还可分为：3%<E≤6%（AⅡa1 类、AⅡa2 类)；

6%<E≤10%（AⅡ b1 类、AⅡ b2 类)

Ⅱ类挤压砖还可分为：3%<E≤6%（BⅡa 类)；6%<E≤10%（BⅡb 类)

(3) 高吸水率砖（Ⅲ)E>10%。

干压陶瓷砖按吸水率不同，可分为：瓷质砖（E≤0.5%)、炻瓷砖（0.5%<E≤3%)、细炻砖（3%<E≤6%)、炻质砖（6%<E≤10%)、陶质砖（E>10%)。

3. 按表面状态分类

有釉砖（GL）和无釉砖（UGL)。

4. 按使用部位分类

墙砖和地砖。

9.6.3 主要技术性能

陶瓷砖的性能可分为尺寸和表面质量、物理性能、化学性能。尺寸和表面质量包括长度和宽度、厚度、边直度、直角度、表面平整度（弯曲度和翘曲度)、表面质量；物理性能包括吸水率、破坏强度、断裂模数、无釉砖耐磨深度、有釉砖表面耐磨性、线性热膨胀、抗热震性、有釉砖抗釉裂性、抗冻性、摩擦系数、湿膨胀、小色差、抗冲击性、抛光砖光泽度；化学性能包括耐污染性、耐化学腐蚀性、有釉砖铅和镉的溶出量。

1. 表面质量和尺寸偏差（表 9-6～表 9-11)

AⅠ类 **表 9-6**

尺寸和表面质量		精细	普通
长度和宽度	每块砖（2 或 4 条边）的平均尺寸相对于工作尺寸的允许偏差	±2.0%，最大±2mm	±2.0%，最大±4mm
	每块砖（2 或 4 条边）的平均尺寸相对于 10 块砖（20 或 40 条边）平均尺寸的允许偏差	±1.5%	±1.5%

续表

尺寸和表面质量		精细	普通
厚度	每块砖厚度的平均值相对于工作尺寸的最大允许偏差	±10%	±10%
边直度	（正面）相对于工作尺寸的最大允许偏差	±1.0%	±1.0%
直角度	相对于工作尺寸的最大允许偏差	±1.0%	±1.0%
表面平整度最大允许偏差	相对于由工作尺寸计算的对角线的中心弯曲度	±1.0%	±1.5%
	相对于由工作尺寸计算的边弯曲度	±1.0%	±1.5%
	相对于由工作尺寸计算的对角线的翘曲度	±1.0%	±1.5%
表面质量		至少有95%的砖主要区域无明显缺陷	

AⅡ a1类 **表9-7**

尺寸和表面质量		精细	普通
长度和宽度	每块砖（2或4条边）的平均尺寸相对于工作尺寸的允许偏差	±1.25%，最大±2mm	±2.0%，最大±4mm
	每块砖（2或4条边）的平均尺寸相对于10块砖（20或40条边）平均尺寸的允许偏差	±1.0%	±1.5%
厚度	每块砖厚度的平均值相对于工作尺寸的最大允许偏差	±10%	±10%
边直度	（正面）相对于工作尺寸的最大允许偏差	±0.5%	±0.6%
直角度	相对于工作尺寸的最大允许偏差	±1.0%	±1.0%
表面平整度最大允许偏差	相对于由工作尺寸计算的对角线的中心弯曲度	±0.5%	±1.5%
	相对于由工作尺寸计算的边弯曲度	±0.5%	±1.5%
	相对于由工作尺寸计算的对角线的翘曲度	±0.8%	±1.5%
表面质量		至少有95%的砖主要区域无明显缺陷	

AⅡ a2类 **表9-8**

尺寸和表面质量		精细	普通
长度和宽度	每块砖（2或4条边）的平均尺寸相对于工作尺寸的允许偏差	±1.5%，最大±2mm	±2.0%，最大±4mm
	每块砖（2或4条边）的平均尺寸相对于10块砖（20或40条边）平均尺寸的允许偏差	±1.5%	±1.5%
厚度	每块砖厚度的平均值相对于工作尺寸的最大允许偏差	±10%	±10%
边直度	（正面）相对于工作尺寸的最大允许偏差	±1.0%	±1.0%
直角度	相对于工作尺寸的最大允许偏差	±1.0%	±1.0%
表面平整度最大允许偏差	相对于由工作尺寸计算的对角线的中心弯曲度	±1.0%	±1.5%
	相对于由工作尺寸计算的边弯曲度	±1.0%	±1.5%
	相对于由工作尺寸计算的对角线的翘曲度	±1.5%	±1.5%
表面质量		至少有95%的砖主要区域无明显缺陷	

AⅡb1 类、AⅡb2 类、AⅢ类 **表 9-9**

尺寸和表面质量		精细	普通
长度和宽度	每块砖（2 或 4 条边）的平均尺寸相对于工作尺寸的允许偏差	±2.0%，最大±2mm	±2.0%，最大±4mm
	每块砖（2 或 4 条边）的平均尺寸相对于 10 块砖（20 或 40 条边）平均尺寸的允许偏差	±1.5%	±1.5%
厚度	每块砖厚度的平均值相对于工作尺寸的最大允许偏差	±10%	±10%
边直度	（正面）相对于工作尺寸的最大允许偏差	±1.0%	±1.0%
直角度	相对于工作尺寸的最大允许偏差	±1.0%	±1.0%
表面平整度最大允许偏差	相对于由工作尺寸计算的对角线的中心弯曲度	±1.0%	±1.5%
	相对于由工作尺寸计算的边弯曲度	±1.0%	±1.5%
	相对于由工作尺寸计算的对角线的翘曲度	±1.5%	±1.5%
表面质量		至少有 95%的砖主要区域无明显缺陷	

BⅠa 类 **表 9-10**

尺寸和表面质量		产品表面积（cm²）				
		S≤90	90＜S≤190	190＜S≤410	410＜S≤1600	S＞1600
长度和宽度	每块砖（2 或 4 条边）的平均尺寸相对于工作尺寸的允许偏差	±1.2%	±1.0%	±0.75%	±0.6%	±0.5%
		抛光砖±1.0mm				
	每块砖（2 或 4 条边）的平均尺寸相对于 10 块砖（20 或 40 条边）平均尺寸的允许偏差	+0.75%	±0.5%	±0.5%	±0.5%	±0.4%
厚度	每块砖厚度的平均值相对于工作尺寸的最大允许偏差	±10%	±10%	±5%	±5%	±5%
边直度	（正面）相对于工作尺寸的最大允许偏差	±0.75%	±0.5%	±0.5%	±0.5%	±0.3%
			抛光砖±0.2mm，且最大偏差≤2.0mm			
直角度	相对于工作尺寸的最大允许偏差	±1.0%	±0.6%	+0.6%	±0.6%	±0.5%
		抛光砖±0.2mm，且最大偏差≤2.0mm。边长＞600mm 的砖，直角度用对边长度差和对角线长度差表示，最大偏差≤2.0mm				
表面平整度最大允许偏差	相对于由工作尺寸计算的对角线的中心弯曲度	±1.0%	±0.5%	±0.5%	±0.5%	±0.4%
	相对于由工作尺寸计算的边弯曲度	±1.0%	±0.5%	±0.5%	±0.5%	±0.4%
	相对于由工作尺寸计算的对角线的翘曲度	±1.0%	±0.5%	±0.5%	±0.5%	±0.4%
	抛光砖±0.2mm，且最大偏差≤2.0mm。边长＞600mm 的砖，表面平整度用上凸和下凹表示，最大偏差≤2.0mm					
表面质量		至少有 95%的砖主要区域无明显缺陷				

BⅠb 类、BⅡa 类、BⅡb 类 **表 9-11**

尺寸和表面质量		产品表面积（cm²）			
		S≤90	90＜S≤190	190＜S≤410	S＞410
长度和宽度	每块砖（2 或 4 条边）的平均尺寸相对于工作尺寸的允许偏差	±1.2%	±1.0%	±0.75%	±0.6%
	每块砖（2 或 4 条边）的平均尺寸相对于 10 块砖（20 或 40 条边）平均尺寸的允许偏差	±0.75%	±0.5%	±0.5%	±0.5%

续表

尺寸和表面质量		产品表面积（cm^2）			
		$S\leqslant 90$	$90<S\leqslant 190$	$190<S\leqslant 410$	$S>410$
厚度	每块砖厚度的平均值相对于工作尺寸的最大允许偏差	±10%	±10%	±5%	±5%
边直度	（正面）相对于工作尺寸的最大允许偏差	+0.75%	±0.5%	±0.5%	±0.5%
直角度	相对于工作尺寸的最大允许偏差	±1.0%	±0.6%	±0.6%	±0.6%
表面平整度最大允许偏差	相对于由工作尺寸计算的对角线的中心弯曲度	±1.0%	±0.5%	±0.5%	±0.5%
	相对于由工作尺寸计算的边弯曲度	±1.0%	±0.5%	±0.5%	±0.5%
	相对于由工作尺寸计算的对角线的翘曲度	±1.0%	±0.5%	±0.5%	±0.5%
表面质量		至少有95%的砖主要区域无明显缺陷			

2. 物理性能（表9-12）

表9-12

吸水率（%）	挤压	AI类	平均值≤3.0 单值≤3.3
		AⅡa1类 AⅡa2类	3.0<平均值≤6.0 单值≤6.5
		AⅡb1类 AⅡb2类	6.0<平均值≤10.0 单值≤11.0
		AⅢ类	平均值>10.0
	干压	瓷质砖BⅠa类	平均值≤0.5 单值≤0.6
		炻瓷砖BⅠb类	0.5<平均值≤3 单个最大值≤3.3
		细炻砖BⅡa类	3<平均值≤6 单个最大值≤6.5
		炻质砖BⅡb类	6<平均值≤10 单个最大值≤11.0
		陶质砖BⅢ类	平均值>10 单个最小值>9 当平均值>20时，制造商应说明
破坏强度（N）	挤压	AⅠ类	厚度≥7.5mm≥1100 厚度<7.5mm≥600
		AⅡa1类	厚度≥7.5mm≥950 厚度<7.5mm≥600
		AⅡa2类	厚度≥7.5mm≥800 厚度<7.5mm≥600
		AⅡb1类	≥900
		AⅡb2类	≥750
		AⅢ类	≥600
	干压	瓷质砖BIa类	厚度≥7.5mm≥1300 厚度<7.5mm≥700
		炻瓷砖BIb类	厚度≥7.5mm≥1100 厚度<7.5mm≥700
		细炻砖BIIa类	厚度≥7.5mm≥1000 厚度<7.5mm≥600
		炻质砖Blib类	厚度≥7.5mm≥800 厚度<7.5mm≥600
		陶质砖BⅢ类	厚度≥7.5mm≥600 厚度<7.5mm≥350
断裂模数（N/mm^2）	挤压	AI类	平均值≥23 单值≥18
		AⅡal类	平均值≥20 单值≥18
		AⅡa2类	平均值≥13 单值≥11
		AⅡb1类	平均值≥17 单值≥15
		AⅡb2类	平均值≥9 单值≥8
	干压	AⅢ类	平均值≥8 单值≥7
		瓷质砖BⅠa类	平均值≥35 单值≥32
		炻瓷砖BⅠb类	平均值≥30 单值≥27
		细炻砖BⅡa类	平均值≥22 单个最小值≥20
		炻质砖BⅡb类	平均值≥18 单个最小值≥16
		陶质砖BⅢ类	平均值≥15 单个最小值≥12

9.6.4 陶瓷砖检测

1. 尺寸偏差的测定

面积小于 $4cm^2$ 的砖不做长度、宽度、边直度、直角度和表面平整度的检验。间隔凸缘、釉泡及其他的边部不规则缺陷如果在砖铺贴后是隐蔽在灰缝内的，则在测量长度、宽度、边直度、直角度时可以忽略不计。

(1) 仪器设备

陶瓷砖变形综合测定仪；千分表；测头直径为 5～10mm 的螺旋测微器；测厚仪；游标卡尺；金属直尺；塞尺等。

(2) 试验方法

① 长度与宽度的测量

试样：每种类型的砖取 10 块整砖进行测量。

步骤：在离砖角点 5mm 处测量砖的每边，测量值精确到 0.1mm。

结果表示：正方形砖的平均尺寸是四边测量结果的平均值。试样的平均尺寸是 40 次测量的平均值。

长方形砖尺寸以对边两次测量的平均尺寸作为相应的平均尺寸，试样的长度和宽度的平均值各为 20 个测量值的平均值。

② 厚度的测量

试样：每种类型的砖取 10 块砖进行测量。

步骤：对表面平整的砖，在砖面上画两条对角线，测量 4 条线段每段上最厚的点，每块试样测量 4 点，精确到 0.1mm。

对于表面不平的砖，垂直于挤出方向划 4 条直线，直线距砖边的距离分别为边长的 0.125，0.375，0.625，0.875 倍，在每条直线上最厚点测量厚度。

结果表示：所有砖以 4 次测量值的平均值作为单块砖的平均厚度。试样的平均厚度是 40 次测量值的平均值。

③ 边直度的测量

边直度定义：在砖的平面内，边的中央偏离直线的偏差。

试样：每种类型的砖取 10 块整砖进行测量。

步骤：把砖放在仪器的支承销，使定位销离被测边每一角的距离为 5mm。

将合适的标准板，准确地置于仪器的测量位置上，调整千分表读数至合适的起始值。取出标准板，将砖的正面恰当地放在仪器的定位销上，记录边中央处的千分表读数。如果是正方形的砖，转动砖的位置得到 4 次测量值。每块砖都重复上述步骤，如果是长方形砖，分别使用合适尺寸的仪器来测量其长边和宽边的边直度，测量值精确到 0.1mm。计算公式：

$$边直度 = C/L \times 100$$

式中 C——测量边的中央偏离直线的偏差（mm）；

L——测量边长度（mm）。

对边长<100mm 或>600mm 的陶瓷砖，将砖竖立起来，在被测量边两端各放置一个相同厚度的平块，将钢直尺立于平块上，测量边的中点与钢直尺间的最大间隙，该间隙与平块的厚度差即为偏差实际值。

④ 直角度的测量

直角度定义：将砖的一个角紧靠着放在用标准板校正过的直角上，测量它与标准直角的偏差。

试样：每种类型砖取10块符合要求的整砖进行测量。

步骤：把砖放在仪器的支承销，使定位销靠近被测边，离测量边每个角点的距离为5mm，千分表的测杆也应离测量边的一个角点5mm处。

将合适的标准板，准确地置于仪器的测量位置上，调整千分表读数至合适的起始值。

取出标准板，将砖的正面恰当地放在仪器的定位销上，记录离角5mm处的千分表读数。如果是正方形的砖，转动砖的位置得到4次测量值。每块砖都重复上述步骤，如果是长方形砖，分别使用相应的尺寸的仪器的仪器来测量其长边和宽边的直角度，测量精确到0.1mm。

计算公式：

$$直角度 = \delta/L \times 100$$

式中 δ——在距角点5mm处测得的砖的测量边与标准板相应边的偏差值；

L——砖对应边的长度。

对边长<100mm的砖用直角尺和塞尺测量，将直角尺的两边分别紧贴在被测角的两边，根据被测角大于或小于90°的不同情况，分别相应在直角尺根部或砖边与直角尺的最大间隙处用塞尺测量其间隙；对边长>600mm的砖分别量取两对边长度差和对角线长度差；

⑤ 平整度的检验（弯曲度和翘曲度）

与平整度有关的定义主要有以下几个：

表面平整度：由砖面上3点的测量值来定义。有凸纹浮雕的砖，如果正面无法检验，可能时应在其背面检验。

边弯曲度：砖一条边的中点偏离由4个角点中的3点所确定的平面的距离。

中心弯曲度：砖面的中心点偏离由砖4个角点中的3点所确定的平面的距离。

翘曲度：砖的3个角点确定一个平面，第4个角点偏离该平面的距离。

试样：每一类型的砖取10块整砖进行检验。

选择尺寸合适的仪器，将相应的标准板准确的放在3个定位支承销上，每个支撑销的中心到砖边的距离为10mm，外部的两个分度表到砖边的距离也为10mm，调节3个分度表的读数至合适的初始值。

取出标准板，将砖的釉面或合适的正面朝下置于仪器上，记录3个分度表的读数。如果是正方形砖，转动试样，每块试样得到4个测量值，每块砖重复上述步骤。

如果是长方形砖，分别使用合适尺寸的仪器来测量。

记录每块砖最大的中心弯曲度，边弯曲度和翘曲度，测量值精确到0.1mm。

结果表示：

中心弯曲度以与对角线长的百分比表示。

边弯曲度以百分比表示。

长方形砖以与长度和宽度的百分比表示。

正方形砖以与边长的百分比表示。

翘曲度以与对角线长的百分比表示。有间隔凸缘的砖检验时用mm表示。

对边长＜100mm 或＞600mm 的陶瓷砖，将砖正面朝上，在砖的对角线两点处各放置一个相同厚度的平块，将钢直尺立于平块上，测量对角线的中点与钢直尺间的最大间隙，该间隙与平块的厚度差即为偏差实际值；（用由工作尺寸算出的对角线长的百分比或 mm 表示）

注：边长＜100mm 或＞600mm 的陶瓷砖不要求边弯曲度、中心弯曲度和翘曲度

2. 表面质量的测定

（1）仪器

色温为 5000～6500K 的突光灯、1m 长的直尺或其他合适测量距离的量具以及照度计。

（2）试样

对于边长小 600mm 的砖，每种类型至少取 30 块整砖进行检验，且面积不小于 $1m^2$；

对于边长不小于 600mm 的砖，每种类型至少取 10 块整砖进行检验，且面积不小于 $1m^2$。

（3）步骤

将砖的正面表面用照度为 300lx 的灯光均匀照射，检验被检表面的中心部分和每个角上的照度。在垂直距离为 lm 处用肉眼观察被检验砖组表面的可见缺陷（平时戴眼镜的可戴上眼镜）。

检验的准备和检验不应是同一个人。

砖表面的人为装饰效果不能算缺陷。

（4）结果表示

表面质量以表面无可见缺陷砖的百分比表示。

表面缺陷和人为效果的定义：

裂纹：在砖的表面，背面或两面可见的裂纹

釉裂：釉面上有不规则如头发丝的细微裂纹

缺釉：施釉砖釉面局部无釉

不平整：在砖或釉面上非人为的凹陷

针孔：施釉砖表面的如针状的小孔

桔釉：釉面有明显可见的非人为结晶，光泽较差

斑点：砖的表面有明显可见的非人为异色点

釉下缺陷：被釉面覆盖的明显缺点

装饰缺陷：在装饰方面的明显缺点

磕碰：砖的边、角或表面崩裂掉细小的碎屑

釉泡：表面的小气泡或烧结时释放气体后的破口泡

毛边：砖的边缘有非人为的不平整

釉缕：沿砖边有明显的釉堆集成的隆起。

注：为了判别是允许的人为装饰效果还是缺陷，可参考产品标准的有关条款。但裂纹、掉边和掉角是缺陷。

3. 吸水率的测定

（1）仪器

能在 110℃±5℃温度下工作的烘箱；

供煮沸用适当的惰性材料制成的加热器；

热源；

能称量精确到0.01%的天平；

去离子水或蒸馏水；

干燥器；

麂皮；

吊环、绳索或篮子：能将试样放入水中悬吊称其质量；

玻璃烧杯，或者大小和形状与其类似的容器。将试样用吊环吊在天平的一端，使试样完全浸入水中，试样和吊环不与容器的任何部分接触；

真空容器和真空系统：能容纳所要求数量试样的足够大容积的真空容器和抽真空能达到10kPa±1kPa，并保持30min的真空系统。

（2）试样

每种类型的砖用10块整砖测试。

如每块砖的表面积大于0.04m^2时，只需用5块整砖作测试。

如块砖的质量小于50g，则需足够数量的砖使每种测试样品达到50～100g。

如砖的边长大于200mm且小于400mm时，可切割成小块，但切割下的每一块应计入测量值内。多边形和其他非矩形砖，其长和宽均按外接矩形计算。若砖的边长大于400mm时，至少在3块整砖的中间部位切取最小边长为100mm的5块试样。

（3）步骤

① 将砖放在110℃±5℃的烘箱中干燥恒重，即每隔24h的两次连续质量之差小于0.1%。砖放在有硅胶或其他干燥剂的干燥器内冷却至室温，不能使用酸性干燥剂。每块砖按表9-13的测量精度称量和记录。

表9-13

砖的质量（g）	测量精度
50≤m≤100	0.02
100<m≤500	0.05
500<m≤1000	0.25
1000<m≤3000	0.50
m>3000	1.00

② 水的饱和：

a. 煮沸法：适用于陶瓷砖分类和产品说明

将砖竖直地放在盛有去离子水的加热器中，使砖互不接触。砖的上部和下部应保持有5cm深度的水。在整个试验中都应保持高于砖5cm的水面。将水加热至沸腾并保持煮沸2h。然后切断热源，使砖完全浸泡在水中冷却至室温，并保持4h±0.25h。也可用常温下的水或制冷器将样品冷却至室温。将一块浸湿过的麂皮用手拧干，并将麂皮放在平台上轻轻地依次擦干每块砖的表面，对于凹凸或有浮雕的表面应用麂皮轻快地擦去表面水分，然后称重，记录每块试样的称量结果。

b. 真空法：适用于显气孔率、表观相对密度和除分类以外吸水率的测定

将砖竖直放入真空容器中，使砖互不接触，加入足够的水将砖覆盖并高出5cm。抽真

空至10kPa±1kPa，并保持30min后停止抽真空，让砖浸泡15min后取出。将一块浸湿过的麂皮用手拧干。将麂皮放在平台上依次轻轻擦干每块砖的表面，对于凹凸或有浮雕的表面应用麂皮轻快地擦去表面水分，然后立即称重并记录，与干砖的称量精度相同。

③ 悬挂称量：

试样在真空下吸水后，称量试样悬挂在水中的质量，精确至0.01g。称量时，将样品挂在天平一臂的吊环、绳索或篮子上。实际称量前，将安装好并浸入水中的吊环、绳索或篮子放在天平上，使天平处于平衡位置。吊环、绳索或篮子在水中的深度与放试样称量时相同。

④ 结果表示：

$$E_{(b,v)}=\frac{m_{2(b,v)}-m_1}{m_1}\times 100$$

式中 m_1——干砖的质量；

m_{2b}——砖在沸水中吸水饱和的质量 m_{2v}：砖在真空下吸水饱和的质量在上面的计算中，假设1cm^3 水重1g，此假设室温下误差在0.3%以内；

E_b——表示用 m_{2b}测定的吸水率，代表水仅注入容易进入的气孔；

E_v——表示用 m_{2v}测定的吸水率代表水最大可能地注入所有气孔。

4. 破坏强度和断裂模数的测定

(1) 定义

破坏荷载：从压力表上读出的使试样破坏的力，单位N。

破坏强度：破坏荷载乘以两支撑棒之间的跨距/试样宽度，单位N。

断裂模数：破坏强度除以沿破坏断面最小厚度的平方，单位N/mm^2。

(2) 仪器

能在110℃±5℃下工作的烘箱；

精确到2.0%的压力表；

金属制的两根圆柱形支撑棒，与试样接触部分用硬度为50IRHD±5IRHD的橡胶包裹，橡胶的硬度按GB/T 6031测定，一根棒能稍微摆动，另一根棒能绕其轴稍作旋转；

一根与支撑棒直径相同且用同样橡胶包裹的圆柱形中心棒，用来传递荷载 F，此棒可稍作摆动。见表9-14。

棒的直径、橡胶厚度和长度（mm） **表9-14**

砖的尺寸 K	棒的直径 d	橡胶厚度 t	砖伸出支撑棒外的长度 L
$K\geqslant 95$	20	5±1	10
$48\leqslant K<95$	10	2.5±0.5	5
$18\leqslant K<48$	5	1±0.2	2

(3) 试样

应用整砖检验，但是对超大的砖（即边长大于300mm的砖）和一些非矩形的砖，必须进行切割，切割成可能最大尺寸的矩形试样，以便安放在仪器上检验。其中心应与原来砖的中心一致。在有疑问时，用整砖比切割过的砖测得的结果准确。最少试样数量见表9-15。

每种样品的最少试样数量 表 9-15

砖的尺寸 K（mm）	最少试样的数量
$K \geqslant 4.8$	7
$18 \leqslant K < 48$	10
$18 \leqslant K < 48$	10

（4）步骤

用硬刷刷去试样背面松散的粘结颗粒。

将试样放入 110℃±5℃的烘箱中干燥至恒重，即间隔 24h 的连续两次称量的差值不大于 0.1%。然后将试样放在密闭的烘箱或干燥器中冷却至室温，干燥器中放有硅胶或其他合适的干燥剂，但不可放入酸性干燥剂。需在试样达到室温至少 3h 后才能进行试验。

将试样置于支撑棒上，使釉面或正面朝上，试样伸出每根支撑棒外的长度 L 应符合规定。

对于两面相同的砖，例如无釉马赛克，以哪面在上都可以。对于挤压成型的砖，应将其背肋垂直于支撑棒放置，对所有其他矩形砖，应以其长边垂直于支撑棒放置。

对凸纹浮雕的砖，在与浮雕面接触的中心棒上再垫一层相应厚度的橡胶层。

中心棒应与两支撑棒等距，以 $1N/(mm^2 \cdot s) \pm 0.2N/(mm^2 \cdot s)$ 的速率均匀地增加负载，每秒的实际增加率可按破坏强度公式计算，记录断裂荷载 F。

（5）结果表示

只有在宽度与中心棒直径相等的中间部位断裂试样，其结果才能用来计算平均破坏强度和平均断裂模数，计算平均值至少需 5 个有效的结果。

破坏强度（S）以 N 表示，断裂模数（R）N/mm^2 表示。

$$S = \frac{FL}{b} R = \frac{3FL}{2bh^2} = \frac{3S}{2h^2}$$

式中 F——破坏荷载（N）；

L——支撑棒之间的跨距（mm）；

b——试样的宽度（mm）；

h——试验后沿断裂边测得的试样断裂面的最小厚度（mm）。

记录所有结果，以有效结果计算试样的平均破坏强度和平均断裂模数。

5. 抗热震性的测定

（1）原理

抗热震性的测定是用整砖在 15℃和 145℃两种温度之间进行 10 次循环试验。

（2）设备

可盛 15℃±5℃流动凉水的低温水槽。

浸没试验：用于吸水率不大于 10%的陶瓷砖，水槽不用加盖，但水需有足够的深度使砖垂直放置后能完全浸没。

非浸没试验：用于吸水率大于 10%的有釉砖。在水槽上盖上一块 5mm 厚的铝板，并与水面接触。然后将粒径分布为 0.3mm 到 0.6mm 的 IS 粒覆盖在锡板上，铝粒层厚度为 5mm。

工作温度为 145℃到 150℃的烘箱。

（3）试样

最少用5块整砖进行试验。对于超大的砖（即边长大于400mm的砖），有必要进行切割切割尽可能大的尺寸，其中心应与原中心一致。在有疑问时，用整砖比用切割过的砖测定的结果准确。

（4）步骤

试样的初步检查：首先用肉眼（平常戴眼镜的可戴上眼镜）在距砖25cm到30cm，光源照度约3001x的光照条件下观察砖面。所有试样在试验前应没有缺陷。可用亚甲基蓝溶液进行测定前的检验。

浸没试验：吸水率不大于质量分数为10%的低气孔率砖，垂直浸没在15±5℃的冷水中，并使它们互不接触。

非浸没试验：吸水率大于质量分数为10%质量的有釉砖，使其釉面向下与15±1℃的冷水槽上的铝粒接触。

对上述两项步骤，在低温下保持5min后，立即将试样移至145±5℃的烘箱内重新达到此温度后保温（通常为20min）然后立即将它们移回低温环境中。

重复此过程10次循环。

然后用肉眼（平常戴眼镜的可戴上眼镜），在距试样25cm到30cm，光源照度约3001x的条件下观察试样的可见缺陷。为帮助检查，可将合适的染色溶液（如含有少量湿润剂的1%亚甲基蓝溶液）刷在试样的釉面上，1min后，用湿布抹去染色液体。

6. 抗冻性的测定

（1）原理

陶瓷砖浸水饱和后，在5℃和−5℃之间循环。所有砖的面须经受到至少100次冻融循环。

（2）设备

能在10℃±5℃条件下工作的干燥箱。能取得相同试验结果的微波、红外线或其他干燥系统均可使用；

用称量精确到试样质量的0.01%的天平；

能用真空栗抽真空后注入水的装置。能使装砖容器内的压力降到60±4kPa的真空度；

能冷冻至少10块砖的冷冻机，其最小面积为0.25m^2，并使砖互相不接触；

麂皮；

水，温度保持在20±5℃；

热电偶或其他合适的测温装置。

（3）试样

使用不少于10块整砖，其最小面积为0.25mm^2，砖应没有裂纹、釉裂、针孔、磕碰等缺陷。如必须用有缺陷的砖进行检验，在试验前应用永久性的染色剂对缺陷做记号，试验后检查这些缺陷。

试样制备：砖在110±5℃的干燥箱内烘干恒重，即相隔24h，连续两次称量之差值小于0.01%。记录每块砖的干质量（m_1）。

（4）浸水泡和

砖冷却至环境温度后，将砖垂直地放在真空干燥箱内，砖与砖、砖与干燥箱互不接触。真空干燥箱连接真空泵抽真空，抽到压力低于60±2.6kPa。在该压力下把水引入装有砖的真空干燥箱内浸没，并至少高出砖 50mm。在相同压力下维持 15min，然后恢复到大气压力。用手把湿麂皮拧干，然后将麂皮放在一个平面上。依次将每块的砖的各个面轻轻擦干，记录每块砖的湿质量 m^2。

初始吸水率 E_1 用质量百分比表示

$$E_1 = \frac{m_1 - m_2}{m_1} \times 100$$

式中 m_1——每块干砖的质量（g）；

m_2——每块湿砖的质量（g）。

（5）步骤

在试验时选择一块最厚的砖，该砖应视为对度样具有代表性。在砖一边的中心钻一个直径为 3mm 的孔，该孔距砖边最大距离为 40mm，在孔中插一支热电偶，并用一小片隔热材料（例如多孔聚苯乙烯）密封孔。如果用这种方法不能钻孔，可把一支热电偶放在一块砖的一个面的中心，用另一块砖附在这个面上。在冷冻机内将欲测的砖垂直地放在支撑架上，用这一方法使得空气通过每块砖之间的空隙流过所有表面。把装有热电偶的砖放在试样中间，热电偶的温度定为试验时所有砖的温度，只有在用相同试样重复试验的情况下这点可省略。此外，应偶尔用砖中的热电偶作核对。每次测量温度应精确到±0.5℃。

以不超过 20℃/h 的速率使砖降温到−5℃以下，砖在该温度下保持 15min。砖浸于水中或喷水直到温度达到 5℃以上。砖在该温度下保持 15min。

重复上述循环至少 100 次。如果将砖保持浸没在 5℃以上的水中，则此循环可中断。称量试验后的砖质量（m_3），再将其烘干到恒重的试样称出质量（m_4）。最终吸水率 E_2 用质量百分比表示。

$$E_2 = \frac{m_3 - m_4}{m_4}$$

式中 m_3——试验后每块湿砖的质量（g）；

m_4——试验后每块干砖的质量（g）。

100 次循环后，在距离 25～30cm 大约 3001x 的光照条件下，用肉眼检查砖的釉面、正面和边缘。如果通常戴眼镜者，可以戴眼镜检查。在试验早期，如果有理由确信砖已遭受损坏，可在试验中间阶段检查并同时作记录。记录所有观察到砖的釉面、正面和边缘的损坏情况。

9.7 石膏板

9.7.1 概念

石膏板是在建筑石膏中加入适量促凝剂或缓凝剂增强材料、发泡剂和胶材，加水搅拌，浇注成型，凝固脱模修边干燥后制成。它是一种重量轻、强度较高、厚度较薄、加工方便以及隔音绝热和防火等性能较好的建筑材料，是当前着重发展的新型轻质板材之一。石膏板已广泛用于住宅、办公楼、商店、旅馆和工业厂房等各种建筑物的内隔墙、墙体覆面板（代替墙面抹灰层）、天花板、吸音板、地面基层板和各种装饰板等。

我国生产的石膏板主要有：纸面石膏板、装饰石膏板、石膏空心条板、纤维石膏板等。

9.7.2　主要技术性能及检测

主要技术性能包括：外观质量、尺寸偏差、含水率、吸水率、表面吸水量、单位面积质量、硬度、抗冲击性、断裂荷载、受潮挠度、护面纸与石膏芯的粘结性、遇火稳定性等。

1. 仪器设备

钢卷尺：最大量程 5000mm，分度值 1mm；

钢直尺：最大量程 1.000mm，分度值 1mm；

板厚测定仪：最大量程 30mm，分度值 0.01mm；

游标卡尺：0～300mm，精度 0.02mm；

天平：最大称量 5kg，感量 1g；

电热鼓风干燥箱：最高温度 300℃，控温器灵敏度±1℃；

受潮挠度测定仪；

板材抗折机：最大量程 2000N，示值误差±1%；

护面纸与石膏芯粘结试验仪。

2. 环境要求

单位面积质量、断裂荷载，受潮挠度、吸水率测定试件烘干恒重的干燥温度：40±2℃；吸水率测定时水温 20±3℃；

受潮挠度测定时温度为 32±2℃，空气相对湿度 90±3%。

3. 试样及制备要求

以纸面石膏板为例。

纸面石膏板以每 2500 张同品种、同型号、同规格的产品为一批，不足对应数量时，按一批计。取五张整板试样为一组，依次观测其外观质量、尺寸偏差后，距板四周大于 100mm 处按表 9-16 规定的方向、尺寸和数量切取试样，进行编号，供其余各项试验用。

表 9-16

试件用途	试件代号	纵向尺寸（mm）	横向尺寸（mm）	每张材上切取试件数量（个）
纵向断裂荷载（兼做面密度）	Z	400	300	1
横向断裂荷载（兼做面密度）	H	300	400	1
端头硬度	T	75	300	1（两端头任取 1）
棱边硬度	L	300	75	2（两棱边各取 1）
抗冲击性	K	300	300	1
面纸与芯材粘结性	M	120	50	1
背纸与芯材粘结性	D	120	50	1
遇火稳定性	Y	300	50	1
吸水率	S	300	300	1
表面吸水量	B	125	125	1

4. 试验方法及步骤

（1）外观质量的检查

在 0.5m 远处光照明亮的条件下，纸面石膏板对试样逐张进行检查，记录每张板影响使用的破损，波纹、沟槽、污痕、过烧、亏料、边部漏料和纸面脱开等缺陷情况。装饰面和嵌装式装饰石膏板，分别对 3 块试件的正面逐个进行目测检查，记录每个试件影响装饰效果的气孔、污痕、裂纹、缺角、色彩不均匀和图案不完整等缺陷。

(2) 尺寸偏差的测定

① 长度的测定

将钢卷尺与石膏板的棱边平行，每张板测定三个长度值，测点分布于距棱边 50mm 处和对称轴上，记录每张板上三个长度值，并以最大偏差值作为该试样的长度偏差，精确至 1mm。

② 宽度的测定

测量时，盒尺应与石膏板的棱边垂直。如果板材具有倒角，应测定板材背面的宽度。每张试样测定三个宽度值，测点分布于距端头 30mm 处和对称轴上。记录每张板上三个宽度值，并以最大偏差值作为该试样的宽度偏差，精确至 1mm。

③ 厚度的测定

在每张板任一端头的宽度上，等距离布置六个测点，用板厚测定仪测量。测点距板的端头不小于 25mm，距板棱边不小于 80mm。记录每张板上六个厚度测量值，并以最大偏差值，作为试件的厚度偏差，精确至 0.1mm。

(3) 含水率的测定

分别称量三块试件的质量 G_{h1}，在把试件置入 40±2℃条件的电热鼓风干燥箱中烘干至恒重（试件在 24h 内的重量变化小于 5g 时即为恒重），并在不吸湿的条件下冷却至室温，称量试件的干燥后质量 G_{h2}，精确至 5g，试件含水率的计算：

$$W_h = \frac{G_{h1} - G_{h2}}{G_{h2}} \times 100$$

式中 W_h——试件含水率（%）；

G_{h1}——试件烘干前的质量（g）；

G_{h2}——试件烘干后的质量（g）。

计算三块试件含水率的平均值，并记录其中最大值，精确至 0.5%。

(4) 吸水率的测定

将经恒重的试件称量（G_1），然后浸入温度为 20±3℃的水中，试件上表面低于水面 30mm。试件互相不紧贴，也不与水槽底部紧贴。浸水 2h 后取出试件，用湿毛巾吸去试件表面的水，称量（G_2）。试件的吸水率计算：

$$W_1 = \frac{G_2 - G_1}{G_1} \times 100$$

式中 W_1——试件吸水率（%），精确到 1%；

G_1——试件浸水前的质量（g）；

G_2——试件浸水后的质量（g）。

(5) 单位面积质量的测定

取 10 个用于断裂荷载测定的试件进行单位面积质量的测定。在 40±2℃条件的电热鼓风干燥箱中烘干至恒重（试件在 24h 内的质量变化小于 5g 时即为恒重）。根据其面积计算每张板上两个试件单位面积质量的平均值，精确至 0.1kg/m^2。

(6) 断裂荷载的测定

将试件置于板材抗折机的支座上。沿板材纵向切取的试件（代号 Z）正面向下放置，板材横向切取的试件（代号 H）背面向下放置。支座中心距为 350mm。在跨距中央，通过加荷辊沿平行于端支座的方向施加荷载，加荷速度为（250±50）N/min，直至试件断裂。记录断裂时的荷载，精确至 1N。

（7）受潮挠度的测定

将三块整板分别锯取 1/2，组成 3 个 $500mm^3$、250mm 或 $600mm^3$、300mm 的试件，置入 40±2℃的电热鼓风干燥箱中烘干至恒重（试件在 24h 内的质量变化小于 5g 时即为恒重）。然后将每块试件正面向下，分别悬放在受潮挠度测定仪试验箱中三个试验架的支座上，支座中心距为试件长减去 20mm。在温度为 32±2℃，空气相对湿度为 90%±3%条件下，将试件放置 48h。然后将试件连同试验架从试验箱中取出，利用专用的测量头，分别测定每个试验架上试件中部的下垂挠度。计算 3 个试件受潮挠度的平均值，并记录其中的最大值，精确至 1mm。

（8）表面吸水量的测定

试件于 40±2℃的条件下干燥至恒重，在干燥器中冷却至室温。将试件水平放在支架上，面纸向上，在试件上放置一个内径为 113mm 圆筒，试件与圆筒接触处用油腻子密封，称量 G_3，往圆筒内注入 20±3℃的水，其高度为 25mm，静置 2h，倒去水并用吸水纸吸去试件表面和圆筒内壁的附着水，称量 G_4，称量精确至 0.1g，计算每个试件的表面吸水量：

$$W_2 = \frac{G_4 - G_3}{F}$$

式中　W_2——表面吸水量（g/m^3）；

G_4——吸水后的试件、圆筒和油腻子总质量（g）；

G_3——吸水前的试件、圆筒和油腻子总质量（g）；

F——吸水面积（m^2）。

（9）护面纸与石膏芯粘结的测定

试件在 40±2℃的条件下干燥至恒重后，在试件长边距端头 20mm 处锯一条缝，把石膏折断，但不得破坏另一面的护面纸。测定背纸与石膏芯粘结的试件（代号 D），锯缝在试件的正面；测定面纸与石膏芯粘结的试件（代号 M），锯缝在试件的背面。

将试件固定在护面纸与石膏芯粘结试验仪上，在试件沿锯缝弯折的部分挂上 20N 荷重（包括夹具质量），慢慢松开手使护面纸剥离。观察每张板上两个试件护面纸剥离后的状况。

9.8 建筑玻璃

玻璃是建筑工程中使用的为数不多的利用透光、透视性控制、隔断空间的建筑材料之一。由于是建筑中必不可少的建筑材料，因此，玻璃的功能与特点的变化对建筑业来说是非常重要的。随着科技水平与人们生活水平的不断提高，建筑玻璃已由透光、透视的基本功能向着装饰、调光、调热、隔音、节能、耐久等更丰富的功能方向发展。

9.8.1 玻璃的组成与生产工艺

玻璃是一种无定型的硅酸盐制品，为各向同性的均质材料，其主要矿物成分为石英、纯碱、石灰石等，因此，其主要的化学成分是 SiO_2，Na_2O，CaO 等。有时，也常常改变玻璃的传统成分，以达到改善或使其具有不同的性质特点的目的。

传统的生产玻璃的工艺方法有垂直引上法、水平拉引法、压延法等，浮法是现代最先进的平板玻璃生产方法。与传统生产方法比较，浮法玻璃的主要特点是产量高、规模大、制品规格可调范围宽，更重要的是其由于自抛光的工艺特点，使玻璃表面极其平整、光滑。

9.8.2 玻璃的分类

玻璃按化学组成分分有钠钙硅酸盐玻璃、钾钙硅酸盐玻璃、铝镁硅酸盐玻璃、石英玻璃、钾铅硅酸盐玻璃、硼硅硅酸盐玻璃等；按功能分有普通玻璃、热反射玻璃、吸热玻璃、防火玻璃、安全玻璃等；按用途分有窗用玻璃、器皿玻璃、光学玻璃等；按形状分有平板玻璃、曲面玻璃、中空玻璃、玻璃砖等。

9.8.3 玻璃的基本性质

1. 密度：玻璃的密度为 2.45～2.55g/cm^3，其孔隙率接近于零。

2. 光学性质：玻璃的基本光学性能是透光性（光透射比）、吸光性（光吸收比）、反光性（光反射比）与遮光性（遮蔽系数）。玻璃的光学性质与其组成、颜色、厚度等有关，如 3mm 厚的普通无色（钠钙）玻璃的可见光与太阳光的透射比分别为 89%与 85%，吸收比分别为 2.7%. 与 2.3%，反射比很小。随着玻璃厚度的增加或颜色的加深，玻璃的透光性降低，吸光与遮光性增强；玻璃表面光泽度及镜面效应的增加，会使其反光与遮光性增强。

3. 力学性质：玻璃在建筑中常受到弯曲、拉伸、冲击、磨划等作用，因此，其主要化学指标是抗拉强度、抗弯强度、弹性模量、硬度等。

4. 热物理性质：玻璃的主要热物理性质是导热性（导热系数）与热膨胀性（热膨胀系数），其主要取决于玻璃的化学组成。一般室温下，玻璃的导热系数为 0.40～0.82W/(m·k)，热膨胀系数为（9～15）×106K^{-1}。由于玻璃的导热系数小，弹性模量值大，尽管其热膨胀系数值不大，但其热稳定性仍然较差，受急剧温差变化影响时，易产生热炸裂。

5. 化学性质：玻璃的化学稳定性很强，可抵抗除氢氟酸外的其他酸介质腐蚀，但其耐碱性较差。玻璃长期受水蒸气作用，表面会水解出碱（NaOH）和硅胶（$2SiO_2 \cdot nH_2O$），降低其透明性，该现象称为玻璃的风化。风化后的玻璃，会与空气中的二氧化碳结合生成碳酸盐，使玻璃表面产生盐斑，进一步降低其透光性及美观性，该现象称为玻璃的发霉。

9.8.4 常用建筑玻璃及制品

1. 普通平板玻璃

普通平板玻璃是主要采用引拉法或浮法生产的平板玻璃中产量最大、应用最广的玻璃品种，由于通常主要被用于建筑门窗，也称普通窗用玻璃。

普通平板玻璃的厚度有 2、3、4、5（mm）四类，浮法玻璃有 3、4、5、6、8、10、12（mm）七类，其根据外观质量分为优等品、一等品、合格品。普通平板玻璃太阳光与可见光透射比高（>84%），导热系数低 0.73～0.82W/(m·k)，遮蔽系数大，紫外光透射比低，具有一定机械强度，但性脆，抗冲击性差，浮法玻璃的表面平整、光滑度好于引拉法生产的平板玻璃。

普通平板玻璃大部分直接用于建筑门、窗、幕墙、屋顶等处，少部分用作深加工（如钢化、夹丝、中空等）玻璃的原片材料。

2. 装饰玻璃

装饰玻璃是专门用于装修中的玻璃产品，大部分都经过深加工，有雕刻花的，磨花的，磨砂的，彩绘的等等。随着人们需求的不断扩大，装饰玻璃的种类也越来越多，常见种类有以下几种：

（1）磨光玻璃（镜面玻璃）

磨光玻璃是表面经过机械研磨和抛光的平板玻璃，其分单面磨光与双面磨光两种，厚度一般为5～6mm。由于磨光消除了玻璃表面波筋、波纹等缺陷，使其表面平整、光滑，光学性质及装饰性优良。因此，主要用于高级建筑门、窗、橱窗及制镜工业。浮法玻璃由于具有自抛光功能，而不需机械磨光，因此，在逐渐取代磨光玻璃。

（2）磨砂玻璃（喷砂玻璃、毛玻璃）

磨砂玻璃是经过喷砂、研磨或氢氟酸溶蚀将其单面或双面加工成毛面、粗糙的玻璃。磨砂玻璃能使透入的光线产生漫射，且具有透光、不透视的作用，不仅使所封闭的空间光线柔和，而且起到了保护私密性的作用。

磨砂玻璃常被用于办公室、厨房、卫生间等处的门、窗及隔断。

（3）彩色玻璃

彩色玻璃分透明、不透明和半透明三种。透明彩色玻璃是在原料中加入金属氧化物而制成的，其能使透冬的光线产生丰富多彩的光影效果；不透明彩色玻璃是在平板玻璃表面喷涂色釉而形成的；半透明彩色玻璃是在原料中加入乳浊剂，经热处理而形成的透光、不透视的玻璃，又称乳浊玻璃。

透明和半透明玻璃常用于建筑门、窗、隔墙及对光线有特殊要求的部位，不透明彩色玻璃常用于建筑内、外墙面装饰，可拼成各种图案。彩色玻璃片也常被用作夹层、中空等玻璃制品的原片材料。

（4）彩绘玻璃

彩绘玻璃是将手工绘制与影像绘制技术结合而制成的具有各种图案的玻璃。缤纷多彩的画面与构图，使其特别适用于如美术馆、餐厅、宾馆、歌舞厅、商场等公共娱乐场所及有情调要求的民用住宅的墙面、门、窗、吊顶及特殊部位的装饰。

（5）镭射玻璃（光栅玻璃、激光玻璃）

镭射玻璃是采用激光处理技术，在玻璃表面（背面）构成全息光栅或其他几何光栅，使其在光照条件下能衍射出五光十色光影效果的玻璃。

镭射玻璃是高科技的产物，其不仅可在光源配合下产生梦幻般的迷人色彩，而且具有高耐腐蚀、抗老化、耐磨、耐划等特性，因此，适用于酒店、宾馆、歌舞厅等娱乐场所及商业建筑的墙面、柱面、地面、台面、吊顶、隔断及特殊部位装饰。

（6）压花玻璃（滚花玻璃、花纹玻璃）

压花玻璃是用压延法生产的单面或双面具有凸凹立体花纹图案的玻璃。其可作成普通压花、彩色压花、镀膜压花等多个品种。

压花玻璃特有的凸凹花纹，不仅具有极强的立体装饰效果，而且具有漫射透光、柔和光线、阻断视线的作用，因此，可用于办公室、会议室、客厅、餐厅、厨房、卫生间等建筑空间的隔墙、门、窗。

（7）热弯玻璃。由平板玻璃加热软化在模具中成型，再经退火制成的曲面玻璃。在一些高级装修中出现的频率越来越高。

（8）烤漆玻璃。也叫背漆玻璃，分平面玻璃烤漆和磨砂玻璃烤漆。是一种带有颜色的玻璃，用的时候会把光华面向外，而另一面就是颜色漆。是在透明玻璃背后烤上专用的油漆在度的烤箱中烤小时在很多制作烤漆玻璃的地方一般采用自然晾干，不过自然晾干的漆面附着力比较小，在潮湿的环境下容易脱落。背漆玻璃具有极强的装饰效果。主要应用于墙面、背景墙的装饰，并且适用于任何场所的室内外装饰（其中以吊顶为用的部分较多）。

3. 安全玻璃

安全玻璃通常是对普通玻璃增强处理，或与其他材料复合及采用特殊成分与技术制成的玻璃。

（1）钢化玻璃（强化玻璃）

钢化玻璃是将平板玻璃加热到接近软化温度后，迅速冷却使其固化或通过离子交换法制成的玻璃，前者为物理钢化玻璃，后者为化学钢化玻璃。物理钢化玻璃由于棱角圆、滑，特别是其破碎后，仍不形成锋利的棱角，因而，常被称为安全玻璃。

钢化玻璃比普通玻璃的抗折强度及抗冲击性提高4～5倍，且弹性变形能力增强，热稳定性增强，但不能进行成品裁切、钻孔等加工。其主要用于大型公共建筑的门、窗、幕墙及工业厂房的天窗等处。

（2）夹层玻璃

夹层玻璃是将两片或两片以上的平板玻璃，用透明塑料薄膜间隔，经热压粘合而成的复合玻璃制品。玻璃原片可采用磨光玻璃、浮法玻璃、彩色玻璃、吸热玻璃、热反射玻璃、钢化玻璃等。

由于玻璃片间是靠塑料膜粘合的，因而，夹层玻璃破碎时，碎片不会飞溅伤人，因而，属于安全玻璃。另外，由于塑料膜的加入，也使夹层玻璃抗冲击性、抗穿透性增强，还具有隔热、保温、耐光、耐热、耐湿、耐寒等特点。夹层玻璃适用于有抗震、抗冲击、防弹、防盗等特殊安全要求的建筑门、窗、隔墙、屋顶等部位。

（3）夹丝玻璃

夹丝玻璃是将平板玻璃加热到红热软化时，将预热处理的金属丝或金属网压入玻璃中而制成的玻璃。玻璃原片可采用磨光玻璃、彩色玻璃、压花玻璃等。

由于加入了金属网丝，夹四玻璃破碎后，碎片会被其挂住而不会飞溅伤人，因而，属于安全玻璃。另外，由于金属网丝的固定作用，使得夹丝玻璃遇火时，仍可保持一定时间的整体完整性，因而，防火性好，但其抗折强度及抗冲击性并未比普通玻璃有所增强，而且，其还具有热震性差、易锈裂等缺点。夹丝玻璃适用于震动较大的工业厂房及有防火要求的仓库、图书馆等建筑的门、窗、屋面、采光天窗等部位。

4. 特性玻璃

特性玻璃是兼具调光、调热、控音、节能、增强装饰效果等功能特点的玻璃。

（1）热反射玻璃

热反射玻璃是在玻璃表面利用热、蒸发及化学等方法喷涂金、银、铝、铜、镍、铬等金属或金属氧化物膜而制成的玻璃。

热反射玻璃对太阳光具有较高的反射能力，因此，具有较好的反光、反热能力，同时，具有较高的化学稳定性、单向透视性、耐洗刷性及镜面效应等特点。热反射玻璃特别适用于炎热地区作玻璃幕墙、门、窗及室内装饰，而不适用于寒冷地区，特别是其带来的光污染危害，在应用中要加以注意。

（2）吸热玻璃

吸热玻璃是在玻璃液中引入有吸热性能的着色剂或在玻璃表面喷镀具有吸热性的着色膜而成的平板玻璃。

吸热玻璃有多种颜色，即可吸收红外辐射热、可见光及紫外光，达到控光、调热的效果，又可保持良好的透光性，但其有吸热后变成二次发热体及易产生热应力引起炸裂等缺点。吸热玻璃主要用于建筑外墙、门、窗，但应注意采取使用百叶窗等方法，达到降低热应力，避免热炸裂的目的。

（3）光致变色玻璃

光致变色玻璃是在玻璃原料中加入卤化银，或在玻璃与有机夹层中加入钼和钨的感光化合物而制成的玻璃。

光致变色玻璃的颜色可以随光的强弱发生可逆性改变，起到自动调节光线的作用。因此，光致变色玻璃适用于微机室、实验室、图书馆等要求避免眩光和自动调节光线的建筑空间的门、窗。

特性玻璃还有防火玻璃、防紫外线玻璃、低辐射玻璃等许多品种。

5．玻璃制品

（1）中空玻璃

中空玻璃是由两层或两层以上平板玻璃，周边加边框隔开，并用高强度、高气密性粘结剂将玻璃与边框粘结，中间充以干燥空气制成的玻璃制品。其可用浮法玻璃、压花玻璃、彩色玻璃、钢化玻璃、夹丝玻璃、热反射玻璃等做原片。中空玻璃按玻璃层数可分有双层中空玻璃和多层中空玻璃两大类。

中空玻璃由于中间充斥了大量干燥空气，因此，具有良好的隔热、保温、隔声、降噪、防结霜露等特点。中空玻璃适用于需通过采暖或空调来保证室内舒适环境条件的公共建筑及民用住宅的门、窗及幕墙，以达到隔热、隔声、节能的使用效果。

（2）玻璃砖

玻璃砖是将多片模压成凹形的玻璃，经熔接或胶结而成的，中间充以干燥空气的空心玻璃制品。其分有单腔和双腔两种。

玻璃摬具有透光不透视、保温、隔热、密封性强、防火、抗压、耐磨、耐久等优点，其主要用于公共娱乐建筑的透光墙体、屋面及非承重的隔墙等部位。

（3）玻璃锦砖（玻璃马赛克）

玻璃锦砖是以玻璃原料或废玻璃、玻璃边角料等为主要原料，经高温成型熔制的玻璃制品。其有透明、半透明和不透明的，正表面是光滑的，背面有槽纹。

玻璃锦砖具有单块尺寸小、多色彩、多形状的装饰特性，不变色、不积尘、雨天可自洁，化学稳定性与热稳定性高，抗冻、耐久，且成本较陶瓷锦砖低等多方面特点。其是很好的墙面装饰材料。

9.9 壁纸

壁纸有很多种类，目前国际上比较流行的主要有胶面纸基壁纸、纺织物壁纸、天然材料壁纸、塑料壁纸、玻璃纤维壁纸、金属壁纸、焚光壁纸等。

1. 纸基壁纸：它是最早的壁纸，表面可印图案或压花。基底透气性好，能使墙体基层中的水分向外散发，不致引起变色、鼓泡等现象。这种壁纸缺点是性能差、不耐水、不便于清洗、不便于施工。

2. 纺织物壁纸：这是壁纸中较高级的品种。主要是用丝、羊毛、棉、麻等纤维织成。质感佳、透气性好。用它装饰居室，给人以高雅、柔和、舒适的感觉。

其中无纺壁纸是用棉、麻等天然纤维或涤、腈合成纤维，经过无纺成形、上树脂、印制彩色花纹而成的一种高级饰面材料。其特性是挺括、不易撕裂、富有弹性、表面光洁，又有羊绒毛的感觉，而且色泽鲜艳、图案雅致、不易褪色，具有一定的透气性，可以擦洗。锦缎墙布是更为高级的一种，缎面织有古雅精致的花纹，色泽绚丽多彩，质地柔软，裱糊的技术性和工艺性要求很高。其价格较贵，属室内高级装饰。

3. 天然材料壁纸：这是一种用草、麻、木材、树叶等自然植物制成的壁纸；也有用珍贵树种木材切成薄片制成的。其特点是风格淳朴自然。

4. 塑料壁纸：这是目前生产最多、销售得最快的一种壁纸。所用塑料绝大部分为聚氯乙烯，简称 PVC 塑料壁纸。塑料壁纸通常分为：普通壁纸、发泡壁纸等。每一类又分若干品种，每一品种再分为各式各样的花色。

普通壁纸是以 $80g/m^2$ 的纸做基材，涂以 $100g/m^2$ 左右的 PVC 树脂，经印花、压花而成。包括单色压花、印花压花、有光压花和平光压花等几种，是最普通使用的壁纸。

发泡壁纸是以每平方米 100g 的纸做基材，涂有每平方米 300～400g 掺有发泡剂的 PVC 糊状树脂，经印花后再加热发泡而成。这类壁纸有高发泡印花、低发泡印花和发泡印花压花等品种。高发泡壁纸表面有弹性凹凸花纹，是一种装饰和吸音多功能壁纸。

低发泡壁纸表面有同色彩的凹凸花纹图，有仿木纹、拼花、仿瓷砖等效果，图案逼真，立体感强，装饰效果好，适用于室内墙裙、客厅和楼内走廊等装饰。

目前国外上生产最多、销售最快的是 PVC 树脂墙纸来说，它的主要成分是纸基、PVC 树脂和水性油墨。其中墙纸专用 PVC 树脂是一种不含铅、苯等有害成分的环保原料。

5. 金属类壁纸：用铝箔制成的特殊壁纸，也可以以金色、银色为主要色系

特点：防火、防水、华丽、高贵、价值感

6. 防火壁纸：用防火材质制作，常用玻璃纤维或石棉纤维编制而成

特点：防火特性佳、防水、防霉、常用于机场或公共建设

7. 特殊效果壁纸：

（1）荧光壁纸：在印墨中加有荧光剂在夜间会发光，常用于娱乐空间。

（2）夜光壁纸：使用吸光印墨，白天吸收光能，在夜间发光，常用于儿童房。

（3）防菌壁纸：经过防菌处理，可防止霉菌滋长，适合用于医院、病房。

（4）吸音壁纸：使用吸音材质，可防止回音，适用于剧院、音乐厅、会议中心。

（5）防静电壁纸：用于特殊需要防静电场所，例如实验室、电脑房等。

壁纸的应用越来越广泛，由于生产厂家良莠不齐，壁纸的使用也会造成环境污染。可能造成壁纸污染的有害物质究竟出自哪里？

主要来自壁纸的生产原料：

（1）甲醛，来自墙纸原纸中。因此，墙纸是否环保？不取决于是纯纸还是PVC涂层墙纸，而是原纸本身。

（2）单体氯乙烯，来自墙纸的涂层材料PVC中。PVC是高分子聚合物。在正常环境状态下，其所含的“氯本不会对人产生哪怕是最轻微的危害”。只有在高温状态即发生火灾时，才会分解游离产生氯气，如含量超标，则将使人窒息而死，不能逃生。

（3）重金属，是来自印刷颜料中。水性或油性，指的是颜料稀释所采用的不同溶剂。水性颜料采用水作为稀释剂，生产过程挥发的是水，对工厂环境无任何影响。油性颜料采用乙酸乙酯作为稀释剂，生产过程挥发的即是乙酸乙酯，如直接让其排空，会对工厂上空空气与环境产生污染，绝大多数工厂均采取回收装置处理。因此，印刷油墨是否环保，不取决于水性或油性的稀释剂，而是颜料本身。重金属如铅的含量超标，将对人体神经、内脏、皮肤有危害，尤其是对儿童影响较大。

9.10 现行标准

1.《陶瓷砖》GB/T 4100—2006

2.《薄型陶瓷砖》JC/T 2195—2013

3.《轻质陶瓷砖》JC/T 1095—2009

4.《广场用陶瓷砖》GB/T 23458—2009

5.《柔性饰面砖》JG/T 311—2011

6.《陶瓷砖试验方法第1部分：抽样和接收条件》GB/T 3810.1—2006

7.《陶瓷砖试验方法第2部分：尺寸和表面质量的检验》GB/T 3810.2—2006

8.《陶瓷砖试验方法第3部分：吸水率、显气孔率、表观相对密度和容重的测定》GB/T 3810.3—2006

9.《陶瓷砖试验方法第4部分：断裂模数和破坏强度的测定》GB/T 3810.4—2006

10.《陶瓷砖试验方法第5部分用恢复系数确定砖的抗冲击性》GB/T 3810.5—2006

11.《陶瓷砖试验方法第6部分无釉砖耐磨深度的测定》GB/T 3810.6—2006

12.《陶瓷砖试验方法第7部分有釉砖表面耐磨性的测定》GB/T 3810.7—2006 3

13.《陶瓷砖试验方法第8部分线性热膨胀的测定》GB/T 3810.8—2006

14.《陶瓷砖试验方法第9部分抗热震性的测定》GB/T 3810.9—2006 5

15.《陶瓷砖试验方法第10部分湿膨胀的测定》GB/T 3810.10—2006

16.《陶瓷砖试验方法第11部分有釉砖抗釉裂性的测定》GB/T 3810.11—2006

17.《陶瓷砖试验方法第12部分：抗冻性的测定》GB/T 3810.12—2006

18.《陶瓷砖试验方法第13部分：耐化学腐蚀性的测定》GB/T 3810.13—2006

19.《陶瓷砖试验方法第14部分耐污染性的测定》GB/T 3810.14—2006

20.《陶瓷砖试验方法第15部分有釉砖铅和镉溶出量的测定》GB/T 3810.15—2006

21.《陶瓷砖试验方法 _ 第16部分：小色差的测定》GB/T 3810.16—2006

22.《建筑饰面材料镜面光泽度测定方法》GB/T 13891—1992

23.《纸面石膏板》GB/T 9775—2008

24.《装饰石膏板》JC/T 799—2007

25.《嵌装式装饰石膏板》GB/T 9778—1988
26.《嵌装式装饰石膏板》JC/T 800—2007
27.《装饰纸面石膏板》JC/T 997—2006
28.《吸声用穿孔石膏板》JC/T 803—2007
29.《复合保温石膏板》JC/T 2077—2011
30.《天然石材术语》GB/T 13890—2008
31.《天然石材统一编号》GB/T 17670—2008
32.《天然板石》GB/T 18600—2009
33.《天然花岗石建筑板材》GB/T 18601—2009
34.《天然大理石建筑板材》GB/T 19766—2005
35.《天然砂岩建筑板材》GB/T 23452—2009
36.《天然石灰石建筑板材》GB/T 23453—2009
37.《人造石》JC/T 908—2013
38.《天然饰面石材试验方法第 1 部分：干燥、水饱和、冻融循环后压缩强度试验方法》GB/T 9966.1—2001
39.《天然饰面石材试验方法第 2 部分：干燥、水饱和弯曲强度试验方法》GB/T 9966.2—2001
40.《天然饰面石材试验方法第 3 部分：体积密度、真密度、真气孔率、吸收率试验方法》GB/T 9966.3—2001
41.《天然饰面石材试验方法第 4 部分：耐磨性试验方法》GB/T 9966.4—2001
42.《合成树脂乳淫外墙涂料》GB/T 9755—2014
43.《合成树脂乳液内墙涂料》GB/T 9756—2009
44.《复层建筑涂料》GB/T 9779—2005
45.《建筑外墙用腻子》JG/T 157—2009
46.《建筑室内腻子》JG/T 298—2010
47.《弹性建筑涂料》JG/T 172—2005
48.《交联型氟树脂涂料》HG/T 3792—2005

9.11 练习题

一、单选题

1. 陶瓷砖厚度偏差试验是检测每块砖厚度平均值相对于（　　）的偏差。

A. 名义尺寸　　B. 工作尺寸　　C. 配合尺寸　　D. 实际尺寸

2. 建筑涂料检测时标准环境条件为温度（　　）℃，相对湿度（　　）%。

A. 23±2，50%±10　　B. 23±2，50%±5

C. 20±2，50%±10　　D. 20±2，50%±5

3. 建筑涂料对比率检测时，应平行测定两次，如两次测定结果之差不大于（　　），则取两次测定结果的平均值作为试验结果。

A. 0.01　　B. 0.02　　C. 0.03　　D. 0.04

4. 某一等品合成树脂乳液内墙面漆耐洗刷性检测时，其中一块洗刷至 980 次后露出的底漆，另一块洗刷至1000次涂膜无破损，未露出红色底漆，则认为其耐洗刷性（　　）。

A. 合格　　B. 不合格

C. 应重新制板重测　　D. 双倍取样复检

5. 建筑涂料涂层耐温变性检测（　　）℃冷冻3h、（　　）℃热烘3h、(23±2)℃水中浸泡18h为一个循环。

A. −20±2，80±2　　B. −20±2，50±2

C. −23±2，80±2　　D. −23±2，50±2

6. 合成树脂乳液外墙涂料耐水性检测时，可浸泡（　　），水温应控制在（　　）℃。

A. 蒸馏水，23±2　　B. 静置24h以上的自来水，23±2

C. 去离子水，21±2　　D. 试验室用三级水，21±2

7. 天然石材分类中，花岗岩是一种典型的（　　）。

A. 火成岩　　B. 沉积岩　　C. 变质岩　　D. 石英岩

8. 天然饰面石材压缩强度检测时，试件尺寸为边长50mm的立方体或$\phi 50\times 50$的圆柱体，尺寸偏差（　　）；破坏荷载精确至（　　）。

A. 0.2mm，100N　　B. 0.2mm，500N

C. 0.5mm，100N　　D. 0.5mm，500N

9. 已知某天然饰面石材厚度为100mm，弯曲强度试样要求尺寸为：试样长度（　　）mm，试样宽度为（　　）mm。

A. 1000，100　　B. 1000，150　　C. 1050，100　　D. 1050，150

10. 陶瓷砖按（　　）不同，可分为：瓷质砖、炻瓷砖、细炻砖、炻质砖、陶质砖。

A. 成型方式　　B. 表面状态　　C. 吸水率　　D. 试件尺寸

11. 已知某天然饰面石材厚度为25mm，弯曲强度检测时，应调节支架下支座之间的距离为（　　）mm和上支座之间的距离为（　　）mm。

A. 250，125　　B. 250，150　　C. 300，125　　D. 300，150

12. 下列项目中不属于安全玻璃的是（　　）。

A. 钢化玻璃　　B. 夹层玻璃　　C. 夹丝玻璃　　D. 中空玻璃

二、多选题

1. 建筑装饰材料的主要功能是（　　）。

A. 装饰功能　　B. 保护功能

C. 室内环境改善功能　　D. 保温隔热功能

E. 美观

2. 用于建筑涂料的基料应具备以下（　　）。

A. 较好的耐碱性　　B. 常温下良好的成膜性

C. 较好的耐水性　　D. 良好的耐候性

E. 经济性

3. 用于建筑涂料的填料，主要起到（　　）作用等。

A. 改善涂膜的机械性能和耐久性　　B. 增加涂膜的厚度

C. 减少涂膜收缩　　D. 降低涂料的成本

E. 以上都是

4. 建筑涂料涂膜外观检测时，将施工性检测结束后的试板放置 24h。目视观察涂膜，(　　)，认为正常。

A. 涂膜均匀　　B. 无针孔　　C. 无流挂　　D. 无气泡

E. 光滑

5. 合成树脂乳液外墙涂料耐碱性检测时，观察浸泡后的试样，如三块试板中有二块(　　)，可评定为无异常。

A. 无起泡　　B. 无掉粉　　C. 无明显变色　　D. 无开裂

E. 变形

6. 天然石材用抗压强度、(　　) 等评价其力学性质。

A. 抗冲击性　　B. 抗折强度　　C. 硬度　　D. 耐磨性

E. 弯曲

7. 陶瓷砖表面质量检测时，下列项目中属于陶瓷砖表面缺陷的是 (　　)。

A. 裂纹　　B. 掉边　　C. 翘曲　　D. 泛霜

E. 掉角

8. 下列项目中属于石膏板技术性能的是 (　　)。

A. 抗腐蚀　　B. 抗冲击性

C. 受潮挠度　　D. 护面纸与石膏芯的粘结性

E. 表面吸水量

三、思考题

1. 建筑涂料检测的温、湿度要求?

2. 建筑涂料对比率检测，平行测定几次? 测定结果之差不得大于多少?

3. 建筑涂料耐水性检测用的试板如何制备? 对水有何种要求?

4. 如何进行建筑涂料的黏结强度检测?

5. 对某外墙涂料性能进行检测，耐洗刷性能检测时，洗刷至 495 次后，其中一块露出红色的底漆，对涂料的此项性能检测结果进行判定。

6. 饰面石材压缩强度试件尺寸为多少? 每组几个试件? 记录试样破坏时的荷载值精确到多少?

7. 在进行天然石材的弯曲强度试验时，试件尺寸怎样确定? 上下支座间的距离是多少? 加荷速率是多少?

答案:

一、单选题:

1. B　2. B　3. B　4. A　5. B　6. A　7. A　8. D　9. D　10. C　11. A　12. D

二、多选题:

1. ABC　2. ABCDE　3. BCD　4. ABC　5. ABC　6. ABCD　7. ABE　8. BCDE